Die blaue Stunde der Informatik

Die blaue Stunde – die Zeit am Morgen zwischen Nacht und Tag, die Zeit am Abend ehe die Nacht anbricht. Wenn alles möglich scheint, die Gedanken schweifen, wenn Zeit für anregende Gespräche ist und Neugier auf Zukünftiges wächst, auf alles, was der nächste Tag bringt.

Genau hier setzt diese Buchreihe rund um Themen der Informatik an: Was war, was ist, was wird sein, was könnte sein?

Von lesenswerten Biographien über historische Betrachtungen bis hin zu aktuellen Themen umfasst diese Buchreihe alle Perspektiven der Informatik – und geht noch darüber hinaus. Mal sachlich, mal nachdenklich und mal mit einem Augenzwinkern lädt die Reihe zum Weiter- und Querdenken ein. Für alle, die die bunte Welt der Technik entdecken möchten.

Kay Golze

Wie Information Intelligenz und KI erzeugt

Die Natur der Information als Grundlage dynamisch wachsender digitaler neuronaler Netze

Springer Vieweg

Kay Golze
Management
WIPN Group
Berlin, Deutschland

ISSN 2730-7425 ISSN 2730-7433 (electronic)
Die blaue Stunde der Informatik
ISBN 978-3-658-50587-5 ISBN 978-3-658-50588-2 (eBook)
https://doi.org/10.1007/978-3-658-50588-2

Die Deutsche Nationalbibliothek verzeichnet diese Publikation in der Deutschen Nationalbibliografie; detaillierte bibliografische Daten sind im Internet über https://portal.dnb.de abrufbar.

Springer Vieweg ist ein Imprint der eingetragenen Gesellschaft Springer Fachmedien Wiesbaden GmbH und ist ein Teil von Springer Nature.
Die Anschrift der Gesellschaft ist: Abraham-Lincoln-Str. 46, 65189 Wiesbaden, Germany

Inhaltsverzeichnis

Was Sie erwartet

1

Ein außergewöhnliches Buch.

Das Buch gliedert sich in die drei Teile:

1. Grundlagen und Rahmenbedingungen
2. KI und ihre gesellschaftlichen Implikationen
3. Dynamisches Wachstumsmodell

Die bestehenden Modelle der Informationstheorie und der KI werden hinterfragt und neu interpretiert. Neue spannende Einsichten in die Fundamente von KI werden präsentiert, ohne den Blick auf die bestehenden Konzepte und beeindruckenden Entwicklungen aus dem Blick zu verlieren.

Nach einer Übersicht der bestehenden Modelle und Konzepte werden die immersiven Ansätze von KI als digitale Zwillinge, die sich als eine Kopie einer realen Person entwickeln, präsentiert. Die hier vorgestellten Perspektiven werden mit Beispielen unterlegt, wie sie bereits heute in ersten Entwicklungsansätzen zu finden sind. Die für viele Menschen begeisternde technologische Entwicklung kann jedoch nicht über die möglichen Gefahren hinwegtragen. Ein Kapitel beschäftigt sich mit den möglichen Auswirkungen von KI, indem ein vergleichendes Beispiel unter dem Einsatz frei zugänglicher KI-Modelle gezeigt wird, wie die heute nutzbaren Systeme bereits „denken". Dabei stellt sich die Frage, ob nicht der schleichende Einzug dieser Technologie in unsere humanen, auf biologischen Systemen basierten Gesellschaften einer realen Invasion Außerirdischer gleich kommt und unser Gemeinwesen wirklich darauf vorbereitet ist. Eine Momentaufnahme, mit einer nachdenklichen Aussage.

Ist das wirklich maschinelles „Denken", was wir Menschen mit der KI-Revolution erleben und nutzen können? Die grundsätzlichen Fragen zu den Modellen *Information*, *Zeit*, *Denken*, *Realität* und *Bewusstsein* werden hier, manchmal aus einer vollkommen überraschenden Perspektive, neu hinterfragt und interpretiert. In den jeweiligen Kapiteln werden neue Ansätze, Sichtweisen und verblüffende Lösungen

K. Golze, *Wie Information Intelligenz und KI erzeugt*, Die blaue Stunde der Informatik, https://doi.org/10.1007/978-3-658-50588-2_1

vor den Augen des Lesers entwickelt. Dennoch stehen die Ergebnisse im Einklang mit den Gesetzmäßigkeiten der Physik. Damit öffnet sich ein neues Fenster zum Verständnis, was *Information* ist und was eigentlich ein *physikalisches Bit* ist. Diese grundsätzlichen Überlegungen bilden die Basis für den neuen Modellansatz der nächsten KI-Generation im letzten Kapitel.

Das Buch entstand durch neue Überlegungen des Autors zur künstlichen Intelligenz (KI oder AI, Artificial Intelligence) sowie eigenen Weiterentwicklungen in ihren Fundamenten. Es präsentiert neue Ansätze zur Frage, was *Informationen* sind. Der Autor ist davon überzeugt, dass die Basis von Intelligenz, Denken und Bewusstsein Informationen sind und sie eine besondere Bedeutung in der Gestaltung biologischen Lebens einnehmen. Deshalb ist ein Verständnis von Information in unserer Realität der Schlüssel für Antworten heutiger Fragen zur Entwicklung von KI. Das hier präsentierte Modell basiert im Wesentlichen auf der erarbeiteten Antwort, was *Information* ist, was sie bewirkt und wie Denken entstanden sein könnte. Es ist verblüffend, dass die Natur die Architektur eines Netzes hervorgebracht hat, die Intelligenz, Denken und Bewusstsein ermöglicht. Warum entstanden keine anderen Architekturen mit ähnlichen Leistungen?

In dem abschließenden dritten Kapitel präsentiert der Autor ein eigenes neues Modell einer zukünftigen KI-Architektur. Sie unterscheidet sich von den heutigen Modellen und hat das Potenzial, dadurch neue Fähigkeiten zu erlangen. Auf Basis des neu entwickelten *Informationsmodells* ist ein Testprogramm zur Modellverifikation entwickelt worden. Mit Beispielen zum *dynamischen Wachstum* des hier entwickelten *neuronalen Netzes* und der Erklärung der API auf Basis des neuen Modells findet das Buch ein impulsgebendes Ende.

Einführung 2

Die Entwicklungen über die letzten 20 Jahre waren vor allem im Bereich der KI rasant. Sie ist heute zu einer nutzbringenden Technologie geworden, die dank dem Streben amerikanischer Unternehmen nach allgemeiner Öffentlichkeit zu einem global verfügbaren Werkzeug für viele am Internet beteiligte Menschen geworden ist. Diesem Drang folgend, haben nun auch chinesische KI-Modelle die Öffentlichkeit erreicht und zu großer Aufmerksamkeit geführt. Aus anderen Ländern, wie auch den Staaten der EU, sind zurzeit keine derartigen öffentlichkeitswirksamen Präsentationen bekannt. Damit sind aber auch die Polepositions in dieser bahnbrechenden und gesellschaftsverändernden Technologieentwicklung besetzt. Andere Entwicklungen aus anderen Staaten werden nicht mehr in den führenden Positionen mithalten können. Aus diesen kulturell unterschiedlichen Bereichen der Erde, USA und China, werden weitere führende Entwicklungen der KI erwartet werden können. Dabei ist die Entwicklung der KI u. a. seit langem ein Forschungs- und Tätigkeitsfeld in Deutschland gewesen, das wir – wie die Entwicklung des Computers durch Zuse – nicht in große weltweit vorteilhafte Technologieprodukte entwickeln konnten oder wollten. Andere hatten und haben den Mut aufbringen können, diese Technologie weltweit für die Menschheit und zu ihrem eigenen Vorteil nutzbringend auszurollen. Wie auch viele andere Beispiele es in der Vergangenheit gezeigt haben, ist es sehr enttäuschend mit anzusehen, wie Deutschland und Europa erneut seine Möglichkeiten nicht wahrnimmt oder sogar einfach anderen Staaten überlässt.

In meinem Buch werde ich ~~über~~ den heutigen Stand, welche KI-Modelle es gibt und wie sie ihre Fähigkeiten erreichen, als Grundlage zum Verständnis meines Modells beschreiben. Nach der Beschreibung der Grundlagen und grundlegenden Überlegungen werde ich in einem eigenen Kapitel mein KI-Modell vorstellen. Zu den Grundlagen werde ich auch mein neues und erweitertes Modell der *Information* vorstellen. Es stellt die konzeptionelle Basis meines KI-Modells dar. Das grundlegende Verständnis von Information, was sie eigentlich ist, hat mich bereits seit den 1990ern beschäftigt und erste Programmierungen zur Entwicklung digitaler

K. Golze, *Wie Information Intelligenz und KI erzeugt*, Die blaue Stunde der Informatik, https://doi.org/10.1007/978-3-658-50588-2_2

neuronaler Netze initiiert. Das führte dazu, dass ich über den Einsatz dieser Technologie für börsenbezogenes Trading nachdachte und mich mit einem damaligen amerikanischen Broker darüber verständigte. Auf diesem Hintergrund wurde mir deutlich, was Informationen bedeuten und bewirken können. Dies war der Anlass, mich mit der Frage zu beschäftigen, was eigentlich *Information* ist und ob es ein *physikalisches Bit* gibt, also eine physikalisch vorhandene kleinste Informationseinheit? Diesen Fragen und der Entwicklung eines neuen Informationsmodells habe ich ein eigenes Kapitel mit der Überschrift *Was ist Information* gewidmet.

Im ersten Abschnitt möchte ich eine kurze Übersicht zu der Entwicklung der KI geben. Mit dieser Übersicht lege ich zugleich die Grundlagen für die Thesen meines Modells, die ich in dem zweiten Abschnitt und den anschließenden Kapiteln vorstelle. Ich werde Fragen an eine KI (im Wesentlichen von ChatGPT, aber auch von Grok, DeepSeek) stellen und die Ausgaben hier darlegen. Gemeinsam werden wir sehen, welche Leistungen heute bereits möglich sind und was das für eine Gesellschaft bedeutet. Dabei ist heute unklar, ob eine von KI generierte Aussage, die auf Basis von frei zugänglichen Daten erzeugt wurde, nun durch die KI als eigenes Werk oder Werk der Herstellerfirma einer KI angesehen werden kann. Die Frage nach den Rechten an den Texten für die Ausgaben, wie auch für die Ideen einer KI-generierten Erfindung oder anderer Leistungen, ist offen. Auch die Frage nach den Rechten der Urdaten, aus denen eine KI ihr Wissen erworben hat, die somit die Basis ihrer Fähigkeiten darstellt und die Leistung seiner Herstellerfirma begründen, wird heute immer stärker gestellt. Diese Fragen stellen für die Zukunft eine nicht triviale Hürde in der anstehenden Weiterentwicklung dar.

Deshalb wäre auch eine in der öffentlichen Debatte in den Jahren 2023 bis 2024 etwas weniger euphorische Sicht auf KI hilfreich. Bereits die Bezeichnung KI, also künstliche Intelligenz, überhöht und mystifiziert aus meiner Sicht die Fähigkeiten dieser neuen Technologie. Ich werde auf die gesellschaftliche Fragestellung im Kap. 5 mit einem spannenden Beispiel eingehen.

Ein weiteres Kapitel habe ich den möglichen Anwendungen von KI gewidmet. Das Kapitel „*Virtuelle Labore und Digitale Zwillinge.*“ eröffnet eine neue Sicht, wie diese Technologie auf Basis der heutigen Infrastruktur des Internets und eines Metaversums eingesetzt werden könnte. Das hier beschriebene Potenzial ist gewaltig und hat über die bisher diskutierten gesellschaftsbezogenen Themen hinaus eine Implikation. Alle Hauptkapitel können unabhängig voneinander gelesen werden. Ein tieferes Verständnis meines Modells entsteht jedoch erst im Kontext aller Kapitel.

Der Ausgangspunkt 3

Ich stelle mein Modell zur Entwicklung selbstständig wachsender neuronaler Netze in diesem Buch vor. Es dient auch dazu, die Perspektive, von der aus mein Modell entstanden ist, transparent, nachvollziehbar und verständlich zu machen. Dabei können neue, bisher unbekannte Sichtweisen auf verschiedene Dinge in der Definition von *Information* und ihrer Einbettung in die reale Welt vorhanden sein, die ich jedoch als neue Aspekte in eine verallgemeinerte Diskussion über Information einbringen und/oder vorschlagen möchte.

Meine zentrale These, die ich in diesem Buch vorstelle, ist, dass unsere reale Welt nicht nur aus Energie/Materie besteht, sondern diese Energie zugleich Information über die Materie und alle anderen Dinge dieser Welt transportiert. Information ist in meinem Modell eine neue, selbst existierende physikalische Größe. Information ist der Teil der Welt, den wir aufnehmen und verarbeiten können. Mithilfe der Biologie können Informationen von der Energie, den Signalen, getrennt und durch biologische Nervennetze verarbeitet werden. Diese abgetrennte Information kann zwischen biologischen Systemen ausgetauscht werden, ohne dass die realen Dinge der Ursprungsinformation dabei verändert werden. Es entsteht mithilfe der Information ein Abbild von Realität. So kommen die Dinge in unseren Geist, ohne dass sie tatsächlich in unserem Gehirn vorhanden sind.

Mit der Aufnahme und Verarbeitung von Information entwickeln sich biologische Nervennetze weiter, bis solche komplexen Netze wie ein Gehirn oder neuronale Netze entstehen. Gehirne bilden sich somit im Kontext ihrer Umwelt, ihrer Informationsverarbeitung durch Umweltinformation. Die Evolution hat als ein sehr erfolgreiches Modell der Informationsverarbeitung das Netz als geometrische Basisform hervorgebracht. Die Frage stellt sich aber, warum gerade diese Geometrie? Zusammen mit anderen Bedingungen bestimmt die Umweltinformation die *Struktur* und wesentlich die *Komplexität* dieser Nervennetze. Das scheint auch der Grund zu sein, warum nicht alle Lebewesen die gleichen komplexen Nervennetze entwickeln. Innerhalb der Nervennetze, zu denen auch die Gehirne zählen, wird Information im Kontext des *Ichs* verarbeitet. Heute ist bekannt, dass die neuronalen

K. Golze, *Wie Information Intelligenz und KI erzeugt*, Die blaue Stunde der Informatik, https://doi.org/10.1007/978-3-658-50588-2_3

Netze plastisch reagieren, somit Verknüpfungen zwischen Netzknoten ab- und aufbauen können. Mein Modell~~, dass ich später vorstelle,~~ berücksichtigt diese Tatsache. Es simuliert plastische neuronale Strukturen, die durch *Information* gebildet werden. Das wir reale Strukturen aus unserer Umwelt erkennen und interpretieren können, basiert in meinem *Modell der Information* auf dem Prinzip des *Kontextes*. Es beginnt mit dem *Ich*, das in einem Umfeld, das im Kontext zu dem *Ich* steht, existiert. Der Kontext einer Information erzeugt auch ein Abbild eines Objekts, in dem die einzelnen Dinge des Objekts durch ihren Kontext zueinander das Objekt bilden. Ein Kontext lässt sich als eine *Informationswolke* eines Objekts verstehen.

Viele Begriffe im Bereich der Informatik sind schwach oder nicht hinreichend präzise definiert und unterliegen ganz unterschiedlichen Interpretationen sowie Auslegungen. Die Auslegungen sind häufig vom Wissenschaftsbereich abhängig, wie z. B. der Philosophie, der Mathematik oder der Physik. Dazu zählt ganz wesentlich der Begriff der *Information*. Ich möchte diesem Begriff nachgehen und versuchen, eine genauere Eingrenzung/Beschreibung für den Inhalt dieses Buchs herbeizuführen. Auf diesem Weg haben sich spannende Sachverhalte aufgetan, die hier präsentiert werden.

Ein grundlegender Bereich des Definitionsraums für das Verständnis von Information ist *Raum* und *Zeit* bzw. die *Raumzeit*. Was ist das eigentlich und warum ist diese Vorstellung so fundamental für die Betrachtung von *Information*? Sie haben eine herausragende Bedeutung für das Verständnis, wo und wie Information existiert. Raum und Zeit sind und waren immer Begriffe, die bei der Betrachtung von Information, Denken, Geist und Bewusstsein eine zentrale Bedeutung einnahmen. Um meine Betrachtung auf Raum und Zeit und den damit verbundenen Rahmen zur Selbstorganisation von Information verstehen zu können, habe ich ein eigenes Kapitel dazu verfasst.

Mein Buch ist ein Exkurs durch die grundsätzlichen Überlegungen zu meinem Modell der „*kontextbasierten dynamisch wachsenden neuronalen Netze*" (Context-based, Dynamically Growing Neural Networks = CDGN), in dem ein Rahmen für meinen Ansatz gesetzt wird. In diesem Rahmen werden auch Fragen aus der Physik gestreift. Die Weltsicht der Physik behandelt grundsätzliche Fragen, die auch für das Verständnis von *Information* und was das eigentlich ist, Grundlagen entwickelt. Die einfache Frage, was eigentlich Information ist, entwickelte sich bei einer näheren Betrachtung zu einer komplexen Analyse grundlegender Fragen in den verschiedenen Bereichen der Naturwissenschaften. Ähnlich einem Fraktal, steigt man immer weiter hinab in immer komplexer verwobene Welten. Ist Information eine bisher nicht erkannte Naturkonstante? Ist Information vielleicht das dimensionslose und zeitlose Feld, aus dem der Urknall entstand?

Das Buch hat drei Kapitel, 4, 5 und 6, die als *Grundlagen*, *Auswirkungen* und *neuer Modellansatz* überschrieben werden können. Mit dieser Reise möchte ich hier beginnen und bei den Grundlagen der heutigen KI-Technologie starten.

Grundlagen und Rahmenbedingungen 4

4.1 Entwicklung und Grundlagen von KI

Einige bekannte Personen des deutschsprachigen Raums, die wichtige Beiträge über KI veröffentlicht haben: Philipp Klöckner, Christoph Henkelmann, Richard David Precht, Manfred Spitzer, Harald Lesch, Marco Smolla, Hannah Bast, Markus Gabriel und andere.

Der globale Durchbruch künstlicher lernfähiger Systeme, die unter dem allgemeinen Begriff der KI (Künstliche Intelligenz) oder AI (Artificial Intelligence) zusammengefasst werden, kam mit der öffentlichen Einf4ührung von ChatGPT der Firma OpenAI im November 2022. Mit dieser globalen Veröffentlichung über das Internet wurde eine große öffentliche Aufmerksamkeit erreicht. Das System wurde zunächst als frei zugängliche Informations- und Wissensplattform vorgestellt. Dabei ist die Entwicklung der künstlichen Intelligenz auf Basis digitaler Technologie fast so alt wie die digitale Technologie selbst. Die Wurzeln dieser Entwicklung, den Menschen oder seinen Geist in Form von Maschinen nachbauen zu wollen, sind vermutlich so alt wie die Menschheit selbst.

Im Film Metropolis aus dem Jahr 1927 erschienen die ersten menschenähnlichen Roboter auf der Leinwand und erschreckten ihre damaligen Zuschauer. Bereits in den 50er-Jahren wurden in diesen einstigen Science-Fiction-Visionen menschenähnliche Maschinen mit eigener Intelligenz entworfen. Diese visionären Vorstellungen jener Zeit haben tiefe Wurzeln, die bereits bei Jules Verne die Fantasie beflügelten. Entkoppelt man diese Vision von der digitalen Technologie, tritt der Gedanke maschineller „Intelligenz“ bereits in der Antike auf, zieht sich über die Jahrtausende durch die Menschheitsgeschichte vor allem europäischer und asiatischer Staaten und mündet in konkreten Entwicklungen von KI und Robotik auf Basis der digitalen Technologie mit dem Einzug des Computerzeitalters.

Die Grundlage der heutigen KI-Technologie und ihrer Konzepte basiert jedoch im Wesentlichen auf der biologischen Forschung und das immer umfassender werdende Verständnis von natürlichen neuronalen Prozessen. Aber wie ist der heutige

K. Golze, *Wie Information Intelligenz und KI erzeugt*, Die blaue Stunde der Informatik, https://doi.org/10.1007/978-3-658-50588-2_4

Entwicklungsstand und was steckt dahinter? Was ist bei diesem Thema vor allem zu beachten? Und was können neuronale Netze? Warum ist ein Netz eine so erfolgreiche Geometrie in der Informationsverarbeitung? Wie funktioniert KI und wie gelangt sie zu dem Wissen, das man von diesen Maschinen abrufen kann? Was sind die notwendigen Voraussetzungen, damit die heutige KI überhaupt entstehen kann? Wie gefährlich ist KI für uns Menschen oder unsere Gesellschaften und warum entsteht dann diese Technologie überhaupt? Wer profitiert, wer verliert? Alle diese Fragen wurden bereits gestellt und werden auch weiterhin eine öffentliche Diskussion begleiten.

Seit der Einführung von ChatGPT kreist die breite Diskussion in der Öffentlichkeit um die Auswirkungen der Technologie auf die Arbeitswelt und die Gesellschaften, also die kritischen oder dystopischen Szenarien von KI. Dabei ist offensichtlich, dass viele Kommentare, Diskutanten, Journalisten und andere Medienschaffende in den klassischen und Onlinemedien eine eher emotionale Einstellung zu der Technologie offenlegen, als eine fachlich und substanziell geprägte Informationsbasis zu entwickeln oder zu präsentieren. Deshalb möchte ich das Thema KI zur Einführung in die späteren Thesen in diesem Buch etwas genauer betrachten.

Zunächst ist bei dem Thema KI auffällig, dass zahlreiche *Begriffe* genutzt werden, die keine genaue Definition besitzen, jedoch im Umgangssprachlichen ihre Berechtigung und Wurzeln haben. Sie kommen in der Regel aus dem allgemeinen Sprachgebrauch. So umfasst z. B. der Begriff „Intelligenz" ein weites Feld in der Wissenschaft, das erforscht wird und keine genaue Definition besitzt. Je nach Fachbereich eines Wissenschaftsbereichs können ganz unterschiedliche Auslegungen dieses Begriffs gefunden werden. Des Weiteren werden uns Begriffe wie *Daten*, *Informationen*, *Netze* und vieles Weitere begegnen, die ebenfalls unterschiedlich in den jeweiligen Wissenschaftsbereichen und vor allem in den Tech-Unternehmen, die KI entwickeln, verstanden und interpretiert werden.

Ein weiteres Feld der KI sind die *Geschäftsmodelle*. Sie bilden eine eigene Klasse in diesem Technologiebereich. Die Geschäftsmodelle bilden die eigentlichen Diskussionsräume und nicht die dahinter liegende Technologie selbst. Hier wird häufig in den Diskussionen ein „Eintopf" an unterschiedlichen Einstellungen der Diskutanten, Interessen, Halbwissen und Zielvorstellungen für die Öffentlichkeit gebraut. Das Ergebnis sind allzu häufig abenteuerliche Prophezeiungen, also Emotionen anregende Spekulationen und wenig Verständnis um die eigentliche Technologie selbst. In diesem Hype muss man jedoch anerkennen, dass die Medienlandschaft mit ihren u. a. aus der Wissenschaft kommenden Philosophen und anderen Wissenschaftlern sowie Journalisten genau von diesen Emotionen lebt, dadurch Aufmerksamkeit generieren und damit auch ihr wirtschaftliches Überleben sichern kann. Emotionen schaffen Auflage, Klickzahlen und Einschaltquoten.

Grundsätzlich kann jedoch zunächst einmal festgehalten werden, dass KI (AI) eine *Technologieklasse* ist, so wie Rechenzentren, Digitaltechnologie, Elektromotor, Computer, Verbrenner, erneuerbare Energien, Kraftwerke etc. All diese Technologieklassen enthalten ganz unterschiedliche Technologien, in unterschiedlichen Größendimensionen und Einsatzbereichen, mit ganz spezifischen Anpassungen an die jeweiligen Anforderungen der Aufgabenstellung. Genau das Gleiche gilt auch für KI. Aus diesem Grund differenziert sich bereits die KI als Technologieklasse in ganz unterschiedliche Modelle und Programme zum Einsatz in spezifischen Einsatzfeldern aus. Das Programm ChatGPT kann z. B. keine oder nur sehr schlecht Krebstumore oder andere Erkrankungen in Röntgen- oder Scanneraufnahmen erkennen oder neue Moleküle in der Chemie oder Biochemie entwickeln. Es ist ein generative Sprachmodell. Deshalb sind heute (Jahre 2022–2024) Diskussionen über KI auch immer Diskussionen in einem spekulativen Raum, weil keine Differenzierung in Anwendungsfelder oder die eingesetzten Techniken erfolgt, sondern die Diskussionen allzu häufig im Generellen verhaftet bleiben. Das ist auch die Grundlage für Fantasien, Spekulationen und Mythen.

Die Technologieklasse KI lässt sich in die folgenden *Felder* aufteilen, wie die *Struktur der Technologieklasse*, die *genutzte Technologie*, *Technologieinfrastruktur*, *Energieversorgung*, *Einsatzgebiet*, *Geschäftsmodell*, *Quelldaten*, *Technologiezugang (spezialisiert oder öffentlich)*, *Sicherheitsaspekte*, *Risikoanalysen*, *Rechtsrahmen*, *Sprach- und Kulturraum der Eingangsdaten*, *Integrations- und Dienstleistungen*. Wie an dieser kurzen Auflistung erkennbar wird, kommen Themen wie „wie KI die Welt verbessert – und verschlechtert“, oder „Auswirkungen von KI“, oder „Das Zeitalter der …“ (beliebige Themensetzung in Assoziation mit künstlicher Intelligenz), somit was die Auswirkungen von KI sind, in meiner Aufzählung nicht vor. Damit sind jedoch auch strategische Unternehmensentwicklungen, wie ein Unternehmen in Zukunft noch effizienter werden kann, in einem anderen Themenfeld angesiedelt als in der KI-Technologieklassenbeschreibung. So gilt KI für u. a. diese strategischen Unternehmensentwicklungen als eine Schlüsseltechnologie, deren Beweis und gesellschaftliche Einbettung/Akzeptanz jedoch noch erbracht werden muss. Das gilt vor allem dann, wenn die Propheten unserer Zeit eine Technologieklasse über ganze Arbeitsfelder oder Berufsbereiche legen und fulminant die Folgen interpretieren und prophetisch prognostizieren. Damit ist eine genaue Abgrenzung der Technologieklasse KI zwischen der medialen Öffentlichkeit, ihren Stimmungen, Meinungen und Prophezeiungen sowie ihren eigenen Dynamiken und einer analytischen Betrachtung dieses Technologiefeldes aufgezeigt.

4.1.1 Der lange Weg der Entwicklung

Die Entwicklungsgeschichte der maschinellen Intelligenz ist lang. Sie ist nicht nur eine rein technische und wissenschaftliche, sondern auch eine zutiefst philosophische Entwicklungsgeschichte. Die Idee, dass Maschinen in irgendeiner Form „denken“ könnten, geht weit zurück und ist eng mit der Suche nach Erkenntnis und Verständnis des eigenen Geistes verbunden. Bereits die antiken Philosophen haben darüber nachgedacht, was Intelligenz und Bewusstsein sind und ob Maschinen jemals irgendeine Form davon besitzen könnten.

Schon in der Antike träumten die damaligen Denker davon, Intelligenz künstlich erschaffen zu können. In der griechischen Mythologie konstruierte Hephaistos, der

Gott der Schmiede, mechanische Diener. Die Legende von Talos, in der ein bronzener Riese Kreta bewachte, zeigt frühe Vorstellungen von „künstlichem Leben". Die Philosophie der maschinellen Intelligenz behandelt Fragen des Geistes, der Wahrnehmung, des Wissens und der Realität. All diese lange zurückliegenden historischen Entwicklungen haben die moderne KI-Forschung entscheidend mit beeinflusst. Der Ursprung und die weitere Entwicklung waren geprägt von der Perspektive des menschlichen Geistes und seiner selbst, des Ichs und dem Bezug zu etwas Göttlichem. Heute scheint diese Entwicklung zu einem Höhepunkt zu gelangen, der bereits von Kritikern als Bedrohung der Menschheit angesehen wird. Der lange Weg dieser Schöpfung einer künstlichen Kreatur oder lediglich seines Geistes scheint damit noch lange nicht abgeschlossen zu sein. Wie er jedoch die Menschheit und ihre heutigen Kulturen durch die modernen Geister der KI (in Bezug der christlichen Schöpfungsgeschichte) beeinflussen wird, kann realistisch nicht vorhergesagt werden.

4.1.2 Automaten und das Denken. Der antike Ursprung der modernen KI

Bereits in der Antike wurden die ersten Gedanken dokumentiert, dass Maschinen oder Automaten menschliches Verhalten annehmen könnten. Der griechische Philosoph Aristoteles (384–322 v. Chr.) entwickelte ein frühes formales System der Logik (Syllogistik[1]), das zur Grundlage für ein deduktives Schlussfolgern wurde. Aristoteles dachte nicht direkt über maschinelles Denken nach. Jedoch wurden später seine Ideen zur Logik, wie Schlussfolgerungen mechanisch durch logische Regeln erzeugt werden könnten (siehe auch den Mathematiker John Venn, 1834 bis 1923, Venn-Diagramme), eine inspirierende Quelle.

In der griechischen und römischen Antike gab es bereits das Konzept von Automaten. Diese mechanischen Geräte konnten einfache, vorhersehbare Aufgaben ausführen. Die frühen Vorstellungen von „denkenden" Maschinen waren sehr begrenzt. Sie sollten aber die Grundlagen für spätere Überlegungen bilden, ob Intelligenz etwas rein Mechanisches oder Algorithmisches sein könnte. Diese grundsätzlichen Fragen müssen im Kontext der jeweiligen Epochen gesehen werden, in denen u. a. auch ein mechanisches Weltbild entstand bzw. vorherrschte.

Im 17. und 18. Jahrhundert gab es erste ernsthafte Versuche, Maschinen zu bauen, die im übertragenen Sinne „denken" konnten. Der Mathematiker Blaise Pascal erfand 1642 eine mechanische Rechenmaschine[2] mit einfachen Funktionen zum Addieren und Subtrahieren, die die Grundlagen für spätere Entwicklungen legte. Im 18. Jahrhundert begeisterten Automaten wie der „Schachtürke" die Massen. Ob-

[1] Siehe auch: Spektrum der Wissenschaft, https://scilogs.spektrum.de/die-natur-der-naturwissenschaft/die-syllogismen-des-aristoteles/, 26.11.24.

[2] Siehe auch: Uni Bonn, https://www.arithmeum.uni-bonn.de/sammlungen/rechenmaschine-des-monats/archiv/04-die-rechenmaschine-von-blaise-pascal.html, und https://www.arithmeum.uni-bonn.de/sammlungen/rechnen-einst/17-jahrhundert.html, 26.11.24.

wohl der Schachtürke ein Betrug war (ein Mensch versteckte sich im Inneren), zeigte er, wie fasziniert Menschen von der Idee intelligenter Maschinen waren. Charles Babbage entwarf im 19. Jahrhundert die Idee der analytischen Maschine. Sie gilt als Vorläufer der modernen Computer.

4.1.3 Der Körper als Maschine: Der cartesianische Dualismus

Im 17. Jahrhundert argumentierte der französische Philosoph René Descartes, dass der menschliche *Geist* und sein *Körper* voneinander getrennt zu verstehen sind – ein Konzept, das als *Körper-Geist-Dualismus* bekannt ist. Er sah den Körper als eine Art *mechanische Maschine*, während der Geist *eine immaterielle, denkende Substanz* zu sein schien. Obwohl Descartes betonte, dass Tiere wie Maschinen „funktionieren" könnten, hielt er fest, dass der menschliche Geist einzigartig und nicht nachbaubar sei.

Diese fundamentale Unterscheidung zwischen mechanischem *Körper* und denkenden *Geist* beeinflusste die spätere Philosophie erheblich. Sie prägte die Vorstellung, dass, selbst wenn Maschinen wie Menschen „handeln" könnten, ihnen dennoch ein wahrer *Geist* fehlen würde. Für Descartes blieb das Denken und die *Selbstwahrnehmung, das Ich,* eine rein menschliche Fähigkeit. Auch hier ist der Hinweis auf den zeitlichen und gesellschaftlichen Kontext wichtig. Er zeigt, wie das Denken der Menschen und ihre jeweiligen Lösungsansätze in ihre Epochen eingebettet waren und sind.

4.1.4 Die Idee der denkenden Maschine. Das Zeitalter der Aufklärung

In Zeitalter der Aufklärung des 18. Jahrhunderts begann eine intensivere philosophische Auseinandersetzung mit der Frage, ob Maschinen auch denken könnten. Die philosophisch geprägten Denker ihrer Zeit, wie Julien Offray de La Mettrie, argumentierten in Werken wie L'Homme Machine[3] (Der Mensch als Maschine), dass der menschliche Geist selbst eine Art komplexe Maschine sei. La Mettrie vertrat eine *materialistische* Position, die Geist und Bewusstsein als Resultate biologischer und physikalischer Prozesse ansah. Dies führte zur radikalen Frage, ob eine Maschine, die ausreichend komplex ist, tatsächlich denken könnte – eine Vorahnung heutiger Diskussionen über maschinelles Bewusstsein.

Dieser sich neu entwickelnde Schwerpunkt in der philosophischen Betrachtung bestimmte die Entwicklung noch bis in das 19. und zum Teil bis in das 20. Jahrhundert. Die Perspektive aus Sicht der Philosophie wurde durch die fehlenden technischen Möglichkeiten, wie sie heute vorhanden sind, Jahrtausende lang zementiert. Erst mit der Entwicklung digitaler Technologie und die mit der Technologie reali-

[3] Siehe auch: Spektrum der Wissenschaft, https://www.spektrum.de/lexikon/philosophen/la-mettrie-julien-offray-de/186, 26.11.24.

sierte *Informationsverarbeitung* konnten Computer entwickelt werden. Damit entstand auch der bisher unbekannte Begriff der *Information, mit seinen Ableitungen wie Informatik als moderne Wissenschaftsdisziplin.* Diese neuartige technologische Entwicklung des Computers als materialistische Ausprägung eines neuen Verständnisses fundamentaler Zusammenhänge des Erkennens und des Denkens ermöglichte erst, den Jahrtausende vorherrschenden Blickwinkel verlassen zu können.

Die in der in den späteren Abschnitten präsentierte Sichtweise auf diese fundamentale Frage über das Bewusstsein wurde das über Jahrtausende zementierte Denkschema verlassen. In diesem Buch wird die Sichtweise auf künstliche Intelligenz nicht über die Frage nach einem *Bewusstsein* (biologisch vs. maschinell) betrachtet, sondern über die Frage, was eigentlich im allgemeinen *Information* ist. Diese Frage erscheint zunächst vielen trivial oder bereits geklärt. Bei der näheren Betrachtung wird jedoch deutlich, dass *Information* etwas Fundamentales ist, ähnlich wie Materie oder Energie. Damit eröffnen sich aber neue Perspektiven zu der Jahrtausende alten Fragestellung, ob maschinelles Bewusstsein möglich ist.

4.1.5 Leibniz und Kant: Logik und formales Denken

Gottfried Wilhelm Leibniz (1646–1716), deutscher Philosoph und Mathematiker, spekulierte ob menschliches Denken durch ein formales System abgebildet werden könnte. Er war davon überzeugt, dass alle Argumente, selbst ethische und ästhetische, durch eine formale Logik systematisiert werden könnten. Diese ersten Überlegungen waren eine frühe Inspiration für die Idee der symbolischen Logik und von programmierbaren Maschinen. Hier entstand der Ursprung eines formalen Algorithmus. Leibniz' Vision eines „rechnenden" Verstandes wurde jedoch erst mit der Entwicklung der formalen Logik im 19. und 20. Jahrhundert philosophisch und technisch umsetzbar. Seine Überlegungen und die seiner Zeitgenossen waren Gedanken, die jedoch auch ein Ausdruck des Zeitgeistes waren, der von einem mechanistischen Weltbild geprägt wurde.

So vertrat der in seiner Epoche sehr einflussreiche Denker Immanuel Kant im 18. Jahrhunderts die Auffassung, dass der Mensch aufgrund seiner Fähigkeit zur Selbstreflexion und Vernunft einzigartig sei. Kant argumentierte, dass das *Erkennen* nicht nur durch Sinnesdaten, sondern auch durch den aktiven Verstand geformt wird. Maschinen, so Kant, könnten höchstens Werkzeuge sein, denen die Fähigkeit zum Selbstbewusstsein und freiem Willen fehle. Nach meiner Interpretation brachte Kant damit zum Ausdruck, dass der Mensch nicht nur aus der Ratio, sondern auch aus dem Emotionalen besteht und beides Bestandteil des Ganzen („aktiven Verstandes") sind und sich wechselseitig beeinflussen. Diese Thesen sind heute, im Zeitalter der entstehenden KI aktueller denn je. In Anbetracht heutiger öffentlicher Diskussionen über KI scheint jedoch diese Erkenntnis verloren gegangen zu sein.

4.1.6 Erste Anfänge künstlicher Intelligenz

Bertrand Russell, Alfred North Whitehead und später Kurt Gödel öffneten mit ihren Überlegungen zur formalen Logik die Tür für eine formalisierte Untersuchung des *Denkens*. Der tatsächliche Durchbruch kam im 20. Jahrhundert. Alan Turing, britischer Mathematiker, legte in den 1930er-Jahren mit seiner „Turing-Maschine" die theoretischen Grundlagen für unsere modernen Computer. In den 1950er-Jahren stellte er die berühmte Frage: „Können Maschinen denken?". Alan Turing entwickelte in dieser Zeit seinen bekannten Turing-Test. Er galt lange als Prüfstein, ob eine denkende Maschine durch ihr Verhalten von einem Menschen zu unterscheiden ist. Der Test stellt einen Meilenstein in der KI-Forschung dar. Die mathematische Logik und die Arbeiten von Alan Turing in den 1930er-Jahren legten den Grundstein für die moderne Informatik und die Idee des *algorithmischen Denkens*. Der nach ihm benannte Turing-Test ist ein Gedankenexperiment, in dem untersucht wird, ob eine Maschine menschenähnliche Intelligenz simulieren kann, sodass ein menschlicher Beobachter keinen Unterschied zwischen der simulierten Intelligenz und einer tatsächlichen menschlichen Intelligenz feststellen könne.

Damit wurde der philosophische Anker in der KI-Forschung gesetzt: Können Maschinen wirklich „denken" oder handelt es sich lediglich um ein Nachahmungsspiel, eine Denksimulation? Diese philosophische Frage bildete den Fokus der Debatten zwischen John Searle und Hubert Dreyfus. 1980 argumentierte Searles *Chinese Room Argument*,[4] dass das Ausführen von symbolischen Operationen keine wirkliche Bedeutung oder ein Verständnis impliziere. Dreyfus zweifelte, dass Maschinen jemals die flexible und intuitive Art des menschlichen Denkens erreichen könnten, und betonte vor allem die Rolle von Erfahrung und Körperlichkeit.

In den technologieeuphorischen und visionären Jahren der 1950er, in denen die Science-Fiction ihre Blüte erlebte, fand 1956 die Dartmouth-Konferenz statt, auf der der Begriff der *Künstlichen Intelligenz* geprägt wurde. Forscher wie John McCarthy und Marvin Minsky postulierten Maschinen, die eine ähnliche Intelligenz wie Menschen entwickeln werden. Dieser Optimismus aus diesem Jahrzehnt führte zu einer Welle von wissenschaftlichen Projekten – und zu ersten Erfolgen in Form von Programmen, die Schach spielen oder mathematische Probleme lösen konnten. Zu dieser Zeit wurden Computer noch durch Lochstreifen gesteuert, speicherten ihre Daten auf einer Festplatte so groß wie eine heutige Waschmaschinentrommel und hatten eine Kapazität eines heutigen Speichersticks.

Doch die Realität war ernüchternd. In den 1970er- und 1980er-Jahren geriet die Entwicklung von KI in eine Krise, die in diesem Technologie- und Wissenschaftsfeld als *KI-Winter* bekannt wurde. Die digitalen Computer basierten auf Hardware mit geringer Leistungsfähigkeit, die Datenmengen waren sehr begrenzt und viele Versprechen der vorherigen Auguren konnten nicht eingehalten werden. Regierungen und zahlreiche Unternehmen zogen ihre Finanzierungen zurück. Die Euphorie

[4] Siehe auch: Standford Encyclopedia of Philosophy, https://plato.stanford.edu/entries/chinese-room/, 26.11.24.

verschwand, doch die Grundlagenforschung ging weiter, hier vor allem auch in Deutschland und anderen europäischen Ländern.

Mit dem Beginn des neuen Jahrzehnts der 1990er-Jahre begann für die KI-Entwicklung eine neue und unerwartete Ära. Mit der rasanten Entwicklung der Hardware, dem Aufkommen von PCs, der Entwicklung von verteiltem Rechnen und parallel arbeitenden Computern auf Basis ihrer Vernetzung, konnten Fortschritte in der Rechenleistung und bei der Adressierung größerer Datenmengen es ermöglichen, dass Maschinen nicht mehr nur programmiert, sondern „trainiert" werden konnten. Algorithmen wie neuronale Netze, die noch wenige Jahre zuvor als zu komplex für die damaligen Computer galten, konnten nun auf der neu entwickelten Computerhardware ausgeführt werden und gewannen somit an Bedeutung.

Im Jahr 1997 schlug IBM mit seiner Maschine „Deep Blue" den Schachweltmeister Garry Kasparov. Ein Wendepunkt, der an dieser öffentlichen und PR-wirksamen Vorführung zeigte, dass Maschinen in spezialisierten Aufgaben Menschen übertreffen konnten. Doch die wahre Revolution begann in den 2010er-Jahren, als *Deep Learning* und *Big Data* auf Basis des Internets – einer extrem großen Datensammlung – möglich wurde.

Heute ist KI bereits allgegenwärtig. Systeme wie ChatGPT, autonom fahrende Autos, Bilderkennung und zahlreiche Assistentbots dringen in das Arbeitsleben und den Alltag der Menschen ein und verändern unser Leben. Firmen wie OpenAI, Google, X und DeepMind führen die Entwicklung an und setzen auf Technologien wie das *Transformermodell*, das ich im späteren kurz beschreiben werde. Durch die Entwicklung dieser neuen Modelle konnte die Sprachverarbeitung auf ein neues Niveau gehoben werden. Übersetzungen von Texten aus einer Sprache in eine andere sind damit in hoher Qualität und zu geringen Kosten möglich geworden. Die Hürden im Austausch von Informationen zwischen unterschiedlichen Sprachen werden damit kleiner.

4.1.7 Philosophische Debatten und maschinelle Intelligenz

Mit dem Erscheinen von ChatGPT in einer breiten Öffentlichkeit als frei zugängliche KI mit einer leicht zu bedienenden und multilingualen Schnittstelle, entstand ein weltweites öffentliches Interesse. In der Folge befassen sich u. a. nun auch wieder Philosophen zunehmend mit Fragen des maschinellen Bewusstseins und der Ethik in der Anwendung von KI. Themen wie der „starke KI"-Ansatz – die Idee, dass Maschinen ein echtes Bewusstsein entwickeln könnten – stehen erneut im Fokus der öffentlichen Diskussion. Während einige Philosophen wie David Chalmers die Möglichkeit von künstlichem Bewusstsein ernst nehmen, argumentieren andere, dass Bewusstsein untrennbar mit biologischem Leben verbunden ist. Diese Diskussionen halten an und müssen auch vor dem aktuellen Zeitgeist betrachtet werden.

Ethik, Datenschutz und die Angst vor dem gesellschaftlichen Kontrollverlust sind in den letzten Jahren zu intensiv diskutierten Themen herangewachsen. Wird KI uns helfen, die kleinen und größten Probleme der Welt zu lösen, oder uns in eine dystopische Zukunft führen? Philosophische und soziale Fragen fokussieren etwa die Verantwortung für autonom handelnde Maschinen, die Gefahr von Voreingenommenheit und Diskriminierung in KI-Systemen (kulturelle KI-Prägung durch spezifische Lerndaten aus einem Kulturraum) oder die Notwendigkeit der Kontrolle und Transparenz in der Entwicklung von KI-Systemen und ihrem Einsatz in einer Gesellschaft. Diese Herausforderungen sind nicht nur technischer, sondern auch zutiefst philosophischer und sozialer Natur und erfordern eine ethische Reflexion der Auswirkungen von maschineller Intelligenz auf die Gesellschaft und das Individuum. Etwas abstrakter stellt sich die Frage nach der Integration einer *anderen Intelligenz* auf allen Ebenen einer Gesellschaft, wenn Robotik zusätzlich in dieser Diskussion berücksichtigt wird. KI mit ihren technischen Ausprägungen kann auch als fremde Intelligenz, quasi als Aliens eingestuft werden, denn sie hat keine biologische Entsprechung oder einen biologischen Ursprung auf dieser Welt. Damit verbindet sich jedoch auch die spannende Frage, ob die Zivilisationen dieser Welt Aliens in ihre innersten Bereiche integrieren können und was dann in diesen Gesellschaften sich verändern wird. Ist die Menschheit zur Integration von Aliens, die wir KIs nennen, bereit? In der erweiterten Perspektive stellt sich dann auch die Frage nach der Kontrolle dieser Technologie, dem Geschäftsmodell zur Erwirtschaftung von Profit und den neuen mannigfaltigen menschlichen und gesellschaftlichen Abhängigkeiten.

Die philosophische Betrachtung von maschineller Intelligenz zeigt, dass die Fragen nach Denken, Bewusstsein, Macht, Einfluss und Ethik weit über die technischen Aspekte hinausgehen. Die Philosophie hilft, die Grenzen und Potenziale der maschinellen Intelligenz zu verstehen und kritisch zu hinterfragen. Zusätzlich verschafft die Philosophie den Zugang zu der Frage, ob Maschinen jemals die Qualitäten des menschlichen Geistes erreichen können – oder ob sie stets nur eine Spiegelung/Simulation, aber niemals die Essenz des menschlichen Denkens darstellen werden.

Die Geschichte der KI ist ein Zeugnis menschlicher Neugier und Innovation. Von den Träumen der Antike über die Herausforderungen der Gegenwart bis hin zu den Versprechen der Zukunft. KI in ihrer Gesamtheit bleibt eines der spannendsten Kapitel der Menschheit. Frei nach Kant, eine *Selbstreflexion* einer gesamten Spezies. Während wir uns immer weiterentwickeln, stellt sich die metaphysische Frage: Werden wir die KI kontrollieren oder wird sie uns in Zukunft kontrollieren?

4.1.8 Grundlagen, Anfänge und die Zivilgesellschaften

Nach dem Ende des zweiten Weltkriegs herrschte eine weltweite Stimmung des Aufbruchs, hier vor allem in den westlichen Ländern. *Science-Fiction* wurde zu einem beliebten Thema in den Gesellschaften und schuf die Konzepte der Zukunft, auf denen heute zahlreiche Entwicklungen und „neue" Zukunftskonzepte basieren. In dieser Zeit begannen intensive Arbeiten, Maschinen zur Problemlösung und logischem Denken zu befähigen. Die Forscher setzten dabei auf Regeln und logische Schlussfolgerungen, die als *symbolische KI* bekannt wurden. In dieser Phase entstanden auch die ersten Schachprogramme und Spracherkennungssysteme, auf die ich bereits im vorherigen Kapitel hingewiesen habe. Dennoch stieß die symbolische KI schnell an ihre Grenzen, da die in der Regel algorithmisch basierte Programmierung komplexer Entscheidungen sehr aufwendig und schwer skalierbar war.

Die Wende kam in den 1990er-Jahren mit Fortschritten im maschinellen Lernen (ML), einem Teilgebiet der KI, das Maschinen erlaubt, aus *Daten zu lernen,* anstatt sie explizit zu programmieren! Insbesondere die Entwicklung von Algorithmen wie *Entscheidungsbäumen*, *neuronalen Netzwerken* und *Support Vector Machines* führten zu einem neuen Aufschwung der KI. Mit der exponentiellen Zunahme der *Rechenleistung* und der *Verfügbarkeit* großer *Datenmengen* konnten diese Methoden in der Praxis angewandt und optimiert werden. Es entstanden die ersten Geschäftsmodelle, um Investitionen in die Entwicklung rechtfertigen zu können. Maschinelles Lernen ermöglichte es Maschinen, Muster in Daten zu erkennen und Entscheidungen auf Grundlage dieser Muster zu treffen. „Expertensysteme" für die Fertigungskontrolle, aber auch im Bankenwesen zur Unterstützung von Trading-Systemen an Aktienbörsen profitierten von dieser Entwicklung.

Seit den 2010er-Jahren ist das *Deep Learning*, eine Unterkategorie des maschinellen Lernens, die auf künstlichen neuronalen Netzwerken basiert, ein entscheidender Faktor für den Fortschritt in der Entwicklung von KI. Durch die Strukturierung neuronaler Netzwerke in zahlreiche Schichten, die sogenannten tiefen Schichten, kann KI äußerst komplexe Muster erlernen und *erkennen*. Diese Technik führte zu beeindruckenden Ergebnissen in Bereichen wie Spracherkennung, Bildverarbeitung und dem *Natural Language Processing* (NLP).

Mit dem Konzept des *Deep Learning* wurden auch die sogenannten *generativen Modelle* entwickelt, wie z. B. *die generativen adversarialen Netzwerke* (GANs) und *Transformermodelle*. Sie haben das Feld auf revolutionäre Weise verändert und neue Anwendungsmöglichkeiten geschaffen, von der Erstellung realistischer Bilder und Videos bis hin zur maschinellen Textgenerierung und sinnhaften Übersetzung aus anderen Sprachen.

Heute ist KI in fast allen Lebensbereichen mithilfe digitaler Technologie und einer weltweiten Informationsinfrastruktur zu finden, sei es bei Empfehlungen für die Einstellung von Menschen in einen Arbeitsplatz, bei der Rekrutierung von Arbeitskräften und der Bewertung von Bewerbungen in einem Unternehmen, der Medizin, der Forschung, der Wetterprognose, der Robotik oder autonom fahrender Fahrzeuge. Ein wenig in der Öffentlichkeit beachtetes Einsatzfeld ist jedoch auch die Kriminalitätsbekämpfung, aber auch die Entwicklung neuer Straftaten, die KI gestützte Kriegsführung und Kriegssimulation, die Ausbildung von Militärangehörigen in Simulatoren oder die Entwicklung autonom tötender Waffensysteme. Systeme wie Chatbots, Sprachassistenten oder Bilderkennungssoftware gehören mittlerweile zum Alltag. Die Entwicklung von KI ist jedoch auch mit Herausforderungen und ethischen Fragen verbunden, etwa bezüglich Datenschutz, Transparenz, Fairness und Kontrolle.

KI hat das Potenzial, viele Bereiche aller Gesellschaften auf der Welt nachhaltig zu verändern und neue Möglichkeiten zu schaffen, aber auch Risiken und Verantwortlichkeiten neu zu strukturieren. Zukünftige Innovationen könnten die Entwicklung einer *„starken oder globalen KI"* vorantreiben, einer Form der KI, die menschliche Intelligenz in umfassender Weise nachahmen oder sogar übertreffen könnte. Die offene Frage ist jedoch weiterhin, wie gehen die Gesellschaften mit einer „Überintelligenz" um? Wer wird über diese Intelligenz die Kontrolle ausüben und WIE wird sie effektiv und wirksam erfolgen? Und was ist eine Überintelligenz im Verhältnis zur biologischen Intelligenz?

Wie in den vorherigen Kapiteln gezeigt wurde, ist die Geschichte der KI durch Fortschritt, Rückschläge und technologische Sprünge geprägt. Dennoch sind immer wieder neue Möglichkeiten entstanden. KI hat das Potenzial, unser Leben weiter zu verändern, mehr noch, zukünftig zu gestalten. Die Zukunft der künstlichen Intelligenz wird voraussichtlich durch eine Reihe von innovativen und gesellschaftsverändernden Trends geprägt. Diese Entwicklungen könnten dazu beitragen, dass KI zunehmend leistungsfähiger, vielseitiger und tatsächlich nutzbringender wird. Damit verlässt die jahrhundertelange Entwicklung ihre intellektuelle Hülle (Wissenschaft und Universitäten) und erreicht die kommerziellen Bereiche von Gesellschaften, mit all ihren positiven und negativen Folgen. Hier sind einige der wichtigsten Trends, die die Entwicklung und Anwendung von KI in den nächsten Jahren beeinflussen könnten. In den folgenden Kapiteln richte ich zu diesen Entwicklungen den Fokus auf unterschiedliche Schlüsselbereiche. Dabei wird nur eine kleine Auswahl von Themenbereichen beispielgebend gestreift.

4.1.8.1 Quantum-KI: Beschleunigung durch Quantencomputer

Ein neuer und vielversprechender Bereich in der technologischen Entwicklung der Hardware ist die Kombination von KI und Quantencomputing. Obwohl sich Quantencomputer noch in der Entwicklungsphase befinden, könnte ihre einzigartige Rechenleistung bestimmte Berechnungen erheblich beschleunigen und die Lösung komplexer KI-Probleme verbessern. Quanten-KI könnte zum Beispiel bei Optimierungsproblemen oder der Simulation komplexer Systeme, wie Molekülen und chemischen Reaktionen, helfen.

Andererseits könnten auch die heute bereits bekannten Probleme zum Bau eines Quantencomputers nach der euphorischen Hochphase zu einer Ernüchterung führen. Ein weiteres Problem der Quantencomputer wird wohl ihre hohe Spezialisierung für spezifische Aufgabenstellungen, z. B. im Bereich der Simulation oder der Entwicklung von Modellen, sein. Diese spezifischen Einsatzfelder machen jedoch nur einen kleinen Markt im Wissenschaftsbereich aus. Ob dann dieses Marktvolumen für die hohen Entwicklungs-, Produktions- und Anschaffungskosten ausreichen wird, ist heute noch nicht abschätzbar. Das Quantencomputing für KI eingesetzt werden wird, scheint vor diesem Hintergrund eher fraglich.

4.1.8.2 Modellarchitekturen und Fortschritte in der KI-Forschung

Die Modellarchitektur von KI wird sich kontinuierlich weiterentwickeln. Sie bildet einen Schlüssel heutiger KI-Systeme in ihren Einsatzfeldern und ihrer Leistungsfähigkeit. Besonders vielversprechend sind Fortschritte im Bereich der *„multimodalen KI"*, die Daten aus verschiedenen Quellen (z. B. Sprache, Bild, Text und Sensoren) gleichzeitig verarbeiten und interpretieren kann. Diese Fähigkeit ist entscheidend für die Weiterentwicklung von KI-Systemen, die in komplexen Umgebungen eingesetzt werden. Auch das Modell des „Few-Shot- und Zero-Shot-Learning", mit dem eine KI mit wenig oder ohne spezifische Trainingsdaten arbeiten kann, wird an Bedeutung gewinnen. Auf Basis dieser Modelle werden KI-Systeme flexibler und anpassungsfähiger. In einer weiteren Entwicklungslinie werden KI-Systeme selbst zur Verbesserung der Modellarchitektur beitragen.

4.1.8.3 Weiterentwicklung der KI-Sicherheit

Mit der zunehmenden Abhängigkeit der einzelnen Menschen (Individuen), der Unternehmen, der Institutionen und ganzer Gesellschaften von KI-Systemen wird auch die KI-Sicherheit ein zentraler Trend werden. Techniken zur Sicherstellung der Robustheit und Unverfälschbarkeit von KI-Modellen – zum Beispiel, um sie vor Manipulationen zu schützen – werden an Bedeutung zunehmen. Eine entscheidende Facette dieses Themenbereichs Sicherheit wird die Test-, Prüf- oder Verifizierbarkeit von KI-generierten Ergebnissen sein. Weiter werden in Zukunft Angriffe auf KI-Modelle oder die Manipulation von Trainingsdaten größere Risiken darstellen, insbesondere in sicherheitskritischen Bereichen wie der Verteidigung oder der Finanzindustrie.

Andererseits werden diese Risiken auch für Unternehmen gelten und von ihnen beherrscht werden müssen. Heute findet die Entwicklung von KI außerhalb der Betrachtung staatlicher, gesellschaftlicher oder persönlicher Sicherheitsinteressen statt, was sich für die an der Technologieentwicklung beteiligten Firmen zu einem Bumerang entwickeln kann. Die heute in der KI-Technologie führenden Unternehmen müssten aus dieser Perspektive an einer starken Integration ihrer Technologie auf Basis von einem in einer Zielgesellschaft akzeptierten Regelsystem interessiert sein. Die Technologieunternehmen haben in dieser Frühphase der Technologieentwicklung die einmalige Möglichkeit, für andere Gesellschaften ethische und moralische Regeln zur Nutzung von KI selbst zu entwickeln und zu veröffentlichen.

In diesem Kontext steht auch das von mir in dem vorherigen Kapitel geprägte Bild der Aliens, die wir KIs nennen und in die inneren Bereiche unseres Zusammenlebens, Arbeitens und Handelns (politisch, gesellschaftlich und militärisch) integrieren wollen.

4.1.8.4 KI in der Automatisierung

Der Bereich der Automatisierung ist bereits heute ein großes Anwendungsfeld für KI. In meinem Abschn. 4.1.9 und den Folgekapiteln gebe ich einen ausführlichen Einblick in diesen möglichen Anwendungsbereich, den virtuellen Laboren. Dieser Trend mit der Durchdringung von KI in diesem Einsatzfeld wird weiter an Bedeutung gewinnen. Erste auf KI basierte Geschäftsmodelle befinden sich bereits in der Testphase. KI-basierte Automatisierung, inklusive automatisierter Forschung, wird sich zunehmend in verschiedenen Branchen durchsetzen, von der Industrie über das Gesundheitswesen bis hin zur Verwaltung, dem Rechtswesen, dem Militär und der Logistik. Insbesondere die Kombination von Robotik und KI könnte dazu führen, dass immer mehr komplexe Aufgaben in allen Bereichen einer Gesellschaft automatisiert werden.

Dieser Trend bringt jedoch auch besondere Herausforderungen für die Menschen in einer Gesellschaft, insbesondere im Hinblick auf Arbeitsplätze und ihrer sozialen und gesellschaftlichen Bedeutung sowie einem wirtschaftlichen Wandel. Auch hier wird ein neuer, durch die Entwicklung von KI hervorgerufener Konflikt zwischen der Bewertung der humanen Arbeit und der Arbeit von KI-basierten Robotern entstehen. Bereits die heute übliche *Besteuerung* humaner Arbeit wird bei massenhafter, jedoch schleichender Ablösung an Arbeit durch KI-Systeme zu einem fundamentalen und destabilisierenden Problem einer Gesellschaft führen. Die Konfliktlinie wird zwischen den durch humane Arbeit basierten Staatseinnahmen (Steuern) und der nicht versteuerten Arbeit von KI-Systemen bzw. Robotern verlaufen. Schon heute ist die Verdichtung der steuerlichen Abgaben auf das menschliche Leben zu beobachten, wobei die durch maschinellen Einsatz erwirtschafteten Effizienzen weitestgehend unbesteuert bleiben. Die Arbeit von Industrierobotern ist steuerfrei. Die gleiche Arbeit von Menschen ausgeführt wird umfassend vom Staat besteuert. Mit der sich entwickelnden Integration von KI in humane Arbeitsbereiche, der Verdrängung von humaner Arbeit, ändern sich auch die Finanzströme, weg von staatlichen Einnahmen durch die Besteuerung von Arbeit, hin zum Kapitaltransfer von einem Land in das Land der KI-Eigentümer.

4.1.8.5 KI-gestützte Nachhaltigkeit und Umweltschutz

Mit zunehmendem Bewusstsein über den Klimawandel und seinen gesellschaftlichen Narrativen sowie einer sich in Zukunft entwickelnden globalen Ressourcenknappheit, wird KI auch für den Umweltschutz und die Nachhaltigkeit von wirtschaftlichen Prozessen eingesetzt werden. Das setzt jedoch voraus, dass bis zu einer breiten Einführung von KI genügend Rechenzentren, Infrastruktur und Energieproduktionsanlagen aufgebaut und bereitgestellt worden sind. Der euphorische Teil wäre: KI kann bei der Analyse großer Datenmengen helfen, um Emissionen zu reduzieren, Energieeffizienz zu steigern und alle möglichen Ressourcen effizienter zu nutzen. Landwirtschaftliche Anwendungen können Ernteprognosen, Pflanzenschutz- und Wasserverbrauch optimieren. KI-gestützte Überwachungssysteme, die Umweltrisiken frühzeitig erkennen, werden zunehmend genutzt, um den ökologischen Fußabdruck zu reduzieren. Bei der Entwicklung von neuen Materialien, die u. a. in einen globalen Stoffkreislauf rückstandsfrei integriert werden könnten (siehe u. a. verrottbares Plastik), wird KI als Assistenzsystem eingesetzt werden können.

Der dystopische Teil: All diese Einsatzfelder werden nicht ohne eine automatisierte Kontrolle, somit dem Zugriff von anderen KI-basierten Kontrollsystemen auf diese Daten eine umfassende Wirkung entfalten. Die Transparenz der bäuerlichen Betriebe, der Menschen und all ihres landwirtschaftlichen Eigentums wird mit dieser Entwicklung anderen zur Kontrolle zur Verfügung gestellt werden, vor dem Vorwand einer verbesserten Effizienz mithilfe von Behörden, Versicherungen, Banken, Saatgut- und Pflanzenschutzanbietern und ggf. anderen Konkurrenten. Ein weiteres Feld, das der totalen Kontrolle, wird durch die Digitalisierung der Währungen vorangetrieben, hier vor allem in der EU, jedoch auch in vielen asiatischen Ländern. Mit der Digitalisierung des Geldes wird auch eine Ausgabenprogrammierung einhergehen. Damit könnten z. B. die Zentralbank, die nationalen Banken, die EU oder die nationale Regierung mit ihren Behörden festlegen, wofür eine einzelne Person ihr digitales Geld zukünftig ausgeben darf, ob ein CO_2-Konto bereits durch einen Wareneinkauf aufgebraucht wurde oder ein soziales Fehlverhalten zu einer Strafe führt, indem das Buchen z. B. von Reisen gesperrt wird. Sollen z. B. Waren mit der Bezahl-App bezahlt werden, die nicht unter die Freigabe von bestimmten Waren oder Dienstleistungen fallen, wird die Bezahlung einfach verweigert. Diese Kontrolle wird in Zukunft vermutlich als Schutz des Individuums und nicht als totale Kontrolle proklamiert werden. Damit ist zugleich auch eine Entwicklung beispielhaft beschrieben, die des langsamen Verlusts an Privatheit, einem selbstbestimmten freien Leben und Persönlichkeit auf allen Ebenen der Gesellschaft.

4.1.8.6 KI-gestützte Sprach- und Kommunikationstechnologien

Das Natural Language Processing (NLP), die Fähigkeit von Maschinen, menschliche Sprache zu „verstehen“ und zu generieren, hat sich in den letzten Jahren stark verbessert. Sprachassistenten, Chatbots und Übersetzungssysteme werden darin immer besser, menschliche Dialoge zu führen und komplexe Anfragen zu verstehen. Was unter der Technologie NLP zu verstehen ist, wird in einem späteren Kapitel beschrieben.

In Zukunft könnten solche Systeme noch stärker auf individuelle Bedürfnisse und *kulturelle Unterschiede* angepasst werden sowie den Kontext eines Dialogs besser „verstehen“ und Gefühle interpretieren, sofern ein Dialog zwischen einer KI und einem natürlichen Menschen erfolgt. Trifft die KI z. B. auf einen Avatar, sind die Szenarien für diese Dialogprozesse noch nicht vollständig beschrieben. Auch diese positive Entwicklung bedarf eines ethischen Rahmens, da sonst jeder Mensch maschinell und generalisiert bis ins Detail „durchleuchtet“ werden könnte, sofern er mit dem Internet kommuniziert.

Ein weiterer Trend in diesem Einsatzfeld ist der Ersatz menschlicher Servicekräfte durch KI-Bots, um z. B. bei Banken, Bürgerämtern oder Unternehmen ein automatisiertes Serviceangebot anbieten zu können. Hier werden sich dann Unternehmen mit tatsächlich *menschlichen Kontaktpartnern* (Human-centered Services) von KI-Bots (Human-like AI Services) im Markt ausdifferenzieren. Sind mit diesen KI-Bots im Servicebereich spezifische Entscheidungen, z. B. eine Kontosperre oder eine Kreditvergabe, die Ausstellung von Führerscheinen, Ausweisen oder Pässen etc., verbunden, werden die ethischen Rahmen eine erhebliche Bedeutung erlangen. Insofern müsste bereits heute eine Gesellschaft wie die in Deutschland, der EU oder den USA klare Regeln erlassen, welche Aufgabenbereiche oder Einsatzbereiche nicht durch KI automatisiert werden dürfen!

4.1.8.7 „Vertrauenswürdige“ und „ethische“ KI

Mit der zunehmenden Verbreitung von KI wächst die Forderung nach einer „ethischen“ und/oder „transparenten“ KI. Hehre Forderungen und Wünsche am Anfang einer fundamentalen gesellschaftlichen Entwicklung. Es ist eine Hoffnung, dass in der Zukunft Richtlinien und Standards entwickelt werden, dass KI-Systeme *fair*, *verantwortungsbewusst* und *nachvollziehbar* arbeiten. Dazu werden u. a. zählen: eine durch Algorithmen tatsächliche Vermeidung von Diskriminierungen, der Schutz der Privatsphäre sowie die Transparenz bei Entscheidungsprozessen. Jedoch ist bereits der erste Punkt innerhalb eines Kulturraums bzw. Staatsgebiets eine durch aktuelle Gesetze definierte Grenze, die lediglich von den modernen KI-Systemen übernommen werden müsste. Diese einfache Forderung impliziert jedoch weitreichende Konsequenzen für die KI-Anbieter, wie z. B. eine einem Kulturraum oder einem Rechtsraum konforme Verhaltensweise. Die daran anschließende Frage wäre, wer und wie sollen diese Regeln kontrolliert werden? In den heutigen politischen Prozessen zur Aufstellung dieser Regeln wird der zweite Fragenkomplex, der der Kontrolle, häufig „vergessen", sodass hier keine einem Gesetz unterstützende Ressourcen- bzw. Infrastrukturentwicklung einem Gesetzbeschluss folgt.

Auf der anderen Seite werden vor allem in Deutschland und der EU gesetzliche Entwicklungen vorangetrieben, die Privatsphäre weiter auszuhöhlen, andere Meinungen an einen öffentlichen oder rechtlichen Pranger zu stellen (mit dem von der Politik öffentlich geäußerten Ziel der Verbreitung von Angst bei den Bürgern) sowie die Transparenz über Entscheidungsprozesse des Staates oder der EU-Administration zurückzudrängen. Diese heute negativen Auswirkungen basieren jedoch auf dem Wunsch der letzten zwei Jahrzehnte nach einem besseren Schutz der Privatsphäre durch Digitaltechnologie und der Kontrolle des „rechtsfreien Raums" Internet. KI wird dieses Spannungsfeld weiter aufladen. Die Forderung nach der „erklärbaren KI" (*Explainable AI*) wird zukünftig ein wichtiger Bereich sein, um nachvollziehbare und erklärbare Entscheidungen durch Maschinen zu ermöglichen. Als ein kurzfristig wichtiges Handlungsfeld erscheint mir u. a. die Offenlegung und Angabe von Quellen, von denen eine KI ihre Aussagen trifft. Hier scheint sich vor allem in Europa ein Machtkampf auf Basis der neuen KI-Technologie, die vor allem aus den USA und China stammt, zwischen den Eigentümern dieser Technologie und der Politik zu entwickeln. Dabei wird in den USA die KI-Technologie weitestgehend dereguliert, wobei die EU beabsichtigt, diese Technologie durch eine starke Regulierung zu kontrollieren.

Ein Beispiel dafür ist das autonome Fahren von Fahrzeugen, in dem diese Fragen und Rahmenbedingungen eine große Bedeutung einnehmen. Die KI-gesteuerten Fahrzeuge haben in Europa keine oder nur sehr geringe öffentliche Testmöglichkeiten, diese Systeme praxisnah trainieren zu können. In der Folge entsteht dadurch ein Wettbewerbsnachteil für Unternehmen, die sich in Europa damit beschäftigen. Europäische Unternehmen werden deshalb nicht an der Spitze dieser Technologieklasse stehen können. Es fehlen ihnen die für die Technologieentwicklung notwendigen Rahmenbedingungen. Generell werden ethische Fragen im Bereich autonomer Systeme auf Basis von KI einen Konflikt zwischen kommerziellem Profit und ethischen Beschränkungen erzeugen. Weitet man den Blick von den massentauglichen Produkten, wird sich in der Folge dieses Entwicklungsprozesses ein massiver Konflikt von heutigen Machthabern (Regierungen, Gerichten, Politikern) und neuen Machtbesitzern (Technologiekonzernen als Eigentümer von KI-Systemen) entwickeln!

4.1.8.8 KI in persönlichen und häuslichen Anwendungen

KI wird voraussichtlich weiter in den ganz privaten Alltag eines jeden Menschen integriert und persönliche oder häusliche Einsätze durchführen, sofern dafür in einem Haushalt die finanziellen Mittel vorhanden sein werden. Ein wesentlicher Grund dazu wird die scheinbare Entlastung eines einzelnen Menschen sein. Dabei entwickelt sich der Begriff der „Entlastung" immer stärker zu einem Synonym der Übernahme von humanen Denkprozessen. Von „smarten" Haushaltsgeräten über persönliche Assistenten bis hin zu Gesundheitstrackern, die persönliche Daten analysieren und Empfehlungen geben, wird KI mehr und mehr zur Optimierung des täglichen Lebens einer einzelnen Person eingesetzt werden. Damit ist eine schleichende Optimierung eines individuellen Lebens von nicht individuellen Parametern verbunden. Als Folge dieses Prozesses werden die Personen mithilfe scheinbar optimaler Parameter eines gesunden Lebens zu vollkommen abhängigen und steuerbaren Lebewesen. Diese Entwicklung bewirkt die schleichende vollständige und lebensbestimmende Abhängigkeit eines jeden Individuums, eines jeden Menschen. Werden nun die Daten dieser neuen Anwendungen in Geschäftsmodelle z. B. von Versicherungen oder Banken integriert, entsteht eine erhebliche individualisierte Lebenseinschränkung bzw. *Lebenskontrolle* von natürlichen Personen in Abhängigkeit dieser Daten bzw. der damit arbeitenden Unternehmen oder staatlich kontrollierten bzw. abhängigen Einrichtungen. So könnten z. B. selektiv bestimmbare Personen von Versicherungsleistungen, Bankleistungen, Abschluss von Mietverträgen oder anderen Dingen des täglichen Lebens komplett ausgeschlossen werden, wenn bestimmte physische Fitness- oder Verhaltensdaten unterschritten werden, um zukünftig Versorgungskosten durch entsprechende Einrichtungen einsparen zu können. Diese individuellen Beschränkungen werden dann erhebliche gesellschaftliche Auswirkungen zeigen, auch bei Systemfehlern. Bisher sind korrigierende Möglichkeiten gegen die willkürliche Nutzung dieser Daten schwach oder nicht vorhanden (siehe digitale Patientenakte). Die Entwicklung der letzten zwei Jahrzehnte hat gezeigt, dass keine wirksamen Gesetze bzw. Maßnahmen gegen einen unfreiwilligen „Datenmissbrauch" existieren. In der Folge hat heute ein Individuum nicht mehr die Kontrolle über seine persönlichen Daten. Mit der weiteren Entwicklung von KI wird sich dieser Kontrollverlust an Persönlichkeit und Privatheit rasant verschärfen.

4.1.8.9 Ausbau von KI im Gesundheitswesen

KI hat bereits heute das Potenzial, die Medizin, Chemie und Pharmazie revolutionieren zu können. KI-gestützte Diagnosesysteme, die Bildgebungs- und Patientendaten analysieren, sowie personalisierte Medizin, bei der Behandlungspläne auf Basis individueller Daten einer Person erstellt werden, erleben bereits heute mit den neuen KI-Systemen einen erheblichen Entwicklungsschub. Auch in der Medikamentenentwicklung oder industriellen Chemie könnte KI in Zukunft eine entscheidende Rolle spielen, indem sie die Analyse von Molekülstrukturen und die Vorhersage von stofflichen/molekularen Reaktionen, ihrer Wirksamkeit und ihren Nebenwirkungen beschleunigt. Ebenfalls kann KI die Suche nach neuen Medikamenten beschleunigen, die keine Resistenzbildung durch Viren ermöglichen.

Die prinzipiellen positiven Entwicklungen dieser Technologie, losgelöst von ethischen und moralischen Rahmenbedingungen, können z. B. zu Einstellungsbedingungen in Firmen führen, die bereits bei der Einreichung von Bewerbungsunterlagen eines Interessenten die Gesundheitsdaten eines Bewerbers auswerten. Aufgrund dieser Auswertungsergebnisse werden dann automatisierte, intransparente Entscheidungen getroffen, wie z. B. eine Ablehnung oder eine reduzierte Gehaltseinstufung. Ebenfalls sind medizinische Entwicklungen auf Basis von KI möglich, die bestimmte Bevölkerungsgruppen ausschließen oder andere Gruppen bevorzugen (z. B. Medizin für Wohlhabende und Medizin für den Rest der Bevölkerung). Am Beispiel Deutschland würde sich im Zuge dieser Entwicklung eine bereits heute diagnostizierte gesellschaftliche Spaltung zwischen privat und gesetzlich Versicherten weiter vertiefen und institutionell verfestigen. Im Besonderen in der Medizin und ihren anhängenden Bereichen, wie z. B. der Versicherungswirtschaft, stellt in den nächsten Jahren der Einsatz von KI eine besondere Herausforderung dar, mit tiefgreifenden gesellschaftlichen Auswirkungen.

4.1.8.10 Gesellschaftliche Abhängigkeiten

Mit zunehmender Entwicklung der KI-Systeme, in Verbindung mit leistungsfähiger Hardware, müssen für heutige KI-Modelle erhebliche Datenmengen zur Verfügung gestellt werden. Die Frage nach der Rechtmäßigkeit in der Nutzung ungeschützter und kostenlos verfügbarer Quelldaten zum Training von KI und dem dann folgenden Profit auf Basis dieser Daten, ist heute ein nicht befriedigend gelöstes Problem, was jedoch für die Zukunft gelöst werden muss.

Eine weitere Frage stellt sich für ganze Staaten, die durch den massenhaften Einsatz von importierter KI an Wertschöpfung verlieren oder gewinnen. Eine fertig trainierte KI kann bei einem breiten Einsatz in einem anderen Land zur Anhebung des nationalen Wissens führen, obwohl die Bevölkerung nicht diese Fähigkeiten hat. Wie ich bereits in den vorherigen Kapiteln erwähnt habe, wird der breite Einsatz von KI mittelfristig zu einer Verlagerung von „humanen Denkprozessen" auf die KI führen. Diese Entwicklung wurde bereits durch die breite Einführung der Smartphones eingeleitet, die mithilfe von Suchmaschinen zu einer Absenkung von Allgemeinwissen bei vielen jüngeren Menschen geführt hat. Wie jedoch zukünftig dieser Wissenstransfer an KI (Datenbeschaffung) und von KI (Nutzung) von am Internet beteiligten Staaten in einen anderen Staat wertmäßig, kulturell, wirtschaftlich etc. bewertet und ggf. ausgeglichen werden muss, ist heute unklar. Die Wertschöpfungsmodelle der Technologiekonzerne heutiger KI basieren auf der Nutzung kostenloser Daten aus einem Kulturraum, z. B. Europa. Die anschließende Wertschöpfung, Datenkonzentration, Datenhoheit und Verfügbarkeit sowie der damit einhergehende Rechtsschutz erfolgt heute in den USA. In Deutschland, aber auch in allen anderen EU-Staaten, wird anschließend das Wissen über eine KI-Technologie angeboten, für die Gebühren bezahlt werden und die jederzeit abgeschaltet werden kann. In Unternehmen wird man über den Faktor Effizienz dieses Wissen verstärkt von KI-Systemen nutzen und damit die Entwicklung eigener Erfahrungen bzw. eines eigenen grundsätzlich aufgebauten Wissens verlieren. Im privaten Bereich wird sich der Faktor Bequemlichkeit weiter durchsetzen. In Summe dieser beiden

Faktoren wird der Wissenstransfer aus den USA (oder anderen KI-Zentren) nach Europa sich langfristig zu einer fundamentalen Abhängigkeit des Denkens und der Innovationen entwickeln. China hat diese erheblichen Abhängigkeiten erkannt und folgt diesem Trend mit einer eigenen Strategie.

Die Abhängigkeit Europas und anderer Länder von diesem Geschäftsmodell sowie die Einflussnahme auf ganze Staaten mithilfe von KI wird bisher wenig thematisiert! Vielmehr wird heute der öffentliche Fokus auf die Vorteile in der Nutzung von KI gelegt. Damit entsteht jedoch auch eine notwendige Forderung ganzer Staaten nach der Entwicklung *eigener* KI. Andererseits wird bereits heute ein scheinbar uneinholbarer technologischer Vorsprung verschiedener Staaten sichtbar. Mit der zunehmenden Digitalisierung der Staaten in Europa als gemeinsamer Wirtschaftsraum und ihrer zunehmenden Abhängigkeit von nicht europäischer Technologie, hier vor allem den USA und China, scheint Europa zukünftig zur verlängerten Werkbank anderer Staaten zu werden. Diese Entwicklung zementiert vor allem die weitere vollständige und fundamentale Abhängigkeit von den auf dem Gebiet der Technologie führenden und exportierenden Staaten, die im Wesentlichen durch die in den EU-Staaten entstandenen massiven Fehlentscheidungen der Verantwortlichen verursacht wurden und weiterhin werden.

4.1.9 Weitere Entwicklungen

Die KI-Trends der nächsten Jahre deuten auf tiefgreifende Veränderungen hin, die viele Lebens- und Arbeitsbereiche betreffen werden und das Potenzial in sich tragen, ganze Staaten umstrukturieren zu können. Sie werden schleichend, über einen mehrjährigen Zeitraum, sich entwickeln. Verfolgt man die öffentlichen Debatten in Deutschland und den USA, hört man den Prophezeiungen der modernen Technologieauguren zu, steht in den nächsten Jahren eine dramatische Umwälzung in den jeweiligen Volkswirtschaften auf der Tagesordnung. Aus meiner Sicht wird es Jahre und Jahrzehnte dauern, bis sich die positiven und negativen Folgen der neuen Technologie für eine Gesellschaft sichtbar in den jeweiligen Anwendungsbereichen *etabliert* haben. Und nur dann, wenn sich eine Technologie sichtbar etabliert hat, werden Gefahren und Negativpotenziale von der Öffentlichkeit schrittweise erkannt.

Heute ist KI in den Medien allgegenwärtig. Systeme wie ChatGPT, autonom fahrende Autos, Bilderkennung und KI-gestützte Empfehlungen zur Einstellung von Person in Betrieben oder in Behörden beginnen langsam unser Leben zu verändern. Firmen wie OpenAI, Google, X-AI und DeepMind führen die Entwicklung an, liegen in privater Hand und setzen auf Technologien wie Transformer-Modelle, die die Sprachverarbeitung auf ein neues Niveau heben. Wie bereits im vorherigen Abschn. 4.1.8 zusammenfassend dargestellt, bringen diese Entwicklungen sowohl neue Chancen als auch Risiken, die zu gesellschaftlichen großen Herausforderungen werden, insbesondere im Bereich Ethik, Sicherheit, Abhängigkeit, Wertschöpfung und Wertabschöpfung, Rechtsschutz von Daten und dem Arbeitsmarkt. In diesem Zusammenhang stellt sich auch die Frage nach dem Einzug von KI in die Politik als Beratungsinstrument, als Instrument zur Entscheidungsunterstützung oder als Instrument zur Entwicklung von neuen Gesetzen oder politischen Strategien. Einen Hinweis auf diese bereits heute vorhandenen Fähigkeiten habe ich im Kap. 5 zusammengestellt.

KI hat das Potenzial, in fast alle Lebensbereiche Einzug zu halten und neue Möglichkeiten für Effizienz, Kreativität und Wohlstand zu schaffen, jedoch auch nachhaltig zu zerstören. Die Technologie hat das Potenzial, Kriege zu optimieren, die nationale und internationale Wirtschaft zu beeinflussen, Modelle für staatliche Vorteile, z. B. für Handelsabkommen, zu generieren und Strategien für die Politik zu entwickeln, in der Folge Dominanz auf unterschiedlichen Ebenen über eigene oder andere Bevölkerungsgruppen zu erlangen und lebensbestimmende Abhängigkeiten einzelner Personen, großer Gruppen oder von Staaten zu schaffen. Die Frage der politischen Macht wird sich in einer späteren Phase vollkommen neu stellen, was heute vor allem in Europa noch nicht erkannt wird. Die Frage nach einem neuen Gesellschaftsmodell auf Basis dieser machtvollen Technologie ist heute außerhalb jeder Diskussion, wird aber nach meiner Einschätzung bekannte Modelle wie Kommunismus, Sozialismus oder Kapitalismus weit hinter sich lassen und damit zu einem bisher unbekannten neuen Gesellschaftsmodell des „KIsmus" („AI-ism") führen.

Wie in den vorherigen Kapiteln bereits erwähnt, gehen mit der Einführung von KI auch herausfordernde ethische, datenschutzrelevante und machtstrategische Fragen einher. Wird KI uns helfen, die größten Probleme der Welt zu lösen, oder uns in eine dystopische Zukunft führen? Wichtig wird jedoch sein, dass die Technologien von all den Befürwortern und Entscheidungsträgern verantwortungsbewusst, transparent und im Sinne des Gemeinwohls gestaltet und eingesetzt werden, was in der Geschichte der Völker selten oder nicht zu finden ist. Insofern ist die Antwort auf die Zukunftsfrage offen und eher skeptisch zu sehen.

Einen wichtigen und absehbaren Trend im Einsatz von KI möchte ich in den folgenden Kapiteln skizzieren. Er stellt zugleich auch ein mögliches Anwendungsfeld meines in den späteren Kapiteln präsentierten Modellvorschlags dar. Der Trend der Simulation bzw. in der Entwicklung von Simulatoren hat sich schleichend in den letzten 15 bis 20 Jahren als wichtige Verbesserung in wertschöpfenden Betrieben herauskristallisiert. Ich möchte diesen Trend als Beispiel aufnehmen und daraus eine zukünftige Weiterentwicklung, eine Trendvision ableiten. Die Grundlage der heutigen Simulatoren ist eine detaillierte und umfassende Materialkenntnis, die Kenntnis physikalischer Gesetze und die Fähigkeit eines sich selbst optimierenden Prozesses in Zusammenarbeit mit den beteiligten Ingenieuren. Erweitert man diese bereits heute vorhandenen Systeme auf Basis von KI, entsteht ein vollkommen neues System im Bereich der wertschöpfenden Unternehmen, aber auch in der Material- und Systemforschung. Die Grundlage dieser Trendvision ist das virtuelle Labor, in dem digitale Zwillinge zusammenarbeiten, forschen und entwickeln sowie Produktions-, Marketing- und Absatzsteuerung betreiben werden. KI hat die Fähigkeit, all diese Funktionen zu einer neuen, effizienten, wertschöpfenden Funktionseinheit in einem Unternehmen zusammen zu führen und damit Wettbewerbsvorteile entwickeln zu können. Aus der Sicht der KI-Unternehmen könnte dieser Ansatz ein weiteres Geschäftsmodell für ihre KI werden. In den folgenden Kapiteln werde ich diesen Ansatz beschreiben.

4.1.9.1 Virtuelle Labore und digitale Zwillinge

Die weitere Entwicklung im Einsatz von KI wird fundamentale Auswirkungen auf die heutigen *Industriegesellschaften* haben, der Einsatz von KI als digitale Zwillinge von Menschen, die sein Wissen aufnehmen, automatisieren, nutzen und weiterentwickeln. Sie werden in sogenannten *virtuellen Laboren*, dem Rahmen aller zukünftigen Technologieentwicklungen, Forschungen betreiben, Produkte entwickeln und ganze Produktionsabläufe steuern können. Die technische Grundlage werden humane und KI-basierte digitale Zwillinge sein, die unter einer eigenen Dynamik ihr Wissen entwickeln werden. Dazu wird es autonom forschende KIs geben (siehe auch Projekt an der University of British Columbia), die einen Austausch an Informationen vornehmen werden. Wie das erfolgen kann, sodass die Rechte der realen Eigentümer der Forschungstätigkeiten bzw. Forschungsergebnisse gewahrt bleiben, ist heute noch vollkommen offen. Als Plattform für diese weltweite Kommunikation zwischen KI-Systemen wird vermutlich die Infrastruktur des *Metaversums* genutzt werden. Dazu möchte ich hier einige wesentliche Gedanken entwickeln, die für die Anwendung meines eigenen Modells ergänzende Hinweise enthalten.

4.1.9.2 Ausblick und Einsatz von KI: Die Entwicklung virtueller Labore

Das Metaversum stellt als zentrale Innovations- und Entwicklungsplattform, als digitale Infrastruktur, ein weltweit verfügbares Rahmensystem für *virtuelle Labore* zur Verfügung. Virtuelle Labore könnten in einer nicht allzu fernen Zukunft der Rahmen sein, in dem KI in gemeinsamer Interaktion mit anderen KI-Systemen und humanen Akteuren komplexe Aufgaben produktiv lösen könnte. Obgleich eine weitgreifende Definition des neuen Metaversums hier präsentiert wird, kann davon ausgegangen werden, dass auf dem Entwicklungspfad dieser neuen interaktiven Plattform durch ganz unterschiedliche Techniken, Anforderungen, Erwartungen sowie ein unterschiedliches Verständnis von Komfort und Effizienz sich die technischen Ausprägungen des Metaversums diversifizieren werden. Zusätzlich wird mit fortschreitender Entwicklung und einer prüfbaren Potenz von lukrativen Geschäftsmodellen ein Wettlauf auf allen Ebenen zu erwarten sein. Versteht man Metaversum als eine zukünftige interaktive Plattform für alle möglichen Elemente des sozialen Miteinanders in einer Geschäfts- und „Sozialwelt“, werden sich zusätzlich profitable und nicht profitable Bereiche herausbilden (siehe Einleitung mit Hinweis auf Second Life) bzw. entstehen und vergehen. Diesen evolutionären und sehr menschlichen Eigenschaften muss das Metaversum als digitale Infrastruktur der Zukunft gewachsen sein, also in sich hoch dynamische Entwicklungen begleiten können, ohne selbst davon ein Bestandteil zu werden. Denn auch die heutigen Überlegungen, Entwicklungen und Implementierungen von Metaversum können zukünftig neuen Entwicklungen zum Opfer fallen. Deshalb ist die Fokussierung einer gestalterischen Entwicklung auf zentrale und weitestgehend stabile Systemelemente von besonderer Bedeutung. Das Metaversum wird über „Innovationsplattformen“ eine besondere Bedeutung erlangen. Ein Teil dieser Innovationsplattformen werden die im neuen Metaversum zur Verfügung gestellten „digitalen Labore“ (MR-Labs in Analogie zu bekannten VR-Labs) sein. Ihre Ausrichtung hat einen eher wissenschaftlichen bzw. naturwissenschaftlichen Pfad, in Abgrenzung zu anderen Laboren, wie sie z. B. auch für die Geisteswissenschaften, Theaterwissenschaften oder auch für den Bereich der freien Kunst entwickelt werden können. Alle Labore haben jedoch die Gemeinsamkeit des Experiments, des Versuchs, des Ausprobierens in einer virtuellen Umgebung.

Virtuelle Labore sind bereits heute bekannt. So bieten u. a. Universitäten virtuelle Labore an. Sie sind ein Teil in der heutigen Gestaltung der Hochschulausbildung. Neben Hochschulen bieten auch verschiedene Schulen in zahlreichen Bildungsbereichen virtuelle Labore an. Aber was wird darunter eigentlich verstanden?

Am Beispiel der von den Universitäten zur Verfügung gestellten Leistung virtueller Labore kann eine erste Einordnung vorgenommen werden. Der Ursprung der virtuellen Labore war die eingeschränkte Zugänglichkeit realer Labore für die Studierenden. Ein reales Labor steht den Studierenden zur Verfügung, um ihre Experimente durchführen zu können. Dabei müssen die heutigen Studenten sich in einen Laborplan eintragen und erhalten für eine bestimmte Zeit die Möglichkeit, das Labor nutzen zu können. Da in manchen realen Experimenten die geplante Zeit nicht ausreicht, entstehen Konflikte. Ebenfalls ist die geringe Kapazität eines realen Labors an einer Universität ein Flaschenhals für die Studierenden, da ihre Anzahl zwar steigt, aber die Kapazitäten der Labore in verschiedenen Fächern nicht parallel entwickelt wurden oder werden.

Sogenannte VR-Labs (virtuelle Labore) ermöglichen somit den Studierenden, ein bereits bestehendes Lehrangebot im virtuellen Raum mitnutzen zu können. Dabei hat ein virtuelles Labor, das auf Basis der heutigen digitalen Technologien basiert und in der Regel über die Standardprogramme, wie z. B. Internetbrowser verschiedener Hersteller, einen Zugang ermöglicht, den Vorteil, bestimmte Schritte eines Experiments im Detail, quasi in Zeitlupe, wiederholen zu können. Je nach Qualität eines VR-Labs bzw. eines digitalisierten Experiments können auch ganz reale Materialien, wie sie in realen Laboren eingesetzt werden, eingespart werden. Sie stehen über entsprechende Datenbanken virtuell mit ihren physikalischen Eigenschaften zur Verfügung. Erst mit der Digitalisierung und der digitalen Vernetzung erhält ein VR-Lab die Fähigkeit, Materialeigenschaften über eine Datenbank mit einem Prozessablauf zu simulieren, zusätzlich mit einem Menschen zu interagieren und diese Änderungen in die Simulation zu integrieren. Genau an dieser Stelle erhält das Metaversum in der in diesem Buch beschriebenen Ausprägung jedoch eine neue Dimension und Bedeutung.

Heutige virtuelle Labore u. a. an Universitäten gehören somit zum akademischen Standard einer Universität, für die sich bereits erste Standards herausgebildet haben. So wird z. B. an der Berliner Hochschule für Technik ein von der Stiftung „Innovation in der Hochschullehre“ gefördertes Projekt durchgeführt, in dem das Interaktive Lernen in virtuellen MINT-Laboren untersucht und getestet wird.[5] Weitere MINT-Labs wurden bereits an der Uni Regensburg im Jahr 2015 konzipiert und über eine Vereinsstruktur entwickelt.[6] Eine weitere Entwicklung auf dieser Linie stellt das MINT-DataLab[7] dar, das statistische Daten aus Schulen und Hochschulen zusammenfassen soll. Auf Basis dieser Daten können zukünftig Analysen über den MINT-Bereich erfolgen. An anderen Universitäten werden die Entwicklungen von VR-Labs unter dem Fokus der Integration dieser Möglichkeiten in die bestehenden Lehr- und Lernstrukturen untersucht und weiterentwickelt. Aus Sicht der Hochschulen findet diese Entwicklung unter dem Begriff der „Digitalisierung der Lehre" statt. Im Rahmen dieser Entwicklungen sollen virtuelle Studiengänge weiterentwickelt werden, die in der heutigen Entwicklungsphase zu einer Parallelität im Lehrangebot von Präsenzlehre und virtueller Lehre besteht. Dieser Hinweis ist vor allem vor dem Hintergrund des in diesem Buch vorgestellten Metaversums von besonderer Bedeutung.

Als eines der ersten real nutzbaren virtuellen Labore kann das von der Universität Illinois in Chicago entwickelte CAVE (Cave Automatic Virtual Environment)[8] angesehen werden. Dabei bildet das Akronym „Cave" zugleich eine Assoziation für das Wort Höhle, die hier als Schutzraum verstanden wurde. In diesem Schutzraum konnten bereits ab dem Jahr 1992 virtuelle und automatisierte Experimente durchgeführt werden. Der von der Universität Illinois verfolgte Ansatz war jedoch, eine allgemein nutzbare Umgebung für virtuelle Experimente zu schaffen. Mit diesem Ansatz wurde somit erstmalig ein Konzept entwickelt, in dem in einem realen Raum, dem CAVE, mit zahlreichen Videowänden und einer VR-Brille ein Experimentator über entsprechende Controller virtuelle Experimente durchführen konnte. Dieser Ansatz wurde u. a. auch von anderen Universitäten in den folgenden Jahren übernommen. Auf dieser Linie entwickelten sich auch andere VR-Labs in der Industrie, hier vor allem in der Luft- und Raumfahrt, die dann zu hochkomplexen Simulatoren weiterentwickelt wurden. Somit entstanden aus beiden Entwicklungen, wie CAVE und den Simulatoren, komplexe und spezialisierte VR-Labs. Heute können die hochkomplexen Simulatoren in der Luft- und Raumfahrtindustrie, aber auch in der Rüstungsindustrie, als spezialisierte VR-Labs angesehen werden, mit denen spezifische hochkomplexe Experimente in ihrem Zusammenspiel von digitalisierter Realität (z. B. ein Flugfeld, eine Flugroute, ein bestimmtes Fluggerät), realen Menschen (Piloten, Kabinenpersonal und ihrem Verhalten) und bestimmten Versuchsanordnungen (z. B. Daten eines Flugrekorders) simuliert und wiederholbar durchgeführt werden. Weitere VR-Labore für z. B. virtuelles Schweißen, Experimente

---

[5] Siehe auch: Interaktive Lehre in virtuellen MINT-Laboren | MINT-VR-Labs, https://projekt.bht-berlin.de/mint-vr-labs/, 4.1.24.

[6] Siehe auch: MINT-Labs Regensburg, https://www.uni-regensburg.de/mint/mint-labs-regensburg/index.html, 4.1.24.

[7] Siehe auch: MINT-DataLab, https://mint-vernetzt.shinyapps.io/datalab/, 5.1.24.

[8] Siehe auch: Cave Automatic Virtual Environment, https://www.techtarget.com/whatis/definition/CAVE-Cave-Automatic-Virtual-Environment, und ESI Software Germany GmbH bzw. ICIDO, https://www.esi.com.au/about/internships und https://de.wikipedia.org/wiki/ICIDO, 5.1.24.

von statischem Verhalten bei Gebäuden, Experimente von Strömungen an unterschiedlichen Materialien, Formen, mit sehr verschiedenen Eigenschaften, Experimente mit Robotern in verschiedenen Umgebungen sowie zahlreiche weitere VR-Labore stehen heute in vielen Bereichen zur Verfügung. Eine wenig beachtete Entwicklung fand im Bereich der Informatik statt, indem bereits in den 1980ern digitale Labore zur Fehlersuche komplexer Programme entwickelt wurden. Aus dieser Entwicklungslinie sind heute Systeme entstanden, mit denen man in spezialisierten VR-Labs komplexen Software-Code testen kann, sodass bei kritischen Systemen die Fehlerwahrscheinlichkeit der Software reduziert werden kann. Auf dieser Entwicklungslinie nimmt die Bedeutung der künstlichen Intelligenz zu.

Betrachtet man sich diese bereits heute vorhandenen, sehr unterschiedlichen Ausprägungen der VR-Labs, können zwei große Bereiche erkannt werden. Der eine Bereich, in dem VR-Labs über einfache Internetbrowser ohne VR-Technologie zugänglich sind und genutzt werden, findet man vor allem in den Universitäten bzw. ist heute Bestandteil der Lehre. Im zweiten Bereich bestehen die VR-Labs immer aus einer spezifischen VR-Umgebung, in der eine möglichst hohe Immersion (Einschluss einer Person in die virtuelle Welt) erfolgen soll. In diesem Bereich ist auch das (Virtual) Reality Modelling[9] angesiedelt, auf das hier nicht weiter eingegangen werden kann, jedoch hingewiesen wird.

Am Beispiel eines einfachen VR-Schweißlabors, das an verschiedenen Universitäten zu finden ist, kann der Typ 1) eines VR-Labs genauer betrachtet werden. Dieses Lab dient dem Studenten zur praktischen Erkundung von Schweißverfahren und Materialien mit ihren unterschiedlichen Schweißnähten sowie ihren unterschiedlichen Eigenschaften. Das Lab hat damit einen sehr begrenzten Einsatzzweck bzw. ist bereits für ein spezifisches Experimentierfeld ausgelegt. In dem Lab befindet sich, neben einem Bildschirm, auch ein reales elektrisches Schweißgerät bzw. der Schweißkolben mit Sensoren zum virtuellen Schweißen. Die Handhabung des Schweißkolbens kann über die tatsächliche Nutzung durch eine Person (Experimentator) nun am Bildschirm verfolgt werden, auf dem eine virtuelle Schweißnaht in Abhängigkeit der Fähigkeiten des Experimentators sowie seiner Versuchsanordnung (Materialien, Temperaturen, Flussmittel etc.) entsteht und später untersucht werden kann. Durch die vollständige Digitalisierung aller Daten, die in diesem Labor entstehen, wird eine detailtreue Reproduzierbarkeit möglich. Das Labor, in dem sich eine Person real befindet und ihr Experiment virtuell durchführen kann, hat somit ganz unterschiedliche Sensoren, Aktoren und Visualisierungen/Repräsentationen. Die Sensoren und Aktoren interagieren mit der Person, die Teil des Experiments ist! Der Experimentator wird somit zu einem Teil des Experiments selbst. In Bezug auf das Metaversum ist dieser zweite Bereich, in dem eine Person in einem durch VR-Technologie dargestellten Raum ein Experiment interaktiv durchführt, der Entwicklungsbereich, der zu erwarten ist.

[9] Siehe auch: Beispiel Bentley, Reality and Spatial Modelling, https://www.bentley.com/software/reality-and-spatial-modeling/, und https://de.bentley.com/software/reality-and-spatial-modeling/, 28.1.24.

Heute werden vor allem in der Industrie, im militärischen Bereich, im Bereich der Schulen und Universitäten komplexe VR-Labs vom Typ 2) auch unter dem Begriff der Simulationen entwickelt, eingesetzt und – was in den letzten Jahrzehnten stark an Bedeutung gewonnen hat – zu Prognostik bzw. zur Entwicklung und Visualisierung von Modellen verwendet. So haben z. B. die „Simulationen" im militärischen Bereich, der Luft- und Raumfahrt und der Klimawissenschaften an gesellschaftlicher Bedeutung stark zugenommen. Die Ergebnisse dieser besonderen Form der VR-Labs, hier am Beispiel der Klimawissenschaften verdeutlicht, werden heute von der Politik aufgenommen und in gesellschaftliche Prozesse eingebettet bzw. erhalten eine Dominanz in der gesellschaftlichen Ausrichtung. An diesem Beispiel konnte zugleich auch die indirekte Verbindung der VR-Labs mit der realen Welt über die Nutzung von Ergebnissen aus diesem virtuellen Metaversum metaphorisch/analogisch dargestellt werden. Dabei ist die Evidenz der in VR-Labs entstehenden Experimente zunehmend komplex und für Außenstehende selten transparent. Somit entstehen in VR-Labs Ergebnisse, die prinzipiell einer empirischen Evidenz bedürfen bzw. sich durch ihre unabhängige Falsifizierbarkeit (Wissenschaftstheorie des Kritischen Rationalismus[10] von Karl Popper) von nicht falsifizierbaren Ergebnissen unterscheiden, so auch [automatisiert] klassifiziert werden müssten (als im wissenschaftlichen Verständnis kategorisierbar bzw. noch in den Grenzen der empirischen Forschung liegende Experimente, Simulationen, Verifikationen). An diesem sehr einfachen, jedoch populären Beispiel kann erkannt werden, dass der Umgang mit VR-Labs bzw. dass die Auswirkungen dieser Entwicklung in Zukunft mitbedacht werden müssen, vor allem wenn die Entwicklung der weiter unten definierten MR-Labs mit dem Element von „maschineller Innovation" ausgestattet werden wird. Ich möchte noch drei einfachere Beispiele aus dem Universitätsbereich beschreiben, die das Zusammenspiel von einfacheren Simulationen und VR-Labs verdeutlichen. Bei meinen Recherchen zu diesem Buchabschnitt sind mir diese Innovationen in Form von Projekten im Bereich der Medienwissenschaften (Theaterwissenschaften)[11] aufgefallen, die sich gut für dieses steuerbare Zusammenspiel von Simulation und VR-Labs eignen.

Ein weiteres Beispiel aus dem Bereich der Kunst: Im Studiengang Theater- und Veranstaltungstechnik und -management, unter der Leitung von Ritter, Dornhege,[12] wurden mehrere Projekte zur analytischen Untersuchung der „Im/material Theatre Spaces" aufgesetzt. Ein Projekt befasste sich mit der Akustik bzw. der Audiowahrnehmung. Die Frage stellt sich nach der Tongestaltung der Zukunft und ihrer optimalen Abbildung durch die Aufnahmetechnologie. Dabei wurden u. a. die Auswirkungen der Mikrofonpositionen in einem realen und virtuellen Raum untersucht. Die Entwicklung virtueller Klang- oder akustischer Räume ist seit mehreren Jahrzehnten ein umfassendes Thema in der Medienwelt (Kino, Theater, Konzerträume

[10] Siehe auch: Kritischer Rationalismus, https://methpsy.elearning.psych.tu-dresden.de/mediawiki/index.php/Kritischer_Rationalismus_(Popper), 24.1.24.

[11] Siehe auch: Wie wird das Theater von morgen aussehen?, https://digital.dthg.de/, 22.1.24.

[12] Siehe auch: Projektleitung „Im/material Theatre Spaces", https://digital.dthg.de/mitwirkende/, 22.1.24.

etc.). Die digitale Abbildung für die Aufnahme, ihrer Repräsentationen unter unterschiedlichen Umfeldbedingungen im digitalen VR-Lab sowie ihre anschließende akustische Reproduktion in realen Räumen bzw. in VR-Labs im Zusammenspiel mit Simulationen, kann zu herausragenden Klangergebnissen und neuen Erkenntnissen, bis zur architektonischen Gestaltung eines Klangraums führen. Die Bedeutung dieser Arbeiten hat zugleich auch Auswirkungen auf die Entwicklung der VR-Technologie. So hat sich bereits seit den 1980er-Jahren aus den frühen Anfängen der Entwicklung einer stereofonischen Klangrepräsentationn, eine sphärische Klangrepräsentation entwickelt, die sich heute im Bereich des Kinos (Dolby Atmos) und der VR-Headsets (LCRS Ambisonic) etabliert haben. Die Arbeiten im Studiengang konnten auf dieser Entwicklung aufsetzen. Das zweite Projekt aus diesem Beispiel trägt den Namen „Hazard Detector“. Mit diesem Lab sollte untersucht werden, wie ein theoretisch erlerntes Wissen in einem realistischen Arbeitsumfeld funktioniert. Mit diesem Lab wurde eine Verifikationsmöglichkeit experimentell erschaffen, indem der umgekehrte Weg, das in einem VR-Lab erlernte Wissen in einer realen Praxis anzuwenden, untersucht wurde. Mit dem Projekt „Connect“ wurde ein drittes VR-Lab-Projekt entwickelt, in dem Nutzer den Einsatz moderner Veranstaltungstechnik untersuchen und testen konnten. Dieses VR-Lab stellt damit ein gutes Beispiel dar, wie mit moderner VR-Technologie z. B. ein Veranstaltungsraum für eine bestimmte Aufführung mit Bühnentechnologie bestückt und innerhalb der Veranstaltung geführt werden muss, um für die Aufführung eine maximale Wirkung zu erzielen (siehe auch Abschlussdokument[13]). Im Rahmen des Projekts „Im/material Theatre Spaces“ wurden weitere Themenfelder und dazu passende Labs entwickelt.

4.1.9.3 Bausteine virtueller Labore im Metaversum

Die Elemente virtueller Labore sind zum einen die Experimente bzw. ihre Beschreibungen, ein virtueller digitaler Raum, in dem das Experiment erfolgen soll, die Bestandteile des Experiments, die für das Experiment benötigt werden und ein oder mehrere Experimentatoren. Diese Experimentatoren haben in diesem hier vorgestellten Ansatz neue Eigenschaften und werden deshalb als MV-Avatare bezeichnet (Metaversum Avatare). In dem in diesem Buch entworfenen Design eines zukünftigen Metaversums ist der Avatar eine möglichst reale Repräsentation eines Hosts. Ein Host kann dabei virtuell oder real sein. Der Avatar hat dabei fast ähnliche Eigenschaften, wie die seines Ursprungs. Damit bekommt das Element des Experimentators eine besondere und herausgehobene Position, unabhängig davon, ob der Experimentator ein Teil des Experiments ist oder nicht. Ein MR-Lab kann vollständig im virtuellen digitalen Metaversum abgebildet werden und Experimente bzw. Simulationen durchführen.

[13] Quelle: Abschlussdokument „Im/material Theatre Spaces“, https://digital.dthg.de/wp-content/uploads/2022/08/digitalDTHG_Publikation_ImmaterialTheatreSpaces_DE_RGB220.pdf, 19.1.24.

Ein MR-Lab im Metaversum ist zunächst durch seinen virtuellen Raum definiert und gekennzeichnet. Ähnlich dem CAVE-Gedanken[14] (CAVE = Cave Automatic Virtual Environment[15]) ist ein geschützter digitaler virtueller Raum für alle Experimente notwendig. Dieser Raum schließt alle Daten eines Experiments ein, sodass eine vollständige Kontrolle aller Daten, die aus dem Experiment an Dritte weitergegeben werden soll, eindeutig einem neuen MV-Avatar zugeordnet werden kann (die Avatare bilden dabei die Repräsentanten virtueller oder realer Teilnehmer an dem Experiment. Sie können verschiedenen Fachdisziplinen angehören). Je nach Definition des MR-Labs, des geschützten Raums, können mit den Daten des Experiments Veröffentlichungen, Geschäfte oder freie Informationen für Dritte gesteuert genutzt werden. In Verbindung mit der Blockchain-Technologie lassen sich dann die Verwertungen aller Ergebnisse eines Experiments nachvollziehen und nachverfolgen, was einer wirtschaftlichen Kontrolle der Experimentergebnisse, der wissenschaftlichen Veröffentlichung, wie auch einen patentähnlichen Schutz automatisieren hilft oder die Patentierung der Ergebnisse digital unterstützen kann. Da ein zukünftiges MR-Lab eine Software ist, kann ein virtueller Schutzraum durch das Metaversum als Rahmen zur Verfügung gestellt werden, in dem bereits wichtige Grundfunktionen für MR-Labs integriert sind (Schutz, Verifikation, Rechtszuordnung, Datenbeschaffung (Input), Datenverwertung (Output), Ressourcennutzung, Kostenabschätzungen etc.). Auf Basis dieser virtuellen Plattform im Metaversum ist die Definition, die Beschreibung eines Experiments, möglich, das über die Schnittstellen auf die externen Daten des Metaversums ganz oder teilweise zugreifen kann.

In diesem Zusammenhang ist u. a. auf die Arbeit der Fraunhofer IUK-Technologie[16] hinzuweisen. In den Arbeiten dieses Instituts werden Kriterien entwickelt, die ein Metaversum mit industrieller Ausrichtung definieren. Andere Universitäten haben ähnliche Arbeiten geleistet oder sogar Patentierungen oder Schutzmechanismen ihrer Arbeiten beantragt (siehe weiter oben, Arbeiten zu CAVE). In dieser Arbeit des IUK wird das Metaversum, hier als Metaverse bezeichnet, als eine Abbildung eines zukünftigen Internets in räumlicher Darstellung definiert. Neben Meta, dem Urheber dieser Idee und dem Zusammenschluss aus Google, Facebook und Co., beschäftigen sich u. a. auch zahlreiche Game-Hersteller, aber auch Micro-

[14] Siehe auch: Carolina Cruz-Neira, University of Central Florida, Entwicklerin des CAVE Automatic Virtual Environments, https://de.wikipedia.org/wiki/Carolina_Cruz-Neira, und Carolina Cruz-Neira, Daniel J. Sandin, Thomas A. DeFanti, Robert V. Kenyon, John C. Hart: The CAVE: Audio Visual Experience Automatic Virtual Environment. In: Commun. ACM. Band 35, Nr. 6. ACM, Juni 1992, ISSN 0001-0782, 25.1.24.

[15] Siehe auch: XR-Labor Prof Dr.-Ing. Mark Fiolka, https://www.fh-swf.de/de/forschung___transfer_4/transfer_und_dienstleistungen/labore_3/labs/extended_reality_labor__cave_/extended_reality_labor__cave_.php, VR-Labor Prof. Dr. Paul Pauli, https://www.psychologie.uni-wuerzburg.de/bioklin/arbeitsgruppen/vr-labore-prof-dr-paul-pauli/3d-multisensoriklabor-cave/, BHT-Berlin, HTW-Berlin, RRZK Kölln, HSHL Hamm-Lippstadt und Andere, 25.1.24.

[16] Siehe auch: Technologien und Use Cases für das (Industrial) Metaverse, https://www.iuk.fraunhofer.de/content/dam/iuk/de/Download/Technologien%20und%20Use%20Cases%20f%C3%Bcr%20das%20(Industrial)%20Metaverse.pdf, 20.1.24.

soft (Mixed Reality) und Nvidia (Omniverse[17]), mit zukünftigen virtuellen Welten und den damit heute noch unbekannten Geschäftsfeldern. Die Fraunhofer IUK-Technologie sieht ebenfalls Potenzial in dieser Entwicklung und beschäftigt sich deshalb mit der Entwicklung des Metaverse und seiner Verankerung in der Wirtschaft. Aus Sicht des Instituts sind heutige und vermutlich auch zukünftige wesentliche Bausteine des auf dem Internet basierenden Metaverse die XR-Technologie, mit der alle Zugangs- und Präsentationstechnologien der VR-Technologie gekapselt werden (z. B. VR-Headsets, AR-Technologien und andere), AI/KI-Technologien, wie sie u. a. mit ChatGPT von OpenAI[18] bekannt geworden sind, und die BC (Blockchain) Technologie, mit der u. a. neue digitale Währungen entwickelt worden sind und sie auch in Zukunft als Basistechnologie für spezifische Aufgabenfelder Verwendung finden wird. Auf Basis dieser BC-Technologien werden auch neue virtuelle Banken und andere Dienstleistungen entstehen, die ein hohes Vertrauensmomentum ihrer Nutzer voraussetzen. Sie werden die moderne Grundlage für geschäftliche Tätigkeiten eines neuen Metaversums sein.

Interessant ist, dass auch die Forscher des IUK den Hinweis geben, dass ein *digitales Eigentum* eine wichtige Rolle in der weiteren Akzeptanz und dem damit verbundenen Wachstum spielen wird. In der hier mit diesem Buch vorgelegten Designergänzung eines Metaversums als neue Klasse digitaler Welten, erhalten zusätzlich die Avatare und „digitalen Zwillinge“[19] eine besondere und herausgehobene Bedeutung, weil ihre Abbildung mit ihrem realen Host oder in der Kombination virtueller digitaler Hosts zu einem neuen Host eine sehr bedeutsame und hohe Qualität erlangen wird. Damit verschwimmen jedoch die Grenzen von Realität und Virtualität sowie ihre heutige Definition, die heute vor allem die Duplikate von realen Maschinen oder Fabriken in digitalisierter Form ggf. mit der Einspeisung von Onlinedaten umfasst.

Stellvertretend für die Klasse des Metaverse, wird sich jedoch eine Kernfrage noch über die Zeit beantworten: „Wozu soll das Metaverse nützlich sein?“. Heute beantworten Meta (Facebook), Alphabet (Google), Microsoft, Nvidia und Co. diese Frage unterschiedlich. Bemerkenswert dabei ist der vor allem über die Computerspiele groß gewordene Hardwarehersteller Nvidia (Grafikprozessoren) mit seiner virtuellen Realität für Unternehmen „Omniverse-Plattform“.[20] In der fotorealistischen Simulation werden Livedaten unterschiedlicher Quellen zusammengeführt und für weltweit verteilte Teams in Echtzeit visualisiert. Die in dieser Plattform nutzbaren Funktionen haben ihren Ursprung vor allem in den Onlinespielen, die seit Jahrzehnten immer weiterentwickelt und perfektioniert worden sind. Heute finden weltweit verteilte Turniere, unter Einsatz der Nvidia-Hardware und in Zu-

[17] Siehe auch: Nvidia Omniverse, https://www.nvidia.com/de-de/omniverse/, 23.1.24.

[18] Siehe auch: ChatGPT, OpenAI, https://openai.com/chatgpt, 24.1.24.

[19] Siehe auch: Digitaler Zwilling, https://www.ibm.com/de-de/think/topics/what-is-a-digital-twin, 26.1.24.

[20] Siehe auch: Nvidia Omniverse Plattform, https://docs.omniverse.nvidia.com/, 26.1.24.

sammenarbeit mit Spieleherstellern, mit schnellen Shooter-Games[21] statt, die ein Prototyp für die Funktionen von Realtime-Online-Dialogen, realistischen Darstellungen und schnellen Interaktionen/verteiltem Datentransfer darstellen. Heutige Computerspiele auf Basis schneller Hardware haben eher den Charakter von Simulationen.

Auf dieser Linie, die sich jedoch abzeichnet, befindet sich in der Interoperabilität mit (1) der Arbeitswelt einer Person mit seinem Avatar, (2) den Konsummöglichkeiten mit E-Commerce, (3) sowie den Freizeitmöglichkeiten, die sich mit dem E-Commerce vereinbaren lassen, die aber auch eine Freizeitkommunikation zwischen verschiedenen Metaversum-Teilnehmern ermöglicht. In diesem Freizeitbereich fallen auch die heutigen Computerspiele. Dabei erscheint eine Koexistenz zwischen einem Metaverse und einem interessanten Spieleangebot sehr sinnvoll zu sein (Beispiel: Steam-Plattform[22]). Besonders im letzten Bereich, dem E-Commerce, sind die Interessen der heutigen digitalen Spieleindustrie sehr hoch. Sie könnten zudem mit ihrem Potenzial, suchtähnliche Abhängigkeiten bei realen Personen schaffen zu können, einen Schlüssel im Wachstum des Metaversums einnehmen. Die digitale und virtuelle Interoperabilität zwischen diesen Lebensbereichen, im Zusammenspiel mit Angeboten, Interessen, Erfolgen und der Erzeugung von Sinnhaftigkeit persönlicher Handlungen im Metaversum, bilden die Stoßrichtung der heutigen Entwicklung. Dabei werden neue (4) Abhängigkeiten von Unternehmen gezielt anvisiert (klassische Industrie, Industrie 4.0). Nicht mehr das einzelne Individuum steht im Fadenkreuz dieser Entwicklung einer virtuellen Welt, sondern Unternehmen mit ihren Individuen und Produkten. Bereits heute existieren auf virtuellen Plattformen wie Facebook, Amazon oder Alibaba in diese virtuellen Welten vollständig integrierte Unternehmen. Sie sind mit ihrem Geschäft vollständig von diesen Plattformen abhängig. Mit dem neuen Metaversum werden diese Abhängigkeiten im Bereich der Wirtschaft, aber vor allem auch in (5) der Forschung und Lehre ausgeweitet. Mit der Interoperabilität, vor allem der Bereiche (4) und (5) entstehen vollkommen neue Möglichkeiten, aber auch neue Abhängigkeiten.

In diesem Kontext ist darauf hinzuweisen, dass Microsoft bereits 2022 seine Vision eines „Industrial Metaverse" vorgestellt hat, was jedoch im Kern einer „Fernwartung" einer auf Basis der Industrie 4.0 entwickelten Produktion entspricht. Die Simulation von Produktionsprozessen, die als besonderes Highlight dieser Präsentation angesehen wurde, ist jedoch bereits aus den 1980er-Jahren bekannt und war Teil der damaligen Konzepte wie CAM (Computer Aided Manufacturing) oder CIM (Computer Integrated Manufacturing). Eine visuelle Verbesserung bzw. eine in einem virtuellen sphärischen Raum abgebildete Fabrik stellt zunächst jedoch keine wesentliche Verbesserung dar. Die heutigen Verbesserungen eines damaligen CIM hin zu einem „Industrial Metaverse" mit digitalen Zwillingen liegen vielmehr in der darunterliegenden Schicht, auf der das Industrial Metaverse aufsetzt, die sich aus dem Konzept der Industrie-4.0-Entwicklung ergeben und damit neue Möglich-

[21] Siehe auch: Globale Turniere für Counter Strike, https://www.game.tv/de/find-tournaments/counter-strike-global-offensive-tournaments, 26.1.24.

[22] Siehe auch: Steam, https://store.steampowered.com/, 26.1.24.

keiten des Eingreifens in einen laufenden Prozess, seiner Prognose, seiner vorausschauenden Diagnose und damit ein präventives Eingreifen vor großen Störungen ermöglicht. Industrial Metaverse findet bereits heute schon konkrete Anwendungen in verschiedenen Bereichen, u. a. bei Kraftwerken. Der beschriebene Kontext wird etwas später nochmals aufgegriffen und in Bezug auf die Entwicklung von VR-Labs im Metaversum eine besondere Bedeutung erlangen.

Von einer im Wortsinn fundamentalen Bedeutung für die Entwicklung des Metaverse bzw. Metaversums wird jedoch auch weiterhin die Leistungsfähigkeit der Hardware sein. In diesem Überbegriff „Hardware" ist auch das Internet selbst als Transport- und Verbundsystem integriert. Damit zerfällt jedoch das Metaverse in die Ebenen:

1. Die Ebene der Hardware, als Überbegriff aller in der Wirkungskette enthaltenen Hardwarebestandteile (Computer, Router, Clouds, Verkabelungen, Bildschirme, VR- und XR-Schnittstellen etc.),
2. die darauf aufbauende Betriebssystemebene, die die unterschiedlichen Hardwaresysteme zu einer übergreifend nutzbaren Plattform vereint (Windows, Apple iOS, Android, Unix, Web mit OSI-7 layers, Ethernet, TCP/IP, WWW, SSH, FTP, …),
3. die Ebene der Daten. U. a. die über die OSI-Schichten der Netzwerke transportierten Signale in Form von virtuellen Paketen, die in Zahlen abgebildete Daten enthalten (Buchstaben und andere Symbole basieren auf einer digitalen Zahlenabbildung, u. a. ASCII[23] zur 8 Bitabbildung, Unicode,[24] weiteren Abbildungsstandards, siehe auch ISO 8859[25] Normungsfamilie),
4. die Ebene der Daten*re*präsentation und Datenpräsentation, die im Wesentlichen abhängig von den darüber liegenden Applikationen ist, und
5. die Ebene für die unterschiedlichen Zugangsmöglichkeiten in das Metaverse (Mensch-Computer-Schnittstelle, wie Bildschirm, Tastatur, Maus, Handcontroller von VR-Brillen, VR- und XR-Brillen etc.), im einfachsten Fall über einen Internetbrowser bis hin zur Nutzung über eine VR-Brille mit Controllern zur Interaktion in der virtuellen Umgebung, die durch eine reale Person bedient werden.

Die hier aufgeführten einzelnen Ebenen stehen heute bereits weltweit zur Verfügung. Das Metaversum basiert damit auf fünf grundlegenden Ebenen, die die Entwicklung und Nutzung, wie auch die Geschäftsbasis zur Finanzierung dieser Entwicklung, ermöglicht. Ebenfalls haben sich Standards entwickelt, die u. a. auf der Datentransportebene (Internet), den Transport von Daten über System- und Landesgrenzen hinweg ermöglichen. Grundlage der digitalen Entwicklung sind zusätzlich

[23] Siehe auch: American Standard Code for Information Interchange, https://www.ascii-code.com/, 26.1.24.

[24] Siehe auch: Unicode, https://home.unicode.org/about-unicode/, 26.1.24.

[25] Siehe auch: ISO 8859, https://cgvr.cs.uni-bremen.de/teaching/werkzeuge_literatur/selfhtml/inter/zeichenkodierungen.htm, 26.1.24.

Standards im Bereich der Hardwareentwicklung von Chips jeglicher Einsatzbereiche (Chip-Level: IEEE International Roadmap for Devices and Systems – IEEE IRDS™[26]) sowie die in zwei Jahrzehnten explosionsartig angestiegene Leistung pro Kubikmillimeter Raumvolumen digitaler Schaltungen. Erst mit dieser immer weiter angestiegenen Rechen- und Transportleistung digitaler Befehls- und Datenströme sowie einer enorm sich entwickelten Miniaturisierung (im Jahr 2023 am Markt verfügbare Produkte u. a. von Nvidia und AMD mit 5 nm Strukturbreite einzelner Schaltungselemente und Verbindungsbahnen), ist diese Entwicklung eines Metaversums in der jetzt möglichen Komplexität und Qualität überhaupt möglich geworden. Die auf dieser Basis mögliche Abbildung realer Personen und ihrem Wunsch, Versuche in geschützten MR-Labs durchführen zu wollen, wird damit praxistauglich. Die Entwicklung der digitalen Chips und ihrer Rechenleistung sowie die Transportleistung des Internets bilden damit das ganz reale Fundament des Metaversums.

Eine digitale virtuelle Welt, die insgesamt viel Strom benötigt und mit zunehmender Entwicklung mehr Strom/Energie benötigen wird. Damit wird jedoch in der Gesellschaft erst durch günstige Strompreise eine breite und intensive Nutzung wirtschaftlich akzeptabel werden. Mit Blick auf die sehr unterschiedlichen Strompreise in den verschiedenen Ländern ergibt sich bereits über diese indirekte Bevorteilung oder Benachteiligung von lokalen Märkten eine ungleiche Teilhabe an dieser Entwicklung. Das gilt für den Bereich der Entwickler wie für den Bereich der Nutzer. Dieser Einflussfaktor an der Teilhabe dieser Entwicklung im digitalen Bereich ist damit von nicht technischen Einflussfaktoren erheblich abhängig.

In diesem Kontext der Rahmenbedingungen/Elemente eines MR-Labs im Metaversum ist die Ebene zwei (Betriebssysteme) ebenfalls von erheblicher Bedeutung. Mit der weltweiten Dominanz von wenigen Betriebssystemen (Windows, Android, Apple OS-Welt) konnte eine nutzbare Ebene für eine unüberschaubare Zahl von Anwendungen vor allem in den beiden letzten Jahrzehnten entstehen, die prinzipiell miteinander interagieren können oder tatsächlich Daten austauschen (z. B. im Bereich der Social Media). Auf dieser Schicht/Ebene steht der Entwicklung des Metaverse eine globale Plattform zur Verfügung, von der ganze Staaten fundamental in ihrer Verwaltung und Wirtschaft abhängig sind bzw. sich ihre Entwicklung zunehmend stützt. Damit befinden sich heute die meisten Staaten der Welt mit bedeutsamer Wirtschaftsleistung in einer fundamentalen strategischen Abhängigkeit von wenigen Hightech-Konzernen, die alle ihren Sitz in den USA haben und an das Recht (Rechtsauslegung/Rechtsprechung) dieses Landes gebunden sind; zusätzlich alle Daten aus dem Internet speichern und auswerten. In diesem Zusammenhang entsteht zurzeit eine neue Konzentration von „Wissen" in einem Land der Erde, die die maschinelle Datengrundlage der KI-Projekte wie ChatGPT und anderer ähnlicher Projekte sind. Mit dieser Konzentration an maschinellem „Wissen" in Kombination mit dem im zukünftigen Metaversum integrierten MR-Labs entsteht ein örtlich lokalisierbarer neuer, wirtschaftlich und politisch nutzbarer, Wissenspool

[26] Siehe auch: International Roadmap for Devices and Systems (IRDS™), https://irds.ieee.org/editions, 24.1.24.

(Datendominanz heute, Wissensdominanz morgen), der in seiner zukünftigen Entwicklung eine besondere reale Bedeutung/Verankerung im Bereich der Wohlstandsentwicklung von Ländern und politischen wie auch strategischen Abhängigkeiten erlangen könnte.

Auf der Ebene der Daten, der dritten Ebene der VR/MR-Lab Infrastruktur, entstehen Daten, werden Daten gespeichert, transportiert und zur Verfügung gestellt. Technisch enthält diese Ebene alle Speichermöglichkeiten, Rechenzentren, Clouds etc. die mithilfe der darunter liegenden Ebene zwei Daten aufnehmen, transportieren und speichern. Diese Ebene ist hochkomplex. Aus Signalen werden Daten, die sicher transportiert und gespeichert werden können, sodass unzählige Applikationen sie nutzen und in einer eines Landes rechtskonformen Weise verarbeiten können. Zu diesen grundlegenden Daten zählen auch virtuelle Währungen, wobei die Daten erst durch ihre Repräsentation zu dieser spezifischen Funktion und Bedeutung werden.

Die Datenrepräsentation und Datenpräsentation liegt direkt über dieser dritten Ebene und stellt für sich eine komplexe vierte Ebene dar. Unter der Datenrepräsentation (Repräsentation = Abbildung oder „mentale“ Vorstellung der Außenwelt) werden alle die Funktionen verstanden, die zur Erzeugung, Verwaltung und Weitergabe der Daten benötigt werden. Diese Funktionen sind in ihren Detailausprägungen an Länder oder Regionen (z. B. EU, USA, Russland, China, Taiwan, Vietnam etc.) rechtskonform und teilweise kulturell angepasst. Hier werden die Daten „abgebildet“, sodass eine Präsentation (Vorführung oder Darstellung) mithilfe von Relationen, Assoziationen oder anderen unterschiedlichen semantischen algorithmischen Verknüpfungen für eine darüber liegende Ebene möglich wird. Die z. B. über die modernen KI-Algorithmen genutzten Daten, werden aus dieser Schicht entnommen und in einer aufgelösten Form und Struktur in diese Ebene zurückgegeben (im Rahmen der modernen KI-Entwicklung: Verteilung von „Gehirnfunktionen“ auf bestimmte „Gehirnareale“ im globalen Maßstab).

Die fünfte und letzte Ebene stellt alle Zugangstechnologien mit ihren eigenen Zusatzgeräten, Verbindungen und Funktionen zu den Daten dar. In dieser Ebene arbeiten die meisten Nutzer mithilfe von Computern, XR-Brillen, XR-Räumen, Internetbrowsern oder mit spezifischen Programmen (z. B. ChatGPT, Prozessleitsystemen, Fabrikleitsystemen etc.). Diese Ebene ist die globale Schnittstelle zwischen der realen technischen Repräsentation einer virtuellen Welt und der „einfachen“ Nutzung durch eine reale Person. Die Ebene stellt damit die technischen „Eingangstüren“ zu einer virtuellen Welt, dem Metaversum, zur Verfügung. Je nach technischer Ausprägung, technischer Entwicklung und möglichen finanziellen Mitteln kann auf dieser Ebene eine komplexe oder eine einfache Nutzung des Metaversums und damit der MR-Labs erfolgen.

Alle Ebenen stehen heute in verschiedenen Ausprägungen zur Verfügung. Sie sind die Infrastruktur des Metaverse und des zukünftigen Metaversums. Die gesamte Infrastruktur (Five layers of a digital infrastructure for virtual spaces = 5 DIVIS) ist international vernetzt und hat unterschiedliche Ausprägungen/Verteilungen in unterschiedlichen Kulturräumen. Mit diesen unterschiedlichen Ausprägungen verzahnen sich kulturelle und rechtliche Rahmenbedingungen. Sie müssen in der weiteren Entwicklung des Metaversums berücksichtigt werden. Damit ist der technische, gesellschaftliche und rechtliche Rahmen definiert, in dem die MR-Labs des Metaversums mit angesiedelt sind. Unklar ist jedoch, wie Eigentumsfragen, die zwangsläufig im Rahmen von forschenden oder wirtschaftlichen Tätigkeiten auftreten, im Metaversum geklärt sind oder geklärt werden. Das Metaversum ist heute ein quasi rechtsoffener Raum, in dem die Stärke eines Kontrahenten Sieg oder Niederlage im Streitfall bestimmt. Damit existieren jedoch für Unternehmen, die eine globale und sichere Tätigkeit im Metaversum durchführen wollen – z. B. forschende Tätigkeiten mithilfe eines MR-Labs –, noch zu bewertende Risiken entgegen.

4.1.9.4 Entwurf eines VR-Meta-Labs

Wie in den vorherigen Kapiteln skizziert wurde, basieren die heutigen VR-Labs auf der Entwicklung einer spezifischen Umgebung für ein Experiment, das wiederholbar durchgeführt werden kann. In dem hier vorgeschlagenen Ansatz für MR-Labs, einer Erweiterung der VR-Labs im Metaversum, werden die in diesem Buch neu beschriebenen Erweiterungen eines Avatars eingeführt. Das MR-Lab ist in seiner virtuellen Struktur ein geschützter Bereich, ähnlich der eines Inkubators für die definierten Ziele des Experiments. Dabei geht es um wirtschaftlich orientierte naturwissenschaftliche Experimente aus den Bereichen Physik, Chemie, Biologie, ggf. Mathematik und ihren Kombinationen in Verbindung mit Entwicklungs-, Forschungs- und Ingenieurbereichen aus den beteiligten Unternehmen. Das gewünschte Experiment hat das Ziel, mithilfe problemlösender Kreativität[27] entweder bestehende Sachverhalte zu überprüfen, weiterzuentwickeln oder neue wirtschaftlich verwertbare Sachverhalte zu entwickeln/zu generieren.

Dazu werden Daten benötigt, die durch das Metaversum zur Verfügung gestellt werden. Die Daten beschreiben den Sachverhalt/die Ausgangslage, das Experiment, die benötigten Ressourcen, die Zielsetzungen, Ergebnispräsentation und ggf. zeitliche, rechtliche, Publikations- und wirtschaftliche Limitierungen. Welche grundlegenden Methoden („try and error“, „one parameter at a time“, „screening“ etc.) bei dem Experiment eingesetzt werden sollen, wird durch den *Experimentator* definiert.

Der Experimentator ist Teil der Ressourcen, die für das Experiment im MR-Lab benötigt werden. Im Rahmen der Ressourcendefinition können ein oder mehrere Experimentteilnehmer vorhanden sein. Dabei erfolgt die Abbildung eines „biologischen Hosts“ (BIHO), z. B. des Experimentators oder eines anderen Teilnehmers im MR-Labor, immer als digitaler Avatar (siehe auch Schaubild 1). In dieser Linie können an einem Experiment digitale Avatare als Online BIHOs (O-BIHOs) oder Virtuelle BIHOs (V-BIHOs) am Experiment teilnehmen. Beide Avatartypen sind *Linked Digital Avatare* (LDAs). Als Ergänzung dazu können auch *None-Linked Digital Avatare* (nLDAs) existieren. Die nLDAs sind Avatare, die auf

[27] Siehe auch: Problemlösende Kreativität, https://www.psychologie.uni-heidelberg.de/ae/allg/mitarb/jf/kreativitaet.pdf und https://www.spektrum.de/magazin/kreativ-denken-die-7-besten--strategien/1295004, 27.1.24.

Basis der Bottechnologie[28] aus einem oder mehreren LDAs oder aus einem Extrakt von LDAs erstellt werden, so z. B. nur für ein Experiment erstellt werden und für die Dauer eines Experiments existieren. Ein Linked Online BIHO ist ein Avatar (O-BIHO), der mit einem realen Menschen verbunden ist und durch ihn direkt (realtime) gesteuert wird. Ein virtueller BIHO ist ein *Linked Digitaler Avatar* (LDA), der einen Menschen repräsentieren kann, der jedoch gerade nicht seinen Avatar steuert oder online ist. Ein Virtueller BIHO kann auch ein rein digitaler Avatar sein (nLDA), der z. B. aus der Kombination verschiedener *Linked Digital Avatare* bestehen kann. Dazu kann u. a. die Bottechnologie angewendet werden, um spezifische Aufgaben in einem Experiment automatisiert von einem V-BIHO ausführen zu können. Generell sind die am Experiment teilnehmenden x-BIHOs in einer flachen Hierarchie organisatorisch zusammengefasst. Der Experimentator ist die oberste Instanz. Er trägt für ein Experiment die Verantwortung und entscheidet damit über die Handhabung aller Fragen im Rahmen des Experimentablaufs. Mit der Beschreibung einer Ergebnispräsentation werden die grundlegenden Darstellungsarten von Zwischen- und Endergebnissen des MR-Labs beschrieben. Wie so eine Definition eines Experimentergebnisses aussehen könnte, kann heute bereits mit ChatGPT[29] nachvollzogen werden.

Bei der hier vorgestellten Klassifizierung heutiger VR-Labs schließe ich die Simulatoren und Simulationen mit ein, wobei die Trennlinie zwischen den Bereichen immer stärker verschwimmt. Die Entwicklung eines VR-Labs geht in der Regel davon aus, dass für eine bestimmte Aufgabenstellung eine virtuelle Umgebung erstellt wird, in der die reale Aufgabenstellung virtuell nachgestellt wird und durch die Änderungen von Parametern ausprobiert werden kann. Der Vorgang/Ablauf des „Ausprobierens" – anhand der für ein Experiment definierten Methoden und Verfahren – stellt dann das Experiment dar und wird in der Regel so lange wiederholt, bis sich ein erwartetes oder gewünschtes Ergebnis einstellt oder die gesetzten Limitierungen erreicht werden.

So definiert z. B. die Deutsche Luft- und Raumfahrt (DLR) ihr Simulationssystem für Fahrerassistenzsysteme auch als VR-Labor, in dem in einer sphärischen virtuellen Umgebung das Verhalten von Assistenzfunktionen unter verschiedenen virtuellen Einsatzbedingungen getestet werden kann. Ähnliche Simulatoren werden in der Luftfahrt u. a. bei Airbus, Boeing und anderen Airlines eingesetzt. Mit diesen Simulatoren werden Piloten trainiert, um auf kritische Situationen richtig reagieren zu können und/oder ein Flugzeug eines bestimmten Typs eines Herstellers fliegen zu können. Diese Simulatoren helfen aber auch bei der Aufklärung von Flugzeugabstürzen, indem z. B. die Daten eines geborgenen Flugrekorders als Eingangssignal in das VR-Lab eingespielt werden und damit die letzten Sekunden eines Absturzes mit realen Piloten in einer virtuellen Umgebung nachvollzogen werden können. Im Bereich des Militärs werden ähnliche Simulatoren oder VR-Labs für den Einsatz von Kriegsmitteln auf dem Schlachtfeld eingesetzt. Komplexe Simulatoren

[28] Siehe auch: Bots-Technologie, Amazon, https://aws.amazon.com/de/what-is/bot/, und https://it-service.network/it-lexikon/bot/, 28.1.24.

[29] Siehe auch: Chat OpenAI, https://chatopenai.de/, 28.1.24.

werden zusätzlich zum Training von Spezialeinheiten entwickelt und genutzt. Im Bereich der Energieversorgung werden in den neueren Entwicklungen verschiedener Kraftwerkshersteller Systeme zur Simulation der Kraftwerkssteuerung eingesetzt, wobei eine Simulation auf realen Daten aus einem Kraftwerk ausgeführt wird oder zusammen mit Onlinedaten zu einer Systemanalyse bzw. Zukunftsprognose verschiedener Systemteile genutzt wird.

Der größte Anteil der heutigen VR-Labs basiert damit auf der Abbildung von realen Dingen und Abläufen in ein digitales Abbild. Dabei werden, aus Sicht des „Experimentators", nur wesentliche Dinge aus der Realität in das digitale Abbild übernommen. Der „Experimentator", hier als die Instanz zur Beschreibung des Experiments definiert, nimmt mit der Auswahl der realen Datenquellen auf das Experiment einen Einfluss auf die möglichen bzw. wahrscheinlichen Ergebnisse, die mit dem digitalisierten Experiment erzielt werden können. Das weiter oben genannte Beispiel eines VR-Labs für Schweißarbeiten kann als Synonym dieses gängigen Prinzips vorgestellt werden. In dem hier vorgestellten neuen Ansatz eines im Metaversum integrierten MR-Labs wird die Sichtweise auf ein digitales oder digitalisiertes Experiment erweitert. Es integriert die in den vorherigen Kapiteln beschriebenen neuen Eigenschaften.

In einer ersten Version eines MR-Labs werden wissenschaftliche Experimente ermöglicht, um bestimmte Materialien in ihren Eigenschaften zu testen oder weiter entwickeln zu können. Auf der Grundlage der bisherigen Kapitel ist damit das MR-Lab in das Metaversum mit seinen fünf Ebenen eingebettet. Ein MR-Lab besteht aus einem geschützten virtuellen Raum, der bestimmte Grundeigenschaften besitzt, die u. a. Datensicherheit und Exklusivität gegenüber der „äußeren" Welt sicherstellen. Zusätzlich sollten alle Eigentumsrechte im Vorfeld klar zuordenbar sein, um das Experiment beeinflussende Konflikte vermeiden zu können. Grundlage des MR-Labs sind die Fähigkeiten des Metaversums als Plattform.

Der hier vorgestellte Entwurf grenzt sich von den genannten und weiteren ähnlichen Beispielen dadurch ab, dass das Meta-VR-Lab (in Abgrenzung zu den bestehenden VR-Labs als MR-Lab bezeichnet) „Wissen", „Kreativität" und „Innovation" als wichtige digital nutzbare Funktionselemente in der Durchführung eines MR-Lab-Experiments einführt. Sie sind Bestandteil der Ressourcen, die im MR-Lab einem Experiment zur Verfügung gestellt werden können. Aber betrachten wir die bisher genannten Elemente des MR-Labs etwas genauer. Zunächst die Zusammenfassung:

Definition der Schnittstelle mit dem Metaversum für die Interaktionen mit Personen.

1. Einrichtung eines geschützten MR-Lab-Bereichs (naturwissenschaftliche Experimente mit industrieller Beteiligung) als Experiment.
2. Beschreibung des Experiments, inklusive der Anforderungen, Ressourcen, Daten; Restriktionen und Limitierungen; Digitales Eigentum; Publikations- und Verwertungsdefinition (z. B. für Patentrecherchen).
3. Zieldefinition des Experiments.
4. Methodendefinition, nach der das Experiment durchgeführt werden soll.

5. Ressourcen für das Experiment (Avatare: O-BIHOs und V-BIHOs) und ihre Nutzungsdefinitionen (wer ist für was verantwortlich und kann welche Ressourcen in welcher Zeit nutzen; Definition eines Kontrollverfahrens über den Mitteleinsatz, Zeitaufwendungen/Kontingente und Zielerreichung). Definition von V-BIHOs für automatisierte Abläufe.
6. Definition der Verantwortungen und Aufgabenbereiche mit Zuordnung zu den BIHOs.
7. Daten aus dem Metaversum (Beschreibung des Experiments, Datenimporte in das MR-Lab, Datenexporte aus dem MR-Lab hinaus, Datenpräsentation für Teilnehmer des Experiments, Zwischenberichte, Realtime-Darstellungen des Experiments).
8. Präsentationsbeschreibung der Daten des Experiments (Formate).

4.1.9.5 Zu 1. Definition der Schnittstelle mit dem Metaversum

Ein Experiment im Metaversum basiert in der Regel auf einer Beschreibung, indem verschiedene Menschen miteinander das beabsichtigte Experiment durchführen und beobachten wollen. Für die Interaktion mit dem MR-Lab, das in das Metaversum eingebettet ist, können verschiedene bekannte Schnittstellen genutzt werden. Die einfachste Schnittstelle wird heute mithilfe eines Bürocomputers, dem darauf laufenden Betriebssystem (Windows, OS, Unix-Varianten oder andere) und einem Internetbrowser zur Verfügung stehen. Über diese Schnittstelle könnten verschiedene Experimentteilnehmer das Experiment begleiten. Dabei ist jedoch eine Immersion in das Experiment und den damit verbundenen „Örtlichkeiten" nicht möglich. In der Nutzung dieser einfachen Schnittstelle werden dann auch in der Folge spezifische visuelle Möglichkeiten bei der Teilnahme am Experiment nicht zur Verfügung gestellt werden können.

Eine verbesserte Möglichkeit an der Teilnahme eines Experiments kann mithilfe einer VR-Brille erzielt werden. Mit diesen modernen Interaktionsgeräten speziell für sphärische virtuelle Räume kann eine Person in einen virtuellen Raum eintauchen und eine hohe optische Immersion erreichen. Mit den modernen Handcontrollern können haptische Signale an eine Person vom Avatar übertragen werden. Die Entwicklung geht jedoch darüber hinaus, indem man bestimmte Stellungen der Hand oder der Finger einer realen Person durch den Computer erkennt und als Steuer- oder Eingabesignal interpretiert. Damit werden Handcontroller überflüssig, sofern man die Signalsprache kennt. So kann z. B. eine natürliche Person einen Avatar so steuern, dass er ein Kabel aufhebt und in einen virtuellen Stecker stecken kann, Hebel bedienen kann, Flüssigkeiten von einem Gefäß in ein anderes gießen kann oder Materialien mit einem virtuellen Nebel aus einem bestimmten Material besprühen kann. Die Limitierung der VR-Brille besteht darin, dass jeder Teilnehmer an einem Experiment seine eigene VR-Brille[30] aufsetzen und bedienen

[30] Siehe auch: VR Times, Oculus Quest, https://virtualrealitytimes.com/2021/01/30/oculus-quest-3-could-be-quite-different/, und Microsoft HoloLens, https://www.microsoft.com/de-de/hololens, https://www.geeky-gadgets.com/microsoft-windows-10-vr-headset-22-11-2016/, Pimax, https://pimax.com/de/pimax-12k/, und Andere, 28.1.24.

muss. Die gemeinsame Kommunikation in einem realen Team erfolgt über die Headsets, die mit der VR-Brille getragen werden müssen. Ähnliche Ausstattungen kennt man aus internationalen Game-Wettbewerben, in denen verschiedene Teams gegeneinander in einer virtuellen Welt spielen. In beiden Fällen werden die gleichen technischen Mittel eingesetzt.

Eine weitere Verbesserung der interaktiven und visuellen Möglichkeiten in einem Experiment stellt der VR-Raum[31] dar. Dieser Raum besteht aus Bildschirmen an allen Wänden des Raums, inklusive Boden und Raumdecke. Die Besucher des Raums tragen in der Regel AR-Brillen, die die Darstellungen auf den Bildwänden mit weiteren optisch eingespielten Informationen ergänzen, ähnlich einem Headup-Display in einem Cockpit oder in modernen Fahrzeugen. Dadurch können von einem oder mehreren Teilnehmern während einer Diskussion im VR-Raum virtuelle Dinge erzeugt, manipuliert, örtlich verschoben oder gelöscht werden. Ein VR-Raum ermöglicht die „körperliche" Erfahrung z. B. bei Raumabständen von Sitzen in einer Flugzeugkabine, was mit VR-Brillen nicht so präzise ausgeführt werden kann. Mit dieser „Erfahrung" aus dem VR-Raum kann z. B. ein Designer den späteren realen Raum besonders individuell gestalten und einem potenziellen Kunden sehr real präsentieren, bevor die Produktion einer Kabine tatsächlich erfolgt. Für zahlreiche weitere Experimente oder Simulationen werden diese aufwendigen Schnittstellen in die virtuellen Welten eingesetzt.

Die weitere Verbesserung der interaktiven und visuellen Möglichkeiten eines Experiments kann mit einem Simulator erfolgen. Die Simulatoren als Schnittstelle in virtuelle Welten sind u. a. aus der Flugzeugschulung bekannt. Sie ermöglichen z. B. einem Piloten in ein nachgebautes Flugzeugcockpit einzusteigen, sich in einen realen Pilotensessel zu setzen und die gesamte Instrumentierung real vor sich zu sehen. Das nachgebaute Cockpit eines realen Flugzeugtyps befindet sich auf einem hydraulischen Tisch, der sich in drei Achsen unabhängig bewegen kann. Der Tisch wird von der Simulationssoftware gesteuert. Die Simulation eines Flugzeugstarts, des Flugs oder der Landung auf einem bestimmten Flughafen wird über den Simulator sehr realistisch vorgeführt, sodass der Pilot ein realistisches Gefühl erfährt. Dabei kann sich das Cockpit in alle Richtungen extrem neigen oder auch Luftlöcher simulieren, in dem das Cockpit verzögerungsfrei nach unten mehrere Zentimeter bis zu einem Meter absackt. Ein Pilot in einem Simulator erhält damit fast alle Informationen für seine menschlichen Sinne simuliert, die auch bei einem realen Flug auftreten können. Der Vorteil bei dem Simulator ist, dass auch gefährliche Situationen wiederholbar realitätsnah dargestellt werden können, ohne dass dabei ein Schaden auftreten könnte.

In der Definitionsphase eines Experiments werden die Interaktionsschnittstellen mit dem MR-Lab für die am Experiment beteiligten Personen aus den beschriebenen Bereichen festgelegt.

[31] Siehe auch.

4.1.9.6 Zu 2. Einrichtung eines geschützten MR-Lab Bereichs

Das Metaversum ist der digitale Rahmen, in dem ein MR-Lab eingebettet ist. Der Vorteil dieser Einbettung besteht in der möglichen Nutzung zahlreicher Ressourcen aus diesem Umfeld, u. a. auch von Daten, Schnittstellentechnologie für die Interaktion mit Menschen und globaler Kommunikations- und Präsentationsinfrastruktur von Objekten, Ressourcen etc. Das hier vorgestellte Design eines MR-Labs ist auf naturwissenschaftliche Experimente mit industrieller Beteiligung beschränkt. Dabei könnte vor allem eine kostenfreie oder günstige Nutzung der Zugangstechnologie für Universitäten von besonderem Interesse sein. Ob im Rahmen eines Marketings die Zugangstechnologie zum MR-Lab bzw. zum Metaversum kostenfrei gestaltet wird und in welcher Qualität dann diese Technologie zur Verfügung stehen wird (Browser, VR-Headset, VR-Raum, Simulator?), kann hier nicht vorhergesagt werden und ist auch nicht Bestandteil dieser Beschreibung. Vermutlich werden sich diese Fragen von Experiment zu Experiment unterschiedlich ausprägen.

Die Einrichtung eines MR-Labs für ein Experiment kann über mehrere Schritte mit zunehmender Komplexität erfolgen. Dazu wird in einer ersten Antrags- und Einrichtungsphase der Internetbrowser eingesetzt, sofern nicht bereits ähnliche Experimente durchgeführt worden sind. Die Person, die das Experiment neu einrichtet, wird als Experimentator bezeichnet.

Geht man von der einfachsten Schnittstelle zur Interaktion mit dem Metaversum aus, dem Internetbrowser, erfolgt die Einrichtung eines Experiments über ein digitales einfaches Beantragungsformular, in dem der Name des Experiments und eine kurze, jedoch möglichst präzise Beschreibung eingetragen wird. Mithilfe von KI prüft das Metaversum, ob ähnliche Experimente bereits weltweit beantragt, durchgeführt oder abgeschlossen worden sind. Der Experimentator erhält das Ergebnis dieser globalen Suche umgehend, sodass er die Entscheidung zur erneuten Durchführung oder einer Modifikation des Experiments vornehmen kann. Wird das Experiment zur Durchführung frei gegeben, wird ein Prozess zur Einrichtung des MR-Labs durchgeführt. Die folgenden Kapitel beschreiben diesen Prozess.

Die Einrichtung eines MR-Labs basiert auf Programmcode (in Form von Programmobjekten, die als Objekte in das Metaversum, z. B. als DLL, eingebunden werden). Wurde dieser Programmcode für ein MR-Lab bereits ein erstes Mal erstellt, kann er für weitere ähnliche Experimente genutzt werden. Wird ein neues, bisher nicht vorhandenes MR-Experiment definiert, enthält die Funktion zur Einrichtung eines MR-Labs die dazu notwendige Programmierung. Es wäre zukünftig zu klären, wer diese Dienstleistungen anbieten und vertragswirksam zur Verfügung stellen könnte. Hier eröffnet sich ein neues Geschäftsfeld, die MR-Lab Programmierung. Je nach Modularisierung dieser MR-Labs-Programmierung könnte über die Zeit ein „Baukasten“ an Programmobjekten entstehen, der im Späteren eine modulbasierte Basisausstattung für ein MR-Lab zur Verfügung stellt. Die spezifische Anpassung dieser Basisanpassung an das gewünschte Experiment wäre dann der Anpassungsaufwand, der geleistet werden müsste. Der Autor dieses Kapitels hat bereits Anfang des Millenniums Systeme dieser Art entwickelt und eine beschreibende Sprache für die Verbindung der Module entwickelt.

4.1.9.7 Zu 3. Beschreibung des Experiments

Damit ein MR-Lab genutzt werden kann, muss das Experiment vor der Nutzung bzw. Aktivierung eines MR-Labs definiert werden. Dazu können natürlichsprachlich basierte, beschreibende Methoden unter Einsatz einer KI (AI) eingesetzt werden bzw. sollten KI-Mittel zur Verifikation der Vollständigkeit/Konsistenz der Experimentbeschreibung genutzt werden. Dieser Prozess der Experimentbeschreibung könnte ähnlich einem ChatGPT-Dialog erfolgen. Erfolgt diese Beschreibung in einer virtuellen Umgebung, könnten weitere Unterstützungssysteme wie z. B. Sprach-Encoder zum Einsatz kommen, indem eine verbale Beschreibung des Experiments erfolgen könnte (Transkription). Die Sprach- und Texteingabe sollte in jedem Fall auch in einer Muttersprache der Experimentteilnehmer erfolgen können. Die dazu notwendigen Übersetzungswerkzeuge sind heute verfügbar (z. B. Microsoft Translator, Deepl[32]) und könnten im MR-Lab als integraler Bestandteil des Metaversums zur Verfügung gestellt werden. Eine besondere Vereinfachung dieses Beschreibungsprozesses könnte durch eine dialogfähige KI erfolgen (KI-basierte Spracheingabe und Sprachausgabe, die über Beschreibung, Frage und Antwort zu einer konsistenten Experimentbeschreibung führt[33]). Die Grundfunktionen für diese virtuelle Dialogfähigkeit wurden bereits mit ChatGPT demonstriert und stehen heute als Internetfunktion zur Verfügung.

4.1.9.8 Zu 4. Zieldefinition des Experiments

Bei der Zieldefinition eines Experiments im virtuellen Raum an naturwissenschaftlich orientierten Fragestellungen ist eine gezielte Untersuchung einer Zielbeschreibung/These/Erwartung, bei der bestimmte Parameter bzw. Rahmenbedingungen zunächst festgelegt und dann in einem definierten Verfahrensablauf verändert werden. Das Experiment wird definiert, damit die Experimentteilnehmer die Auswirkungen von Änderungen bestimmter Parameter eines Untersuchungsgegenstands herausfinden können. Das Experiment ist der methodisch angelegte Versuch zur empirischen Gewinnung von Daten, der Bestätigung von Hypothesen oder Vermutungen etc. Beim Durchführen des Experiments wird die Reaktion der Natur, repräsentiert durch die Naturgesetze, unter ausgewählten, wiederholbaren, veränderbaren und kontrollierten Rahmenbedingungen auf ein Objekt durch Parameteränderungen erfasst. Die erzeugten Daten sind dann die Grundlage zur Informationsgewinnung bzw. der Entwicklung von Innovationen durch den Avatar. Das MR-Lab hat keine Funktion dieser höheren Abstraktionsebenen oberhalb der erzeugten Daten.

Diese kurze Einführung in die Zieldefinition des MR-Experiments beschreibt zugleich auch den Rahmen, in dem die Zieldefinition für ein MR-Lab-gestütztes Experiment erfolgen kann. Die Zieldefinition eines Experiments erfolgt in dieser Beschreibung beispielgebend über die Tastatur in Textform. Die Zieldefinition ist die Beschreibung des Experimentergebnisses, das als Vermutung erwartet wird. So

[32] Siehe auch: Deepl SE, https://www.deepl.com/translator, 28.1.24.

[33] Siehe auch: OpenAI, Whisper, https://openai.com/research/whisper, und Open Source Quelle, https://github.com/openai/whisper, 28.1.24.

könnte z. B. der Winkel eines Turbinenflügels in einer Turbinenanordnung untersucht werden. Dabei stellen sich die Ingenieure die Frage, welcher Winkel wie viel Druckveränderung bringt und ob eine Abhängigkeit der Winkel der definierten Flügel (Form, Oberflächenbeschaffenheit etc.) einen linearen Bereich von Winkel, Druck und Rotationsgeschwindigkeit abbildet. In diesem einfachen Beispiel wird lediglich eine Rotorebene angenommen (einfacher Propeller mit Mantelung). Die Erwartung/Zielsetzung des Experiments wäre nun, dass der erzeugte Ausgangsdruck sich z. B. bei einer Änderung des Winkels um 0,5° um 4 % ändert.

In der Regel wird ein Experiment in seinem Kern über eine oder mehrere Formeln beschrieben, die Teil der Experimenteinrichtung und seiner Beschreibung sind. Zu dieser Beschreibung gehören die Konstanten und Variablen sowie ihre Ausgangsdaten/Initialdaten. Die Formeln können als Experimentbeschreibung eingegeben werden.

4.1.9.9 Zu 5. Methodendefinition

Damit ein Experiment im MR-Lab durchgeführt werden kann, ist die Beschreibung der beabsichtigten Methode notwendig. Mit dem geplanten Experiment können begründete Vermutungen als Ausgangspunkt definiert werden, Theorien überprüft werden und Beobachtungen mithilfe experimenteller Versuche erklärbar werden. Dabei könnten mit den Versuchen u. a. auch Zusammenhänge einer Beobachtung ergründet werden, ohne das die Absicht zur Erklärung der Beobachtung gefunden werden soll. Im Rahmen der Methodendefinition sollte ein Experimentator im Vorfeld die Untersuchungsart definieren. Mit dieser Einordnung kann dann für das Experiment eine explorative, deskriptive, explanative oder kausale Untersuchung sinnvoll erscheinen. Durch die Einbettung des MR-Labs in das Metaversum, könnten bei einer fortgeschrittenen Entwicklung der Grundfunktionen des MR-Labs dem Experimentator für ein geplantes Experiment Hinweise zum Stand der Forschung angeboten werden. Je nach Stand des forschenden Experimentumfelds bzw. der Aufgabenstellung des Experiments sollte der aktuelle Forschungsstand, der vorhandene Wissensstand, für ein geplantes Experiment berücksichtigt werden. Er kann die Methodenwahl stark beeinflussen. Je nach Ausgangslage und beabsichtigtem Vorgehen können in der Regel die Methoden Versuch und Irrtum („try and error"), Änderung eines Parameters pro Durchlauf („one parameter at a time") oder der parallele Durchgang mehrerer einfacher Versuche an einer Sache („screening") ausgewählt werden. Diese drei prinzipiellen Methodendefinitionen eignen sich besonders für die rein virtuelle Durchführung von Experimenten, wobei die Screening-Methode sich besonders in der virtuellen digitalen Welt nutzbringend einsetzen lässt, sofern ausreichend Rechenleistung genutzt werden kann. Ein Beispiel zahlreicher paralleler Kleinexperimente (in der Komplexität reduzierte virtuelle Experimente, die parallelisierbar durchführbar sind) kennt man u. a. auch aus der Suche nach neuen Wirkstoffen in der medizinischen Forschung.

4.1.9.10 Zu 6. Ressourcen für das Experiment

Die Beschreibungen der Ressourcen für ein Experiment können eine große Bandbreite einnehmen. Prinzipiell sind die Ressourcen selbst, ihre Qualität und ihre Anzahl von dem Experiment selbst abhängig. Das einfachste Experiment, in einem MR-Lab wäre z. B. das Newtonsche Gesetz nachzuvollziehen. Dazu werden ein Experimentator, ein Objekt und die Umgebungsdefinition (Schwerkraft, Luftwiderstand, Fallhöhe etc.) benötigt. Bei Experimenten z. B. über den Wirkungsgrad von Turbinen steigen diese benötigten Ressourcen exponentiell an. In dem zweiten Beispiel wird in der Regel ein Teilaspekt der Turbine beschrieben und experimentell untersucht (z. B. Form und Größe der Turbinenschaufeln, ihre Anzahl pro Ebene, Größe des Turbinenkanals, Drehzahl, Temperaturen, Oberflächeneigenschaften, und viele mehr). In Verbindung mit z. B. Computer Aided Design Systemen können sehr detaillierte Beschreibungen eines Untersuchungsobjekts inklusive Materialien mit ihren Eigenschaften genutzt werden. Heutige CAD-Systeme verfügen bereits über umfangreiche Simulationsmöglichkeiten, sodass Grundlagenexperimente bereits mit diesen Systemen in der Designphase einer Objektentwicklung durchgeführt werden. Damit entsteht die Frage, wozu das MR-Lab eingesetzt werden sollte.

Das MR-Lab unterscheidet sich grundsätzlich von diesen oder ähnlichen Ansätzen. Im MR-Lab werden zu diesen Basisabläufen eines Experiments die Wissenseigenschaften (Ressourcen) einer natürlichen oder digitalen Person (BIHO) mit eingeführt. Die Eigenschaften der BIHOs unterscheiden sich grundsätzlich von den bisherigen digitalen Abbildungen eines Avatars in virtuellen Umgebungen. BIHOs haben neben den üblichen visuellen Abbildungen einer Person die Eigenschaft, Wissen einer Person in digitaler Repräsentation zu tragen (siehe dazu auch vorherige Kapitel des Buchs). Mit dem Begriff Wissen werden hier keine Daten einer üblichen Datenbank bezeichnet, sondern die über die Eigenschaften einer Person interpretierten Daten, die sie als Person sich über einen Zeitraum erworben hat. Wie diese „Kopie" einer natürlichen Person in das Metaversum erfolgen kann, wird in einem späteren Kapitel dieses Abschnitts beschrieben.

Mit den BIHOs als neue Avatare eines erweiterten Metaversums erhält das MR-Lab neue Eigenschaften, die im Ergebnis auch zu einer Kreativität und Innovationen im MR-Lab führen kann (abhängig vom Experiment). Damit wird jedoch das MR-Lab zu einer Art Inkubator für Innovationen. Sie stehen als Rahmenfunktion des MR-Labs prinzipiell einem Experimentator zur Verfügung.

4.1.9.11 Zu 7. Definition der Verantwortungen und Aufgabenbereiche

Damit ein Experiment im MR-Lab eingerichtet werden kann, müssen die Aufgaben- und Verantwortungsbereiche der beteiligten Avatare (BIHOs) klar definiert werden. Prinzipiell wird für ein Experiment ein Experimentator benötigt, der auf Basis der BIHO-Eigenschaften die Verantwortung für ein Experiment übernimmt. Diese Eigenschaften werden dem BIHO als Experimentator per Voreinstellung bei der Erzeugung/Einrichtung eines Experiments zugewiesen.

Der Experimentator kann weitere Avatare in das virtuelle Experiment einladen bzw. als feste Größe im Experiment mit einplanen. Ein eingeladener Avatar muss diese Einladung bestätigen, sofern sein Link eine natürliche Person hat. Virtuelle

BIHOs, die u. a. auch aus mehreren realen BIHOs bestehen können, leiten Anfragen von Experimentbeteiligungen an ihre natürlichen Personen weiter. Besteht ein BIHO ohne Link zu einer natürlichen Person (der Repräsentant ist z. B. verstorben) oder wurde ein BIHO als Bot erstellt, werden diese Avatare entsprechend gekennzeichnet und automatisch in das Experiment eingebunden. Mit diesen virtuellen Avataren ohne Links zu realen natürlichen Personen stehen nach einer Entwicklungsphase des neuen Metaversums zahlreiche zusätzliche Ressourcen zur Verfügung. Ob diese Ressourcen des Metaversums dann vom natürlichen Eigentümer des Metaversums (Unternehmen) kostenfrei oder kostenpflichtig, mit oder ohne Tantiemen oder andere Beteiligungsmodelle verwaltet werden, ist hier nicht Bestandteil der Beschreibung und die Entscheidung des Unternehmens. Prinzipiell könnten auch BIHO-basierte Bots mit bestimmten Eigenschaften durch andere Unternehmen für das Metaversum generiert werden und über Gebühren an Experimenten teilnehmen. Hier entsteht ein neues Geschäftsfeld.

Jeder Avatar erhält im Rahmen der Projektdefinition eine bestimmte Aufgabe, die automatisiert über den Avatar entweder zu einem Dialog mit seinem natürlichen „Ich“ führt oder von einem virtuellen Avatar automatisiert beantwortet bzw. bearbeitet wird. Generell können alle BIHO-basierten Avatare am Experiment automatisiert teilnehmen, ohne das verlinkte natürliche Personen präsent sein müssen. Ob und wie das erfolgt, wird pro Avatar definiert. Diese Eigenschaft eines Avatars, wie er an einem Experiment teilnehmen kann, wird vom Eigentümer des Avatars festgelegt.

4.1.9.12 Zu 8. Daten aus dem Metaversum

Mit der Beschreibung, ob und welche Datenbereiche aus dem Metaversum in ein Experiment integriert werden, eröffnet sich ein großes Feld. Generell werden drei Quellen für Daten, die für ein Experiment aufgenommen werden sollen, unterschieden: Onlinedaten aus einer Onlineschnittstelle, Daten aus Datenbanken und Daten von Avataren. Die in dem Experiment selbst definierten Daten, sind implizite Daten des Experiments, die erst später als Datenausgabe zur Verfügung gestellt werden können. Werden dann Daten aus einem Experiment in ein anderes Experiment übertragen, können sie als Onlinedaten oder als Datenbankdaten bezogen werden. Der Unterschied beider Datenbereiche liegt in ihrer zeitlichen Präsentation. Onlinedaten sind in der Regel Daten, die gerade anfallen oder erzeugt werden. Ob exakt die gleichen Daten wiederholbar zu einem späteren Zeitpunkt erneut zur Verfügung stehen, liegt dann in der Verantwortung des Datenempfängers (Recording). Onlinedaten sind volatile Daten, die nicht gespeichert sind. Die Reproduzierbarkeit liegt außerhalb des Experiments. Datenbankdaten sind Daten, die bereits erzeugt und in einer Struktur im Metaversum archiviert worden sind. Sie können reproduzierbar für ein Experiment abgerufen werden.

Daten von BIHO-basierten Avataren bilden eine eigene neue Klasse, worauf in einem späteren Kapitel, Beschreibung des BIHO-Avatars, genauer eingegangen wird. Ihre persönlichen Daten (Wissen) könnten zusätzlich in ein Experiment eingespeist werden.

4.1.9.13 Zu 9. Präsentationsbeschreibung der Daten

Die Präsentation der Daten eines Experiments ist stark von dem Experiment und den Zielen des Vorhabens abhängig. Die einfachste Form der Datendarstellung ist die in Form von Datenlisten. In der Regel sind mehrere Darstellungen notwendig und gewünscht, weil die Ergebnisse eines Experiments verschiedenen natürlichen Personen vorgelegt werden. Die Datenpräsentationen können in vorher definierten Standardformaten, wie Tabellen, Grafiken und Zahlenreihen, ausgegeben werden. Eine gute Präsentation der Daten wird das Ergebnis eines Experiments am deutlichsten visualisieren und ggf. neue Interpretationen ermöglichen. Deshalb wird ein MR-Lab als Standardrahmen die vorher genannten Visualisierungen anbieten.

Weitere moderne Möglichkeiten, die mit ChatGPT im Markt aufgetreten sind, wie textbasierte Beschreibungen, wären ebenfalls denkbar. In dieser Linie könnten automatisierte Berichtsformen möglich werden, die dann zu weiteren Nutzungszwecken eingesetzt werden könnten. Zu diesen weiterreichenden Zwecken könnten nach Abschluss oder vor Start eines Experiments z. B. durch ein MR-Lab unterstützte Patentrecherchen oder Patentanträge entstehen, die in einer Genehmigungsstufe durch eine natürliche, rechtsfähige Person freigegeben werden könnten.

4.1.9.14 Beschreibung des BIHO-Avatars

Heute stellt ein digitaler Avatar in einem virtuellen digitalen Raum prinzipiell über seine Repräsentation einer natürlichen Person Daten durch sein konkretes Handeln in diesem virtuellen Raum zur Verfügung. Die Repräsentation des Aktions- oder Handlungsraums kann „flach“ oder sphärisch sein. Die Schnittstelle in den virtuellen Raum kann einfach (Terminal mit Internetbrowser) oder technisch komplex sein (z. B. VR-Brille mit Controllern für die Hände oder den gesamten Körper). Dabei sind diese erzeugten Daten nicht vorhersehbar, sondern spontan von den Bewegungen und Handlungen des Avatars abhängig. Heute kann ein Avatar sich im virtuellen Raum bewegen (laufen, kriechen, fliegen, schweben und alle Extremitäten in alle Raumrichtungen bewegen), somit eine virtuelle Strecke im Raum zurücklegen (von Ort A nach Ort B), Gegenstände „anfassen“, aufnehmen, transportieren, ablegen und bewegen und sich von einem Ort zu einem anderen „beamen“ (Szenenwechsel im virtuellen 3D-Raum). Neuere Avatare können zusätzlich durch Mimikfunktionen „Emotionen“ darstellen. Die indirekten Daten, die ein Avatar über die optische Darstellung als Mann, Frau oder ein anderes Wesen abgibt, sind vielfältig. Ein Avatar gibt durch seine Existenz und sein Verhalten Daten an das Internet ab. Die Existenz ist ausreichend.

Bei den hier vorgeschlagenen BIHO-basierten Avataren erhalten diese virtuellen Repräsentationen eine Form von digitalem Wissen und Persönlichkeit, das eine Kopie spezifischer Eigenschaften einer realen Persönlichkeit ist. In den vorherigen Kapiteln des Buchs[34] wurde bereits darauf eingegangen. Diese neuen Eigenschaften können als Netz eines einzelnen digitalen neuronalen Netzes einer Person verstanden werden. Dabei ist jedoch die heutige Ausrichtung/Auslegung neuronaler

[34] Beschreibende Kapitel von Prof. Frey.

Netze[35] nicht geeignet, diese auf eine Person begrenzten Daten repräsentieren zu können.

Heutige neuronale Netze basieren grundlegend auf digitalen künstlichen „Neuronen", die über sogenannte „Gewichte" miteinander verbunden sind. Jedes Neuron ist mit dem nächsten Neuron verbunden. Stellt man sich vier Neuronen vor (in einer quadratischen Anordnung), ist jedes digitale Neuron mit dem jeweils anderen Neuron über Kreuz und an den Kannten verbunden. Die Gewichte zwischen den Neuronen bestimmen nun die Signalverarbeitung – in der digitalen Welt ist das eine Zahl – die mithilfe der in jedem Neuron enthaltenen Funktion (Summation, Subtraktion, Sinus, Tangens, Linear etc.) das Signal verändert. Gehen mehrere Signale nun über die Gewichte in ein digitales Neuron ein, wird ein Ausgangssignal anhand der implementierten Funktion erzeugt, sofern ein Schwellenwert überschritten wird. Überschreitet das Signal diesen Schwellenwert (Beispiel: ist die Summe aller eingehenden Zahlen z. B. größer 0,2381), gibt das Neuron ein Signal an alle angeschlossenen Gewichte aus. Das Wissen eines neuronalen Netzes ist somit in seinen Gewichten gespeichert. Mehrere digitale Neuronen auf einer Ebene werden als Schicht oder Layers bezeichnet. Mehrere Schichten nacheinander bilden ein Netz. Heutige neuronale Netze haben Millionen Schichten in drei Dimensionen mit Milliarden digitalen künstlichen Neuronen.

Prinzipiell sind künstliche digitale neuronale Netze kein Nachbau des biologischen Vorbilds, sondern eine Abstraktion desselben. Ein biologisches neuronales Netz verarbeitet deshalb auch die Daten anders als die in digitalen neuronalen Netzen abstrahierte Datenverarbeitung des biologischen Vorbilds. Die Verbindungen der digitalen Neuronen untereinander, die Gewichte, und ggf. auch die Funktion eines digitalen Neurons, werden in einer Lernphase durch externe Daten so entwickelt/verändert, dass es in einer anschließende Nutzungsphase unscharfe Anfragen an das Netz im Rahmen des Gelernten (der „gelernten" Daten) beantworten kann. Letztendlich eine Art Wahrscheinlichkeitsstatistik als grundlegende Funktion des Netzes.

Ein heutiges digitales neuronales Netz ist nicht in der Lage, Kreativität, Emotionen oder Innovationen produzieren zu können. Letztendlich können heutige neuronale Netze nur die Fragen beantworten oder nur auf die Anfragen sinnvoll reagieren, deren Daten sie vorher „gelernt" haben bzw. auf die sie vorher trainiert worden sind (ChatGPT kennt keine Daten nach seiner Lernphase von 2022). Die gelernten Daten sind prinzipiell endlich und abzählbar, auch wenn ihre Menge sehr groß ist. Ein neuronales Netz repräsentiert einen endlichen Datenraum. Damit entsteht der Eindruck, dass es bei genügend großer Datenmenge und Rechenleistung alle Fragen der Welt beantworten könnte. Die Kausalität besteht jedoch darin, je höher bei einem entsprechend ausgestatteten Netz mit genügend Neuronen die Datenmenge beim Training war, um so breiter kann das Netz Themen „verstehen" und beantworten.

[35] Siehe auch: Wikipedia Künstliche Neuronale Netze, https://open.hpi.de/courses/zukunftstechnologien2023/items/2XjshhoPi5536B8JPf9b8i und https://de.wikipedia.org/wiki/K%C3%Bcnstliches_neuronales_Netz, 29.1.24.

Das digitale Verstehen basiert heute im Wesentlichen auf einer auf Wahrscheinlichkeiten basierten Zusammenstellung von Daten/Wörtern/Sätzen, die auf Basis der Wahrscheinlichkeitsrelation einer Frage und einer gelernten Antwort basiert. Die Fragestellung muss sich im Datenraum des Netzes befinden. Insgesamt repräsentiert damit ein neuronales Netz genau diese endliche Menge an Daten, die es vorher erhalten hat. Die gelernte Kombinatorik, die Relationen und Assoziationen dieser Daten ist jedoch dann das mit dem Netz erreichbare Ergebnis, somit ebenfalls endlich. Damit entsteht jedoch ein Problem bei einem Training eines zukünftig nutzbaren neuronalen Netzes für einen einzelnen Menschen bzw. einem einzelnen menschlichen Gehirn und der beabsichtigten Repräsentation dieser Persönlichkeit in seinem Wissen (Interface- oder Datenerfassungsproblem).

Das Problem ist die notwendige Datenmenge, die zum Lernen des künstlichen neuronalen Netzes benötigt wird und das der exakt reproduzierbaren Daten, die dem Netz zum Lernen mehrfach vorgelegt werden müssen. Beides ist für reale Personen nur bedingt realisierbar. Deshalb gibt es auch zahlreiche Forschungen, wie diese Hürde zukünftig überwunden werden kann. Damit zerfällt jedoch die Problemlösungsfindung in die beiden Bereiche der Mensch-Maschine-Schnittstelle (Interface) und der digitalen und virtuellen Repräsentation.

Heute sind die bekannten neuronalen Netze eine Art universeller sprachlich- bzw. textbasierter Lösung für zahlreiche Anwendungen internetbasierter Datenbestände, für die sie nach dem Training eingesetzt werden. Eine Spezialisierung hat sich erst in den letzten Jahren entwickelt und steht erst am Anfang der Entwicklung. Dabei kommen die bekannten unterschiedlichen neuronalen Netztypen zum Einsatz.

Geht man jedoch davon aus, dass zukünftig Wissen einer einzelnen natürlichen Person als Entität in Form eines „individualisierten neuronalen Netzes“ zur Verfügung steht, können Teile dieses Netzes gekennzeichnet und anschließend als Teilwissen eines BIHO-Avatars mit anderen Teilnetzen anderer Avatare verbunden werden. Ebenfalls können aus diesen Teilnetzen von Avataren, die auf Basis verlinkter realer Personen existieren, neue künstliche Avatare zusammengestellt werden. Sie können mit einer spezifischen Zielsetzung künstliches Teilwissen zu einem Metawissen vereinen und für Experimente zur Verfügung stellen. Da das Wissen einzelner Personen dem anderer Personen ähneln kann, können „Wissenstemplates“ entstehen. Ein digitales personenbezogenes Template basiert auf Wahrscheinlichkeiten von Datenrelationen, die aus bereits existierenden ähnlichen Basisprofilen berechnet werden. Dieser Ansatz ist für die BIHOs von besonderem Interesse.

Die Technologie der digitalen Datentemplates in Bezug auf Personendaten wird bereits seit langem in den sozialen Netzen und ihren Apps, die als Schnittstelle zu den hinter den Apps liegenden Datenbanken funktioniert, benutzt. Dabei werden aktive Personen in den sozialen Netzen mit ihrer Interaktion und den damit entstehenden Daten einer digitalisierten virtuellen Person in einer Datenbank gespeichert. Aus einem statistischen Querschnitt vieler ähnlicher Daten vieler Personen können nun Wahrscheinlichkeiten für Personen mit geringer Netzaktivität berechnet werden, sodass bestimmte Daten, die bisher für eine wenig aktive Person fehlen, aus diesem Querschnitt gebildet werden können. So entstehen virtuelle Vorlagen (Templates) auf Basis hohe Wahrscheinlichkeit für digital wenig im Netz aktive Personen, sodass diese „berechnete“ Person die eine oder andere Eigenschaft, Bedürfnisse oder Interessen zugewiesen erhält, obwohl sie mit sehr wenigen Tätigkeiten Datenspuren im Netz hinterlassen hat. Deshalb ist heute alleine eine digitale Existenz mit wenigen Schlüsseldaten ausreichend, um eine gute „advertising“-Einordnung/Bewertung einer Person vornehmen zu können. Mit den heutigen Datenbeständen über natürliche Personen können sehr genaue Persönlichkeitsprofile automatisiert erstellt werden. Eine ähnliche Technologie kann in Zukunft nutzbringend bei der Ableitung von Wissen aus Wissensbeständen natürlicher Personen verwendet werden.

Die heutigen neuronalen Netze basieren auf Daten und ihren impliziten, durch die Semantik und Grammatik formalisierten Relationen zueinander. Sie bilden digitale virtuelle Netze, in denen die Verhältnisse der Daten untereinander als eine zusätzliche Informationsebene gespeichert sind. Die Relationen der Daten, die Verhältnisse der Daten untereinander, sind eine implizite Information unserer Welt, die mithilfe der Programme genutzt wird. Diese Daten sind nicht die Realität, sondern eine durch den Menschen und seine kulturelle Einbindung/Kontext interpretierte Abbildung, in der die hinter der Sprache liegende Kultur eine weitere Informationsebene darstellt. Aus der Kombination Daten und implizite Relation entsteht eine Assoziation, die sich zu einer Abstraktion entwickeln kann. So kann z. B. ein Blatt mit großer Wahrscheinlichkeit an einer Pflanze hängen. Damit ist dann auch die Pflanze ein Teil der Information, die wiederum mit einer weiteren Wahrscheinlichkeit in einer Frage zur Antwort genutzt werden kann: Was ist das für ein Blatt …? Antwort: Das Blatt der Pflanze …. Ein Programm versteht diese impliziten Zusammenhänge von Daten selbst nicht. Es repräsentiert und präsentiert sie. Somit kann ein neuronales Netz kein „Verständnis“ über eine Sache oder die gelernten Daten entwickeln. Ein neuronales Netz hat keine interne Funktion, um zu „verstehen“, was ein Ball, ein Würfel, ein Mensch oder eine Maschine ist. Reale Dinge haben in einem neuronalen Netz keine Entsprechung, keinen Bezug zu einer Entität. Vielmehr sind reale Dinge im neuronalen Netz gleichberechtigte Daten unter vielen Daten. In einem neuronalen virtuellen dreidimensionalen Netz bilden sich nach einem abgeschlossenen Lernzyklus „Bereiche“ mit unterschiedlichen Konzentrationen ähnlicher Werte. Ich nenne diesen in einem virtuellen mehrdimensionalen Netzraum entstehenden Wertekonzentrationen „Wolken“.

Um eine Zuordnung von realen Gegenständen zu den damit verbundenen Eigenschaften als Items zu ermöglichen, sind die bisherigen Klassen neuronaler Netze nicht gut geeignet. Die Zuordnung einer Beschreibung zu einem realen Objekt ist von besonderer Bedeutung. Erst über das Objekt als Entität können neue Funktionen, wie „Wissen“ digital und automatisiert entwickelt werden. Bereits 2004 habe ich eine alternative Lösung, mit dem Arbeitstitel als *DigHi* („Digitales Hirn“) bezeichnet, zu den bereits zu dieser Zeit entwickelten neuronalen Netzen vorgeschlagen und in einem ersten Versuchsentwurf realisiert. Dabei wurden die realen Daten über eine Schnittstelle z. B. aus gesprochenen und transkribierten Sätzen in ihre Bestandteile zerlegt. Die Sätze aus freien Texten oder Beschreibungen natürlicher Personen bildeten die Grundlage der Informationsübermittlung über reale Objekte oder Sachverhalte an DigHi. Das Ziel mit DigHi war, die Textbeschreibungen als grundlegenden Informationsstrom von Realität in ein digitales „Ich" zu benutzen bzw. diesen Informationsstrom in seinen Möglichkeiten und Grenzen zu untersuchen. Dabei wurden virtuelle Sensoren wie Riechen, Sehen, Hören, Schmecken und Fühlen digital implementiert. Die Sensoren erhielten über die Texteingabe einen Trigger, der dann zu digitalen „Items" verbunden wurde. Zum Aufbau des internen Relationennetzes mit Wahrscheinlichkeitsgewichtungen musste zwingend eine Lernhierarchie, ähnlich wie sie bei einem Baby, Kind und Jugendlichen funktioniert, verfolgt werden. Dabei wurden zusätzlich ineinander verschachtelte Emotionalitätssphären definiert (Ich, direktes Umfeld, nahes Umfeld, Umfeld, fernes Umfeld, abstraktes Umfeld). Die Datensätze wurden mit Emotionalitätswerten zu jeder Information versehen (Ich = 0,0, direktes Umfeld = 1,0, nahes Umfeld = 2,0 usw.). Zwischenwerte zwischen 0 und 1 konnten beliebig fein ausgewiesen werden. Ein ähnliches Vorgehen wurde für alle weiteren Sensoren festgelegt. Jeder Datensatz hatte somit zusätzlich zu den einzelnen textbasierten Sätzen Sensormerkmale in Form einzelner Gewichte.

Das digitale Zerlegen einer Information aus der realen Welt erfolgte über einen „Scanner", der die Sätze, Wörter, Buchstaben und Zeichen aus einem Satz erkennen konnte. Nach dem Zerlegen wurden alle Bestandteile der Information im Rechner so abgelegt, dass die Relationen aller Datenebenen (Buchstabe, Satz, Wort, ...) erhalten blieben. Es entstand ein digitales Netz, das die vollständige Präsentation aller Informationen der Eingangsdaten, der Beschreibung einer realen Umwelt darstellte und Verbindungen/Knoten zu neuen Unterstrukturen auswies und damit Assoziationen und Interpretationen zur Verfügung stellte. Wurden nun mehrere Sätze in das System eingegeben, entstand selbstständig auf der obersten Ebene, den Sätzen bzw. ihren Konglomeraten, eine Abstraktionsschicht eines beschriebenen Sachverhalts. Ein einzelner Satz wurde mit diesem Verfahren lediglich in einer einzigen Zahl dargestellt, die in Relation zu anderen Zahlen stand. Dabei konnte ich beobachten, dass nach vielen Textscans die Anzahl/das Datenvolumen unterschiedlicher Sätze sich einem Grenzwert, einem Maximum näherte. Je mehr Sätze gescannt wurden, umso größer wurden die Wahrscheinlichkeiten verbundener Werte, dass der Satz bereits in seiner Grundaussage vorhanden war und damit einem Erstsatz/Basissatz mit einer Wahrscheinlichkeit X entsprach. Diese Relationen zwischen diesen einzelnen Repräsentationen von Sätzen in Form einer Zahl enthielten automatisch erzeugte Wahrscheinlichkeitsangaben, wie häufig ein Buchstabe, Wort oder Satz in Verbindung mit seinem folgenden Satz stand. Die Werte der Wahrscheinlichkeitsdaten änderten sich mit neuen Eingaben. Das Netz war sehr dynamisch. Damit unterschied es sich von den anderen neuronalen Netzen dieser Zeit, die nach einer Lernphase statisch blieben.

Wörter, die reale Dinge kennzeichneten, konnten über einen weiteren Lernmechanismus bestimmten virtuellen Dingen (Objekten) als Entität zugeordnet werden. Z. B. wird mit diesem einfachen Verfahren das Wort „Haus", das in einem künstlichen neuronalen Netz gespeicherten ist, einem virtuellen Haus aus einem Bild oder einer 3D-Darstellung, das in Form einer einzigen Zahl im digitalen Raum gespeichert wurde, eine digitale und virtuelle „Bedeutung" erhalten. Da es mehrere Typen von Häusern gibt, konnte an dieser Stelle eine Verbindung zu weiteren Strukturen automatisiert/lernend aufgebaut werden. Jedoch bekam das Netz nun eine

Funktion, in der bei einem Haus eine bestimmte „Emotion“, virtuelles Verhalten etc. ausgelöst werden konnte. In diesem Ablauf konnten digitale künstliche Emotionen als Trigger für Abläufe, Alarme oder zur Modifikation von Daten genutzt werden. Sie stellten eine Metaebene dar, die Daten modifizierte bzw. ihnen einen spezifischen Rahmen gab.

Dabei ist grundsätzlich von der heutigen „digitalen emotionalen Intelligenz“[36] und künstlichen digitalen Emotionen in neuronalen Netzen zu unterscheiden. So kann z. B. eine Emotion zu dem genannten Objekt „Haus“ eine digitale „Stimmungslage“ in der einen oder anderen Richtung verändern. Nimmt man eine digitale Emotion als eine Zahl zwischen einem negativen Zahlenbereich für digitales Unwohlsein (negatives Gefühl) und einen positiven Zahlenbereich für ein digitales positives Gefühl an, können bei dem Objekt „Haus“ Gewichte hinterlegt werden oder sich entwickeln, die für die Gefühlsbestimmung verrechnet werden. Nach diesem Algorithmus lassen sich nun zahlreiche menschliche Eigenschaften, zusätzlich zu den Daten und ihren Relationen, in die Repräsentation eines digitalen „Ichs“ realisieren. Heute stehen sehr leistungsfähige digitale Werkzeuge zur Spracherkennung und Transkription zur Verfügung, die zusätzlich eine qualitative Textanalyse ermöglichen. Die Ergebnisse dieser „Interfaces“ sind die Basis für die Datenpräsentation für neuronale Netze bzw. zum Aufbau und der Pflege eines BIHOs.

Als eine wichtige Einflussgröße auf die Entwicklung von DigHi stellte sich die Reihenfolge der in das Netz eingespeisten Datensätze heraus. Die Reihenfolge, in der die Datensätze in das System eingegeben wurden, kann auch als ein gestuftes Lernen verstanden werden. Bei diesem Lernvorgang wurden in einer ersten grundlegenden Initialisierung ca. 800 bis 2000 einfache Wörter dem System vorgelegt. Dieser Erstdatensatz bestand aus einer zusammenhanglosen Auflistung zahlreicher Wörter (der, laufen, Haus, Himmel, schlafen, rennen, stehen, essen, …). Mit dieser Phase wurden auch reale Objekte (wie oben beispielhaft benannt, das Haus) automatisch als Entität[37] erkannt und im Netz markiert. Bei der Überprüfung der damit entstandenen Struktur stellte sich heraus, dass eine erste einfache Basisschicht an Zeichen/Symbolen mit syntaktischen Regeln/Relationen entstanden war und das Netz nun einfache reale Objekte kannte. Durch die additiven Informationen der virtuellen Sensoren konnten bereits „emotionale Ausprägungen“ von Objekten entwickelt werden. Eine Vorphase zu einer Semantik der vorhandenen Daten stand nun bereit. In einer zweiten Phase wurden sehr einfache Sätze aus Kinderbüchern zum Vorlesen für Kleinkinder verwendet und zu einem weiteren Datensatz zusammengestellt. Dabei kamen die sensorischen Items (Eintrag bzw. verknüpfendes Partikel mit einer Eigenschaft) erstmalig zum Einsatz und waren Bestandteil des Datensatzes.

Nach der Eingabe des zweiten Datensatzes bildeten sich erste einfache Satzstrukturen heraus, die untereinander in einem direkten oder indirekten Zusammenhang standen. Der dritte Datensatz beinhaltete nun beschreibende Texte oder Ge-

[36] Siehe auch: LinkedIn, Beitrag Anna Theresa Klauda, https://www.linkedin.com/pulse/kick-off-ist-digitale-emotionale-intelligenz-anna-theresa-klauda/?originalSubdomain=de, 29.1.24.

[37] Siehe auch: Wikipedia, Entität, https://de.wikipedia.org/wiki/Entit%C3%A4t_(Informatik), 30.1.24.

schichten, in denen reale Dinge durch ihre Beschreibungen im Zentrum standen. Mit dem vierten Datensatz wurden komplexe Texte in das System eingegeben, sodass in der Folge intern komplexe Strukturen sich ausbildeten. Durch die vorher definierten Emotionalitätssphären konnten simulierte Beziehungsgrade zu bestimmten Dingen bzw. Bereichen mit Emotionalität beobachtet werden.

Würde man nun diesen Algorithmus als Grundlage für die Entwicklung eines BIHOs nutzen, könnten z. B. die Emotionalitätssphären durch die Einbettung in ein Metaversum automatisiert werden. Ebenfalls könnten die bei einem BIHO auf Basis des Algorithmus vorhandenen virtuellen Sinneseigenschaften erstmalig Objekte mit bestimmten Eigenschaften, wie z. B. eine Helligkeit oder ein bestimmter Geruch, virtuell bestimmt und genutzt werden. Damit erhält der BIHO grundlegende Eigenschaften, die weit über die Repräsentation heutiger Avatare in einer virtuellen Welt, dem Metaversum, hinausgehen würde. Die hier kurz beschriebenen Eigenschaften würden zusätzlich die Grundlage zur Entwicklung eines maschinellen „Wissens" darstellen, aus denen dann digitale virtuelle „Kreativität" mit der Möglichkeit von nutzbaren „Innovationen" entstehen könnte.

4.2 Was ist Information

Rolf W. Landauer[38] vom Unternehmen IBM entwickelte die Theorie, dass mit dem Löschen eines Bits ein Minimum an Wärme erzeugt und damit an die Umgebung abgegeben wird. Werden viele Bits gelöscht, entsteht demzufolge eine höhere Menge an Wärme. Damit entstand die Erkenntnis, dass durch das Löschen von Bits unweigerlich eine nach unten begrenzte Menge an Wärme entsteht. Damit nimmt die Entropie im System zu. Mit diesem Prinzip wurde die *Informationstheorie* mit der Thermodynamik verbunden. Nach Landauer ist ein Bit ein strukturierter Zustand eines Teilchens. Er propagierte den Satz „Information is physical".[39] Seine Theorie wurde mehrfach bewiesen.[40] Als Gegenpol dieses propagierten Satzes von Landauer erscheint der Einspruch von dem Philosophen Peter Janich mit seinem Buch „Was ist Information?".[41] Ich möchte auf einen weiteren Aspekt der Landauer-Theorie aufmerksam machen, dass die Wärme beim Löschen eines Bits lediglich ein anderer „Aggregatzustand" eines Bits ist und das Bit eigentlich nicht gelöscht wurde. In meiner These, die in diesem Kapitel beschrieben wird, zerfällt die Wärme in eine „Bitwolke". Man kann zunächst annehmen, dass das gelöschte Bit von einem techni-

[38] Siehe auch: IBM, Rolf W. Landauer, https://www.ibm.com/history/rolf-landauer, 09.03.25.

[39] Rolf Landauer, Information is Physical, Physics Today 44, 23–29, 1991; The physical nature of information, Physics Letters A 217, 188–193, 1996.

[40] Siehe auch: idw-Informationsdienst Wissenschaft, https://idw-online.de/de/news468180, 09.03.25.

[41] Rezension: Humboldt-Universität zu Berlin, https://www.google.com/url?sa=t&source=web&rct=j&opi=89978449&url=https://edoc.hu-berlin.de/bitstreams/a3e4686e-b5a8-4709-bff5-f3906259a853/download&ved=2ahUKEwiAl63c1IKMAxUb0gIHHTWrBywQFnoECE8QAQ&usg=AOvVaw2YMv-6PFqc6WM13flR7TMb.

schen Zustand in einen physikalischen Zustand überführt wurde. Zur Vollständigkeit dieses Hinweises möchte ich anmerken, dass natürlich ein technischer Zustand zugleich auch physikalische Zustände enthält. Aber was ist nun Information?

Information hat unser Zeitalter geprägt. Es ist das Zeitalter der Information. Heute versteht man unter Information einen erweiterten Begriff, der sich über zahlreiche Felder unterschiedlicher Wissenschaftsdisziplinen spannt. So befindet sich Information genauso in einem Molekül oder einem Elektron, einer DNA, wie in einem Bakterium, einer Pflanze, Tier oder in einem Menschen. Informationen werden ausgetauscht. Informationen fließen. Wir erzeugen unendlich viele „neue" Informationen. Wir speichern und übertragen sie rund um die Welt, mit Lichtgeschwindigkeit. Wir handeln mit Informationen. Sie haben einen Wert. Informationen bestimmen heute auf allen Ebenen einer modernen Gesellschaft das Leben der Menschen und sind die Grundlage von Entscheidungen. Menschen sollen eine Informationskompetenz erlernen. Mit Informationen werden heute Gesellschaften manipuliert und Informationskriege geführt. *Information* ist ein Stoff, der omnipräsent in allem zu stecken scheint, und dennoch irgendwie nicht genau zu fassen ist. Wenn alles Information ist, dann ist Nichts auch Information. Also ist ein Nichts eine Information!

Wir nutzen im alltäglichen Leben den Begriff der *Information* häufig und beschreiben damit zahlreiche Dinge und Vorgänge. „Wir informieren uns" oder wir wünschen, dass man uns etwas besser erklärt und fordern: „Das ist keine ausreichende Information," Der alltägliche Begriff der Information beschreibt also einen Sachverhalt, über den wir etwas in Erfahrung bringen möchten oder über den wir Auskunft geben sollen oder wollen. Information beschreibt etwas, was wir in der Welt um uns herum erkennen können oder was wir uns selbst ohne realen Bezug ausdenken. Wir Menschen tauschen Informationen aus. Wir wissen heute, dass auch Tiere oder andere reale Objekte Informationen austauschen. Pflanzen, Pilze und viele andere Dinge tauschen Informationen aus. Daraus kann man ableiten, dass Information einen oder mehrere Codes enthält, die durch den Empfänger verstanden werden muss, damit sie „genutzt" werden kann. Information ist also vorhanden und kann verstanden werden, wenn man den „Code" kennt.

Wir Menschen können z. B. das Bellen eines Hundes nicht verstehen oder auf das Zwitschern von Vögeln antworten. In der Regel können auch andere Sprachen, die außerhalb des eigenen Sprachraums genutzt werden, nicht ohne weiteres von uns Menschen verstanden werden. Jeder Mensch lernt den Code seiner Sprache von seinen Eltern und durch die Umwelt, in der er aufwächst. Der Sprachcode ermöglicht es uns, mit anderen aus dem gleichen Kulturraum zu kommunizieren und Informationen austauschen zu können. Erst durch eine „Übersetzung" des Sprachkodes kann die Information von der einen Sprache in eine andere Sprache übertragen werden. Gänzlich unmöglich ist es bisher, Sprachen anderer Spezies verstehen oder sogar mit ihnen in einen Dialog treten zu können, obwohl *Information* vorhanden ist und ausgetauscht wird. Somit besitzt Information eine Kodierung. Da mit Information eine Beschreibung von Dingen, Handlungen oder Absichten von der einen Spezies auf eine andere übertragen wird, ist sie komplex. Information scheint auch ein Begriff zu sein, mit dem Dinge zusammengefasst werden können, damit ein Abbild an Realität beschrieben werden kann. Information scheint eine Ordnung, eine Struktur von Dingen zu enthalten und zu transportieren.

Ein weiteres Merkmal wird sichtbar. Die Kodierung der Sprache durch kulturelle Einflüsse. Im Rahmen einer durch einen Menschen durchgeführten *Übersetzung* wird neben der Sprachdekodierung zugleich eine kulturelle Dekodierung einer Information durchgeführt. Sie ist jedoch nicht sprachlich festgelegt, sondern wird durch implizite Codes einer Sprache transportiert. Ein markantes Beispiel einer kulturell kodierten Ausdrucksweise sind Mundarten. Der Vorgang einer Sprachübersetzung ist eine Dekodierung aus der einen Sprache in eine Kodierung einer anderen Sprache, wobei die eigentliche Information erhalten bleibt. Der Vorgang der Dekodierung extrahiert die Information mithilfe unseres Gehirns oder neuerer Technologien, sodass sie neu kodiert werden kann. Die Dekodierung selbst, der Extraktionsvorgang, zerlegt die Information in Daten. Dabei werden kleine Teile, wie Buchstaben, Wörter und Sätze, gebildet und dekodiert. Ein Satz ist im Rahmen dieses Vorgangs ein Teil der Gesamtinformation. Mehrere Sätze sind wiederum Teil der Gesamtinformation oder bilden die Gesamtinformation ab (siehe dazu auch den Wissenschaftsbereich der Semiotik[42]). Information selbst besitzt eine Struktur.

Mit den Wörtern und ihren Bezügen innerhalb eines Satzes oder einer Menge von Sätzen bilden sie bereits die Teilinformation. Durch die Dekodierung der Information in Datenteile erfolgt eine mehrstufige Neukodierung mit dem Ziel, die ursprüngliche Information zu erhalten. Ein Haus, ein Baum oder ein Weg soll auch in der neuen Sprache als Haus, Weg oder Baum erkennbar werden. Informationen bestehen demnach aus Daten, die in einer Hierarchie und Struktur angeordnet sind (Buchstaben, Wörter, Sätze, Absätze, Kapitel, …). Ich vermeide an dieser Stelle den Begriff der *Symbole*, da damit eine an dieser Stelle falsche Vorstellung verbunden werden könnte, die die Entwicklung meines Modells einengen würde. Die Daten stehen in einem inneren *Kontext* zueinander (Buchstaben zu Wörtern, Wörter zu Sätzen etc.) bzw. sind mit einem äußeren Kontext verbunden (die Stadt Berlin liegt in Deutschland. Mit dem Wort Berlin wird ein Kontext transportiert, wie Deutschland, Deutsch, Mentalität, Sprache, Image etc.).

Heute nutzen wir den Begriff der Information in der Regel als Synonym zum Austausch an komplexen Daten, hier vor allem im technischen Bereich, aber auch im sprachlichen oder medialen Bereich. Der Austausch kann zwischen Menschen oder biologischem Leben erfolgen, oder zwischen Maschinen. Wie ich später zeigen werde, ist jedoch diese Annahme des Informationsaustauschs nicht vollständig. Der Begriff der Information ist nicht eindeutig definiert und in seiner Bedeutung abhängig von seinem Kontext bzw. der Sichtweise einzelner Wissenschaftsdisziplinen auf diesen Begriff.

In der Informationstheorie ist *Information* der Teil einer Nachricht, der zwischen Sender und Empfänger ausgetauscht wird und verstanden werden kann. Daraus entstand die Informationstheorie nach Shannon. In seiner Informationstheorie wird Information in Relation zur Entropie gestellt und basiert auf Zeichen. Jedes Zeichen erhält dabei einen Erwartungswert, eine Wahrscheinlichkeit des Informations-

[42] Siehe auch: Deutsche Gesellschaft der Semiotik, https://www.semiotik.eu/Semiotik, 10.03.25.

gehalts, was als Entropie bezeichnet wird. In dieser Sichtweise wird Information aus einer technischen Perspektive betrachtet, die ein System aus Sender, Übertragungskanal und Empfänger umfasst. Information wird in diesem Kontext als Rausch-Signal-Abstand definiert. Gibt es einen Abstand eines Signals zum Rauschen. kann eine Information übertragen und empfangen bzw. verstanden werden. Für den Austausch von Information wird ein Kanal, ein Kommunikations- oder Informationskanal genutzt. Er kann auch verallgemeinert als Medium zwischen Sender und Empfänger verstanden werden. Dabei kann ein Medium ein Kabel, eine elektromagnetische Welle oder einfach die Luft sein.

In anderen Wissenschaftsbereichen, wie z. B. der Wirtschaftsinformatik, wird der *Information* ein Wert zugeschrieben. Der Wert einer Information wird letztendlich beim Empfänger durch die Interpretation der Information selbst festgelegt. Dabei wird in der Regel zwischen den Signalen, mit deren Hilfe die Information übertragen wird, und der Information selbst unterschieden. Diese Trennung wird hier selbstverständlich und implizit angenommen. Mithilfe von Technologie oder unserem Gehirn trennen wir die Transportebene der Signale von der eigentlichen Information und können durch diesen Vorgang einen Wert einer Information zuweisen, unabhängig von dem Transport, mit dem diese Information übertragen wurde. Diese Fähigkeit ist ein wesentlicher Bestandteil des Internets, in dem Informationen über Signale transportiert werden und unabhängig von diesem Transport bei dem Empfänger einen Wert erhalten.

Die *Information* stellt heute einen immateriellen Wert dar, mit dem gehandelt und Geld verdient werden kann. Damit wird aber Information zu einer Ware, die tauschbar ist und einen Nutzen darstellt. Diese werthaltigen Informationen sind jedoch nur die Informationen, die von Menschen und zwischen ihnen ausgetauscht werden. Informationen z. B. zwischen Katzen oder Hunden werden aus dieser Perspektive nicht in den Definitions- und Bedeutungsrahmen eingebunden. Das bestätigt jedoch auch die vorherige Definition, dass erst durch den Empfänger die Information ihren Wert erhält. Einen weiteren Wert stellt in diesem Kontext die *Interaktion* dar. Sie wird heute noch nicht so umfassend wie Information als werthaltiges Gut angesehen, was jedoch nur eine Frage der Zeit sein wird.

Besonders interessant erscheint mir aber die Perspektive der Physik zu sein, was *Information* eigentlich ist. Aus dieser Perspektive wird Information über Signale übertragen. Landauer erkannte, dass ein Bit eine strukturierte Information eines Teilchens ist. Information ist somit zunächst an einen Träger gebunden.

In der erweiterten Sicht, wird jedoch auch ein Signal zu einer Information, worauf ich im späteren noch genauer eingehen werde. Information ist ein merkwürdiger Stoff. Sie hat keine Masse, ist selbst energielos, könnte theoretisch mit Überlichtgeschwindigkeit reisen, unterliegt nicht dem Einfluss von Gravitation, besitzt keinen Drehimpuls und unterliegt selbst keinem Prozess einer Entropie. Merkwürdigerweise ist Information zeitabhängig, ohne jedoch einem Alterungsprozess zu unterliegen, was für Signale nicht zutrifft. Heute ist die kleinste Informationseinheit ein *Bit* und/oder *QuBit*, was eine Erweiterung eines Bits aus Sicht der Quantenwelt darstellt. Ein Bit ist eine Informationsdarstellung in Form von Null oder Eins. Ein

QuBit ist eine Darstellung von Null oder Eins oder unendlich vielen Zwischenzuständen der beiden Grundzustände.

Ich möchte in den folgenden Kapiteln eine tiefere Betrachtung über diese Fragen und Zusammenhänge durchführen und jeden dazu einladen, mich bei diesem extrem spannenden Tauchgang in die Tiefen unserer Welt aus Sicht der Information zu begleiten.

4.2.1 Das Konzept des Raums und der Zeit

Die Zeit hat immer wieder die Menschheit in ihrer Geschichte bewegt. Die Frage nach der Zeit ist so alt, wie es darüber erste Aufzeichnungen gibt, vermutlich noch älter. Die Zeit ist zunächst ein Konzept, das sich in der Philosophie, der Physik und anderen Naturwissenschaften ausgeprägt hat. Auch heute wissen wir nicht, was eigentlich Zeit ist. Einstein entwickelte ein Modell der Zeit in seiner allgemeinen Relativitätstheorie, indem er eine Metrik zwischen Raum und der Zeit als Bindungsglied entwickelte, auf das ich später noch eingehen werde. Er betrachtete die Zeit als ein eigenständiges und reales Phänomen, das über einen Mechanismus anderen Phänomenen zugeordnet werden könne, wie z. B. dem Raum. Damit entstand die vierdimensionale Raumzeit, die somit aus drei Raumdimensionen und einer Zeitdimension besteht. Einstein zeigte auf, dass die Zeit relativ zum Beobachter ist. Die Zeit zwischen dem einen und dem anderen Ereignis ist in einem Bezugssystem jedoch konstant. Diese Zeit wird auch als Eigenzeitintervall eines Beobachters bezeichnet. Sie verändert sich für einen Beobachter nicht, auch wenn die Zeit für einen außenstehenden Beobachter unterschiedlich ist.

Das scheint nun doch etwas verwirrend. Das Eigenzeitintervall basiert auf den Erkenntnissen der Relativitätstheorie von Einstein, in der die Zeit für den einen sich beschleunigenden Beobachter anders verläuft als die Zeit für einen zweiten sich ebenfalls bewegenden Beobachter. Der Effekt dieser Beobachtung ist, dass z. B. die Zeit für einen Astronauten langsamer vergeht als für einen Menschen auf der Erde. In der Science-Fiction wird diese physikalische Eigenschaft von Raum und Zeit dazu genutzt, dass man sich als Astronaut eines Raumschiffs mit Lichtgeschwindigkeit von der Erde entfernt und nach kurzer Zeit zurückkehrt. Auf der Erde können aber nun tausende von Jahren vergangen sein. Einsteins Theorie besagt, dass die Zeit für ein Objekt, dass sich mit Lichtgeschwindigkeit bewegt, faktisch nicht mehr vergeht. Sie bleibt stehen. Zugleich vergeht für den Beobachter, der nicht mit Lichtgeschwindigkeit reist, die Zeit so schnell, wie er es gewohnt ist.

Hier tritt wieder das Konzept eines Beobachters auf, das auch in der Philosophie bei den Räumen zu finden ist. In der Philosophie wurden verschiedene Theorien über die Zeit entwickelt. Aus dieser Perspektive kann die Zeit als menschliche Illusion oder kognitive Täuschung verstanden werden. Aus dieser Perspektive hilft uns diese Illusion, dass wir scheinbar das Jetzt und eine Vergangenheit entwickeln können. In der Konsequenz kann folglich auch eine Zukunft existieren, was in der Entwicklung der Menschheit enorme Auswirkungen auf unsere sozialen Räume entwickelt hat (von historischen Prophezeiungen bis zu modernen Prognosen auf Basis von Modellen). Die Zukunft vorhersagen zu können, war und ist immer ein gesellschaftsbeeinflussender Mechanismus, der heute in sehr ausgeprägter Weise praktiziert wird (z. B. Klimaprognosen für hunderte von Jahren für die Erde und ihre Bevölkerung, Entwicklung der Erde für Milliarden Jahre bis zum Lebensende der Sonne, Entwicklung des Weltraums über Billionen von Jahren, Anfang der Welt (Urknall u.v.m). Obwohl wir nicht wissen, was Zeit eigentlich ist, gehen wir damit vehement um. Mit dem Konzept der Zeit können der Mensch und andere biologische Lebewesen Veränderungen und Ereignisse einordnen, verstehen und lernen, damit umzugehen. Zeit ist ein Ordnungsprinzip. Es hilft uns, die Dinge um uns herum in eine für uns verständliche Ordnung zu bringen. Deshalb beschreiben manche Philosophen die Zeit als eine Illusion der Lebewesen. Ein Beispiel dafür ist das Wetter, das der Mensch in seiner Entwicklungsgeschichte immer besser interpretieren konnte, sodass der Anbau von Nutzpflanzen verbessert werden konnte. Ohne Zeit hätte er das Wetter in seinen Zyklen nicht verstehen können. Das gleiche gilt auch für die Entwicklung der Naturwissenschaften, in denen die Zeit eine fundamentale Rolle eingenommen hat und einnimmt, oder das Verständnis der Planetenbewegungen in unserem Sonnensystem, unserer Galaxie oder des Ursprungs unserer Existenz.

In einer anderen philosophischen Betrachtung wird die Zeit als fundamentale Größe wie der Raum oder die Schwerkraft verstanden, die unabhängig vom Menschen existiert. Damit wird die Zeit zu einer Größe, die nicht interpretierbar erscheint. Sie wird dann auch berechenbar, wie andere Naturgrößen. Es gibt ein „da draußen", das von uns beobachtet werden kann und sich unabhängig von uns verändert.

In der Psychologie ist die Zeit ebenfalls eine wichtige Größe. Sie ist in der Betrachtungswelt der Psychologie eine subjektive Wahrnehmung. Diese subjektive Wahrnehmung kann von ganz unterschiedlichen Faktoren, die auf ein Individuum einwirken können, abhängen. Ein besonders beeindruckendes und für jeden Menschen erkennbares Merkmal in dieser Betrachtungswelt ist, dass sich offenbar das subjektive Zeitempfinden, also die ganz persönliche Zeit selbst, mit dem Alter verändert. Zusätzlich kann die Zeit an einem Tag scheinbar schneller oder auch langsamer vergehen. Das zeigt die Individualität des Zeitempfindens.

Ausgehend von dieser Perspektive, führt das zu der Betrachtung der kulturellen Zeit. Sie wird in verschiedenen Kulturen unterschiedlich verstanden. Ebenfalls ist in den verschiedenen Kulturen der Umgang mit der Zeit nicht einheitlich. Beide Faktoren, die Betrachtung und der Umgang mit der Zeit, haben auf die inneren Strukturen einer Gesellschaft, einer Kultur, ganz verschiedene Auswirkungen. Alle kulturellen Betrachtungen haben ein Zeitempfinden, sodass einige die Zeit in Zyklen betrachten. andere sehen einen kontinuierlichen Zeitstrom.

Faszinierend ist jedoch das Verständnis der Zeit im Bereich der Physik und Kosmologie, wie bereits weiter oben angedeutet wurde. So geht man aus dieser Perspektive von einem Schöpfungsanfang der Welt, unseres Universums, unseres Weltraums aus, der als Urknall bezeichnet wird, was aus der kulturellen Zeitperspektive auch dem abendländischen Verständnis von einem Anfang in der Schöpfungsgeschichte entspricht. Seit diesem „Urknall" ist Zeit vergangen, in der alles heute

Sichtbare und Erfahrbare sich entwickelt hat. In diesem Zeitverlauf hat sich der Raum ausgedehnt. Er expandierte. Zeit vergeht weiter und der Raum expandiert unaufhörlich. Der Weltraum wird nach heutiger Ansicht mit weiter voranschreitender Zeit immer größer. Dabei kann auch heute die Natur der Zeit, was eigentlich Zeit ist, nicht erklärt werden. Sie bleibt weiterhin ein mysteriöses und rätselhaftes Phänomen.

Nach der kurzen Einführung über die Zeit, in der unterschiedliche Perspektiven eingenommen wurden, möchte ich in den folgenden Absätzen und Kapiteln den physikalischen Raum, in dem Ereignisse und damit Informationen entstehen, etwas genauer betrachten, was uns später auf die Zeit und ihre Merkmale zurückführen wird. Er ist der Rahmen, in dem Informationen nach unserem Weltverständnis existieren und der damit für unsere weitere Betrachtung eingegrenzt werden muss. Was ist der Raum? Was ist aber dann die Zeit? Was ist Raumzeit? Können Informationen außerhalb von Räumen existieren, somit auch außerhalb des Raums, in das sich das expandierende Universum ausdehnt, dem Vakuum? Können Informationen zwischen unterschiedlichen Räumen oder unterschiedlichen Dimensionen ausgetauscht werden? Bevor ich auf diese grundlegenden und spannenden Fragen eingehe, möchte ich noch die andere Komponente des Etwas, der Mannigfaltigkeit, also der Zeit, einführend betrachten.

Der Begriff Raum hat abhängig von seinem Kontext ganz unterschiedliche Bedeutungen. Ein Raum kann sich z. B. auf unser Umfeld, in dem wir leben, beziehen. In diesem Kontext ist der Raum möglicherweise ein sozialer Raum, in dem ich lebe, oder der Wohnraum, in dem ich mich befinde. In der Psychologie und Soziologie wird der Raum als ein gedankliches Konstrukt verstanden, in dem die Interaktionen und zwischenmenschlichen Ereignisse stattfinden. Er ist der Raum des Miteinanders.

In der Philosophie ist der Raum ein über Jahrtausende entstandenes Konstrukt. Ein abstraktes Konzept, in dem Objekte und ihre Beziehungen zueinander stattfinden. Häufig wird das Ich, also der Mensch oder das Individuum, als ein Bezugspunkt zu diesen Räumen angenommen. Im Kontext der philosophischen Betrachtung kann der Raum aber auch für sich selbst bestehen, also unabhängig vom Menschen als sein Beobachter sein oder nur durch ihn und seiner Interpretation geschaffen werden. Beide Betrachtungsweisen sind in der Philosophie präsent. Diese grundlegenden unterschiedlichen Konzepte haben auch Auswirkungen auf die Betrachtung von Information. Existiert die Welt mit ihren Objekten unabhängig vom Beobachter oder erhalten diese Objekte erst durch die Betrachtung ihre Bedeutung und ihre Fähigkeiten? Ist er ein Konstrukt es Betrachters? Ist der Raum real oder virtuell?

Ein virtueller Raum ist in diesem Kontext ein Raum der Informatik bzw. der digitalen Welt, ein Konstrukt der Moderne. Virtuelle Räume werden z. B. in Spielen, Modellen oder anderen abstrakten Entitäten entwickelt und mithilfe der digitalen Technologie untersucht. Virtuelle Räume können Teilabbildungen von realen Räumen sein, die mithilfe der Informatik analysiert werden. Ein gutes Beispiel dafür sind architektonische Räume. Sie werden heute zunächst im Computer entworfen und durch Bautätigkeiten zu ganz realen Räumen entwickelt. Ein Raum ist in der Architektur ein Bereich, der durch bestimmte Materialien begrenzt wird, in dem etwas stattfinden soll. Dabei können die Räume multifunktionale oder monofunktionale Eigenschaften aufweisen. Die Architektur gestaltet Räume, sodass sie bestimmte Funktionen durch ihre gestalteten oder entwickelten Eigenschaften erfüllen können.

Im Unterschied dazu stehen die physikalischen Räume. Räume werden heute im Wesentlichen in drei Dimensionen/Größenbereiche unterteilt, 1) den Weltraum, also unsere Welt, in dem alles geschieht, 2) den für uns Menschen sichtbaren und den unsichtbaren Mikroraum, in dem Bakterien und Moleküle sich befinden und 3) den subatomaren Raum, der als Quantenraum aufgefasst wird. Ein weiterer Raum wird außerhalb des Weltraums vermutet, der auch als Vakuum oder Quantenvakuum bezeichnet wird. Es gibt zahlreiche weitere Unterteilungen unseres realen Raums, in dem unsere Naturgesetze gelten. Die „Räume“ der Quanten und des Vakuums, als überdimensionale Räume außerhalb des Weltraums, können auch als virtuelle Räume oder auch philosophische Räume betrachtet und analysiert werden. Dieser abstrakte Übergang bzw. der kognitive Umgang mit diesen Räumen zeigt bereits die sehr unterschiedlichen Betrachtungsweisen dieser „Mannigfaltigkeit“ und ihre Interpretation.

Ich möchte nun diesen grundlegenden Ansatz etwas vertiefen, um den Zusammenhang mit „Information“ weiter vorzubereiten. Der folgende Absatz wird uns ein wenig näher an die Antwort heranführen, was das Wesen von Raum und Zeit ist.

4.2.2 Was ist der Raum, was ist Zeit?

Durch die prinzipielle Messbarkeit von räumlichen und zeitlichen Abständen kann mit dem Konzept des Raums und der Zeit die Realität beschrieben werden bzw. können Beobachtungen erklärt werden. Diese Beschreibung ist jedoch heute nicht vollständig. In dem hier beschriebenen Ansatz betrachte ich zunächst die Raumdimensionen immer implizit mit einer Zeitdimension, wobei der Raum natürlicherweise in drei Dimensionen definiert ist und die Zeit in einer Dimension. Alle Dimensionen zusammen ergeben die bekannte vierdimensionale Raumzeit. Die beiden Dimensionstypen haben vermeintlich grundlegende und unterschiedliche Eigenschaften. In einem Raum kann man sich in allen drei Dimensionen frei bewegen. Eine Bewegung kann dabei scheinbar vorwärts, rückwärts, seitwärts, nach oben oder in anderen Richtungen erfolgen. Der Bewegungspfeil ist variabel.

Bewegt man sich im Raum oder nur in einer Raumdimension, verbraucht man Zeit, unabhängig von der Raumrichtung, in der man sich frei bewegt. Die Zeit fließt scheinbar immer nur in eine Richtung, kontinuierlich, unaufhörlich, stetig und ständig. Das gilt nach heutiger Vorstellung seit dem Urknall, ab dem der Zeitpfeil sich entwickelte. Jedoch gibt die Zeit immer das *Jetzt*, das gerade Existierende an. Wir können die Zeit nur in dem Moment messen, in dem sie scheinbar da ist. Wir können die Zeit nicht später oder ein wenig früher messen. Ausschließlich im *Jetzt*, in diesem Moment existiert real Zeit.

Wir messen eigentlich die Zeit durch zwei Ereignisse, die für den gemessenen Zeitraum auseinander liegen. Nur durch Erinnerung, durch einen „Zeitspeicher“, gibt es eine Vergangenheit. Eine Vergangenheit ist die Erinnerung an einen Zustand, der mal existierte! Eine Uhr hat die Eigenschaft, immer ein vergangenes Ereignis darzustellen und das *Jetzt* anzuzeigen. Das *Jetzt* ist genau der Moment, an dem wir auf den Sekundenzeiger schauen bzw. an dem der Sekundenzeiger stillt steht. Eine Sekunde ist somit eine Zeit, zwischen dem *Jetzt* und einem Ereignis in einer vergangenen Zeit, die wir durch die Uhr definiert haben. Das gleiche gilt außerdem für eine Strecke im Raum.

Eine Strecke ist ein Abstand zwischen zwei Punkten. Befinden wir uns auf dem einen Punkt, entspricht das einem zeitlichen Ereignis 1. Gehen wir zu dem zweiten Punkt und kommen dort an, entspricht das dem Ereignis 2. Zeitlich betrachtet befindet sich aber das Ereignis 1 in der Vergangenheit, weil wir von diesem Punkt gekommen sind und uns nun am Ereignispunkt 2 befinden. Wir können jedoch räumlich auf den Punkt 1 zurückschauen und eine Entfernung messen. Auf einen vergangenen Ereignispunkt auf dem Zeitpfeil können wir nicht ohne weiteres zurückschauen. Nur wann ist der Übergang vom *Jetzt* in eine „Vergangenheit“? Ist nach einer Planck-Zeit,[43] [44] der vorherige Zustand bereits Vergangenheit? In diesem Fall trifft es offensichtlich zu! Ist aber ein Zustand nach der Hälfte oder einem beliebigen Bruchteil der Planck-Zeit noch ein *Jetzt*? Wie lange dauert dann ein *Jetzt*?

Dazu gibt es heute ganz unterschiedliche Betrachtungen aus unterschiedlichen wissenschaftlichen Disziplinen, die ich hier kurz streifen möchte. Ausgehend von unserer menschlichen Eigenschaft, betrachtet die Neurowissenschaft das *Jetzt* als eine kognitive Eigenschaft des menschlichen Gehirns, in dem ein Zeitfenster der Gegenwart existiert. Dieses Zeitfenster wird durch die Verarbeitungsgeschwindigkeit unseres Gehirns festgelegt und scheint in engen Grenzen individuell unterschiedlich ausgeprägt zu sein. Das, was wir also als *Jetzt* empfinden und ansehen, ist abhängig von unseren persönlichen Fähigkeiten und dem Kontext, in dem eine Information steht. Von dieser Perspektive ausgehend, ist aus Sicht der Psychologie das *Jetzt* in weitere menschliche Fähigkeiten und Zustände eingebettet. In der Psychologie variiert die Wahrnehmung eines Ereignisses über mehrere Sekunden, das als *Jetzt* interpretiert wird.

In der philosophischen Betrachtung wiederum erhält das *Jetzt* eine weitere Bedeutung. Ausgehend von dieser philosophischen Perspektive, ist das *Jetzt* der „gegenwärtige Moment“, der ständig im Fluss ist. Dabei ist die Richtung dieses Flusses im christlichen Kulturraum lediglich in einer Richtung gegeben, vom gegenwärtigen Moment in die Zukunft. Aus dieser Perspektive gibt es keinen festen Übergang von dem Jetzt in die Vergangenheit oder Zukunft. Der Übergang vom dahinfließenden *gegenwärtigen Moment* in den zukünftigen Moment ist variabel.

Aus der physikalischen Perspektive gibt es in der Physik keine über alle Dimensionen gültige einheitliche Definition des „Jetzt“. Diese Perspektive der Physik auf den gegenwärtigen Moment wurde und wird vor allem von Einsteins Relativitäts-

[43] Siehe auch: Spektrum, Plancksches Wirkungsquantum, https://www.spektrum.de/lexikon/physik/plancksches-wirkungsquantum/11310, 20.01.25.

[44] Siehe auch: Spektrum, Planck-Länge, https://www.spektrum.de/lexikon/physik/planck-laenge/11305, 20.01.25.

theorie[45] bestimmt, in der die Zeit relativ zum Beobachter ist und von der Gravitation und Geschwindigkeit beeinflusst wird. Als Folge ist das *Jetzt* relativ zum Beobachter, also für verschiedene Beobachter unterschiedlich. Es gibt damit kein absolutes *Jetzt*. Durch den gerichteten, stetigen und unabänderlichen Zeitfluss vermutet man auch eine Zukunft, die heute mit Wahrscheinlichkeiten beschrieben wird. Betrachtet man die Zeit lediglich als eine Zustandsänderung eines Objekts, gibt es keine Zukunft oder Vergangenheit. Zukunft und Vergangenheit sind dann nur noch relativistische Größen eines Beobachters. Auf diesen relativistischen Ansatz komme ich später noch einmal zurück.

In der heutigen Sicht existiert ein Raum nicht ohne Zeit. Das gilt jedoch lediglich für das einsteinsche Universum. Die Welt, die Dimension der Quanten hat andere Eigenschaften. Betrachten wir dazu eine eindimensionale Raumdimension. In unserer Vorstellung entspricht sie einer Linie, auf der ein Punkt frei vor- und zurück wandern kann. Der Raum soll hier eine Dimension (Länge) von A bis B haben. Wenn es nun eine Ausdehnung von A bis B gibt, kann diese Ausdehnung sinnvollerweise nur mit Zeit beschrieben werden. Die Länge selbst kann nicht ohne Zeitnutzung existieren. Eine Länge ohne Zeit wäre ein Punkt dessen Raumdimension unendlich klein wäre. Für eine Zustandsänderung (Bewegung) eines Objekts z. B. vom Punkt A nach A′ wird immer eine Zeit benötigt, um diese Änderung entlang einer Strecke ermöglichen zu können. Das gilt generell und universell für alle Raumdimensionen. Es ist für uns bisher nicht vorstellbar, dass eine Zustandsänderung durch Bewegung im eindimensionalen Raum entlang einer wie auch immer kleinen Wegstrecke ohne den Verbrauch von Zeit erfolgt. Eine Zustandsänderung über eine Planck-Länge – die kleinste bekannte Wegstrecke – in einer Planck-Zeit – die kleinste bekannte Zeiteinheit – entspricht damit der Lichtgeschwindigkeit. Ähnliches passiert, wenn ein Ereignis an einem Ort im Raum auftritt. Es kann nur erscheinen, wenn Zeit vergeht. Die Zeit beträgt für dieses Ereignis mindestens eine Planck-Zeit. Damit ist aber der kleinstmögliche Raum, in dem unsere Naturgesetze gültig sind, ein Raum mit der Ausdehnung einer Planck-Länge, die einer Planck-Zeit entspricht. Der kleinstmögliche Raum wird auch als Planck-Volumen bezeichnet.

Befindet sich ein Objekt, Feld oder Teilchen – im Folgenden als Objekt oder Raumvolumen bezeichnet – an einem Ort und befindet sich ein anderes Objekt, Feld oder Teilchen an einem zweiten Ort, wird der Abstand dieser beiden Objekte als „Abstand in einem Raum“ zwischen ihnen beschrieben. So kann auch ein Objekt selbst einen Raum umhüllen, wie z. B. ein Planck-Volumen einen sehr kleinen Raum umschließt. Es gibt somit zwei Räume, einen Raum außerhalb eines Objekts oder Raumvolumens und einen Raum innerhalb desselben. Nach Newton kann die Bewegung von Objekten in einem Raum mithilfe eines Bezugssystems bestimmt werden. Einstein stellte die Erkenntnisse der newtonschen Ansicht über den Raum in Frage. Insofern ist der Raum bzw. seine Raumdimensionen gleichbedeutend mit dem Verbrauch, mit dem Ablauf von Zeit, wenn sich etwas in dem Raum bewegt

[45] Siehe auch: Spektrum, Allgemeine Relativitätstheorie, https://www.spektrum.de/lexikon/physik/allgemeine-relativitaetstheorie/383, 20.01.25.

oder auch Raum in Anspruch nimmt. In diesem Ansatz wird ein Raum in seiner Ausdehnung in allen Dimensionen ausschließlich durch seine Zeit bestimmt. Existiert keine Zeit, ist in der hier genutzten Betrachtung der Raum punktförmig.

Einstein beschreibt die Beziehung von Raum und Zeit durch ein metrisches Feld, das für jede Raum-Zeit-Koordinate einen festen Wert besitzt. Existiert diese Metrik nicht, existieren weder Raum noch Zeit bzw. sind Raum und Zeit punktförmig. Eine fundamentale Frage stellt sich bereits an dieser Stelle: Kann in einem Planck-Raum mit der Ausdehnung einer Planck-Länge in drei Dimensionen (Planck-Volumen) ein weiteres räumliches Objekt existieren oder ist er generell leer? Was befindet sich innerhalb des Planck-Volumens? Umschließt ein Planck-Volumen einen Raumausschnitt der Quantenwelt? Im späteren komme ich auf diesen Ansatz noch einmal zurück, der für die Betrachtung von Information und Zeit eine besondere Bedeutung gewinnen wird.

Aber was ist nun ein Raum? Heute wissen wir, dass der Raum nicht ohne Zeit und Masse existiert. Die ersten nachweislich dokumentierten Überlegungen über den Raum wurden bereits zur Zeit von Aristoteles angestellt. Die ersten dokumentierten Überlegungen über den „Topos" wurden bei Aischylos nachgewiesen. Das Wort ist zugleich der Wortstamm der Topologie, die heute auch als die Lehre vom Raum verstanden werden kann.

Es scheint so, dass der Raum grundsätzlich etwas vom Menschen Unabhängiges darstellt. Er beschreibt eine Umgebung von Dingen, in die der Mensch mit einbezogen ist. Der Raum existiert, ohne dass seine Existenz vom Menschen abhängig ist. Mit der Entwicklung der Wissenschaft bzw. der Philosophie und Physik entwickelten sich fundamentale Erkenntnisse über die Eigenschaften des Raums. Mithilfe der Geometrie konnte ein Raum nun bestimmt werden. Mit der Entwicklung der Mathematik konnten immer mehr Details über die Eigenschaften eines Raums beschrieben werden. Im Bereich der Philosophie änderten sich über die Jahrhunderte die Ansichten über den Raum als solchen und der Beziehung des Menschen zu diesem. Damit ist die Auffassung, was der Raum ist, auch eine von Epochen abhängige Betrachtungsweise und damit in diese Zeiten eingebettete Interpretation.

Folgt man der Zeit in die Moderne, sind mit der Beschreibung des Raums zwei wichtige Namen verbunden, Riemann und Einstein, aber auch Gödel (Unvollständigkeitssatz), Escher (Künstler) und Bach (klassischer Komponist) (siehe auch gleichnamiges Buch: Gödel, Escher, Bach – ein Endloses Geflochtenes Band. Autor Douglas R. Hofstadter[46]). In dem Buch erscheinen Räume in unendlichen Schleifen und endlosen in sich gekrümmten Visionen.

Riemann definierte den Raum als eine dreidimensionale Mannigfaltigkeit, also eine Art, eine Kategorie von Raum. Dabei ist doch eine Strecke, eine Länge, immer nur mit Zeit bewältigbar. Ist eine Strecke, eine Länge, ohne Zeit vorstellbar bzw. ist eine Raumdimension ohne Zeit sinnvoll? Ist ein punktförmiger Raum ohne Zeit ein Raum? Der Raum basiert vermutlich auch auf einer messbaren Zustandsänderung

[46] Siehe auch: Douglas Robert Hofstadter, https://www.dpg-physik.de/aktivitaeten-und-programme/weitere/175-inspirierende/douglas-r-hofstadter, 02.01.25.

von Dingen, die sich in ihren Raumdimensionen frei bewegen bzw. ausdehnen können, weil sie an die Zustandsänderungen der Zeit gebunden sind. Ein sich bewegendes Objekt ist nach dem Verlassen seines Startpunkts nicht mehr das gleiche Objekt, wie es zum Zeitpunkt des Starts war. Auch wenn ein Punkt in einer Raumdimension fixiert wird, ändert sich sein Zustand durch die Zeit, mit den ständigen Zustandsänderungen einer anderen Dimension. In Wirklichkeit ist in unserer Raumzeit die fixe Position eines Etwas bereits nach einer Planck-Zeit eine andere als vor dieser Zeit. Mit der Zeit ändert sich der Raum und in ihm alles andere auch, ständig seit dem Urknall (diese Theorie wird auf Basis der Daten des neuen James-Webb-Weltraumteleskops stark diskutiert). Mit Einstein erhielt der Raum Zeit, Materie/ Energie und Gravitation. Raum und Zeit bilden somit nach der heutigen Ansicht eine Einheit, die auch als vierdimensionale Raumzeit bezeichnet wird. Damit enthält der Raum selbst nun spezifische Kräfte und Eigenschaften.

In der Mathematik hingegen existieren zahlreiche Räume mit ganz unterschiedlichen Eigenschaften, die unterschiedlichen Kategorien zugeordnet werden können. Dabei werden Räume in dieser Disziplin weniger mit ihren physikalischen Eigenschaften analysiert, vielmehr sind geometrische oder topologische Analysen von Bedeutung. Poincaré beschrieb unseren Raum, den wir sehen und in dem wir leben, als Sphäre.[47] Seine Analysen zu Flächen, Räumen und anderen mathematischen Objekten mündeten in der Poincaré-Vermutung, die 2002–2003 von Grigori Perelman bewiesen wurde. Mit seiner Vermutung untersuchte Poincaré die möglichen Formen von Räumen. Dabei ging er von der Vorstellung aus, dass in einer kleinen lokalen Größenordnung eine Kugeloberfläche einer einfachen zweidimensionalen Fläche entspricht. Diese Erkenntnis kann jeder an einem zweidimensionalen Stadtplan nachvollziehen. Auf der Größenskala einer Stadt ist die kuglige Erdoberfläche nicht sichtbar. Erst wenn man zu weit größeren Skalen kommt, wird aus der lokalen Fläche eine Kugelfläche. Damit ist aber jeder Raum, auf dessen Oberfläche sich eine geschlossene Kurve zu einem Punkt zusammenziehen lässt, einfach zusammenhängend.

Ein Beispiel: Von einem beliebigen Punkt einer Kugel wird ein Gummiband über die Oberfläche gespannt. Das Gummiband ist die geschlossene Kurve. Das Band dehnt sich so lange aus, bis es den Durchmesser der Kugel umspannt und sich nun auf der anderen Seite wieder zusammenzieht, bis es im Ausgangspunkt wieder zusammengezogen ist. Diesen Vorgang kann man auf der Oberfläche einer Kugel beliebig wiederholen. Bei einer Brezel wäre das nicht möglich. Das Gummiband müsste an verschiedenen Stellen zerschnitten werden. Damit charakterisieren Mathematiker die flächige Topologie einer Kugeloberfläche als *einfach zusammenhängend.*

Poincaré stellte sich die Frage, wie können nun dreidimensionale Räume im globalen aussehen? Er begann zu seiner Zeit systematisch, dreidimensionale Räume mathematisch zu untersuchen. Daraus folgte seine Vermutung, dass in allen dreidimensionalen Räumen nur die Sphäre einfach zusammenhängend ist. Ein drei-

[47] Siehe auch: Uni Stuttgart, Michael Eisermann, über die Poincare-Vermutung, https://pnp.mathematik.uni-stuttgart.de/igt/eiserm/popularisation/Poincare-Vermutung/, 02.01.25.

dimensionaler Raum lässt sich durch drei Koordinaten beschreiben. Diese Beschreibung gilt auch hier zunächst nur für einen lokalen Größenbereich, wie oben beschrieben. Auf Basis dieses Ansatzes beschäftigte man sich in der Kosmologie mit der Frage, welche Form der Raum des Universums hat. Ist das Universum eine Kugel oder hat es eine andere Form? Es ist eigentlich die gleiche Frage, die sich unsere Vorfahren vor tausenden von Jahren gestellt haben, ob die Erde eine Scheibe oder eine Kugel ist.

Nach den heutigen Erkenntnissen hat unser Universum keinen Rand. Es ist also randlos. Andererseits scheint es auch endlich zu sein. Danach ist das Universum eine geschlossene vierdimensionale Sphäre, in die durch Einstein die Zeit als vierte Dimension zu den Raumdimensionen aufgenommen wurde, die wir Weltraum nennen, hier kurz Raum genannt. Eine dreidimensionale räumliche Sphäre wird demnach damit charakterisiert, dass sich in jeder Größenskala der betrachtete Raum durch drei Koordinaten beschreiben lässt. Einfach zusammenhängend bedeutet, dass sich jede beliebige geschlossene Kurve zu einem Punkt zusammenziehen lässt, geschlossen bedeutet, dass der Raum endlich und geschlossen ist. Nach diesen Kriterien ist die Form des gesamten Weltraums sphärisch.

Ich unterscheide hier zwischen den realen bekannten Räumen, die sich in der Realität finden lassen und den mathematischen Räumen, die losgelöst von der Realität unzählige Eigenschaften, Formen und Arten ausweisen können. In dieser Klassifizierung ist ein realer Raum auch immer ein Bezugspunkt zu einem Etwas, also dem was in dem Raum existiert oder vermutet wird, dass es dort existiert. Es gibt vermutlich keine realen Dinge oder andere Phänomene ohne einen umgebenden Raum. Heute geht man davon aus, dass der Weltraum als Raum nicht vollständig leer ist. Ausgehend von dieser Erkenntnis, existiert in diesem realen Raum immer etwas, auch wenn ein bestimmter Raumbereich in seiner aktuellen Betrachtung als leer erscheint. Dieses Etwas ist der Inhalt eines Raums. Umschließt ein Raum etwas, zwingt sich die Frage nach der vorherigen Betrachtung auf, was außerhalb des Raums ist. Für diese Abgrenzung zwischen dem Raum und der Umgebung des Raums hat sich der Begriff Vakuum entwickelt. In unserer heutigen Vorstellung umgibt das Vakuum den Weltraum. Das Vakuum muss dabei nicht die gleichen Eigenschaften und Naturgesetze wie der Weltraum besitzen. Diese Eigenschaften können sich vollständig zwischen den beiden „Welten" unterscheiden und damit auch einer gänzlich anderen Physik und anderen Naturgesetzen folgen. Eine weitere interessante Frage würde sich nach dem Übergang der beiden „Welten" stellen und wie so ein Übergang überhaupt existieren würde. Ist so ein Übergang gleitend oder hat er eine scharfe Grenze, eine „Weltengrenze" bzw. einen Ereignishorizont?. Bleiben wir bei dem uns bekannten Weltraum. Hier stellt sich die Frage, existiert ein Raum ohne das „Etwas"?

Ein Objekt befindet sich in einem Raum. Oder ein Raum befindet sich in einem Objekt, das ich vorher zur Abgrenzung als Vakuum bezeichnet habe. Ein Objekt kann aber auch einen Raum in sich umschließen – wie bereits oben ausgeführt – und gleichzeitig sich in einem Raum befinden. Damit wird ein Raum durch eine „Oberfläche", Grenzschicht oder „Horizont" unterteilt bzw. abgegrenzt. An dieser Grenzfläche können ganz unterschiedliche Eigenschaften vom Äußeren zum Inneren existieren. Der Übergang der Grenzfläche zwischen Räumen kann gleitend oder scharf abgegrenzt sein. Damit können ganz unterschiedliche Räume mit unterschiedlichen Eigenschaften ineinander verschachtelt existieren.

Ein besonderes Beispiel für diesen Gedanken bildet der Ereignishorizont eines Schwarzen Lochs. Er trennt den einen Raum (Weltraum) vom anderen, dem des Schwarzen Lochs. Was in dem anderen Raum, dem Schwarzen Loch, ist, können wir heute nur vermuten. Das gilt vor allem für die Eigenschaften, die sich in dem Schwarzen Loch befinden, zu denen dann auch die Naturgesetze – wie wir sie kennen – gehören. Ob diese Naturgesetze in einem Schwarzen Loch vollständig unseren bekannten Naturgesetzen entsprechen, ist heute nicht bekannt. Der Begriff des Ereignishorizonts trennt damit zwei ganz unterschiedliche Räume mit ihren Eigenschaften, mit ihren physikalischen Gesetzen. Ein weiteres Beispiel ist, dass sich innerhalb dieses sphärischen Raums „Weltraum“ ein oder unendlich viele weitere sphärische Räume, wie z. B. Sterne, Planeten, Schwarze Löcher und andere Objekte mit anderen Topologien (z. B. Galaxien) befinden. Die bisher diskutierten Eigenschaften von Räumen unterschiedlicher Dimensionen und Eigenschaften beschreiben jedoch nicht, was der Raum oder eine einzelne Raumdimension eigentlich ist. Nach dem Exkurs zum Verständnis des Raums, komme ich auf die eingangs aufgestellte These zurück, dass der Raum oder eine seiner Raumdimensionen nicht ohne implizite Zeit beschrieben werden kann.[48]

Neben diesen exotischen Abgrenzungen von Räumen mit ganz unterschiedlichen Eigenschaften oder wie in verschiedenen Theorien über Multiversen, grenzen sich Räume in unserem normalen Raum durch Aggregat- oder Energiezustände ab. Eine Sonne unterscheidet sich von einer anderen Sonne durch ihre physikalischen Eigenschaften, aber auch durch die unterschiedlichen Räume. Sie befinden sich an ganz unterschiedlichen Orten. Ihr Raum, den sie einnehmen, besteht aus Materie. Ein Raum wird in der Regel durch Materie zu den ihm umgebenden Raum abgegrenzt. Die Erde grenzt sich somit vom Weltraum durch ihre Materie ab, die u. a. auch in Form von Gas als Übergang in den Weltraum vorhanden ist. Wir Menschen, aber auch alles andere auf der Oberfläche unserer Erde, wird durch die uns vollständig umhüllende und schützende Materie der Luft vor dem Weltraum geschützt. Jeder Materieklumpen, ob biologisch oder nicht biologisch, nimmt einen Raum in Anspruch. Bei lebender Materie ist der kleinste Raum die Zelle. Ein Raum auf unserer Erde wird im Allgemeinen durch Materie von anderen Räumen abgetrennt. Wir unterteilen damit einen großen Raum in viele kleine Räume mithilfe von Materie, in denen die gleichen Naturgesetze herrschen. Dieser Vorgang zur Unterteilung des vorhandenen Raums in viele kleine andere Räume an unterschiedlichen Orten innerhalb des „großen Raums“ (Weltraum) ist somit der klassische Vorgang, wenn man über Räume spricht. Hier zeigt sich ganz assoziativ, dass wie selbstverständlich nur dann von einem Raum in einen anderen etwas gelangen kann, wenn man dazu Zeit verbraucht.

[48] Siehe auch: Minkowski, Wikipedia, https://de.wikipedia.org/wiki/Hermann_Minkowski, 03,01.25.

Ein spannendes Phänomen verbirgt sich in der Frage, ob es zwischen Räumen mit unterschiedlichen Eigenschaften Übergänge gibt, die für den Austausch von Materie, Energie oder Information nutzen. In der Science-Fiction können Menschen sogar zwischen unterschiedlichen Welten hin und her wandern. Aber wie stellt sich ein möglicher Austausch von Materie oder Information zwischen Räumen dar? Gibt es so etwas in der realen Welt?

Wie bereits in den vorherigen Kapiteln beschrieben, widmete sich Stephen Hawking 1974 dieser Frage in Bezug auf Schwarze Löcher, einem Gebiet, in dem hoch verdichtete Materie eine so starke Gravitation ausübt, dass sogar Licht nicht aus diesem Gebiet abgestrahlt/emittiert werden kann. In seiner Theorie bewies er mathematisch, dass Schwarze Löcher „Information" verdampfen und damit über einen sehr langen Zeitraum sich auflösen würden. Da Materie in irgendeiner Form nicht aus einem Schwarzen Loch entweichen kann, konnte nur die Information ein Ursprung eines Schrumpfungs- oder Auflösungsprozesses von Schwarzen Löchern sein. Ein wenig beachteter Umstand in seiner Theorie war, dass „Information" eine eigene physikalische Größe wurde und in der Hawking-Strahlung beschrieben wurde. Bisher wurde seine These zur Verdampfung von Schwarzen Löchern mithilfe der Hawking-Strahlung experimentell noch nicht bewiesen. Demnach tauschen diese ganz unterschiedlichen Räume, wie die eines Schwarzen Lochs und unseres Weltraums, Energie/Materie und Informationen aus. Energie geht in das Schwarze Loch hinein und mithilfe der Quantenwelt gibt der andere Raum Information in extrem geringeren Dimensionen zurück.

In Räumen, den Subräumen in unserer physikalischen Welt, mit gleichen Naturgesetzen ist der Austausch an Materie oder Energie offensichtlich und alltäglich. Wir können auf unserer Erde auf allen Dimensionen Materie, Energie und Informationen zwischen „normalen" Räumen austauschen. Damit zeigt sich aber, dass ein Übergang zwischen Räumen mit unterschiedlichen Eigenschaften eine Transformation der Materie und all ihrer Eigenschaften in die Gesetzmäßigkeit des neuen Raums bewirkt. Daraus schlussfolgere ich, dass ein Raum einem, unserem allumfassenden, Hauptraum (Weltraum) angehört, wenn die Materie in ihren Bestandteilen erhalten bleibt. Zusätzlich ist offenbar ein Austausch von Information oder einer anderen Form thermischer Emission zwischen ganz unterschiedlichen Räumen möglich.

Wie bereits eingangs beschrieben, ist eine Raumdimension in einem realen Raum durch eine Länge von einem Punkt A bis zum Punkt B definiert. Eine Länge, eine Strecke, ist damit Zeit, wie das Wort Länge/Strecke es auch implizit voraussetzt. Eine Länge eines Raums ohne Zeit ist Null. Wäre das einsteinsche metrische Feld Null, ist Raum und Zeit nicht existent. Die Länge zwischen den beiden Punkten A und B kann abhängig vom Betrachter sein. Jeder Punkt auf einer Raumdimension unterscheidet sich von seinem Vorgänger. Denn um von einem Punkt A zum Punkt A′ zu gelangen, ist immer eine Zeiteinheit notwendig, damit diese Strecke bewältigt werden kann. Ein räumlicher Unterschied bedarf einer Zeit. Eine Länge ist ein Synonym für einen Zeitfluss. Die „Bewältigung" oder auch Bewegung entlang einer Strecke nenne ich Zustandsänderung. Zeit ist der Abstand von zwei unterscheidbaren Ereignissen. Treten zwei gleiche Ereignisse exakt am gleichen Ort zur gleichen Zeit auf (Gleichzeitigkeit), ist ein Unterschied zwischen den beiden einzelnen Ereignissen in einem eindimensionalen Raum nicht differenzierbar. Das Gleiche gilt auch für zwei Punkte auf einer Strecke bzw. in unserem eindimensionalen Raum. Liegen sie exakt übereinander, sind sie nicht voneinander unterscheidbar. Erst durch eine räumliche Verschiebung des einen oder anderen Punkts, also einer Distanz zwischen diesen beiden Punkten ist eine Differenzierung beider Punkte möglich. Das Gleiche gilt auch für unterscheidbare Ereignisse. Sie müssen in einem minimalen zeitlichen Abstand auftreten. Die „Distanz" zwischen Punkt 1 und Punkt 2 kann jedoch nicht ohne Zeit erfolgen. Eine Distanz zweier Punkte ist ein Zeitunterschied und ein Zustandsunterschied eines Objekts, das von A nach A′ sich bewegt hat. Somit gibt es offenbar keine Strecke einer Raumdimension ohne Zeit.

Geht man von der Theorie des Urknalls aus, befand sich unser Weltraum am Anfang in einer Singularität.[49] Eine Singularität stellen wir uns hier als einen Punkt vor, in dem der Zustand des heutigen Weltalls konzentriert ist und keine Naturgesetze unserer heutigen Welt existierten. Dabei beschreibt der Urknall nicht einen beliebigen Zeitpunkt auf einem Zeitstrahl. Die Singularität ist der Zustand des Universums, in der die Eigenschaften von Raum und Zeit extreme Werte angenommen haben. Damit ist ein Punkt gemeint, an dem die Eigenschaften des Raums unendlich sind und die heute bekannten Gesetzmäßigkeiten der Natur nicht existieren. In einer Singularität ist z. B. die Masse oder die Feldstärke unendlich groß. Einsteins Relativitätstheorie beschreibt, dass mithilfe der Gravitation die gekrümmte Raumzeitgeometrie Ränder oder Löcher ausweisen kann, die als Raumzeitsingularität bezeichnet wird. Befand sich unser Weltraum zu einem Zeitpunkt Null in einer Singularität, existierte kein Raum und keine der heute bekannten Naturgesetze. Man geht davon aus, dass eine Singularität in einem „Etwas" (Quantenschaum?) zufällig entsteht. Die Frage ist nur in was entsteht sie und warum?

Hier erscheint der Begriff des Quantenvakuums,[50] der sich von der klassischen Definition eines Vakuums vollständig unterscheidet. Er ist ein Teil der Quantenfeldtheorie, auf die ich hier nur verweisen kann. Erst mit der Expansion der Singularität (Urknallsingularität) entstanden die uns bekannten Naturgesetze und der Raum, in dem wir uns heute befinden. Sie besagt, dass sich mit dem Urknall das Universum, der Weltraum, der Raum ausdehnte und all die Dinge unserer Welt erschaffen wurden, inklusive unserer Naturgesetze und der Zeit. Diese Raumexpansion hält weiter an. Es ist somit nur schwer vorstellbar, dass im Zustand der Singularität ein Raum nach unserer heutigen Vorstellung um diese Singularität herum bereits existierte (Quantenvakuum) und wenn, dann nicht in unserer heutigen Definition. Rund um das Thema der Singularität gibt es zahlreiche Wissenschaftsdiskussionen, die hier

---

[49] Siehe auch: Spektrum, https://www.spektrum.de/podcast/sternengeschichten-was-ist-eine-singularitaet/2241798, 03.01.25.

[50] Siehe auch: Quantenvakuum, Wikipedia, https://en.wikipedia.org/wiki/Quantum_vacuum_state, 06.01.25.

nicht aufgenommen werden können, sondern auf die hier nur verwiesen werden kann.[51]

Meine These für mein Modell in diesem Buch besagt, dass eine Raumdimension immer eine Zeitkomponente besitzt, jedoch Zeit und Raum Synonyme für fortwährende Zustandsänderungen sind und Information produzieren. Jede einzelne Raumdimension selbst steht auf einer Zeitdimension (Minkowski-Diagramme). Nach Einsteins Relativitätstheorie wird für die Verwebung von Raum und Zeit eine Metrik definiert. Die Metrik ist ein metrisches Feld (Gravitationsfeld), das für jede Raum-Zeit-Koordinate eine feste Größe definiert. Damit ist der Raum auch unabhängig von der Zeit aufgespannt! Wie im Minkowski-Diagramm ablesbar, kann für einen Raum eine Zeit von 0 existieren, somit ein Raum zwar nicht ohne Zeit, jedoch auch bei einer Nullzeit vorhanden sein. Eigentlich ist eine Strecke nur dann sinnvollerweise eine Strecke, wenn Zeit vergeht. Denn alleine der Begriff Strecke beschreibt passenderweise einen zeitlichen Bezug eines Objekts, das seinen Zustand bzw. Ort durch eine Zeitnutzung verändert. Eine Strecke ist nur dann sinnvoll, wenn sie eine Länge größer Null besitzt, was einer Zeitnutzung größer Null entsprechen würde. Ein Photon kann nur dann eine Strecke zurücklegen, wenn damit Zeit verbraucht wird. Insofern ist eine Strecke sinnvollerweise auch ein Stück Zeit, die auch in Lichtsekunden oder Lichtjahren gemessen werden kann. Einstein argumentierte auf Basis seiner Überlegungen so, dass es nur dann eine Zeit gibt, wenn man sie z. B. mit einer Uhr messen kann. Das Gleiche argumentierte er auch für einen Raum, der nur dann sinnvollerweise vorhanden wäre, wenn er mit einem Maßstab vermessen werden könnte. Nur sind das nicht lediglich unterschiedliche Messeinheiten für gleiche fundamentale Eigenschaften? Diese Fragestellung hat für mich zentrale Auswirkungen auf die Information und ihre Eigenschaften.

Für meinen Ansatz möchte ich den Raum so definieren, dass er nur wegen der Zeit existiert, ohne dass Zeit gleich Raum wäre. Insofern wäre die kleinste Zeiteinheit für die Ausdehnung eines Raums nicht Null, sondern die Planck-Zeit. In dieser Betrachtung ist verkürzt ein Raum expandierende Zeit. Wie ein Luftballon, in dem wir leben und der erst mit dem Auffüllen von Luft einen sich expandierenden Raum umhüllt und gleichzeitig mit dem Wind kontinuierlich in eine Richtung davongetragen wird. Dabei können wir die Windgeschwindigkeit oder Windrichtung nicht beeinflussen. Ein Ort ist eine zeitliche Definition eines Ereignisses entlang eines Zeitstrahls in Relation zu einem Bezugssystem. Dieses Bezugssystem ist der Raum selbst. Expandiert die Zeit, durchschreitet sie sinnvollerweise immer einen Raum. Vergeht Zeit, ändert sich auch der Raum, auch wenn ein Objekt in dem Raum am gleichen Ort verharrt. Der Ort innerhalb des Luftballons würde sich relativ zur Hülle, zum inneren Raum des Luftballons, nicht ändern. Betrachtet man jedoch den Luftballon von außen, würde sich der Ort innerhalb des Luftballons in absoluten Koordinaten verändert haben, was der Zeitänderung entsprechen würde. Die Zeit schafft quasi den Raum für sich selbst.

[51] Siehe auch: Singularitätentheoreme, Penrose&Hawking, https://www.google.com/search?client=firefox-b-d&q=Singularit%C3%A4tentheoreme, 03.01.25.

Kann Materie auch dann existieren, wenn es keine Zeit gibt? Die Frage von einer anderen Seite betrachtet ist, existiert Materie in einer Singularität? Einstein hat diese Frage durch die Relativitätstheorie beschrieben, in der kein Raum oder Zeit ohne Materie existiert. Er spannte eine vierdimensionale Mannigfaltigkeit auf (geometrisches Gebilde), in der Materie ohne die Metrik[52] nicht existiert und von jeder Energieform beeinflusst wird. Der Zustand außerhalb der Raumzeit wird als Vakuum oder als Quantenvakuum bezeichnet, in dem keine Materie bzw. Energie existiert. Dennoch gibt es quasi keinen Unterschied zwischen Zeit- und Raumdimension. Sie sind synonym, wobei die sichtbare Raumdimensionsachse durch die unsichtbare Zeitdimensionsachse kontinuierlich verschoben wird, wir jedoch nur die Raumdimensionsachse sehen können. Besitzt jede Raumdimension eine eigene Zeitdimension, lebten wir eigentlich nicht in einem vierdimensionalen Raum-Zeit-Gebilde, sondern in einer sechsdimensionalen Raumzeit.

Man kann auch den Raum im Kontext der vorher beschriebenen Zeitdefinition, die aus Sicht der Information eine ständige Zustandsänderung sein könnte, als eine dreidimensionale etablierte Zustandsänderung der „Zeit“ verstehen. Der Begriff „etabliert“ beschreibt hier den konstanten und bleibenden Zustand einer spontanen zufälligen Fluktuation aus dem Urvakuum, mit dem Materie, Gravitation und alle anderen Fundamente unserer heutigen Realität entstanden sind. Demnach wäre der Urknall eine Zustandsänderung einer sich *etablierten Fluktuation*, eine Transition aus dem Urvakuum, mit der die „Zeit“ entstand. Diese Transition schwingt in der Frequenz, die wir als Lichtgeschwindigkeit des Raums wahrnehmen. Sie war die Grundlage, dass sich in einer Zustandsänderung der darin enthaltenen Energie der Raum bilden konnte und durch ihre Schwingungen Zustandsänderungen im gesamten Universum bewirken, die Zeit erscheinen lässt. Aus Sicht des hier vorgestellten Informationsmodells war der Urknall eine mehrdimensionale Zustandsänderung einer Fluktuation, die sich etablieren/bestehen konnte und die wir heute als Raumzeit verstehen. Sie schwingt mit der Frequenz einer Planck-Zeit. Mit dieser mehrdimensionalen Zustandsänderung einer Fluktuation entstand auch Information, mit der wir alle Dinge unserer Realität erkennen können. Erst die Information lässt uns die Materie, Energie und alle anderen Dinge unserer Realität erkennen und in Naturgesetze abbilden. Aus diesem ultradichten Plasma kurz nach dem „Urknall“ entstanden nun alle anderen Vorgänge und Elemente, die nun unser Universum bilden.

Verfolgt man diese These weiter, stößt man auf den Gedanken, dass eine kleinste zeitliche Bewegung entlang einer Raumdimension einer „Zustandsänderung“ eines Objekts in diesem Raum entspricht. Das Objekt ist nach dieser Bewegung quasi zeitlich gealtert. Es ist also nicht mehr das gleiche Objekt, wie es vor dieser Bewegung war. Die Bewegung des Raums kann eine Expansion in der vierten Dimension sein. Dazu stellt man sich auf einem Luftballon mit wenig Luft zwei Punkte vor, die man z. B. mit einem Stift auf die Oberfläche aufgemalt hat. Beide Punkte werden durch eine Linie miteinander verbunden. Mit einem Lineal misst man nun die Länge der Linie ab (Abstand der beiden Punkte zueinander). Nun wird der Luft-

[52] Siehe auch: Spektrum, Metrik, https://www.spektrum.de/lexikon/astronomie/metrik/297, 03.01.25.

ballon langsam mit etwas Luft gefüllt. Anschließend vermisst man die Linie erneut und stellt fest, dass die Linie länger geworden ist. Damit steht fest, dass der Abstand zwischen zwei Punkten sich mit dem Wachstum des Volumens des Luftballons (Raum) vergrößert hat. Die Expansion des Raums bewegt damit alle Raumdimensionen, sie expandieren. Die Raumbewegung kann als Ortsänderung des Raums selbst verstanden werden, wobei sich jedoch der Zustand des Raums durch den Zeitfortschritt bzw. eine Zeitänderung verändert hat.

Damit erlangt aber das Objekt, das sich im Raum befindet, permanent einen anderen Zustand, auch wenn es sich relativ am gleichen Ort befindet. Diese Zustandsänderung kann gemessen werden. Tritt in einem eindimensionalen Raum (einfache Linie auf einem Blatt Papier) zu einem bestimmten Zeitpunkt ein Ereignis auf (ein gemalter Punkt auf der Linie), kann damit eine Ortskoordinate definiert werden. Dabei bewege ich das Blatt Papier von der Tischoberfläche senkrecht langsam nach oben, bis ich den Punkt auf die Linie gezeichnet habe. Der Punkt ist der Ort, an dem das Ereignis aufgetreten ist, und die Höhe meines Blattes ist die Zeit seit dem Ursprung meiner Bewegung, die vergangen ist. Würde ich nun erneut einen Punkt auf den bereits vorhandenen Punkt zeichnen und dabei das Blatt Papier weiter langsam nach oben bewegen, könnte ich den zweiten Punkt vom Ersten nicht unterscheiden, obwohl zwei Ereignisse vorhanden sind. Die beiden Punkte würden in der Vertikalen quasi unsichtbar gestapelt werden. Geht man davon aus, dass sich der Raum mit Lichtgeschwindigkeit in eine Richtung bewegt (Zeitvektor), ist in diesem Modell der Ort des Ereignisses der zeitliche Abstand vom Ursprung.

Der Ort in unserem eindimensionalen Raum müsste deshalb aus zwei Koordinatenpunkten bestehen, dem Zeitpunkt Z und dem Ortspunkt X_B, wobei X_A der Bezugspunkt ist bzw. den Anfangspunkt des eindimensionalen Raumvektors darstellt. Ein Zeitpunkt „Jetzt“, ist eine Relation zu einem Zeitpunkt vor dem „Jetzt“, t zu t′. In unserem Gedankenexperiment entsteht zu einem Zeitpunkt „Jetzt“ (t′) ein Ereignis an dem Ort X_b. Ändert sich nicht der Ort X des Ereignisses, kann es so lange gemessen werden, wie der Ort bekannt ist. Da das Ereignis jedoch zu einem bestimmten Zeitpunkt erschienen ist und am gleichen Ort weiterhin existent ist, muss eine weitere Komponente vorhanden sein, die auch als Zeit bezeichnet wird. Damit bewegt sich aber der eindimensionale Raum, inklusive unseres Bezugspunkts X_A, sodass an einem bestimmten Ort auf der Zeitdimension das Ereignis zum Zeitpunkt t′ auftreten kann. Dabei bewegt sich der eindimensionale Raum stetig mit konstanter Geschwindigkeit in einer Richtung vorwärts (siehe auch vorherigen Absatz). Die Zeit vergeht nach unseren Erkenntnissen stetig und ist nicht umkehrbar.

Erweitern wir den Raum auf zwei Dimensionen, wie sie mit einem Blatt Papier dargestellt werden können. Das Blatt liegt auf dem Tisch. Jeder Punkt auf dem Papier kann eine Strecke zurücklegen, wenn Zeit vergeht. In diesem Beispiel wird die Zeit durch die Bewegung des Papiers senkrecht zu seiner Oberfläche veranschaulicht. Dazu heben wir das Stück Papier langsam und gleichmäßig vom Schreibtisch hoch. Diese nach oben gerichtete Bewegung simuliert für den Raum auf dem Stück Papier die Zeit. Wenn nun die Bewegung meines Papiers den Zeitstrom symbolisiert und jedes Molekül, jeder Punkt auf dem Papier von dieser Bewegung (Zeitfluss) abhängig ist, dann kann der Punkt auf dem Papier nur eine Strecke zurücklegen, eine

Bewegung im zweidimensionalem Papierraum ausführen, wenn ich das Papier bewege, um dem Punkt Zeit für seine Bewegung zu schenken. Mit der Bewegung vom Schreibtisch nach oben wird mein Zeitfluss in die Zukunft simuliert. Bewege ich das Papier in die andere Richtung nach unten, wird damit eine Zeitreise in die Vergangenheit simuliert. Da jedoch in unserer realen Welt die Zeit nur in eine Richtung fließt, ist die Bewegung von oben nach unten theoretisch zulässig, in der realen Welt bisher aber unbeobachtet. Das kurze Beispiel mit dem Blatt Papier ist ähnlich wie das klassische Daumenkino, in dem sich die gezeichnete Figur dann bewegt, wenn ich die vielen kleinen Blätter mit dem Daumen schnell durchblättern lasse.

Die Raumdistanzen im Weltraum werden u. a. in Lichtminuten und Lichtjahren gemessen. In einer Sekunde legt das Licht 299.792.458 m zurück, was ca. 300.000.000 m entspricht. Damit werden die Raumdimensionen bei Lichtgeschwindigkeit quasi zu Zeitvektoren. Bei einer Entfernung eines Punkts A zum Punkt B von einem Kilometer entspricht das 1/300.000 s. Die Distanz des Raums ist die Zeit des Lichts, um von A nach B zu gelangen. Eine Interpretation dieser Sichtweise ist, dass man sehr weit entfernte Sterne in ihrer Vergangenheit beobachtet und nicht ihren aktuellen Zustand an ihrem Ursprungsort kennt. Man sieht lediglich das Licht, das von ihrem Ursprungsort bis zu uns reist. Ein Stern, der von uns z. B. eine Milliarde Lichtjahren entfernt wäre und nur 1000 Jahre existierte, damit 1000 Jahre Licht emittiert hätte, würde von uns nicht mehr erkannt werden können. Sein Licht wäre bereits vor einigen Milliarden Jahren an unserem Planeten vorbei gereist, für ca. 1000 Jahre sichtbar gewesen und dann erloschen. Ein Lichtblitz von einer Sekunde wäre auch von einem Objekt in einer Milliarde Lichtjahre Entfernung nur für eine Sekunde bei uns sichtbar.

Je weiter ein Objekt von uns als Beobachter entfernt ist, umso weiter schaut man in die Vergangenheit des Raums in Bezug auf unsere Beobachtungsposition. Gleichzeitig müssen die beobachtbaren Objekte eine lange Existenz besitzen, um noch heute von uns beobachtbar zu sein. Der Grund dafür ist, dass das Licht, das uns die Information der Objekte im Raum übermittelt, mehr Zeit benötigt, je weiter diese Objekte von uns entfernt sind. Sehr alte Objekte, deren emittiertes oder reflektiertes Licht wir erhalten, könnten somit bereits real nicht mehr existieren, obwohl wir noch ihr Licht empfangen. Die Raumlänge von uns, dem Beobachter, und einem weit entfernten Objekt wird damit als die Zeit beschrieben, die das Licht benötigt hat, um vom sendenden Objekt zum empfangenen Objekt zu gelangen. Die Raumdistanz ist somit die Zeit, die das Licht über diese Distanz zu uns benötigte. Für eine Distanz von einem Kilometer entspricht das einer Zeit von 1/300.000 s.

Wie bereits weiter oben ausgeführt, ändert sich der Zustand eines Objekts im Raum durch die Zeit, auch wenn sein Ort unverändert ist. In einem höherdimensionalen Bezugsraum, in dem die Raumzeit eingebettet wäre, würde sich der Raum in Lichtgeschwindigkeit bewegen, sodass jedes Objekt sich in dem dahinfliegenden Weltraum nicht schneller als mit dieser Geschwindigkeit bewegen könnte, denn jede Bewegung benötigt Zeit, also eine minimale Bewegung des Raums in Lichtgeschwindigkeit. Der Zustand des Raums ist ein anderer als vor einer Planck-Zeit bzw. vor dem *Jetzt*. Er befindet sich nach einer Planck-Zeit irreversibel in einem anderen Zustand. Im Umkehrschluss bewirkt Zeit eine ortsunabhängige Zustandsänderung der Materie bzw. der Objekte im Raum. Im Standardmodell der Physik werden die fundamentalen Bausteine wie Materie, Quarks und Leptonen als punktförmige Erscheinungen angesehen. Dagegen wird in der Stringtheorie diese Sichtweise dadurch abgelöst, dass alle Teilchen als Anregungs- oder Schwingungszustände eines solchen Strings betrachtet werden. Dabei wird die Schwingungsenergie des Strings mit der Masse des Teilchens assoziiert. Die Nullpunktschwingung, die man mit dem Grundzustand der Quantenmechanik identifiziert, entspricht einem Teilchen mit Masse Null.

Materie hat die Eigenschaft, Zeit „speichern" zu können. Weiter oben hatte ich den Begriff der etablierten Fluktuation beschrieben, der diese Eigenschaft der Materie charakterisiert. Aus der Materie kann eine absolute Vergangenheit ermittelt werden, aber nur eine wahrscheinliche Zukunft. Ein Beispiel für diese Zeitspeicherung ist der atomare Zerfall oder die Zunahme an Entropie. Ein Beispiel: Nehmen wir an, wir könnten aus einer anderen Dimension die Zeit sehen und erkennen, dass nur das *Jetzt* existiert. In den vorherigen Absätzen hatte ich dazu das Beispiel mit einem sich senkrecht bewegenden Blatt Papier beschrieben. Die senkrechte Bewegung wäre die Zeit. In diesem *Jetzt* betrachten wir z. B. ein Wassermolekül. Mithilfe der Naturgesetze können wir erkennen, dass sich dieses Molekül aus den Elementen Wasserstoff und Sauerstoff zusammensetzt. Also muss es einen Zeitpunkt gegeben haben, an dem sich über einen gewissen Zeitraum beide Elemente zu dem Wassermolekül zusammengebunden haben. Dieser Vorgang benötigt Zeit, die in dem Molekül und jedem weiteren Molekül und anderen Objekten gespeichert ist. Materie ist gespeicherte Zeit. Der Zustand von Materie bedeutet eine Zeitspeicherung von Zuständen subatomarer Bausteine. Diese Sichtweise gilt offenbar auch für die Entstehung der Elemente durch die fundamentalen Bausteine der Materie, wie Quarks, Leptonen und andere.

Andere und weitere Zeitspeicher auf Basis der Materie werden selbstverständlich genutzt. So nutzen wir u. a. Magnetbänder oder Festplatten, um digitale Informationen speichern zu können. Isotope von bestimmten Materialien können Aufschluss über das Alter von Materie geben. Im kosmischen Maßstab ist ein Zeitspeicher das Licht selbst, das sich durch den Raum bewegt und an einem entfernten Ort eine Erscheinung, eine Galaxie erkennen lässt, die möglicherweise bereits real nicht mehr existiert. In der Biologie enthält die DNA Informationen, die über mehrere Generationen der jeweiligen Spezies weitergegeben werden. In der Geologie werden u. a. Gesteine und Sedimente als Zeitspeicher genutzt. Materie speichert somit Zeit.

Jeder Punkt auf einer Welle eines Photons ändert seinen Zustand entlang der Wellenfunktion durch die Zeit. Ein String aus der Stringtheorie besteht aus einem eindimensionalen Objekt, dem 0-Bran, das schwingt. Eine Phase dieses Punktteilchens entspricht einer Planck-Zeit. Eine Schwingung beträgt demnach eine Planck-Länge. Auch diese Schwingung bedeutet Zeit, auch wenn sie in diesem Fall sehr klein ist. Die Zustandsänderungen von Objekten könnten pro Planck-Zeit erfolgen, was eine gewisse Trägheit beschreibt, da Zeit größer Null für diesen Vorgang benötigt wird. Bewegt sich nun ein Teilchen auf einer Strecke von A nach B, ist die Historie, die Memoryeigenschaft des Zeitflusses, der umgekehrte Weg dieser Bewegung. Geht man nun von der Betrachtung aus, dass Zeit eine Zustandsänderung, eine Stringvibration aller Materie im Raum ist, könnte die Wahrnehmung von unserer Zeit eine Beschreibung von Zustandsänderungen der Materie sein, die mithilfe der Memoryeigenschaft von Materie und ihrer Elementarteilchen zu einer Zeitwahrnehmung führt. Damit bekommt jedoch Zeit eine vollkommen neue und andere Erklärung, was Zeit eigentlich ist.

Das Gleiche würde für den einsteinschen Raum mit seinen drei Raumdimensionen gelten. An deren Stelle würden zeitähnliche Dimensionen treten, die wir als Raum wahrnehmen. Die Verschränkung von Raum und Zeit über eine Metrik würde in dieser Betrachtung entfallen, weil alle Dimensionen eigentlich das gleiche Fundament besitzen, sich jedoch nur unterschiedlich darstellen bzw. erscheinen. Zeit könnte somit die Wahrnehmung von vibrierenden Zustandsänderungen von Materie und Feldern sein, die wir über die Memoryeigenschaft der Materie und Felder als Zeit interpretieren, obwohl nur ein Jetzt existiert. Dieser Gedanke soll hier nur der Vollständigkeit wegen vorgestellt werden, um die Raumzeit für die Betrachtung von Information zu weiten. Ein Ereignis wäre in der beschriebenen Betrachtungsweise eine Information einer Zustandsänderung im *Jetzt*, die abhängig von seinem Träger Informationen über die Vergangenheit enthält. Eine genauere Diskussion zu diesem Thema würde jedoch den hier definierten Rahmen des Buchs zu KI und der Selbstorganisation von Information im Raum überfordern. Die beschriebenen Thesen bilden jedoch einen ausreichenden Rahmen zur fundamentalen Beschreibung der Information als strukturbildendes Element anderer Systeme.

Heute ist in der Physik das Konzept der Zeit nicht definiert. Trotz Einstein ist unklar, was eigentlich Zeit ist. In neueren Theorien, wie z. B. der Stringtheorie,[53] geht man von höherdimensionalen Räumen aus. Warum der Raum drei Dimensionen hat und die Zeit nur eine Dimension haben soll, kann heute nicht erklärt werden. Die bereits weiter oben gestellte Frage, warum nicht pro Raumdimension eine unabhängige Zeitdimension definiert ist und damit eine sechsdimensionale Raumzeit existiert, ist bisher nicht beantwortet. Raum und Zeit verschmelzen mit den Eigenschaften der Masse zu einem Etwas, das die grundlegenden Dimensionen unserer Realität bestimmt. Diese Dimensionen werden heute vereinfacht als Raum bezeichnet. Die Quantenfeldtheorie, relativistische Feldtheorie der Gravitation und andere Theorien erweitern diesen Raum mit einer erweiterten Sicht auf die Realität, die langsam theoretisch und experimentell erschlossen wird.

4.2.3 Das Wesen der Informationen

Einführende Anmerkung: Die Quantenphysik unterscheidet sich grundlegend von der klassischen Physik. Sie beschäftigt sich mit den physikalischen Eigenschaften der kleinsten Teilchen, wie Elektronen und Photonen. Ein zentrales Konzept ist, dass diese Teilchen nicht als isolierte Einheiten, sondern als Wahrscheinlichkeits-

[53] Siehe auch: Spektrum, Stringtheorie, https://www.spektrum.de/lexikon/astronomie/stringtheorien/461, 12.01.25.

wellen existieren, die sich über einen Raum verteilen. Daraus folgt, dass bestimmte Eigenschaften, wie Position oder Geschwindigkeit, erst beim Messen konkrete Werte annehmen.

Die grundlegende Frage bleibt: Was sind eigentlich Informationen? Ist die Negation, die Desinformation, bereits eine Antwort? Ist Information Energie? Ist Information an einen Sender-Übertragungsweg-Empfänger-Mechanismus gebunden (Ausgangspunkt der Betrachtung von Cloude Shannon)? Ist Information vielleicht nicht ein energetisches Signal, sondern von dem Signal etwas unabhängiges, abtrennbares, übertragbares?

Heute geht man in der Informatik von der Theorie aus, dass die kleinste Informationseinheit ein Bit (**Bi**nary digi**t**) ist. Die kleinste Zeiteinheit ist die Planck-Zeit ($5{,}5 \times 10^{-44}$ ^{s}). Sie ist Teil der grundlegenden Planck-Einheiten in der Physik, die u. a. auch Masse und Länge enthält. Die kleinste Energiemenge in der Physik ist ein Quant, das im Unterschied zu digitalen Bits mehrere Zustände bzw. Zustandsüberlagerungen annehmen kann. Quanten treten in der Regel nur in der Quantenwelt auf, die durch die Quantenmodelle beschrieben werden. Die Quantenwelt unterscheidet sich von der klassischen Physik grundsätzlich und ist ein relativ neuer Teilbereich der Physik. In der Quantenphysik werden kleinste Teilchen wie z. B. Elektronen und Photonen untersucht. Das zentrale Konzept der Quantenmodelle basiert auf der Vorstellung, dass Quanten als Wahrscheinlichkeitswellen existieren und sich über einen Raum verteilen. Die Folge ist, dass ein Quant erst in seinem Ort und seiner Geschwindigkeit bestimmt werden kann, wenn es gemessen wird. Diesen Zusammenhang werde ich im Späteren noch genauer bei der Analyse der Informationen in Bits untersuchen.

Die grundlegenden Arbeiten zu der Frage, was ist eigentlich Information, wurde – worauf ich bereits weiter oben hingewiesen habe – u. a. von Claude Shannon und Warren Weaver, aber auch Ellen Turin, John W. Tukey, George Boole, Ludwig Boltzmann (Entropie[54]) und vielen anderen geleistet. Shannon und Weaver entwickelten die „A Mathematical Theory of Communication" aus dem Jahr 1948 (weitere Arbeiten waren u. a. Communication in The Presence of Noise, 1949, und A Symbolic Analysis of Relay and Switching Curcuits, 1937). Diese Arbeit kann man heute besser verstehen, wenn man den damaligen gesellschaftlichen Kontext berücksichtigt, in dem die Wissenschaftler und Ingenieure lebten. Die Arbeiten fanden vor allem vor dem Hintergrund der Nutzung knapper Ressourcen (Analogtechnologie der ersten Stunden) bei den Sendern, den Übertragungswegen und den Empfängern sowie einem Umfeld eines Weltkriegs und den damit notwendigen sicheren Übertragungswegen statt. Hierfür die optimalen Grundlagen zu schaffen, um Informationen effektiv und sicher übertragen zu können, war der eigentliche Anlass dieser Arbeit.

Als eine wesentliche Erkenntnis aus Shannons Arbeit gilt, dass aus der damaligen Sicht die *Information* eine *Funktion der Wahrscheinlichkeit* ist (aus einer Menge an Informationen hat eine Information eine geringere Wahrscheinlichkeit, als eine weitere Information, wenn deren Informationsgehalt höher ist). Er entwickelte das Konzept der *Informationsentropie*. Die Entropie ist nach diesem Modell ein Maß

[54] Siehe auch: Welt der Physik, Thermodynamik https://www.weltderphysik.de/thema/phaenomene-der-thermodynamik/entropie/, 10.03.25.

über den *Informationsgehalt* und ihre Unsicherheit (*Wahrscheinlichkeit*), wie viel Information in einer *Nachricht* steckt. Eine Nachricht wurde in der damaligen Zeit als eine Folge von Zeichen verstanden, die z. B. per Kabel oder per Funk übertragen wurde. Die damaligen Übertragungswege waren jedoch technisch bedingt sehr störanfällig, sodass ein Teil einer Nachricht gestört sein konnte. Sie konnte z. B. durch ein Rauschen überdeckt sein. Es bestand nun der konkrete Bedarf, feststellen zu können, ob und wie viel Information eine Nachricht enthielt. Bei Shannon werden Zeichen mit Wahrscheinlichkeiten belegt, wie häufig sie in einer Menge von Zeichen einer Nachricht vorkommen. Somit kann jedem Zeichen ein „Informationsgehalt", also seine Wahrscheinlichkeit zugewiesen werden. In diesem Verständnis wurden Zeichen als Informationseinheit verstanden, die bereits eine höhere Komplexität haben als ein einzelnes Bit. Dennoch sind sie in diesem Modell die kleinste Informationseinheit und entsprechen damit in ihrer Bedeutung einem Bit. In der Informationstheorie wird der *Informationsgehalt* in der Maßeinheit *Shannon* gemessen, wobei sich heute die Bezeichnung *Bit* durchgesetzt hat. Dabei wird jedoch in der Regel der *Informationsgehalt* in *Shannon* und die *Datenmenge* in *Bits* sprachlich überlagert bzw. verwischt. In der Folge kann durch die sprachliche Überlagerung nicht mehr genau zwischen Informationsgehalt und Datenmenge unterschieden werden bzw. werden beide Einheiten häufig gleichgesetzt! Bei der Bezeichnung Bit wird davon ausgegangen, dass ein Bit den Informationsgehalt von zwei Möglichkeiten (0 und 1) mit gleichen Wahrscheinlichkeiten hat.

Mit der Bezeichnung Bit wird zunächst einmal der Zustand beschrieben, ob etwas vorhanden ist oder nicht. Ist etwas vorhanden, signalisiert das eine Information, hier die kleinste Information ein Bit. Ein Bit repräsentiert eine *Zustandsänderung* (von 1 nach 0 oder umgekehrt), worauf ich im nächsten Kapitel genauer eingehen werde, und gibt somit immer einen *binären* Zustand wieder. Ein Bit, das als Signal existiert oder als Signal übertragen wird, kann in der heutigen digitalen Welt eine 0 (Null) oder eine 1 (Eins) repräsentieren. Demzufolge basiert eine Informationsübertragung auf *Signalen* bzw. wird durch *Signale* repräsentiert. Die Kombination von Null (0) und Eins (1) in einer seriellen zeitlich nacheinander ablaufenden *Sequenz*, hier als Beispiel von acht Nullen und Einsen, wird als Byte bezeichnet. Sie stellt heute eine im technischen Bereich typische und kleinste genutzte Informationsgröße dar, mit der *Informationen* als *Zeichen* ausgetauscht werden. *Shannons* Zeichen würden heute aus mindestens acht Bits bestehen.

Das Byte ist eine Informationseinheit, die ein Zeichen abbilden kann. Mit der *Kombination* der Nullen und Einsen in einem Byte (8 einzelne Bits in einer Sequenz, z. B. 01001110) können $2^8 = 256$ beliebige Zeichen (Informationsvorrat oder Informationskapazität) dargestellt werden, wie Zahlen, Buchstaben oder andere Zeichen (z. B. Symbole). Was dieser Sequenz an Bits zugeordnet wird, ist eine Vereinbarung, die zunächst willkürlich ist. Einer Sequenz von 8 Bits ist zunächst einmal nichts Weiteres als eine Sequenz mit einer Reihenfolge von technischen Signalen. Somit besitzt sie keine sinnvolle Information. Welche Bedeutung diese Sequenz hat, ob sie ein Symbol, eine Zahl oder ein Buchstabe sein soll, wird über die *Vereinbarung* definiert, die zwischen einem Sender und einem Empfänger *implizit* vorhanden sein muss. Es ist der „Code“, mit dem eine Information zwischen technischen Systemen ausgetauscht und „verstanden“ werden kann.

In der digitalen Welt wird in der Regel der ASCII-Standard verwendet (ASCII: American Standard Code for Information Interchange). Er definiert, welche *Sequenz* an Bits z. B. einem Buchstaben oder anderen Symbolen entspricht. Hier kann noch darauf hingewiesen werden, dass der ASCII-Code auf Basis von 7 Bitsequenzen basiert und somit lediglich 127 Zeichen kodieren kann. Das achte Bit wird häufig auch als Kontrollbit/Parity Bit genutzt. Weitere standardisierte Codierungen auch längerer Bitsequenzen haben sich mit der Entwicklung der Digitalisierung entwickelt und etabliert. Hier kann jedoch nicht weiter auf diese Linie der technischen Informationsverarbeitung eingegangen werden, sondern lediglich auf ihre große Bedeutung in der Entwicklung der digitalen Technik verwiesen werden. Für die Informationsverarbeitung ist vor allem das Verfahren von *Bitsequenzen* in ihrer *zeitlichen* Reihenfolge von Bedeutung (serielle Bitfolge). Die zeitliche Abhängigkeit der Informationsstrukturierung hat eine besondere Bedeutung in der modernen Informationsverarbeitung. Somit hat ein Bit nicht nur seinen impliziten dualen Zustand (binär), sondern zusätzlich eine assoziierte zeitliche Komponente in der technischen Nutzung dieser Sequenzen. Die Konsequenz von Bitsequenzen ist jedoch, dass sie durch ihre zwangsläufig hintereinander und aufeinander aufbauend abhängigen Bits (serielle Reihenfolgen) Zeit benötigen, wodurch immer schnellere Verarbeitungsmaschinen (CPUs) sich entwickelt haben. Die hohen Taktraten im Bereich der digitalen CPUs sind die Folge dieses seriellen Konzepts an Informationseinheiten und grundsätzlich nicht vergleichbar mit der Informationsaufnahme und Informationsverarbeitung *biologischer* Systeme.

Mit dem Byte als Urbitsequenz lassen sich alle erdenklichen Informationen in noch längeren Bitsequenzen abbilden und somit technisch nutzen. Weist man nun jeder einzelnen Bitkombination in einem Byte einen Zahlenwert von 1 bis 256 zu, kann jede Speicherzelle eines entsprechend großen Speichers von 256 Speicherplätzen eindeutig adressiert werden. Da für heutige Rechner dieser Zahlenvorrat eines Byte nicht ausreichend ist, hat man das Byte vervielfacht, z. B. auf 128 Bit pro Sequenz begrenzt, was einem Informationsvorrat von 2^{128} beliebiger Zeichen oder Zahlen pro Kodierungssequenz entspricht. Mit diesem Informationsvorrat dieser langen Bitsequenz können nun die Speicherzellen sehr großer Speicher indiziert werden, sodass in jeder Speicherzelle ein Wert/Zeichen mit ähnlicher Codierung in anderen Bitsequenzen gespeichert und mithilfe der Speicherplatznummer abgerufen werden kann. Diese serielle Abfolge von einzelnen Bits mit einer festen Anzahl von Bits pro Sequenz ist die technische und informationstheoretische Grundlage heutiger digitaler Technologie. Der Grund dieser Codierung an Information in Bitsequenzen ist die Abbildung unserer für uns Menschen „lesbaren“ Information z. B. von einem Text mithilfe serieller *Bitsequenzen*. Nur ist die kleinste Informationseinheit wirklich ein einzelnes Bit in Form einer Null oder einer Eins oder nur ein Konstrukt, ein Modell zur *Abbildung* der Realität? Sind die heutigen digitalen Bits wiederum nur ein „Zeichen“, wie es Shannon für seinen Theorieansatz nutzte und wir heute diese damaligen Zeichen in ein neues technisches Verständnis von Bitsequenzen unterteilt haben?

Somit stehen für die Verarbeitung von Informationen drei grundsätzliche Systemprinzipien zur Verfügung. Das *digitale System* auf Basis von Bitsequenzen mit einer hauptsächlich seriellen Codierung von Signalen/Informationen. Das zweite Systemprinzip auf Basis von Quanten seriell und parallel arbeitende *Quantencomputing*. Als drittes System steht das *biologische System* zur Verfügung, das hauptsächlich durch parallele Informationsverarbeitung charakterisiert ist. Interessant dabei ist die Beobachtung, dass die zu verarbeitenden Informationen, ihre grundsätzliche Komplexität und zeitliche sowie räumlich-strukturelle Anordnung, eine *Verarbeitung* selbst maßgeblich bestimmt. Denn in der realen Welt von uns Lebewesen kommen Bits nur sehr selten vor. Die Informationen aus der realen Welt sind in der heutigen Vorstellung komplexe „analoge" Signale, die entsprechende Informationen transportieren.

Wie ich in dem vorherigen Abschnitt beschrieben habe, können Signale mithilfe von *Sensoren* aus der realen Welt empfangen werden. Ein Sensor kann im Rahmen meiner *erweiterten Definition* ein anderes Objekt sein, eine technische Einrichtung oder ein biologisches System. Ein Sensor ist in meiner Definition ein Objekt, ein Ding, das Signale von anderen Objekten erhält. Auch ein Stein, der z. B. eine Strahlung von der Sonne erhält, ist ein Sensor, der diese Strahlen aufnimmt und in z. B. Wärme wandelt. Damit verallgemeinere ich den in der Regel technisch assoziierten Begriff *Sensor*.

Signale existieren unabhängig von *Sensoren*, mit dem die Signale detektiert werden können. Ein Signal besteht aus Energie und Information. Die kleinste „natürliche" Information eines Signals ist eine singuläre Zustandsänderung, die ein Bit darstellt. Wird ein Signal empfangen, kann diesem Signal Energie und Information entnommen werden. Bei einem für uns Menschen optischen Signal, das z. B. durch unsere menschlichen Augen empfangen werden kann, enthält die Information z. B. eine Galaxie am Himmel, ein Haus an einer Straße, ein Sandkorn unter einer Lupe oder ein Bakterium unter dem Mikroskop. Ein Signal kann aber heute mithilfe von Technologie auch ein Atom oder seine subatomaren Bestandteile sein. Das Signal existiert weiterhin, obwohl Information durch einen Sensor entnommen wurde. Ein Signal würde erst dann keine Information mehr transportieren, wenn es mithilfe des Sensors gelöscht oder so modifiziert würde, dass es eine andere Information transportiert. Wird das Signal gelöscht, wird in der Regel die Energie in eine andere Form umgewandelt. Die Information des Signals kann dabei erhalten bleiben oder mit dem Signal gelöscht werden.

Diese Signalveränderung kann man z. B. mit einem Prisma erzeugen, in dem ein weißer Lichtstrahl durch das Prisma in sein Farbspektrum aufgeteilt wird. Das weiße Licht existiert nach dem Durchgang durch das Prisma nicht mehr. Durch die Eigenschaft des Prismas wandelt sich die Eingangsinformation „weiß". Die Information des Signals kann nun mit dem Prismasystem, zu dem der Sensor gehört, verarbeitet, umgeformt oder mit einem neuen Signal moduliert werden, sodass ein anderer Sensor dieses neue Signal mit der Information des Ursprungssignals empfangen kann (Erhaltung der Information). Mit diesem Vorgang wird von einem Signal die Information getrennt und auf ein neues Signal übertragen.

Der Vorgang der Informations-Signaltrennung wird ständig in biologischen Systemen durchgeführt. Wenn wir auf ein beliebiges Objekt schauen, erkennen wir ein Objekt z. B. als eine Blume. Dabei fügen wir der optischen Information eine Kennzeichnung, einen Code zu, sodass ein Informationsaustausch zwischen Menschen erfolgen kann, die eine gleiche Codierung nutzen. In diesem Beispiel nennen wir das Signal, das wir gerade erhalten haben, Blume. Mit der Kennzeichnung der Dinge, die wir erkennen können, kann ein Mensch mit einem anderen Menschen über ein reales Objekt sich austauschen, ohne dass beide Menschen die „Blume" im gleichen Moment sehen. Die Information der Blume existiert auch dann, wenn wir nicht hinsehen oder sie bereits nicht mehr real existiert.

Der Nachweis dieser Behauptung ist einfach. Fliegt z. B. eine Biene auf die Blume, muss die Blume auch ohne unsere optische Wahrnehmung real existieren, da sie von anderen Lebewesen erkannt und genutzt werden kann. Damit ist aber auch die philosophische Frage beantwortet:, „Wie können wir es wissen, dass wir nicht gerade träumen?". Die philosophische Annahme, dass die Welt, die wir erkennen nur in unserem Kopf existiert ist fiktiv. Durch unsere Augen erfassen wir die Signale, die von der Blume durch Reflexion von Licht ausgesendet werden. Wir empfangen diese Signale (Photonen) – die ich auch als *Informationsmolekül* bezeichne – mit unseren Augen und trennen die Signale von der Information „Blume". Anschließend werden diese Informationen an unser Gehirn weitergeleitet und wir erkennen nun die Blume, ohne dass wir die Photonen, die unser Auge empfangen hat, gespeichert haben oder anderweitig nutzen konnten. Es wurde die Information von den Signalen getrennt. Im Unterschied zu digitalen Systemen werden in einem biologischen System die Signale z. B. der Blume gleichzeitig parallel und seriell empfangen und verarbeitet. Mit dieser Vorwegnahme impliziter Annahmen eines Informationsmoleküls wird jedoch bereits an dieser Stelle deutlich, dass mit dem hier neu eingeführten Begriff eine komplexe Informationsstruktur existiert und verarbeitet wird.

Bevor ich die Frage untersuche, „was ist ein Bit?" möchte ich einige weitere ergänzende Vorüberlegungen zu den *Rahmenbedingungen* von Information und seiner kleinsten Einheit in den folgenden Kapiteln vortragen. Sie befassen sich mit den grundlegenden Bedingungen, in denen *Information* existieren kann. Die hier präsentierten Überlegungen und Thesen sollen eine erweiterte und in manchen Aspekten auch neue Sicht auf das Konzept der Information und die Dinge, die Information sind, ermöglichen.

4.2.4 Raum, Signal und Information

In der klassischen Informationstheorie wird eine Information vom Sender, über einen Informationskanal bzw. über ein „Medium" zu einem Empfänger übertragen. Das Konzept basiert auf einem Paar gleicher Eigenschaften, dem Sender und Empfänger, zwischen denen Information ausgetauscht werden kann. Der Informationskanal hat in dieser Definition keine bestimmte Struktur, wie z. B. ein Kabel oder eine Sendefrequenz, sondern gilt heute als ein allgemeines vermittelndes Element zwischen Sender und Empfänger. Er kann auch als Raum verstanden werden. Was für ein Mediumelement kann dann beschrieben werden, wenn der Raum selbst das Medium ist?

Auch wenn eine Informationseinheit in einem Raum real vorhanden ist, ist für einen Beobachter bzw. Empfänger diese Information so lange nicht existent, bis ein geeigneter Sensor dem Beobachter diese Information zur Verfügung stellt. Der Empfänger muss einen Teil der Eigenschaften des Senders besitzen, sodass die Information vom Empfänger „verstanden" werden kann. Ein Signal, das auch Information transportieren oder repräsentieren kann, kann jedoch auch ohne einen Empfänger existieren, somit real vorhanden sein, wie bereits im vorherigen Kapitel behandelt wurde. In meinem Beispiel *kann* demnach in einem Raum ein Signal unabhängig von einem Sensor vorhanden sein. Die *Entscheidbarkeit* über die Existenz eines Ereignisses in einem Raum ist für einen externen Beobachter nicht möglich, bis das Signal gemessen bzw. nachgewiesen wird, auch wenn es in dem Raum real vorhanden ist. Umgekehrt kann ein Signal ohne einen „Raum" nicht existieren, jedoch die Information eines Signals, was auch der Grund ist, warum ich mich hier mit der grundsätzlichen Frage über den Raum weiterführend beschäftige. Mit einem Messvorgang kann das Signal bzw. die enthaltene Information mit einer bestimmten Wahrscheinlichkeit verändert werden.

Ein Raum kann das Universum, ein Kupferkabel, ein Atom oder ein Blatt Papier aus Lagen von Atomen sein. Somit ist ein Signal immer im Kontext eines „Raums" existent. Das Gleiche gilt auch für die Abwesenheit eines Signals. Ein Raum kann existieren, auch wenn kein Signal, keine Information vorhanden ist. In diesem Fall ist er „leer", wie ein *Schwarzes Loch* (?), das keine Informationen oder Energie emittiert. Jegliche Information würde in Hawking-Strahlung verwandelt werden.

In einem Aufsatz stellte der Physiker Stephen Hawking die These auf, dass Schwarze Löcher Informationen vernichten, was im Widerspruch zur Quantenphysik steht, dass keine Information verloren geht (Mikroreversibilität). Eine Information ist somit nicht ohne einen Kontext existent, was auch für ein Bit gilt, wie etwas später noch zu sehen ist. Das führt jedoch direkt zu dem bekannten Phänomen des Informationsparadoxons von Stephen Hawking. Die Berechnungen von Hawking wurden in den 1970ern vorgenommen (Bekenstein-Hawking-Formel). Seit diesen ersten Berechnungen zum tieferen Verständnis Schwarzer Löcher haben sich die Erkenntnisse zu diesen unwirklichen Objekten weiterentwickelt. Heute geht man davon aus, dass Information auch aus einem Schwarzen Loch entweichen kann, und zwar mithilfe der Schwerkraft und Zeit. Es strahlt eine geringe Menge an „Wärme" (Information) ab, sodass nach sehr langer Zeit das Schwarze Loch verschwindet, sich auflöst.

Ein Schwarzes Loch zerfällt über die Zeit von außen nach innen durch zufällige Quantenprozesse. Wenn z. B. ein Auto mit zwei Tonnen Masse in ein Schwarzes Loch fallen würde, nimmt die Masse des Schwarzen Lochs zu. Gibt nun das Schwarze Loch über die Zeit in Form von Strahlung zwei Tonnen Masse an die Umgebung zurück, enthält diese Strahlung keine Information über das Auto. Die Strahlung ist vollkommen unstrukturiert. Nach der heutigen Theorie hat ein Schwarzes

Loch eine Bildungs- und eine Verdunstungsphase, die irreversibel ist. Diese Erkenntnis widerspricht jedoch der Quantenmechanik. Ein Dilemma!

Die Physiker gehen heute davon aus, dass die Raumzeit an einem Schwarzen Loch auseinanderfällt. Die Interpretation in diesem Ansatz ist, dass die Raumzeit (der leere Raum), nicht die Wurzel, nicht die Basis unserer Realität oder unseres Kosmos ist, sondern eher eine aufsteigende Struktur aus etwas tieferem. Hier kann auf diese faszinierende Entwicklung in der Physik nicht genauer eingegangen werden, sondern nur auf Arbeiten von Geoff Penington (Berkeley), Donald Marolf (Santa Barbara), Nick Warner (Universität von Southern California) und Don Page (University of Alberta) sowie weiteren Wissenschaftlern verwiesen werden. Der leere Raum ist damit nicht leer, er enthält Information, jedoch haben wir keine Kenntnis, kein Wissen, keinen Sensor, um Informationen aus diesem leeren Raum zu empfangen, was in dem Raum oder der tieferen Struktur ist. Damit ist jedoch auch deutlich geworden, dass Information offenbar auch dann existiert, wenn der Raum „scheinbar" leer ist oder sich von der Zeit trennt. Mit Berechnungen und Theorien nähern wir uns der Möglichkeit, die Information in dem Raum zu detektieren und zu erkennen, was Raum, Zeit und unsere Realität sind.

Nach dem zweiten Hauptsatz der Thermodynamik, kann die Entropie von Systemen, die sich im thermodynamischen Gleichgewicht befinden, nur gleichbleiben oder zunehmen. Dies sind Systeme, die zu jedem Zeitpunkt durch Größen wie ihre Temperatur und ihren Druck beschrieben werden können. Da die Grundannahme für alle Systeme, einschließlich Schwarzer Löcher, gelten sollte, sind in den 1970er-Jahren zwei wichtige Fragen aufgekommen: Besitzen Schwarze Löcher Entropie, und wenn ja, wie verändert diese sich mit der Zeit, und welchen mikroskopischen Ursprung hat sie? Die erste Frage wurde 1973 beantwortet. Dabei wurde gefunden, dass die Entropie von Schwarzen Löchern proportional zu der Fläche ihres Ereignishorizonts ist. Die zugehörige Gleichung ist als Bekenstein-Hawking-Formel bekannt, auf die ich mich bereits in den Absätzen vorher bezogen habe. Davon ausgehend wurde auch berechnet, dass Schwarze Löcher eine Temperatur besitzen.

Eine wichtige Konsequenz aus diesen Beobachtungen ist, dass Schwarze Löcher, wie alle anderen Objekte auch, Energie als Wärmestrahlung abgeben, und somit über die Zeit schrumpfen. Schwarze Löcher sind somit nicht wirklich schwarz. Diese Vermutung wurde schließlich im Jahre 1974 von Steven Hawking bewiesen, der den Mechanismus für dieses Phänomen erklärte, das heute als Hawking-Strahlung bekannt ist. Diese Strahlung lässt sich durch Vakuumfluktuationen (Zustandsänderungen) am Ereignishorizont des Schwarzen Lochs erklären, durch die Teilchen-Antiteilchen-Paare entstehen, von denen eines ins Schwarze Loch zurückfällt und das andere entkommen kann. Die Konsequenzen dieser Vorhersage sind gewaltig: Schrumpft das Schwarze Loch, so sinkt dessen Oberfläche und somit auch die Entropie. Diese ist aber nicht entgegen dem zweiten Hauptsatz verloren, sondern wird in der Strahlung „kodiert" nach außen getragen.

Doch wie wir sehen werden, kommt damit ein tiefgreifender Widerspruch auf: Wenn ein Schwarzes Loch erzeugt wird, so wird die Strahlung, die nach dessen Verdampfen übrigbleibt, eine noch höhere Entropie besitzen als die Materie, aus der es bestanden hat. Doch wo kommt diese zusätzliche Entropie her? Während Entropieproduktion für klassische Systeme unserer Realität im Gleichgewicht erlaubt ist, steht sie im Widerspruch zur Quantenmechanik. Dieses Problem ist als das *Informationsparadoxon* Schwarzer Löcher bekannt und ist eins der größten ungelösten Probleme der modernen Physik. Um es vollständig zu lösen, muss letztendlich die Frage über den Ursprung der Mikrozustände Schwarzer Löcher beantwortet werden. Dies zu tun, ist Gegenstand gegenwärtiger Forschung.

4.2.5 Was ist ein Bit?

Bevor ich in die Fragestellung dieses Kapitels eintauche, möchte ich darauf hinweisen, dass meine Thesen zur *allgemeinen Information* die Grundlage meiner Modellentwicklung zum Wachstum digitaler neuronaler Netze sind. Meine These ist, dass Information eine eigene physikalische Größe ist, ähnlich wie Energie oder Gravitation. Aus dieser Perspektive ist mein Modell entstanden. Im folgenden Exkurs gehe ich der spannenden Frage nach, was ein *physikalisches Bit*, der kleinste Zustand einer Information sein könnte und welche impliziten und expliziten Eigenschaften ein Bit noch charakterisieren. Grundlage dieser Betrachtung sind die vorherigen Kapitel über Raum, Zeit und Information.

In meiner neuen Definition eines Bits erweitere ich die vor allem technisch assoziierte Definition des Bits. Wie ich bereits beschrieben habe, ist die Information in der realen Welt grundsätzlich an ein Signal gebunden. Dabei kann ein Signal ein Bit oder eine Bitstruktur bzw. Bitsequenz sein. Es besteht eine *Dualität* im Sinne einer Verbundenheit zweier Größen oder einer wechselseitigen Zuordnung von Signal und Information. Das Signal ist auf der Ebene der Bits eine Änderung eines Zustands, z. B. ein Punkt auf einer Welle. Damit besteht z. B. eine elektromagnetische Welle aus einer endlichen Zahl von Bits. In meinem Modell führe ich den Begriff des Bitsignals ein, der anstelle der Bezeichnung Signal verwendet wird. Mit dieser Bezeichnung wird zugleich die Dualität eines Bits beschrieben. Zusätzlich wird mit dem Begriff ein Signal mit einer Information charakterisiert. In meinem Modell ist ein Bit die *kleinstmögliche Zustandsänderung* eines Etwas, eines „Dings". Das *Etwas* ist ein beliebiges Objekt in unserem Universum, das existiert. Die Information eines Bits ist Null oder Eins, da oder nicht da, vorhanden oder nicht vorhanden. Unsere Welt besteht damit aus unzähligen Bits. Ein Ding kann ein reales *Etwas* sein. Es kann Materie, Energie oder ein Feld oder etwas Unbekanntes sein. Ein Bit ist in der realen Welt an einen Träger, ein Signal, an Materie, Energie oder ein Feld gebunden.

Wie ich bereits weiter oben beschrieben habe, kann man sich ein Bit als *Punktinformation* auf einem Signal vorstellen. Die Punktinformation ist so groß, wie die *kleinstmögliche Zustandsänderung* groß ist. Ändert sich der Zustand z. B. eines Elektrons durch die Lageänderung zu seiner vorherigen Position, entsteht ein Bitsignal, das detektiert werden kann. Ein Elektron selbst besteht aus vielen Bitsignalen, die gesamtheitlich das Elektron in seiner Information, die alle physikalischen Daten enthalten, beschreiben. Diese Bitsignale können mit einer geeigneten Sensoreinrichtung gemessen werden. Das Ergebnis dieser Messung sind Teildaten des Elektrons, die eine Untermenge der Gesamtinformation des Elektrons darstellen. Die Teildaten der Messung werden anschließend von den Wissenschaftlern interpretiert und zu neuen Informationen zusammengesetzt. Dazu dienen u. a. auch Modellvorstellungen, aus denen fehlende Daten der Messung hinzugefügt werden können. Aus diesem Vorgang der Messung, Interpreation und Modellableutung entsteht eine Information eines Elektrons, wie wir es heute verstehen. Durch Verifikations- oder Falsifikaitonsverfahren in der Wissenschaft entsteht eine Annäherung oder Kongruenz der ermittelten Information an die reale Information des Elektrons.

Alle Bitsignale zusammen, die das Elektron beschreiben, bilden ein *Bit-* oder *Informationsmolekül*. Das Informationsmolekül setzt sich damit aus *Informationsbits* zusammen. Ich nenne die Information von vielen Bits, die in einem Kontext zueinander stehen und damit eine reale Struktur mit seiner Information beschreiben, *Bit-* oder *Informationsmolekül*. Im Weiteren werde ich jedoch den Begriff der Informationsbits nutzen, der auch eine Abgrenzung zum technischen oder digitalen Bit aufzeigt sowie die besonderen Eigenschaften dieser kleinsten Informationseinheit kennzeichnet. Mit dem Begriff des Informationsmoleküls wird assoziiert, dass eine Informationsstruktur aus vielen Bitsignalen besteht, die in einem Verhältnis zueinander stehen. und damit ein Objekt oder irgendetwas in der realen und einer virtuellen Welt als Information beschreibt. Ein Informationsmolekül hat eine geringere Entropie als sein Umfeld. Die Anordnung dieser Bits ist in dem „Molekül" nicht zwangsläufig seriell, wie sie in der digitalen Technologie genutzt werden. Ein Bit- oder Informationsmolekül kann über mehrere Dimensionen aufgespannt sein. Die Anzahl der Bits ist für die Beschreibung eines Objekts, dem *Kontext*, endlich. Damit kann jedes reale Objekt durch eine endliche Anzahl an Bits in seinem *Informationsgehalt* beschrieben werden.

Die Kombination der Bits zueinander beschreibt das Objekt und wird hier als *Informationsmolekül* oder auch *Bitmolekül* definiert. Ein Informationsmolekül ist damit die Teilmenge der Informationsmenge, die ein Objekt enthält und die von einem Sensor erfasst werden kann. Alle Informationsmoleküle zusammen beschreiben ein Objekt bzw. bilden es als *Informationsobjekt* ab. Die Anzahl der Bitsignale eines Bit- oder Informationsmoleküls ist variabel, jedoch endlich. Sie hängt von dem Abstand des Sensors zum Objekt ab bzw. wird vom Verhältnis des Sensors zum Informationsmolekül beeinflusst.

Ein Beispiel: Schauen wir durch ein Fernrohr in den Nachthimmel und entdecken eine Galaxie – das Informationsobjekt – weit von uns entfernt, enthalten die Informationsmoleküle des Objekts eine relativ geringe endliche Menge an Information, an Bitsignalen. Das Bitsignal in diesem Molekül ist ein einzelner Lichtpunkt bzw. Photon, der noch detektiert werden kann. Der Detektor kann ein biologisches Auge oder ein technisches Gerät, ein technischer Sensor sein. Bereits durch diese Unterscheidung der beiden Sensortypen wird deutlich, dass eine unterschiedliche Anzahl an Informationsmolekülen abhängig vom Sensor aufgenommen wird. Hochauflösende technische Sensoren werden eine höhere, jedoch auch endliche Anzahl an Bitsignalen ermitteln, als das menschliche Auge. Die optische Information über die Galaxie würde zunehmen, je mehr wir uns der Galaxie nähern würden, somit den Abstand unseres Sensors zur Informationsquelle verringern würden. Damit ist die beobachtbare bzw. erfassbare Informationsmenge eines Objekts abhängig vom Beobachter bzw. vom Sensor selbst. Sie ist *endlich* und *relativ*! Mit den folgenden Absätzen entwickle ich meine These, was ein *physikalisches Bit, das Bit-*

signal ist. Auf dieser Basis wäre der Lichtpunkt selbst, das Photon, eine endliche Menge an physikalischen Bitsignalen, deren Anzahl in einem Lichtpunkt immer ähnlich wäre.

Mit einem geeigneten Sensor kann ein Bitmolekül empfangen werden, das durch eine Signalsequenz übertragen wird. Ist z. B. das Signal eine einfache Welle, besteht das Bitmolekül aus einer Anzahl an Schwingungen (Wellen), die einen Kontext darstellen. In diesem Fall wäre eine einzelne Welle dieser Signalsequenz eine Schwingungsperiode. Ein *Bitsignal* ist nun ein *Informationspunkt* auf dieser Welle, der eine *Zustandsänderung* in Relation des vorherigen Zustands zum aktuellen Zustand beschreibt. Da sich alle Objekte in unserer Welt mit dem Raum mit Lichtgeschwindigkeit durch das Vakuum bewegen, ändert sich jedes Objekt in einer Planck-Zeit, auch wenn es sich relativ zum Beobachter nicht bewegt, also scheinbar an einem „Ort" stillsteht bzw. seine relative Position im Raum unverändert erscheint. Zur Erinnerung: Die Planck-Zeit ist die Zeitspanne, die Licht benötigt, um eine Planck-Länge zurückzulegen und eine theoretische Zustandsveränderung eines „Etwas" in dem ihm umgebenden Raum bewirkt. Damit ändern aber alle Dinge in unserer Welt ihre Zustände ständig und geben Information ab. Die einsteinsche Raumzeit unterliegt Zustandsänderungen pro Planck-Zeit (Schwingung) und damit eines jeden „Etwas" in ihr, die wir als „Zeit" interpretieren. Dabei nutzen wir den Begriff der „Zeit" als *Synonym für etablierte Zustandsänderungen* eines „Etwas". Ein etabliertes Etwas manifestiert sich in seiner Existenz, wie z. B. eine Masse. Jede etablierte Zustandsänderung, im Gegensatz zur flüchtigen Zustandsänderung, verändert das Etwas, was wir als Zeit interpretieren und so ein Alter eines Etwas definieren können. Jedes Ding unterliegt einer Zustandsänderung, die theoretisch mit Sensoren empfangen werden kann. Ein Bitsignal ist damit die kleinste Informationseinheit, die ein Ding, ein Etwas der realen Welt als Information enthält und somit das „Etwas" durch seine Information beschreibt/abbildet/detektierbar macht. Das physikalische Bitsignal ist die kleinste Information in unserer realen Welt …

In der Folge erhält aber ein *Bitsignal* ein dynamisches Momentum, das abhängig von der Auflösung eines Sensors ist, mit dem die Welle empfangen wird, obwohl es, wie im vorherigen Absatz beschrieben, eine untere Grenze gibt. Zum Nachweis dieser Hypothese führe ich das Gedankenexperiment durch, indem ich erneut durch ein Fernrohr einen Stern, der Lichtjahre von mir und meinem Teleskop entfernt ist, beobachte. Empfange ich nun die Photonen von diesem Stern durch meinen Sensor – hier meine Augen –, erhalte ich eine sehr geringe Menge an Information aus der Gesamtmenge an realer Information, die dieser Stern tatsächlich emittiert. Sie reicht jedoch aus, um für mich als Empfänger in der gegebenen Entfernung eine hinreichende Beschreibung seiner selbst an mich übermitteln zu können. Da meine Augen nicht die sensorischen Eigenschaften besitzen, die *physikalischen Bitsignale* eines Photons selbst einzeln detektieren zu können, beschreiben diese kleinsten Informationseinheiten in ihrem Kontext als Bit- oder Informationsmoleküle das Photon selbst, das meine Sensoren empfangen können. Das Photon besitzt eine endliche Menge an *physikalischen Bitsignalen*, die bei gleichen Photonen immer eine gleiche Anzahl haben sollten (Vermutung).

4.2.5.1 Das Wesen der Zeit

In meiner Betrachtung von *Information* ist die Zeit als solche ein besonderes Phänomen, das ich auf Basis des vorher Beschriebenen etwas anders interpretieren möchte. Nach Einstein ist Zeit der Abstand von dem aktuellen Zustand und einem Zustand in der Vergangenheit. Schauen wir auf eine Uhr, dann ist der Zeiger, der die aktuelle Zeit anzeigt, immer der Abstand von einem vorherigen Zeitpunkt zu einem *Jetzt*. Das Jetzt ändert sich ständig in einer Planck-Zeit. Der vorrückende Sekundenzeiger assoziiert uns jedoch einen Fortschritt, obwohl wir lediglich den virtuell festgelegten Abstand von dem gerade *Jetzt*, der sich mit Lichtgeschwindigkeit fortbewegt und uns mitnimmt, zu einem vergangenen Orientierungspunkt anzeigt. Springt der Sekundenzeiger von der einen Sekunde auf die nächste, ist eine Sekunde vergangen! Wir können jedoch nur dann diese Sekunde erkennen, wenn wir uns an das gerade vergangene Jetzt vor einer Sekunde erinnern, an den in der Vergangenheit definierten Orientierungspunkt eines Abstands von einer Sekunde, der mal ein Jetzt war. Würden wir uns nicht an diese vorherige Sekunde erinnern können, würde es keine Zeit geben bzw. würde die Uhr nicht die Sekunden anzeigen können. Das gilt erstaunlicherweise für jeden Zeitabstand auf allen Größenskalen, wie z. B. das Zeitintervall eines atomaren Zerfalls, das Ticken einer Uhr oder der Zerfall eines Sterns.

Zeit entsteht erst, wenn eine „Erinnerung“ an einen Zustand vor dem aktuellen Zustand „Jetzt“ hergestellt werden kann. Da Materie, Wellen oder ähnliches durch ihre Strukturen und Naturgesetze eine Historie ihrer selbst ermöglichen, kann erst Zeit entstehen. Die Existenz eines realen „Etwas“ ist eine Abfolge von unzähligen „Jetzt“, es ist konservierte Zeit. Aus Sicht des „Jetzt“, einer Zustandsänderung, sind alle existierenden Dinge die Konservierung von etablierten Zustandsänderungen eines Etwas. Das Phänomen Zeit ist ein Bezugspunkt von dem ständig mit Lichtgeschwindigkeit entstehenden *Jetzt* in eine bereits verstrichene Vergangenheit, die ich als etablierte Zustandsänderung bezeichne. Zeit existiert deshalb nicht für flüchtige Zustandsänderungen. Mit dem Bezug auf ein Etwas entsteht zugleich eine örtliche Manifestation der Zustandsänderung. Damit wird aber auch die „Zeit“ relativ zum Beobachter, der ein Etwas betrachtet. Die Frage ist, wie sich die Masse auf diese Zustandsänderungen auswirkt und ob es einen Einfluss der Gravitation auf Zustandsänderungen gibt.

Das Phänomen Zeit ermöglicht uns jedoch nicht, von dem Jetzt in eine noch nicht existierende *Zukunft* zu schauen. Das schwingende Weltsystem hat keine reale Zukunft, sondern eine über Naturgesetze ableitbare Zukunftswahrscheinlichkeit einzelner Dinge. Vielmehr hat es eine reale Vergangenheit, die sich über etablierte Zustände bei Dingen nachweisen lässt. Jede Änderung eines Etwas erfolgt mit Lichtgeschwindigkeit, somit entsteht pro Planck-Zeit eine Zustandsänderung unserer Realität. Unser Weltsystem schwingt mit einer Frequenz der Planck-Zeit. Ob sich dabei zugleich unser Weltsystem um eine Planck-Länge bewegt und in welcher Richtung diese Bewegung in einem dimensionslosen Vakuum erfolgt, ist nicht bewiesen. Damit ist jedoch *Zeit* eine *Relation*, ein Verhältnis, von dem *Jetzt* zum *Gewesenen*, demzufolge eine Zustandsänderung unseres Raums in Lichtgeschwindigkeit oder einer Planck-Zeit in einer vierten Dimension. Nach dieser Zustandsänderung haben alle Objekte in diesem Raum ein Bitsignal Information neu erzeugt und sind deshalb detektierbar.

Jede Materie, jedes Feld und jedes reale Objekt „speichert" Zeit, denn wir können z. B. einen Zerfall messen und ggf. auch beobachten. Dieser „Zeitspeicher" einer *Existenz*, eines *Etwas* ermöglicht es uns, *Zeit* zu empfinden bzw. Zeit als einen Bestandteil unserer Welt zu verstehen. Zeit wird aber damit zu einer gespeicherten Zustandsänderung in realen Dingen, die wir erst durch *Erinnerung* erfahren können. Mit diesem Modellansatz wird auch verständlich, warum keine zeitliche reale Zukunft existiert. Sie ist kein Bestandteil unserer Welt. Zeit ist die Existenz aller Dinge. Eine zeitliche Zukunft ist eine Fiktion, so wie die Zeit selbst. Wir verstehen heute die Zeit als einen gerichteten Pfeil in eine Zukunft, die es jedoch nicht gibt, sondern die uns lediglich durch unsere Erinnerung nur so erscheint. Wir empfinden Zeit und können sie messen, weil es eine Erinnerung, eine Historie und damit eine Existenz der Dinge in der Physik gibt. Sie wird auch als Entwicklung eines Etwas durch Formeln bzw. Naturgesetze beschrieben. Deshalb ist Zeit auch nicht *umkehrbar*, weil damit der Zustand, der vergangen ist, in allen real existierenden Dingen reproduziert werden müsste.

Meine These ist, dass durch die *Existenz* von Dingen selbst und der damit materialisierten Information in einem Etwas eine Reproduktion der Information möglich wäre, jedoch der Aufwand einer materialisierten Reproduktion nicht. Eine Möglichkeit der *Informationsreproduktion* eines Objekts aus der Vergangenheit besteht z. B. in Form von Fotos oder Filmen. Mit diesen Medien werden die Informationen von Objekten von ihren Signalen getrennt und in einem neuen „Code" gespeichert. Ähnlich wie in der Biologie, wo ebenfalls Informationen, z. B. über einen Apfel, von den Signalphotonen durch die Augen getrennt werden und als Erinnerung in einem internen Code reproduzierbar sind. Mit jeder Zustandsänderung in unserer Welt wird jedoch nur die Information eines vergangenen Zustands konserviert, durch den wir Zeit als Synonym für eine Zustandsänderung unserer Welt messen können. Sie führt zu der *Existenz* eines Etwas. Mit der Konservierung der Zustände und einer Illusion einer Zeit entsteht auch die Illusion eines gerichteten Zeitpfeils. Er zeigt nur scheinbar in eine „Richtung". Tatsächlich gibt es keine Richtung. Eine Zustandsänderung hat keine Richtung. Die Änderung des Zustands eines Quants kann willkürlich oder initiiert erfolgen. Das Wesen der Zeit ist genau diese ständige Zustandsänderung aller Dinge in unserer Welt.

4.2.5.2 Eigenschaften von Bits

Grundsätzlich gilt das Bit als kleinste Informationseinheit. Mit der Quantentheorie wurde das Qubit, das Quantenbit eingeführt. Es erweitert die beiden Zustände Null und Eins durch eine Überlagerung dieser beiden Zustände. Damit entstehen vollkommen neue Zwischenzustände zwischen Null und Eins. Zunächst: Ein Bit hat zwei *Zustände*, Null (0) oder Eins (1), vorhanden oder nicht vorhanden, an oder aus. Ich vermeide hier die Beschreibung wahr und nicht wahr, weil diese beiden Begriffe in dem Kontext einer Information fehldeutig verstanden werden können. Vor allem im Kontext der Quantenbits sind die Begriffe nicht mehr tauglich.

Der *Zustand* eines Bits ist implizit immer binär, damit eine der beiden Informationen vorhanden sein kann. Würde ein Bit keine implizite Dualität besitzen, wäre keine der beiden Informationen nutzbar. Die Zustände könnten nicht unterschieden werden. Es würde ein Zustand markiert werden, der nur in Relation zu seinem Empfänger interpretierbar wäre! Bei der Aufgabe der impliziten *Informationsdualität* eines Bits hätte ein einziger *Zustand* keine Information, unabhängig davon, ob dieser Zustand als 0 oder 1 definiert wird. Diese Aussage hat eine fundamentale Bedeutung, da sie die relative gemeinsame Abhängigkeit beider Zustände beschreibt!

Eine Null existiert nur, wenn auch eine Eins existieren kann. Das Gleiche gilt auch für den umgekehrten Fall. Eine Eins ist nur dann als Information interpretierbar, wenn zu dieser Eins ein Bezug existiert, von dem aus der Zustand als Eins verstanden werden kann. Andernfalls ist nicht definierbar, ob der Zustand, der gerade existiert, einer Null oder einer Eins entspricht. Bei dem binären Zustand ist eigentlich nicht der Zustand 0 oder 1 die Bitinformation, sondern der *Wechsel* (*Transition* oder Übergang) von dem einen Zustand in einen anderen. Das ergibt sich aus der zwingenden Dualität eines Bits. Was eine Eins bei einer *Transition* ist, ist wiederum abhängig von der Definition des Bezugs- bzw Ausgangszustands. Wird bei einer Transition der Ausgangszustand als Null definiert, entsteht nach der Transition immer eine Eins. Andernfalls gab es keine Transition. Es kann nur eine Eins nachgewiesen werden, wenn ein Bezug zu einer Null existiert. Dieser Bezug kann implizit zu der gerade existierenden Information sein.

Wird z. B. eine bestimmte Energiemenge gemessen, kann per Definition dieser Messung die Bitinformation Eins sein, weil die Messung implizit eine Null kennt, die ein geringeres Niveau der gemessenen Energiemenge als Null annimmt. Nur durch diese Definition, die Grundlage und Bestandteil der Messung ist, kann überhaupt eine Energiemenge gemessen werden. Der Messvorgang ist jedoch damit immer Teil einer Information, die dieser Messung dann entnommen wird. Zugleich ist der Zustand eines einzelnen Bits wie 0 oder 1 implizit oder explizit relativ zu dem jeweils anderen. Die kleinste Information kann deshalb als relativistische Zustandsänderung einer singulären Transition verstanden werden.

Aufbauend auf diesen grundsätzlichen Überlegungen, ist die *kleinstmögliche Information* eines Signals das Bit. Ein Bit ist die relative Änderung eines Zustands, z. B. ein Punkt auf einer Welle eines Signals. Die *Informationsmenge* eines Signals oder Systems kann bestimmt werden, indem die *relative kleinstmögliche Zustandsänderung* zwischen zwei Punkten auf einer Welle bestimmt wird. Ändert sich z. B. ein Zustand pro Planck-Zeit, entsteht ein Bit pro Planck-Zeit. Ändert sich der Zustand eines Punkts auf einer Welle erst nach einer Million Planck-Zeit-Einheiten, entsteht das Bit erst nach diesem relativen Abstand zur vorherigen Zustandsänderung. Andererseits könnte man die Planck-Zeit in einer technischen Assoziation als Zeittakt verstehen. Mit diesem Konzept würden jedoch unendliche Mengen an Leerinformation oder unbestimmbarer Nullinformation entstehen, die weitere Interpretationsprobleme nach sich ziehen würden.

Mit dem hier vorgestellten Modell der zeitlich unabhängigen *relativen kleinstmöglichen Zustandsänderung* ist zu vermuten, dass die Wellen in der Quantenwelt eine bestimmbare endliche Menge an Bits (Zustandsänderungen) enthalten und damit ein bestimmbares kleinstes Quantum an Information repräsentieren/enthalten. Dieses Informationsmolekül ist zugleich die Beschreibung seiner selbst, also seines Quantenelements bzw. der Quantenwelle. Die Information wird abhängig vom System mit einem oder mehreren Teilchen sein (Wellenfunktion[55]), das vermessen wird. Durch die Unbestimmtheits- oder Unschärferelation kann die Energie eines Quants gemessen werden, jedoch nicht gleichzeitig die Zeit, was mit dem hier vorgeschlagenen Modellansatz eine Erklärung vorstellt. Ist die Energie eines Quants bestimmt, bezieht sich diese Messung auf eine vorher definierte Bezugsgröße, zu der die Energiemenge bestimmt wird. Der gemessenen Energiemenge kann damit ein Informationszustand zugewiesen werden. Wird eine zweite Messung durchgeführt, kann sich die Energiemenge um einen geringen Anteil verändern. Diese Änderung kann jedoch auch durch die Messung erfolgt sein. Nach dem oben beschriebenen Prinzip ist jedoch genau diese Änderung das Bit, das ein Quant als Informationsmenge abgibt. Die Energiemenge der ersten Messung gibt auch eine Information ab, die jedoch nur in Bezug auf die Messung mit ihren impliziten Bedingungen interpretiert werden kann.

Dabei kann beobachtet werden, dass die *kleinstmögliche Zustandsänderung* von der Dimension abhängig ist, die gewählt wird. Wie bereits weiter oben kurz beschrieben wurde, ist die *kleinstmögliche Zustandsänderung* relativ! Die Relativität der Information erklärt auch den Umstand, dass in einer großen Entfernung eine Galaxie als strukturelle *Information* übertragen wird und damit erkennbar ist, wie auch in einer näheren Distanz. Mit einem Observatorium kann ein Bild einer Galaxie aufgenommen werden. Die Anzahl der Photonen dieser Aufnahme ist endlich und kann bestimmt werden. Auf Basis der Messung aller Photonen kann nun die Informationsmenge als Summe aller Zustandsänderungen je Photon bestimmt oder abgeschätzt werden. Würde sich das Observatorium in einem Raumschiff an die Galaxie annähern, würde die Informationsmenge zunehmen. Ein sich von einem Beobachtungspunkt entfernendes Raumschiff würde eine abnehmende Menge an Informationen über das gleiche Objekt beobachten. Der gleiche Umstand gilt auch für alle anderen Größenskalen.

Wird z. B. eine Stubenfliege aus einem Meter Entfernung betrachtet, ist die von uns detektierbare *Informationsmenge* gerade so hoch, dass die Stubenfliege erkannt werden kann. In diesem Fall ist der Sensor ein Mensch, der mit seinen Augen die Fliege beobachtet. Wird die Fliege aus einem sehr kleinen Abstand von wenigen Zentimetern betrachtet, nimmt die Informationsmenge zu und Details des Objekts werden erkennbar, was die Menge an Information erhöht. Die Schlussfolgerung daraus ist, dass die *relative Informationsmenge* eines Objekts, die übertragen wird, von dem Abstand zu einem Sensor abhängig zu sein scheint. Das gilt wohl auch, wenn man berücksichtigt, dass mit dem Abstand zwischen Objekt und Sensor sich das Verhältnis Objekt zu Sensor ändert. Dieser Umstand, der leicht im Alltag beobachtet werden kann, hat zahlreiche Gründe, die hier jedoch nicht weiter analysiert werden. Ein wesentlicher Grund für den Informationsverlust in Abhängigkeit der Distanz von Objekt zu Sensor ist der Transportmechanismus der Information bzw. das Medium, mit dem der Transport stattfindet.

---

[55] Siehe auch: Spektrum, https://www.spektrum.de/lexikon/astronomie/wellenfunktion/526, 10.03.25.

Der einzelne Zustand eines Bits ist prinzipiell *zeitlich* unabhängig, enthält also keine zeitliche Bindung oder Aussage. Ein Bit hat keine eigene zeitliche Eigenschaft. Damit ist die Informationseinheit *Bit nicht* an zeitliche Vorgänge gebunden und damit auch nicht im technischen Sinn digital. Ein Bit ist abhängig von den relativen Abständen einer Zustandsänderung eines Signals. Ist eine Welle so flach, sodass sich der Zustand zwischen zwei Punkten nicht ändert (eine Gerade zwischen zwei Punkten), enthält dieser Abschnitt keine Information. Die Information ist in einem Zustand „eingefroren", der einen der beiden binären Zustände eines Bits repräsentiert. Würde das Signal an diesem Abschnitt gemessen werden, könnte die Messung dem eingefrorenen Zustand keine Information zuweisen oder entnehmen. Je nach Messung würde die Bitinformation bei dieser Messung eine Null oder eine Eins erzeugen. In diesem Fall ist die *Entscheidbarkeit* über den Zustand eines Bits, somit welchen Zustand das Bit in diesem „eingefrorenen" Zustand hat, abhängig vom Zustand der Messung. Eine Information in einem Signal ist deshalb relativ.

Das Bit ist eine Information, die in einer oder mehreren *Raumdimensionen* unserer Welt existiert. Diese Raumzeit oder eine einzelne Dimension derselben können implizit oder explizit vorhanden sein. Für eine Bitinformation außerhalb der Raumzeit gibt es keine Sensoren und Regeln, die eine Information beschreiben könnten. Eine Informationseinheit Bit ist deshalb grundsätzlich nicht ohne eine *Raumdimension* existent, sofern sie mit einem Signal verbunden bzw. an ein Signal gekoppelt ist.

In der Physik wird ein Bit häufig verwendet, um die Information in verschiedenen Systemen zu quantifizieren. Ein klassisches Beispiel ist die Beschreibung eines Quantenteilchens, das sich entweder in einem bestimmten *Zustand* oder außerhalb dieses *Zustands* befindet. Im Kontext der Quantenmechanik entspricht ein *Qubit* der klassischen Vorstellung eines Bits. Ihm wird ein Zustand zugewiesen. Es kann jedoch auch in Zuständen existieren, die sich in einer Überlagerung befinden. Das bedeutet, dass es gleichzeitig als 0 und 1 existieren kann, was ein grundlegendes Merkmal quantenmechanischer Systeme ist.

Insgesamt ist *Information* in der Physik ein vielschichtiges Konzept, das eine Vielzahl von Anwendungen und Interpretationen hat. Dabei ist ein Bit bzw. Qubit die fundamentale Einheit, um diese Informationen zu quantifizieren. Es stellt somit einen expliziten *Zustand*, einen dem Teilchen zugewiesenen Zustand, dar und beschreibt nicht eine *Zustandsänderung*, die ich in meinem Modell nutze und im vorherigen Kapitel grundlegend behandelt habe.

4.2.5.3 Bit und Signal

Zusammenfassend ist eine Information nicht nur ein Signal mit einem Bit. Ein Signal wird in der Regel durch ein Photon oder eine andere Energiewelle beschrieben. Eine Information wird durch ein Signal transportiert. Damit zerfällt ein Signal in eine *Transporteinheit* und eine *Informationseinheit*. Die kleinste Information, die ein Signal transportieren kann, ist das Bit. Ein Signal existiert unabhängig von den Sensoren, die ein Signal aufnehmen/empfangen können. Die Information bleibt erhalten, wenn z. B. das Signal durch einen Sensor erfasst wird und durch den Messvorgang verloren geht. Bei diesem Vorgang geht in der Regel das Signal als elektromagnetische Welle physikalisch in einen anderen Zustand, z. B. in eine langwellige Strahlung wie Wärme über. Die Information wird durch den Sensor aufgenommen und in einer systeminternen Codierung des Empfängers weiterverarbeitet.

Damit ist Information ein fundamentales Element unserer Realität. Erst die Information ermöglicht es uns, unsere Welt erkennen zu können, weil damit Information ohne ihre physikalische Präsentation übertragbar wird und die Realität als Abbild ihrer selbst erkannt werden kann. Das beantwortet jedoch auch die philosophische Frage, wie kommen die Dinge in einen Geist, ohne dass ein Ding im Geist tatsächlich vorhanden sein muss. Wenn ich eine Tasse sehe, dann kann ich sie auch greifen und daraus trinken. Ich habe eine exakte Vorstellung von der Tasse. Nur, die Tasse ist nicht in meinem Kopf, sondern lediglich ihre Information oder ein Teil ihrer Information. Es ist die Information, die uns die Dinge erkennen lässt, die durch Signale übertragen werden.

Die Folgerung aus den vorherigen Überlegungen ist, dass ein Symbol als abstrakte Information aus der *Kombinatorik* vieler Bits mit dem Zustand „vorhanden" (1) und „nicht vorhanden" (0) besteht. Ich möchte im Folgenden das Bit, das Bitsignal, als *Informationsatom* kennzeichnen, da seine Information einen relativen Charakter zum Verhältnis Sensor und Objekt hat. Ein Symbol oder jede beliebige andere Information besteht aus kleinsten *Informationsatomen*, die eigentlich nur „ich bin da" oder „ich bin nicht da" transportieren. Es sind die gespeicherten Zustandsänderungen eines Etwas, eines Objekts, die Zeit darstellen.

Daraus leite ich ab, dass die eigentliche Information über unsere Welt nicht in den Bits steckt, sondern in der *Kombinatorik* der Bits zueinander, somit in der Struktur der *Bitsequenz* bzw. den Strukturen zahlreicher Bits zueinander, den Bitmolekülen bzw. Bitobjekten oder Informationsobjekten. Eine „Bitsequenz" betrachte ich als ein mehrdimensionales *Informationsmolekül*, das alle Informationen über ein Objekt aus unserer Realität enthält. Es gibt unzählige Informationsmoleküle in unserer Realität. Jede Materie besteht auch aus Information, die sie über sich selbst auf jeder Größenskala transportieren kann. Man kann auch ein Symbol oder eine beliebige andere Information als „Informationsmolekül" betrachten, in dem die Struktur der *Informationsatome* zueinander das Informationsmolekül darstellt und ein Symbol oder Objekt *repräsentiert*, das *Informationsobjekt.* Informationsmoleküle sind wiederum die Bausteine von Information über Objekte, wie z. B. ein reales Atom, ein physikalisch existierendes Molekül, eine Galaxie, einen Stein, einen Baum, ein Haus, ein Tier oder einen Menschen. Die Strukturen von Informationsmolekülen bilden Informationsobjekte.

So transportiert z. B. ein Atom eines natürlichen Elements die Information über seine Eigenschaften in Form von Signalen, die aus Bitstrukturen bestehen und gemeinsam das Informationsobjekt zur Beschreibung des Atoms darstellen, was gerade vermessen wird. Eine Welle ist eine Bitstruktur einer bestimmten Anzahl an Bits und ihren Beziehungen untereinander. Die Welle selbst ist hier das Informationsobjekt, in dem zahlreiche Informationsmoleküle mit ihren einzelnen Bits enthalten sind. Aus den Bits, den Informationsatomen, können beliebige neue Informationsmoleküle und höhere Informationsobjekte (Objekte) entstehen. Sie werden durch

Signale transportiert, die in der Realität u. a. als elektromagnetische Wellen existieren.

Ein Beispiel: Mit einem bestimmten Sensorsystem wird eine Welle gemessen, die für uns Menschen einen Ton darstellt. Mit einem anderen Sensorsystem kann die gleiche Welle eine Kante einer Struktur am Meeresboden darstellen. In beiden Fällen ist die eine Welle der Informationsträger, die sich in einem realen Raum fortbewegt und Information mit sich trägt. Erst ihr Kontext verschafft uns die Information, die erwartet wird. Dieser Kontext kann auch als Kodierung der Information verstanden werden.

Eine der in diesem Abschnitt herausgearbeiteten Kernaussagen ist, dass Information nicht zwangsläufig an ein physisches Bit oder Qubit, ein Signal gebunden ist. Häufig ordnen wir auch einfach einem Signal einen Zustand einer Information zu und belegen diesen Zustand zusätzlich mit einer Zeitdauer. Damit wird die eigene Information des Signals quasi überschrieben. Ein weiteres Merkmal von Information in meinem Modell ist, dass sie von Signalen trennbar ist und biologische Systeme diese Fähigkeit der Informationsabtrennung von Signalen besonders weiterentwickelt haben. In biologischen Systemen werden diese „Informationstrenner" als Sinne bezeichnet. Sie haben eine zusätzliche Eigenschaft, nämlich darüber entscheiden zu können, ob sie die Information aufnehmen wollen oder nicht. In einem späteren Kapitel werde ich noch über die Informationseigenschaft eines Bits in Bezug der *Entscheidbarkeit* und *Unentscheidbarkeit* in der Informationsaufnahme mein Modell erweitern. Als Zwischenergebnis meiner Analyse gehe ich davon aus, dass u. a. diese *Trennbarkeit* von Information und Signal eine Voraussetzung war, dass biologische Systeme überhaupt in der Lage waren, die in ihrer Umwelt auf sie einfließenden Informationen für sich nutzbar zu machen.

Es bestehen zahlreiche Möglichkeiten, Information von ihren Informationsträgern (Signalen) zu trennen und in andere Signale zu übertragen. Informationen haben damit die Fähigkeit, unabhängig von ihren Signalen, über Systemgrenzen hinweg übertragbar zu sein. Eine prinzipielle „Geschwindigkeitsbegrenzung" besteht für den Informationstransport nicht, jedoch für das Signal, mit dem die Information übertragen wird. Demzufolge ist eine Information, die an ein Signal gebunden ist, maximal mit der Geschwindigkeit von Licht übertragbar. Die Signale begrenzen die Übertragungsgeschwindigkeit von Information. In meinem Modellansatz ist somit eine Information ein an ein Signal gebundener Zustand, der abtrennbar ist. Ob dieser Verbund von Signal und Information auch in der Quantenwelt existiert, kann hier in diesem Buch nicht weiter vertieft werden.

Um die Information von einem Signal trennen zu können, werden spezifische Elemente eingesetzt, die ein Signal aufnehmen und verarbeiten können. Ich nenne diese Elemente verallgemeinert Sensoren. Damit erhalten Sensoren eine wesentliche Funktion in meinem Modellansatz. Ein Sensor besitzt jedoch zugleich auch selbst Informationen bzw. stellt diese implizit zusätzlich zu der aufgenommenen Information dem eigenen System zur Verfügung. Damit ist aber der Sensor ein Teil der Information, die durch ihn aufgenommen wird, oder kann zu einem Teil werden. Wird also ein Bit an einen Empfänger gesendet, detektiert der Empfänger das Bit und stellt es der Messeinheit zur Verfügung.

4.2.5.4 Sender und Empfänger?

Ein weiteres Merkmal, das mit dem Bit in Verbindung steht, ist auf der einen Seite ein Sensor und auf der anderen Seite der „Bit-Emittent“, den ich als Sender bezeichne. Ein Sender kann implizit oder explizit zur Information und dem Empfänger sein. Also als eine strukturierte Einheit, die auf einen möglichen Empfänger ein ausgerichtetes Signal durch eine spezifische Auslegung der Informationspräsentation überträgt. Da aber der „Sender“ auch einen anderen Eigenzustand haben kann als ein Empfänger, müssen Sender und Empfänger so strukturiert sein, dass der Sender ein für den Empfänger nutzbares Signal aussendet. Erst mit diesem Rahmen kann das Bit vom Empfänger detektiert werden. Ein Beispiel: Sendet eine Leuchtdiode z. B. einen roten Lichtstrahl, muss der Empfänger diese Wellenlänge empfangen können. Kann der Empfänger lediglich blaues Licht empfangen, wird er die Information des Senders mit dem roten Licht nicht erkennen oder empfangen können. Zusätzlich ergeben sich Informationen durch die im Raum befindliche Lage und ggf. Ausrichtung (Raumvektor), eine zeitliche Beziehung sowie über die Signalcharakteristik eines Sensors. Durch die „Kausalität“ von Sender und Empfänger zum Austausch von Information erhält der Empfänger eine zusätzliche implizite Information über den Sender.

Aus dieser Sicht sind Sender prinzipiell unabhängig von Empfängern sowie den emittierten Informationen. Erst ihre Übereinstimmung ermöglicht eine Informationsübertragung, die auch in meiner erweiterten Perspektive gültig ist. In dieser gedanklichen Linie steht auch die Entscheidbarkeit von Informationen in Bezug auf einen Empfänger, auf die ich im Abschn. 4.2.7 eingehen werde.

4.2.6 Die Raum-Zeit-Information

In meiner Betrachtung von Information als fundamentales Konzept über das Verständnis unserer Realität und als grundlegender Ansatz meines Modells zum Wachstum digitaler neuronaler Netze ist die Zeit als solche ein besonderes Phänomen, das ich etwas anders in den folgenden Absätzen interpretieren möchte als gewöhnlich. In dem vorherigen Absatz habe ich bereits einige fundamentale Betrachtungen über die Zeit dargelegt, die nun weiter vertieft werden.

Wie bereits im vorherigen Abschnitt diskutiert, ist Zeit, wie wir sie kennen, der Abstand von dem aktuellen Zustand, dem fortwährenden Jetzt, und einem Zustand in der Vergangenheit. Zeit entsteht erst, wenn eine „Erinnerung“ an einen Zustand vor dem aktuellen Zustand hergestellt werden kann. Das geschieht jedoch in unserer Welt ständig. Alleine die Existenz eines Dings, eines Etwas, ist gespeicherte Vergangenheit und damit Zeit. Wenn in der Quantenwelt ein spontanes zufälliges Ereignis aus dem Urvakuum entsteht, entsteht mit ihm Zeit, sofern dieses Ereignis existent bleibt und damit in unserer Realität gemessen werden kann. Ich nenne diese Existenz einen *etablierten Zustand*. Zufällige Quantenfluktuationen, in denen spontan ein Ereignis aus dem Urvakuum entsteht und verschwindet, können heute nachgewiesen werden. Ich nenne diese Zustandsänderungen *flüchtig (siehe* Abschn. 4.2.5.1*)*. Sie verbleiben jedoch nicht in unserer Realität, da sonst die Energie unserer Welt nach dem Urknall zunehmen würde. Heute wird nicht davon ausgegangen, dass die Energie seit dem Urknall anwächst. Somit bleiben Quantenfluktuationen temporäre Ereignisse, die keinen Zuwachs an Energie oder Zeit in unsere Realität einbringen. Da die Gesamtenergiemenge bzw. Gesamtmasse seit dem Urknall konstant geblieben ist, hat sich auch die „Zeit" nicht verändert. Sie hat sich relativistisch ungleich über den Raum verteilt. Da die Existenz der Dinge in unserer Realität die Zeit repräsentieren, sich die Gesamtmenge nicht verändert hat, ändert sich auch nicht die Zeit. Sie bleibt insgesamt konstant. Lediglich die Manifestation der Dinge als Energie, Masse oder als ein anderer Zustand variiert ihre Existenz und damit den von uns als *Zeit* genutzten Organisationsbegriff, um eine Ordnung für die *Existenz* der Dinge und ihre Abläufe festzulegen.

Mit der *Existenz* eines bleibenden Ereignisses, einer Zustandsänderung, entsteht eine Vergangenheit eines Etwas, beginnend mit dem ersten Erscheinen des Ereignisses bis zum Jetzt, das ständig neu entsteht. Außerhalb dieser Quantenwelt, damit außerhalb unseres Universums, machen die Begriffe Zeit, Raum oder Struktur ohnehin keinen Sinn. Mit dem Urknall wandelte sich Energie in Materie, Raum und Zeit wurden geboren. Heute besteht die Expansion des Weltalls weiterhin (siehe auch Alan Guth, MIT und Andrei Dmitrijewitsch Linde, Stanford Universität). Um den Vorgang der Expansion erklären zu können, haben die Physiker die dunkle Materie bzw. dunkle Energie eingeführt. Sie könnte auch als eine mit unseren Sensoren bisher nicht empfangbare Information von Objekten der realen Welt angesehen werden.

Nach den heutigen Vorstellungen entstand Materie nach dem Urknall aus einem scheinbar leeren virtuellen „Raum", der unterhalb der Wirklichkeit existiert, in dem unzählige Teilchen und Antiteilchen vorhanden sind oder waren. In meiner These betrachte ich diesen leeren virtuellen „Raum" als eine dimensionslose und zeitlose Informationsexistenz, in dem alle Informationen über unser und möglicherweise auch andere Universen bereits vorhanden sind. Aus diesem „Raum" entflohen zufällig einige dieser Informationen in Form von Teilchen in die Quantenebene. Treten beide Teilchen zusammen auf, vernichten sie sich und Materie konnte *nicht* entstehen. Erhielt ein virtuelles Teilchen aus der Inflation zusätzlich Energie, entstand *Urmaterie*. Sie war der Grundstoff aller heute existierenden Materie unserer Welt. Dieser Vorgang wird auch als Phasenübergang und Emergenz verstanden, auf die hier nicht weiter eingegangen werden kann.

Kurz nach dem Urknall existierte nur ein extrem dichtes Plasma aus Quarks und Elektronen, den Bausteinen der Materie. Das Plasma war so dicht, dass zwischen den Teilchen keine Zwischenräume existierten. Der Übergang vom Quarkplasma in das Nukleongas wird heute als Geburtsstunde des leeren Raums angesehen (Quark-Hadron-Übergang). Die Existenz von Quantenereignissen ist nach meiner Hypothese der Ursprung der „Zeit", da sich aus diesen Ereignissen Zustände etablieren konnten und „Zeitspeicher" in Form von Materie bzw. ein Feld entstanden. Da Materie, eine Welle oder Ähnliches durch seine Existenz, seine Strukturen und Naturgesetze eine Historie seiner selbst bilden, kann erst Zeit entstehen (siehe auch vorherige Kapitel). Quantenteilchen, Atome und andere Dinge speichern bereits Zeit durch ihre Existenz, wobei offenbar Zeit in der Quantenwelt anders verstanden werden muss.

Materie speichert Zeit, sie ist da und hat eine Vergangenheit. Biologisches Leben speichert Zeit. Alles in unserer Welt speichert Zeit und gibt damit den Dingen einen Verlauf, einen Ursprung in Bezug zu einem Jetzt. Das Phänomen Zeit ist ein Bezugspunkt von dem ständig entstehenden *Jetzt*, der Zustandsänderung aller Dinge, in eine bereits verstrichene Vergangenheit, in einen Zustand vor dem *Jetzt*. Es ermöglicht uns jedoch nicht, von dem *Jetzt* in eine noch nicht existierende Zukunft zu schauen.

Aus der Zeit spannt sich der Raum in mehreren Dimensionen auf, der eigentlich eine besondere Form der Zeit ist. Nach dem heutigen Verständnis unserer Welt ist der kleinste Abstand von einem *Jetzt* in die Vergangenheit die Planck-Zeit. Hier stellt sich die Frage, ob nach einer Planck-Zeit jedes Ding in unserer Realität seinen Zustand geändert hat, also ob die „Zeit" den Zustand der Dinge per se ändert oder ob es eine ständige Fluktuation ist, die als Zeit interpretiert wird. Denn dann hätten nach dieser Zustandsänderung alle Objekte in ihren Grundbausteinen unserer realen Welt eine *Bitinformation* erzeugt, die im Fluss der Zustandsänderungen einen stetigen Strom an Information unserer Welt erzeugt, das Wesen unserer Zeitinterpretation.

Zeit ist eine fundamentale Größe in der Physik, die unsere reale Welt versucht so gut wie möglich zu beschreiben. Mit jeder Zustandsänderung in unserer realen Welt wird jedoch nur die Information eines vergangenen Zustands in einem beliebigen Objekt der Realität konserviert, die uns als Zeit erscheint. Mit dem Erlöschen eines Objekts erlischt auch *seine* Zeit. Würde z. B. eine Galaxie erlöschen, würde sich die Zeit in ihrem ehemaligen Raumbereich verändern. Würden alle Dinge in unserer Welt erlöschen, existierte keine Zeit mehr bzw. wäre sie nicht mehr nachweisbar. Der Raum hätte keine Information über die Zeit. Möglicherweise würde auch der Raum keine Zeit mehr besitzen und nur noch als Punkt existieren.

4.2.6.1 Elemente der Raumzeitinformation: der Raum

Stellen wir uns einen vollkommen leeren Raum vor, der zusätzlich real vorhanden ist. Wir wissen zu diesem Zeitpunkt nicht, ob in diesem Raum eine Information vorhanden ist oder nicht, denn in unserer Vorstellung ist er zunächst leer. Würde in dem leeren Raum tatsächlich eine Information vorhanden sein, würden wir erst dann diese Information erfassen oder aufnehmen können, wenn sie gemessen und damit nachgewiesen werden würde. Eine Messung kann z. B. ein Blick in den Raum sein, also die Hoffnung zur Aufnahme von Photonen durch unsere Netzhaut. Erst mit einer Messung kann überprüft werden, ob in dem Raum tatsächlich eine Information vorhanden ist. Eine Informationseinheit ist scheinbar nur dann vorhanden, wenn mithilfe einer Messung bzw. eines Sensors diese Information aufgenommen wird und damit verifizierbar ist. Hat der Sensor jedoch nicht die *Eigenschaft*, die Information aufnehmen zu können, kann auch kein Empfang der Information erfolgen (z. B. könnten unsere Augen in dem Raum keine Strahlung außerhalb unseres Sehspektrums erkennen, wie z. B. infrarot, ultraviolettes Licht oder Gammastrahlen). Auch mit einem Sensor ist unklar, ob eine Information tatsächlich vorhanden ist, sofern nicht die Informationseinheit über den Sensor *tatsächlich* empfangen wird (siehe Abschn. 4.2.5.4). Wie in dem verwiesenen Kapitel beschrieben, ist eine Informationseinheit, wie ein Bit, eine Bitstruktur oder komplexe *Bitmoleküle*, immer an einen *Sensor* und seine *Eigenschaften* gebunden. Ohne diesen Sensor

(Empfänger) existiert zunächst keine Information in dem Raum, sie ist *unsicher*! Der Raum erscheint leer.

Zusätzlich wirkt der Raum mit seinen Eigenschaften auf die Information. Eine Informationseinheit kann z. B. nicht detektiert werden, wenn der Sensor die Information aus einer „falschen" Richtung erwartet. Etwas später werde ich anhand eines Beispiels diese Beobachtung genauer beschreiben. Die Übertragbarkeit von Informationen kann an *Raumrichtungen* gebunden sein. Ein einfaches Beispiel ist, dass ein Geräusch oder Ton aus einer Richtung kommt und damit wir Lebewesen nicht nur den Ton interpretieren können (Freund/Feind/Gefahr/Zielerreichung etc.), sondern auch eine Raumrichtung detektieren. In unserer realen Welt enthält ein Ton aus einer Richtung eine hochkomplexe Information, die wir detektieren und interpretieren. Das hat zur Konsequenz, dass auch Töne *nicht* „gehört" werden können, wenn der Empfänger *nicht* in der Strahlrichtung sich befindet. Besonders deutlich wird das bei einem Laserstrahl, der auf einen Sensor gerichtet ist. Befindet sich der Sensor nicht im Strahlbereich des Lasers, wird der Sensor das Laserlicht nicht empfangen können. Die übermittelten Informationen werden nicht empfangen. Ich interpretiere deshalb einen Raum als *Medium* zwischen Sender und Empfänger. Ein spezifischer Kanal/Informationskanal, wie er klassisch in der Informatik beschrieben wird, ist aus meiner Sicht eine technisch geprägte Interpretation einer Informationsübertragung bzw. einer Information.

4.2.6.2 Elemente der Raumzeitinformation: der Sensor

Ein Sensor kann in meinem Modellansatz jedes reale Objekt sein. So ist jeder Planet in unserem Sonnensystem ein Sensor zur Aufnahme der Sonnenstrahlung, der „Informationsabgabe" des zentralen Sterns. Jedes Atom ist ein Sensor für entsprechende Informationen anderer Atome, die sich zu Molekülen verbinden können. Sie tauschen „Informationen" aus, um bestimmte Reaktionen ablaufen zu lassen. Dabei umfasst die Bezeichnung *Information* all die physikalischen Faktoren, die ein Atom in seinen Eigenschaften beschreibt. Durch diese Informationen können wir ein Atom detektieren bzw. seine Eigenschaften erkennen, ohne das Atom selbst dabei verändern zu müssen. Eine Pflanze ist ein Sensor auf unserer Erde zur Aufnahme des Sonnenlichts, das wir sehen können. Ein Sonderfall eines Sensors ist ein Schwarzes Loch (siehe auch Abschn. 4.2.4).

4.2.6.3 Sensor Gehirn

Ich möchte zusätzlich in die Definition eines *Sensors* noch unseren Verstand, unser biologisches Gehirn, mit aufnehmen. Den „Gehirn-Sensor" möchte ich hier als eine Sonderform der Sensoren definieren. Denn er ist zum einen ein realer Sensor, der tatsächlich durch seine besondere Eigenschaft physikalisch nachweisbare Signale direkt aufnehmen kann (Strahlungsempfindlichkeit bei verschiedenen Personen). Mithilfe seiner angeschlossenen biologischen Sensoren verfügt er zusätzlich über die Eigenschaft, unterschiedliche Informationen aus Teilbereichen des elektromagnetischen Spektrums zu detektieren. Mit unserem Gehirn können wir Informationen aufnehmen, verarbeiten und neue Informationen schaffen. Mit unseren biologischen Sensoren können wir Informationen von Signalen trennen, mit unseren

Nervennetzen codieren und in einer inneren Repräsentation Objekte der Realität speichern. Wir können auch Objekte durch unsere innere Repräsentation anderen Menschen beschreiben, somit eine *Übertragung* dieser Objekte nur durch ihre Information ermöglichen. Unser Gehirn hat zusätzlich noch die Eigenschaft, Informationen in einem Raum, hier der leere Raum des Gedankenexperiments, zu *vermuten*! Generell gilt jedoch der Grundsatz, dass wir erst eine Information als sicher (existent und real) annehmen können, wenn sie mit einem Sensor „erfasst", somit verifizierbar nachgewiesen werden kann.

Mit dem Sensor „Gehirn" können jedoch zusätzlich *spekulative Informationen* erzeugt werden (Vermutungen), in einen Raum projiziert und über Detektionsverfahren bestätigt oder nicht bestätigt werden. Damit wird jedoch eine Information erzeugt, die real zum Zeitpunkt ihrer Existenz *unsicher* ist, so wie der „noch" leere Raum des Gedankenexperiments. Grundlage dieser erweiterten Sensoreigenschaft sind in der Regel Modelle oder Theorien, die eine Vermutung, eine Spekulation, beschreiben. Die vermuteten Informationen werden anschließend durch wissenschaftliche Verfahren im Rahmen der *These-Antithese-Synthese* falsifiziert.

Mit dieser spezifischen Eigenschaft des „Gehirn-Sensors" entsteht jedoch auch die Möglichkeit, einen spezifischen Sensor zu *erfinden*, der diese spekulative Information detektieren kann. Damit entsteht jedoch ein Wandel in der Informationsvermutung bzw. der Information selbst, von spekulativ in existent, sofern durch den neuen Sensor tatsächlich die Information empfangen werden konnte. Die Information in dem leeren Raum ist so lange für einen Empfänger *unsicher* (nicht entscheidbar), bis sie grundsätzlich über den Empfang mithilfe von Sensoren bestätigt wurde. Daraus folgt auch, dass Informationen realer Objekte von einem Sensor unabhängig existieren können. Erst mit geeigneten Sensoren wird es möglich, die *Nichtentscheidbarkeit* einer Information für einen Empfänger aufzulösen.

In der Konsequenz besteht ein Unterschied zwischen einem Signal und einer *Information,* dem Bit, die mithilfe eines Signals transportiert wird. Eine Informationseinheit in einem „Speicher" (in einem Raum) wird erst dann zu einer Informationseinheit eines Empfängers, wenn ein Sensor diese gespeicherte Information erfasst. Aber ist das so? Was befindet sich zum Beispiel hinter einem Ereignishorizont eines Schwarzen Lochs? Gibt es hinter einem Ereignishorizont noch Informationen oder nur noch vollständige Entropie? Gibt es damit ein Informationsparadoxon Schwarzer Löcher?

Ich möchte hier noch kurz bei dem Beispiel des leeren Raums bleiben, der in unserer Vorstellung ja vollkommen leer ist (die angenommene Information, die unsicher ist), der zugleich auch real vorhanden ist. Wie bereits weiter oben beschrieben, kann ohne eine Messung nichts über den Informationsgehalt in dem Raum ausgesagt werden. Auf der Grundlage der bisherigen Analysen kann folgende These aufgestellt werden: Existiert der Raum als unendlich kleiner Punkt, kann davon ausgegangen werden, dass er tatsächlich leer ist. Existiert der Raum als aufgespannter Raum mit Distanzen, kann davon ausgegangen werden, dass er nicht leer ist. Spekulativ kann er leer sein, also keine Informationseinheit enthalten.

Aber genau hier liegt schon eine Unschärfe vor. Wenn wir von der kleinsten Informationseinheit ausgehen, ist die Annahme eines leeren Raums bereits eine implizite Information, die einem Bit 0 entspricht bzw. eine binäre Aussage beschreibt (ein Bit 0 schließt ein Bit 1 ein). Messen wir in dem Raum ein Signal, würde das einem Bit 1 entsprechen und damit eine Information darstellen, die auch ein Bit 0 voraussetzt. Der leere Raum und sein „Inhalt" bilden offenbar bereits eine binäre Informationseinheit, die *unsicher* ist.

Betrachten wir den Raum von einer anderen Seite, sodass er *nicht* leer ist. Unser Raum enthält also jede Menge Informationen. Da wir in unserer ersten Vorstellung/Annahme von dem Gegenteil ausgehen, kann erst die Messung unsere Annahme widerlegen und damit eine Informationseinheit am Sensor ausgeben. Würden wir jedoch von dem Fall ausgehen, dass eine Informationseinheit im Raum vorhanden ist, würde eine Messung mit einem Signal keine zusätzliche Aussage herstellen, sondern lediglich eine Vermutung *bestätigen*. Der Raum hätte einen spezifischen Zustand. Das würde jedoch den Fall erzeugen, dass die Annahme, dass der Raum leer ist, möglicherweise nicht existiert und das implizite Bit 0 falsch ist. Der binäre Zustand unserer Annahme würde sich umwandeln in Bit 1 und ein implizites Bit 0.

Es gibt jedoch noch weitere Einflüsse, die ich anhand eines kurzen Beispiels verdeutlichen möchte. Tauschen wir den leeren Raum gegen ein Schiff aus, dass sich auf hoher See im Nebel befindet. Der Kapitän sucht nach einem Leuchtturm, um die Nähe zur Küste einschätzen zu können. Zufällig schaut der Kapitän in Fahrtrichtung über die linke Reling, weil er in dieser Richtung den Leuchtturm *vermutet*. Er stellt jedoch fest, dass er kein Leuchtfeuer entdecken kann. Da der Kapitän sehr umsichtig ist, schaut er nach einer Weile auch über die rechte Reling. Nach einiger Zeit entdeckt er in bestimmten Zeitintervallen einen leichten Schein im Dunkel des Nebels. Dabei übermittelt dieses Signal drei Informationen: 1) in dieser Richtung befindet sich der Leuchtturm (*Richtung*), 2) das regelmäßige stetige Auf- und Ableuchten ist kein Wetterleuchten (*Plausibilität*) und 3) in dieser Richtung liegt die Küste (*gesuchte/vermutete Information*). Somit unterliegen Messungen zur Erfassung von Signalen und damit von Informationen bestimmten Bedingungen, die ich im Folgenden etwas genauer betrachten möchte. Dabei gehe ich von der erweiterten Definition der Information aus, die ich in den vorherigen Absätzen und Kapiteln entwickelt habe.

4.2.7 Entscheidbarkeit von Informationen

Betrachtet man sich ein Signal/eine Information oder ein Bitsignal, im Kontext meiner erweiterten Definition eines Sensors/Empfängers, genauer, muss zwischen einer *entscheidbaren* und *unentscheidbaren* Information differenziert werden. Eine *entscheidbare Information* kann von einem Empfänger aufgenommen und verarbeitet werden. Wie z. B. bei biologischen Systemen, ist die Trennung der Information vom Signal bzw. eine Wandlung eines Signals in andere Signale innerhalb des Empfängers (Neukodierung) möglich. Der Empfänger kann durch seine Eigenschaft diese Information auch ignorieren bzw. verwerfen. Eine Verarbeitung der erfassten Information unterliegt den Eigenschaften des Empfängers.

Eine *unentscheidbare Information* kann von dem Empfänger nicht entscheidbar aufgenommen und verarbeitet werden. Eine Trennung von Signal und Information ist nicht möglich. Sie *muss* vom Empfänger „verarbeitet" werden, auch unter der extremen Bedingung der Zerstörung des Empfängers. Ein Signal ändert z. B. als unentscheidbare Information die Struktur eines Atoms, in dem ein Elektron das Signal darstellt. Ein Signal kann damit eine unentscheidbare Information enthalten, die von einem Empfänger verarbeitet werden muss und zu Änderungen/Modifikationen seiner eigenen Struktur führen kann. Der Informationsgehalt eines Signals ist damit immer größer Null, auch wenn der Informationsgehalt sehr gering ist, also gegen Null strebt. Eine unentscheidbare Information in einem Empfänger führt in einen anderen Zustand bzw. führt zu einer Zustandsänderung. Ein Signal mit einem gegen Null strebenden Informationsgehalt (entsprechend einem weißen Rauschen und hoher Entropie) kann als *Energiequant*, das Signal, z. B. von einem Atom aufgenommen werden und zu einem Bahnwechsel eines Elektrons im Atom führen. Die „Information" an das Atom war, einen Bahnwechsel eines Elektrons durchzuführen. Zur weiteren Differenzierung zwischen Signalen und Informationen schlage ich den Begriff der *Signalinformation* vor, der auf der grundsätzlichen Ebene eine Informationseigenschaft kennzeichnet, in der die Information noch die Eigenschaft der *entscheidbaren Unentscheidbarkeit* besitzt.

Die Eigenschaft eines Empfängers über die *Entscheidbarkeit*, ob ein Signal von ihm verarbeitet werden kann, kennt zunächst keinen Algorithmus. Es ist eine grundlegende Eigenschaft des Empfängers selbst. Sie ist abhängig von dem Verhältnis der Signalinformation zum Empfänger. Trifft z. B. eine Signalinformation auf einen einfachen Empfänger, kann die Signalinformation den Empfänger zerstören und damit seine Information übertragen. Trifft die gleiche Signalinformation auf einen angepassten Empfänger kann die Signalinformation aufgenommen und ggf. aufgetrennt werden.

Ein Beispiel: Ein Sinnesorgan für eine Schallwelle, wie es z. B. in einem Gehör vorhanden ist, kann eine Signalinformation mit einer minimalen und maximalen Signalstärke aufnehmen, trennen und an die weiteren Verarbeitungszentren in einem Gehirn weiterleiten. Dabei wird die Eingangssignalinformation in das Signal und die damit verbundene Information aufgespalten, in einen elektrischen Impuls auf dem Niveau der Nervenbahnen umgewandelt und weitergeleitet. Damit kann der Empfänger über die Verwertung der Information entscheiden. Ist die Stärke der Eingangssignalinformation zu hoch, führt das zur Zerstörung des Sinnesorgans.

Das Gleiche gilt auch für die Makroebene. Wir können von unserer Erde kosmische Jets in weit entlegenen Gegenden des Kosmos beobachten. Durch diese Beobachtung können Wissenschaftler zahlreiche Informationen aus kosmischen Jets gewinnen. Würde jedoch die Erde direkt von einem kosmischen Jet getroffen werden, würde nicht nur die Biosphäre, sondern vermutlich der gesamte Planet verschwinden. Die Informationen des Jets würden nicht mehr entscheidbar aufgenommen und verarbeitet werden können. Damit wird auch die These aus den vorherigen Absätzen unterstützt, dass die abgegebene Information relativ ist. Das Verhältnis von Sender und Sensor ist relativ und hat einen Einfluss auf das Maß der Information bzw. seiner Komplexität selbst.

In der Informatik kann jedoch ein Entscheidungsverfahren (Algorithmus) über eine Menge an Informationen zu einer *Entscheidung*, einer Entscheidbarkeit, verwendet werden. Das setzt voraus, dass die Signalinformation entscheidbar durch einen Empfänger aufgenommen werden kann. Dabei kann ein „*Algorithmus*" auch in Form einer spezifischen Hardwareanordnung des Empfängers gegeben sein. Ein Algorithmus ist hier in seiner Definition nicht nur auf eine Software beschränkt. Er bezeichnet bzw. beschreibt lediglich ein *Verfahren der Informationsverarbeitung* im Allgemeinen. Der Algorithmus wird auch als *Entscheidungsverfahren* bezeichnet, was auf der einfachen Ebene von *Signalinformationen* nicht zur Anwendung kommen kann und damit sich grundsätzlich von der Definition der Entscheidbarkeit in der Informatik unterscheidet, wie ich in meinen vorher genannten Beispielen aufgezeigt habe. Dabei wird in der theoretischen Informatik auch von entscheidbaren und unentscheidbaren Programmeigenschaften ausgegangen.

Henry Gordon Rice veröffentlichte bereits 1953 sein Postulat (Satz von Rice[56]), dass es für eine *nichttriviale Eigenschaft* einer beliebigen Funktion eines Programms (Algorithmus) unmöglich ist, algorithmisch zu *entscheiden*. Viele weitere Untersuchumgen wurden u. a. von Alan Turing,[57] David Hilbert[58] und Alonzo Church[59] zu Problemen der theoretischen Informatik durchgeführt. Demnach gibt es kein allgemeingültiges Verfahren, mit dem ein beliebiger Algorithmus feststellen kann, dass die von dem Algorithmus beschriebene Funktion ein *gewünschtes Verhalten* einhält oder erzeugt. In diesem Bereich geht es somit um Eigenschaften von Programmen und nicht um Informationen, die jedoch für die Programme/Algorithmen notwendig sind. Deshalb muss hier klar differenziert werden.

4.2.7.1 Die Verbindung von Signalen, Information und Algorithmen

An dieser Stelle werden noch weitere Merkmale deutlich, die der *Signale*, *Informationen* und *Algorithmen*. Wie ich bereits weiter oben ausführte, transportieren Signale *Informationen*, können aber auch selbst die Information sein. Die Algorithmen nutzen diese Informationen und machen damit etwas, auf das ich später noch einmal zurückkommen werde. Ein Algorithmus ist ein Berechnungsmodell, also ein formales System von Regeln, mit denen sich von bestehenden Axiomen weitere Ableitungen oder Aussagen herstellen lassen. Ein Berechnungsmodell wird in der Mathematik oder Logik auch als *Kalkül* bezeichnet.

Wie im ersten Absatz dieses Kapitels beschrieben wurde, können Informationen für einen Empfänger *entscheidbare* und *unentscheidbare* Informationen enthalten, die ohne einen Algorithmus oder ein Verfahren *Veränderungen* auf der Empfängerseite hervorrufen können. Fasst man jedoch den Begriff des *Algorithmus* weiter, indem jede Veränderung eines Empfängers durch eine Information als Algorithmus definiert wird, ersetzt diese erweiterte Festlegung des Begriffs „Algorithmus" die zuvor beschriebene Erweiterung auf der Informationsseite. Die hier vorgestellte er-

[56] Wikipedia, https://de.wikipedia.org/wiki/Satz_von_Rice, 20.11.2024.

[57] Wikipedia, https://de.wikipedia.org/wiki/Alan_Turing, 3.11.2024.

[58] Wikipedia, https://de.wikipedia.org/wiki/David_Hilbert, 3.11.2024.

[59] Wikipedia, https://de.wikipedia.org/wiki/Alonzo_Church, 3.11.2024.

weiterte Definition einer Information gilt für alle Größenskalen, vom Makroskopischen bis zum Mikroskopischen. Mit dieser Definition einer Informationseinheit ist z. B. ein Energiequant zugleich Informationsträger und Signal, eine *Signalinformation.* Beide Teilelemente der Informationseinheit sind miteinander verbunden.

4.2.8 Implizite und explizite Vereinbarungen

Die bisherigen grundlegenden Überlegungen haben einige Auswirkungen. Denn erst eine Messung bzw. ein Sensor entscheidet für einen Empfänger, ob eine Informationseinheit vorhanden ist oder nicht, obwohl die Information selbst existiert. Damit ist bewiesen, dass Information unabhängig von dem Sensor existent ist. Erhält ein Sensor eine unentscheidbare Information, kann eine Informationsänderung erfolgen. Damit wird eine Information erst dann zu einer Information, wenn sie von irgendetwas empfangen werden kann. Eine Information ist somit ein Verhältnis zwischen einer Informationsquelle und einem Informationsempfänger, mit den beschriebenen Rahmenbedingungen und erweiterten Definitionen. Die Eigenschaft eines Informationsempfängers bzw. Sensors ist damit Teil der Information, die empfangen wird und somit Teil der Information, ob sie vorhanden ist oder nicht. Ein Bit, wie es oben beschrieben wurde, kann somit auch einen beliebigen Zustand zwischen 0 und 1 annehmen, folglich in seinem Wert unendlich klein werden. Ein Bit hat noch weitere Eigenschaften und trägt damit zusätzliche Informationen mit sich (siehe auch Abschn. 4.2.5).

Information ist demnach überall und Bestandteil der realen Welt. Wie ich bereits weiter oben beschrieben habe, hat in meinem Modellansatz jedes Elementarteilchen bestimmte Zustände und ist damit auch ein Informationsträger, Informationsemittent und Informationsempfänger. Bezugnehmend zu den vorherigen Ausführungen, ist erst dann eine Information vorhanden, wenn ein Sensor in der erweiterten Definition in einer Messung diese Information aufnehmen kann (Empfang von entscheidbarer und/oder unentscheidbarer Information). Ist der Sensor bzw. die Messung nicht in der Lage, die tatsächlich vorhandene Information aufnehmen zu können, entspricht das dem Zustand, dass keine Information gemessen werden kann und damit auch nicht für den Empfänger vorhanden ist. In der Folge sind jedoch drei Informationszustände gegeben, die *Information* eines Sensors selbst, ob eine Information überhaupt vorhanden ist und die *binäre Information* des Bits, das einen implizit invertierten Zustand als explizite Information mit sich trägt. Ein Sensor muss somit für die Aufnahme, das Erkennen einer Information, ausgelegt sein, er muss sie messen bzw. empfangen können.

Daraus lässt sich schließen: hat ein Sensor nicht die spezifische Eigenschaft, die Information aufnehmen zu können, ist diese Information auch nicht für ihn existent. Das gilt nicht für ein Signal, den Informationsträger (Signalinformation). Wie bereits weiter oben beschrieben (Abschn. 4.2.5), ist die Information eines Signals die Relation zwischen zwei *differenzierbaren Zuständen*, der Zustandsänderung. Das Signal kann auch dann existieren, wenn ein Sensor dieses Signal nicht empfangen kann. In diesem Fall existiert zwar ein Signal, jedoch für den Sensor nicht nutzbare Information. Damit wäre ein Signal zwar real existent, könnte jedoch nicht vom Sensor gemessen werden. Wird das Signal durch einen Sensor gemessen, trägt das Signal die minimale Information (Informationsgehalt > 0), dass es vorhanden ist.

Die grundsätzliche Frage stellt sich in diesem Thesenkomplex, ob ein real existierendes *Signal* erst dann zur Realität wird, wenn es gemessen wird und damit die Information seiner Existenz dem Empfänger übermittelt. Kann es indirekt nachgewiesen werden, ist jedoch seine Existenz belegt. Damit ist aber auch die Vermutung belegt, dass eine Information unabhängig von einem Sensor existieren kann. Wie in dem Gedankenexperiment weiter oben definiert, ist für einen Beobachter eines leeren Raums nicht entscheidbar, ob eine Information in dem Raum vorhanden ist, sofern sie nicht gemessen werden kann. Umgekehrt stellt sich dann die Folgefrage, ob ein „geisterhaftes", nicht messbares, dennoch vorhandenes Signal eine Wechselwirkung bei der Messung eingeht bzw. *welche* Wechselwirkung zwischen Information und Sensor entsteht. Wird durch eine Messung in einem Raum das Signal so verändert, dass es mit der Messeinrichtung nicht gemessen werden kann, stellt sich erneut die hier diskutierte Frage.

In der weiteren Analyse gehe ich davon aus, dass ein Sensor-Informations-Paar in einem Raum eine Information über ein Signal aufnimmt und damit die Information in dem Raum existiert. Da der Sensor die Information aufnehmen kann, können andere Informationen, die nicht den Eigenschaften des Sensors entsprechen, nicht aufgenommen werden. Die Eigenschaften eines *universellen Sensors* zur Aufnahme aller jemals existierenden Informationen in einem Raum kann hier nicht vertieft werden, wäre jedoch ein interessantes Forschungsfeld. Ein Signal, das *nicht* mithilfe eines Sensors detektiert werden kann, kann auch keine Information übermitteln (z. B. kann heute keine Dunkle Materie oder Dunkle Energie detektiert werden; gleiches gilt vor ihrer Entdeckung für die Hawking-Strahlung etc.). Dabei ist interessant, dass eine Information in einem Raum vermutet werden kann und deshalb für die Aufnahme dieser Information Sensoren mithilfe unseres *Gehirns* entwickelt werden können. Damit ist zugleich auch ein wesentlicher Grund für die Einführung des Gehirns als Sensor beschrieben, wie ich sie in den vorherigen Absätzen vorgeschlagen habe (siehe Abschn. 4.2.6.3). Diese Art von Sensoren ist zudem eine neue Klasse von meiner erweiterten Sensordefinition. Ich nenne diese vermuteten Informationen „Phantom-Bits" oder *pBits*. Diese Eigenschaften, eine Information in einem Raum zu *vermuten*, sind spezifische Eigenschaften des menschlichen Geistes.

4.2.8.1 Technische Sensoren und Information

In diesem Kapitel möchte ich nun meine bisherigen Thesen auf eine technische Anwendung projizieren. Wird ein Sensor so ausgelegt, dass er unterschiedliche Informationen empfangen kann, kann eine Messung mit unterschiedlichen *Sensitivitäten* viele Informationen aufnehmen, nicht nur ein einzelnes Bit bzw. viele Bits unterschiedlicher Sensitivitäten. Je geringer die Sensitivität und Bandbreite eines Sensors ist, um so spezifischer muss die eingehende Information sein, was in der Folge auch eine geringere Menge an empfangener Information bedeuten kann.

Ein Beispiel: In einem technischen Umfeld kann z. B. eine Informationseinheit, die über eine Leitung übertragen wird, mit einer Spannung von 0,01 V definiert werden, eine weitere Informationseinheit mit 0,02 V, eine Dritte mit 0,03 V und so weiter. Misst ein Sensor genau eine dieser Spannungen im Verhältnis zu einer Spannung von 0 V, ist eine Information übertragen worden (die genannten Spannungen beziehen sich immer auf den Wert Null als Referenzwert, von dem aus sie definiert sind). Der Sensor ist so gebaut, dass eine spezifische Spannung implizit zum Referenzpunkt 0 V steht. In diesem technischen Umfeld überträgt der Sender immer dann eine Information an den Empfänger, wenn er exakt ein Einfaches oder ein Vielfaches eines Hunderstel Volt erreicht hat (*Schwellenwert*). Hat der Sensor die Eigenschaft bis 0,1 V Spannungen detektieren zu können, werden alle Spannungen oberhalb dieser Grenze nicht mehr als Information verstanden und ignoriert.

Das Gleiche würde für negative Spannungen gelten. Sie werden mit diesem Sensor nicht erkannt und damit auch nicht die zu übermittelnden Informationen. Je nachdem, wie nun die Spannungen vom Sender eingestellt werden, kann eine Übertragung an Informationen erfolgen, indem immer ein *Schwellenwert* erreicht wird. Beim Erreichen des Schwellenwerts entsteht ein Bit als Informationsbasis. Wie bereits weiter oben beschrieben, kann nun die serielle Übermittlung von einzelnen Bits zu komplexen Informationen verarbeitet werden.

In diesem Beispiel wird auch deutlich, dass durch die Auslegung eines Sensors und seiner Sensitivität bzw. seiner Bandbreite ein Filter existiert, der andere Informationen nicht erkennt oder nicht erkennen soll. Ein Sensor ist somit aber auch zugleich ein Filter für Information, sofern nicht der oben genannte allgemeingültige Sensor zum Empfang aller existierenden Informationen eingesetzt wird. Die Frage, die sich mir dabei stellt, ist, ob nicht das menschliche Gehirn diese Eigenschaft eines allgemeinen Sensors besitzt, der alle existierenden Signale empfangen könnte, sofern das Gehirn zusätzlich reale Sensoren entwickeln kann. Die Filtereigenschaft des Sensors kann bewusst realisiert werden. In der Forschung kann jedoch eine Filtereigenschaft eines „Sensors“ unbewusst oder zufällig ein Messergebnis beeinflussen.

Ich möchte noch die *zeitliche Komponente* des technischen Signals in die Überlegungen des hier vorgetragenen Thesenfelds einbeziehen. Ein technisches rechteckiges Signal hat einen Anfangszustand y_0 zu einem Zeitpunkt t_0. y_0 hat hier den technischen Wert 0 V. Zum Zeitpunkt t_1 hat das Signal den Zustand y_2. Der technische Wert von y_2 ist in diesem Beispiel 0,01 V. Der Wert von t_1 ist in diesem Beispiel 1 ms (Millisekunde). Technisch besteht damit für 1 ms eine Spannung von 0,01 V zur Verfügung. Nach 1 ms ist der Zeitpunkt t_2 vorhanden. Zu diesem Zeitpunkt sinkt die Spannung auf y_2, der in diesem Beispiel 0 V entspricht. In den heutigen digitalen Technologien ist der Zeitpunkt zwischen t_1 und t_2 der Takt, in dem eine definierte maximale Spannung auf einer *Line* anliegt (Line = Verbindung zwischen Sender und Empfänger) und als Bit übertragen wird. Das Delta von t_1 und t_2, hier eine Millisekunde, ist bei einer technischen Einheit von Sender und Empfänger immer gleich. Über diesen zeitlich fest definierten Bezug können auch zwei nacheinander folgende gleiche Zustände von y_1 als Information erkannt werden, obwohl sie technisch den gleichen Wert von 0,01 V haben. Die implizite zeitliche Vereinbarung ermöglicht eine Informationsübertragung bzw. einen Informationsinhalt, der explizit technisch nicht durch eine andere Spannung repräsentiert wird. Bleibt in diesem Beispiel die Spannung auf dieser *Line* bei 0 V, werden im Zeittakt ständig Nullen eines Bits übertragen. Mit dem zeitlichen Bezug entsteht die Möglichkeit von nacheinander übertragbaren Bits in serieller Folge.

Damit erschließt sich jedoch für den technischen Bereich eine weitere Eigenschaft der Informationseinheit Bit, die zeitliche Komponente. Heute werden Bits seriell oder parallel von einem Sender zu einem Empfänger übertragen. Generell werden Sequenzen von Bits zur Abbildung komplexer Informationen verwendet (Byte, Word, Quad-Word etc.). Diese Sequenzen werden nacheinander in einer festgelegten zeitlichen Folge oder parallel über gleichzeitig zur Verfügung stehende Übertragungswege verschickt. Auf diesem Weg entsteht mithilfe von Signalen eine Information bzw. eine Informationsübertragung. Betrachtet man die zeitliche Eigenschaft eines Sensors bei seiner Informationsmessung etwas genauer, können viele Sensoren bzw. Messungen zum gleichen Zeitpunkt viele Informationseinheiten messen. Die Messung komplexer Informationen zu einem Zeitpunkt t_0, in dem viele kleinste Informationseinheiten erfasst werden, ist somit zusätzlich von der *Anzahl der Messpunkte* bzw. Sensoren oder der Sensorbandbreite abhängig. Ist ein Sensor so definiert, dass nicht nur ein Bit zu einem Zeitpunkt t_0 erfasst werden kann, entsteht genau zu dem Erfassungszeitpunkt eine *komplexere Information.*

Die Erzeugung und der Empfang komplexer Informationen ist in der Natur ein übliches Verfahren, was sich damit grundsätzlich von den technischen Verfahren unterscheidet. Wenn ich die bisherigen Überlegungen berücksichtige, ist die *Komplexität* ein wesentlicher Schlüssel einer Information. Es scheint nicht die Frage zu sein, ob ein Verfahren zum Informationsaustausch ein „digitales“ oder „analoges“ Verfahren ist, da grundsätzlich Bits als kleinstmögliche Zustandsänderungen eines Etwas auch die Informationsbasis in der Realität zu sein scheinen.

4.2.8.2 Information außerhalb von Technologie

Dass ein Bit auch real existiert, kann an einem einfachen Beispiel deutlich werden, wenn z. B. ein Sensor Licht empfangen kann. Der Lichtsensor besteht in diesem Beispiel aus drei einzelnen Farbsensoren, die rotes, grünes und blaues Licht im jeweiligen Wellenbereich empfangen können. Der Lichtsensor empfängt nun weißes Licht, wobei gleichzeitig alle drei Farbsensoren die jeweiligen Frequenzen empfangen. Alle drei Sensoren empfangen zum gleichen Zeitpunkt eine komplexe Information und dekodieren diese Information aufgrund ihrer spezifischen Sensoreigenschaften. Man könnte auch die Information jedes Farbsensors als *sensitives Bit* verstehen, das zum gleichen Zeitpunkt von vielen spezifischen Sensoren (rot, grün, blau) empfangen werden kann und damit eine komplexe Information empfängt, die mehr ist als nur das eine sensitive Bit eines einzelnen Sensors (weiß). Das Beispiel zeigt sehr deutlich, dass auch der Zeitfaktor einen erheblichen Einfluss auf die Information hat bzw. auf die Auslegung und damit auf den Empfang der Information. Ein Lichtsensor, der nacheinander die Farben empfangen könnte, könnte weißes Licht nicht „verstehen“ bzw. empfangen. Erst die Eigenschaft parallel alle Farben empfangen zu können, ermöglicht die Decodierung von Weiß in seine Spektralfarben.

Das kurze Beispiel zeigt, wie ein biologisches System sich entwickeln musste, um in einem realen Umfeld Vorteile für sich erlangen zu können. Die *multiple Sensorik* zur Aufnahme der *Komplexität* der in der Realität vorhandenen Informationen scheint ein wichtiger Faktor in der biologischen Informationsverarbeitung zu sein. Dabei erzwingt eine multiple Sensorik eine parallele Weiterleitung und Verarbeitung dieser komplexen Information in dem anschließenden Informationsverarbeitungssystem. Ungeklärt ist bisher die Frage, ob die *Komplexität* der Informationen eine wesentliche Voraussetzung ist, um Bewusstsein entstehen zu lassen. In diesem Fall wären die *Information* und die *Komplexität* ein Schlüssel zur Entwicklung komplexen biologischen Lebens mit seinen denkenden Gehirnen. Andererseits scheint die Frage jedoch durch die Existenz von Bewusstsein bereits beantwortet zu sein. Dieser Hinweis könnte auch einen Erklärungsansatz dazu liefern, warum ein *Nervennetz* als grundlegende biologische *Geometrie* das Fundament zur komplexen Informationsverarbeitung zu sein scheint. Die spannende Frage ist, wie kann ein Mechanismus entstehen, der derartiges als biologisches Gehirn entstehen lässt.

Ein weiteres Beispiel: Besteht eine Information über einen langen Zeitraum, muss ein Empfänger dieser Information über den Empfangszeitraum *Speichereigenschaften* besitzen. „Vergisst" der Empfänger den vorherigen oder Anfangszustand seiner zuvor empfangenen Information, wird er die gesamte Information nicht mehr erkennen können. Wenn ein Empfänger eine Eins (1) erhält und nach einer Stunde vergessen hat, dass es vorher eine Null (0) gab, wird die Eins (1) den gleichen Informationsgehalt haben wie eine Null. Damit verliert jedoch das Bit mit seinem Wert die Information, wenn unklar ist, ob es sich bei dem Bit um eine Eins (1) oder Null (0) handelt. Denn erst durch die Statusänderung eines Zustands, hier von Null zu Eins, wird Information übertragen bzw. entsteht ein Bit. In technischen Systemen wird durch die implizite Referenz zu Null immer eine Eins (1) ihren Informationsgehalt erhalten können. Reale Systeme unterscheiden sich deshalb grundlegend von den heutigen digitalen Systemen, in denen ein Bit durch einen Spannungswert und eine fest definierte Zeit definiert ist.

Aber wie könnte eine Information in der Realität repräsentiert sein? Ein Bit ist dann existent, wenn es den Zustand 0 oder 1 hat. Wie ich beschrieben habe, ist eine Information nur dann übertragbar, wenn sich ein Zustand ändert (Transition) oder eine zeitliche Quantisierung des Signals vorhanden ist. Ein Bit, das nur den Zustand 1 hat, enthält oder transportiert keine Information, weil es zu dem Zustand 0 ohne einen zeitlichen impliziten Bezug nicht differenzierbar ist. Ein leerer Raum ist prinzipiell nicht entscheidbar, so lange nicht ein Gegenteil existiert. Die Information über den Rauminhalt ist ohne Messung nicht vorhanden bzw. abwesend oder unentschieden. Ein Bit ist damit nicht die kleinste Informationseinheit, weil es mehrere implizite Informationen für seine Existenz voraussetzt. Ähnlich wie ein Atom in der Physik, scheint auch die Bitinformation aus weiteren „subinformationalen Teilchen" zu bestehen. Damit stellt sich jedoch die grundsätzliche Frage, ob nur dann eine Information vorhanden ist, wenn ein zeitlicher impliziter Bezug existiert, auch wenn eine Transition erfolgte. Entsteht durch eine Transition ein impliziter zeitlicher Bezug? Ist Information an die Zeit gebunden oder existiert eine Information auch dann, wenn es keinen zeitlichen Bezug gibt und ein impliziter Bezug (eine 1 ist nur dann erfassbar, wenn man eine 0 kennt) angenommen wird? Existiert Information auch dann, wenn es keine Zeit gibt? Ist eine Information von einem Raum abhängig oder existiert sie auch ohne Bezug zu einem Raum?

Nach diesem Exkurs möchte ich auf meine zu Beginn dieses Abschn. 4.2 „Was ist Information“ und im Besonderen die im Abschn. 4.2.5 „Was ist ein Bit?“ entwickelte These zurückkommen, wie die Definition eines realen Bits sein könnte. In dem Kapitel habe ich nachgewiesen, dass der zeitliche Bezug eines Bits nicht eine grundlegende Eigenschaft von ihm selbst ist. Vielmehr habe ich die These entwickelt, dass auf der Ebene der Quantenwelt ein zufälliges Ereignis bzw. die Quantenteilchen die Grundlage unserer Zeit sind. Ein Bit entsteht durch eine Zustandsänderung auf der Quantenebene. Dabei muss die Zustandsänderung als „zwei Punkte auf einer Welle“ verstanden werden, die einen hinreichenden Abstand, die kleinstmögliche Differenz zwischen zwei Zuständen aufzeigt. Existiert ein hinreichend großer Abstand zwischen diesen beiden Punkten, ist das die Zustandsänderung zu einem undefinierten Zeitpunkt. Ist der Anstieg einer Kurve sehr flach, entsteht ein Bit erst, wenn diese Differenz groß genug ist, als Zustandsänderung erkannt zu werden. Mit dieser Definition existiert ein reales Bit, als kleinste Informationseinheit in unserer realen Welt, auf zahlreichen Größenskalen. Die Informationsmenge eines „Etwas“ wird damit messbar, zählbar und ist endlich.

Auf der Ebene der Quantenwelt erscheint ein Bit als Zustandsänderung von Quanten. Gemäß der These, die ich in den vorherigen Kapiteln entwickelt habe, sind diese Zustandsänderungen die Basis, das Wesen der Zeit (siehe auch den gleichnamigen Abschn. 4.2.5.1). Erst durch die als Vergangenheit eines *Jetzt* manifestierte *Existenz* von Quanten und Objekten der Realität, mit ihren daraus entstehenden höheren Komplexitäten/Dingen/Etwas (Atomare Teilchen, Atome, Moleküle, Wellen etc.), entsteht Vergangenheit auf allen Ebenen und damit Zeit. Zeit ist die messbare Existenz von *Etwas unserer Realität*, in dem durch seine Existenz selbst die Vergangenheit gespeichert ist. Die Information seiner Existenz ist die Basis der Zeit. In einer Nebenbetrachtung (siehe auch Abschn. 4.2.2) habe ich die Vermutung aufgestellt, dass der Raum selbst eine Fiktion ist und lediglich eine andere Form von „Zeit“ bzw. Zustandsänderungen darstellt.

Durch den Dualismus von Signal und Information kann die eingangs gestellte Frage beantwortet werden: Information ist grundsätzlich nicht von einem Raum abhängig, jedoch durch ihre Bindung an ein Signal scheint sie an den Raum gebunden zu sein. Die Information kann von einem Signal getrennt werden und damit in eine andere Codierung, einen anderen Raum oder eine andere Zeit überführt werden (z. B. das Licht einer Lampe in einem Gehirn existiert nur als Information. Die Photonen des Lichts existieren nicht). Information wird durch den Dualismus von Signal und Information unabhängig von Raum und Zeit. Aus meiner Sicht ist ihre physikalische Repräsentation und was Information außerhalb von Technologie bedeutet, bisher wenig untersucht worden, was sich mit der Entwicklung von Quantencomputern ändern wird. Die hier präsentierten Überlegungen bilden für mein Modell, das ich im Kap. 6 beschreibe, den fundamentalen Konzeptansatz zur Entwicklung eines neuronalen Modells. Damit unterscheidet es sich grundsätzlich von den bisher bekannten Modellen, die in ihren Eigenschaften und Modellansätzen am

Anfang dieses Abschn. 4.1 beschrieben werden und im Wesentlichen aus einer technischen Sicht entstanden sind und physiologische Merkmale eines biologischen Gehirns adaptieren. Die Frage, wie Information ein Gehirn überhaupt entstehen ließ und wie sie es gestaltet hat, wurden bei diesen Entwicklungen zu wenig berücksichtigt.

Aus diesen fundamentalen Überlegungen kann gefolgert werden, dass bereits die Struktur eines Energiequants Information enthält und von einem passenden Empfänger „verstanden" werden kann. Auf einer elementaren Ebene, wie die eines Atoms, kann z. B. die Verschmelzung von Wasserstoff zu Helium und die dazu notwendige Energie als Information interpretiert werden, einen Reaktionsprozess durchzuführen. Die Information würde auf einen Algorithmus treffen, den wir als Naturgesetz formuliert haben. Hat die „Energieinformation" die „falsche" Information (stimmen viele Parameter nicht), findet die Produktion von Helium nicht statt bzw. der Reaktionsprozess bleibt aus. Übertragen auf eine einzelne biologische Zelle kann die von außen auf die Zelle einwirkende Energie bzw. die damit transportierte Information die Zellabläufe verändern, sodass sich die Abläufe in der Zelle ändern. Dabei ist vor allem die in den vorherigen Kapiteln definierte Entscheidbarkeit bzw. Unentscheidbarkeit von Information zu berücksichtigen.

4.2.8.3 Das Rätsel der biologischen Informationsverarbeitung

Bei biologischen Systemen kann davon ausgegangen werden, dass auf der Zellebene immer der Selbsterhalt das Ziel aller Informationsverarbeitungsabläufe ist. Der Selbsterhalt kann grundsätzlich so interpretiert werden, dass eine Zelle nicht ihre Zellmembran verliert. Eine Zelle definiert sich über ihre Zellmembran, die sie von ihrer Umwelt abschirmt und eine Vermischung ihrer Bestandteile mit dieser Umwelt verhindert. Erst eine Grenze zwischen dem Inneren und dem Äußeren macht die Zelle zu einer Zelle. Dabei ist noch nicht definiert, ob diese Zelle lebt oder lediglich auf Basis einer chemischen Reaktion eine Membran erzeugt wurde. Die Membran zusammen mit einer inneren Informationsverarbeitung unterscheidet die biologische Zelle von der chemischen Reaktion einer Membranproduktion. Membran, Selbsterhalt und Reproduktionsfähigkeit grenzen eine biologische Zelle von anderen Zellkonstrukten ab.

Entscheidbare Informationen von außen, die von der biologischen Zelle als „schädlich" erkannt werden können, werden zu Abwehrmaßnahmen oder anderen Entscheidungen mit ihren Folgeabläufen führen. Hier sind bereits komplexe biologische *Algorithmen* entstanden. Interessant ist bei diesem Modellansatz, wo der Übergang des Prozesses von einer von außen eingetragenen einfachen „Energieinformation" ist, die in einer Zelle zu einer Entscheidung führt, ob diese Energieinformation *nutzbringend* für die Zelle ist oder nicht. Der Übergang von einer „unentscheidbaren" Energieinformation, wie die eine chemische Reaktion in einem Molekül auslösende, zu einer „entscheidbaren" Energieinformation in einer Zelle ist im Detail noch rätselhaft (wie entsteht sich selbst erhaltendes Leben, wie entsteht eine biologische Informationsverarbeitung mit Entscheidungsmöglichkeiten). Zusätzlich findet auf der biologischen Zellebene die Trennung von Energie und Information statt bzw. kann bereits eine einzelne Zelle aus einer Energieinformation

Strukturen nutzen und sie als Information verarbeiten. Dabei wird die Energie zur Informationsverarbeitung genutzt. Denn bereits Zellen haben alle Eigenschaften, Entscheidungen treffen zu können; sie verfügen über einen Algorithmus! Ihr Selbsterhalt, das eigene „Ich“, steht dabei immer an oberster Stelle. Hier findet das biologische „Ich“ seine basalen atavistischen Wurzeln.

Bereits in einer einzelnen biologischen Zelle wird Energie aus der Umwelt aufgenommen und verbraucht sowie Informationen aufgenommen und verarbeitet, sodass der „Zellorganismus“ erhalten bleibt oder sich weiter entwickeln kann (Reproduktion). In großen und komplexen biologischen Systemen aus Milliarden Zellen, wie u. a. bei den der Säugetiere bzw. dem des Menschen, entstanden im Rahmen der Evolution spezifische Organe zur Verarbeitung von externen vom Organismus aufgenommenen Informationen, um eine für das „Ich“ nutzbringende Reaktion erzeugen zu können. In frühen Entwicklungsstadien, in denen lediglich ein Zellverbund existiert, kommunizieren Zellen untereinander. Dieser grundlegende Mechanismus ist auch der *Antrieb*, aus dem letztendlich in einem biologischen „Ich“ „eigene Überlegungen“ entstehen, somit in einem *biologischen neuronalen Netz* aufgenommene Informationen aktiv zu neuen Informationen verbunden werden. Ein biologisches neuronales Netz ist deshalb *aktiv*. Der informationsverarbeitende Prozess mithilfe eines neuronalen Netzes kann somit evolutionsbasiert als aktiver Prozess eines „Ichs“ auf Basis einer Informationsnutzung verstanden werden, der dem Selbsterhalt eines biologischen Systems dienlich ist. Der Antrieb, auf eine an ein biologisches neuronales Netzwerk gestellte „Frage“ zu „antworten“, ist genau dieser Mechanismus.

Daraus folgt jedoch für die künstliche Abbildung von neuronalen Netzen, dass ein Algorithmus ein digitales neuronales Netzwerk aktiv „nutzen“ muss, um a) Informationen in das Netz aufzunehmen und b) eine „Antwort“ abgeben zu können. Ein digitales neuronales Netz ist selbst nicht aktions- oder reaktionsfähig. Damit besteht ein digitales neuronales Netzwerk aus zwei grundsätzlichen Komponenten, dem neuronalen Netz und dem Algorithmus, der das Netz aktiv mit Informationen versorgt und dafür sorgt, dass eine „Reaktion“ – sofern benötigt – als „Antwort“ aus dem neuronalen Netz erzeugt wird.

Das Gleiche gilt auch für schriftliche Texte, die heute als Grundlage zur Entwicklung/zum Training von künstlichen neuronalen Netzen verwendet werden. So kann z. B. das Abbild eines Hauses, eines Tiers oder eines beliebigen anderen Objekts nur dann als solches bezeichnet werden, wenn dieser Datensatz in seiner späteren Interpretation im Text als das bezeichnete Objekt identifiziert wird (Codierung/Labeling). Das menschliche Gehirn bewältigt diesen Vorgang „automatisch“. Das Objekt wird in der Regel über eine Optik, hier ein menschliches Auge, erfasst. Durch eine Zusatzinformation wird dieses Objekt mit einem Namen, einer Bezeichnung gekennzeichnet (hier ein „Haus“). Dieser Code wird als Sprache bezeichnet, der aus einer Folge von Lauten und Geräuschen besteht, die ein Mensch mithilfe seiner Sprachorgane erzeugen kann. Diese Lautfolge kennt unser Gehirn als Wort oder Wortfolge, der es eine bestimmte Struktur eines Objekts zuordnet. Das Objekt wird somit von verschiedenen Menschen verschiedener Ethnien mit unterschiedlichen Geräuschen akustisch markiert, die wir Sprache nennen. Eine

Übersetzung ist nun die bewusste Übereinkunft dieser durch Menschen erzeugten Geräusche zu einem Objekt. Das reale Objekt ist die Wurzel. Die unterschiedlichen Geräusche der Menschen sind ihre Codes, die für eine Gruppe mit gleichen Geräuschen das Objekt beschreibt.

Eine Wasserfläche könnte somit auch als Haus bezeichnet werden, wenn diese Zuordnung so von einem neuronalen Netz gelernt wurde. Aus diesem Grund basieren auch unterschiedliche Schriftsprachen als Abbildung von in sich strukturierten Zeichen in Bezug eines realen Objekts. Die Schriftsprachen bilden die ganz unterschiedlichen Realitäten der jeweiligen Sprachen ab. Jedoch müssen unsere digitalen Netze unsere menschliche Interpretation und unsere Bezeichnung der Realität erlernen und können keine „eigenen" Relationen von Bezeichnung und Objekt entwickeln (Labeling), sodass die Wasserfläche dann doch nicht als Haus bezeichnet wird.

Ein Ausweg aus diesem Dilemma der wenigen verfügbaren Datenbasen aus dem Internet, den fehlenden „Sinnesorganen" oder Sensoren digitaler neuronaler Netze und dem fehlenden *Aktions-Reaktions-Prinzip* besteht in einem neuen Modellansatz, den ich im Kap. 6 beschreiben werde. Diesen prinzipiellen Mangel heutiger Large Language Models (LLM) haben die Entwickler erkannt. Der Ausweg besteht nach der heutigen Auffassung in der Robotik, die einen ständigen Datenfluss von neuen und realen, somit aktuellen Informationen ermöglicht. Mithilfe der Robotik möchte man in zukünftigen digitalen neuronalen Netzen eine Aktualität an Informationen erreichen.

Heute verfügen textbasierte neuronale Netze über kein „Wissen", was Realität bzw. was reale oder nicht reale Objekte sind. Neuronale Netze schaffen heute den Bezug zu einem „realen" Objekt über die Bezüge anderer Daten, wie z. B. dass besondere Materialien eines Objekts genutzt werden, dass die Objekte jemanden gehören oder behausen, Schutz und Sicherheit bieten etc. Diese *Selbstbezüge* innerhalb großer Datenmengen sind in der Regel auch ausreichend, um Antworten auf Fragen von Benutzern finden zu können. Dabei haben die heutigen neuronalen Netze keine *Kenntnis* darüber, was die Dinge sind und ob sie real oder virtuell sind. Der Begriff *Kenntnis* wird hier neu eingeführt und als ein emotional basierter Bezug zu realen Dingen definiert. Damit ist die *Kenntnis* eines Ichs über seine Existenz eine Selbstreflexion seines eigenen Daseins mit der selbstbezogenen Bedeutung von Anfang und Endlichkeit. Im einfachsten Fall sind heutige neuronale Netze statistisch basierte und statistisch arbeitende Suchmaschinen, die nach gelernten Wahrscheinlichkeiten von Relationen eine Antwort auf eine Frage entwickeln. Damit unterscheiden sich digitale neuronale Netze fundamental von biologischen neuronalen Netzen.

Somit ergibt sich eine Hierarchie von Identifikationsebenen von realen Dingen, ihren Selbstbezügen und ihrem eigenen Informationsgehalt, die ich als Informationsstruktur interpretiere. Grundsätzlich werden für die Aufnahme von Informationen aus dem realen Umfeld ein Aufnahmesensor, der mit einem neuronalen Netz verbunden ist, und Energie benötigt. Fällt die Energie z. B. in Form von Licht auf ein Objekt, „erhellt" es im Empfangsspektrum und Blickfeld/Empfangsrichtung des Sensors die Umgebung, sodass Energiereflexionen von den realen Objekten vom Sensor aufgenommen werden können. Eine Szene, die von einem Sensor erfasst werden kann, muss also „erleuchtet“, „hell“ sein und Unterschiede zwischen den Objekten erzeugen können. Eine Szene, die so viel Energie enthält, dass sich keine Unterschiede zwischen den Objekten abbilden können (weißer Raum), entspricht einer Nullinformation. Die Szene muss Energie so durch reale Dinge modulieren, dass ein Sensor sie erfassen kann. Die in einer Szene erzeugten Signalunterschiede sind in der realen Welt immer komplex und müssen somit auch zu komplexen Verarbeitungsstrukturen eines Empfängersystems führen. Sind diese grundsätzlichen Voraussetzungen gegeben, kann eine Information über Objekte im Umfeld eines neuronalen Netzes mithilfe seines Sensors transportiert werden.

4.2.8.4 Information einer Szene

Die erste Informationsstruktur für ein biologisches neuronales Netz besteht aus der relativen räumlichen Information aller Objekte, inklusive des eigenen „Ichs“ als *Bezugspunkt* im Raum („Ich“ bin hier. Das Objekt dort ist in Relation zu mir dort). Diese Information kann aus zahlreichen Umfeldbedingungen eines für Leben nutzbaren Umfelds bestehen. Die Distanzen von dem Ich zu einem Objekt in seiner Umgebung sind relativ. Für einen Menschen ist ein Meter eine kleine Distanz. Für eine Zelle wäre der gleiche Abstand eine unfassbar große Distanz. Dabei ist zunächst einmal der Raum eine virtuelle Einheit, die sich aus der hier eingenommenen Perspektive auf die Verhältnisse einer Umgebung zur Entwicklung von Leben bezieht. Dazu gehören optische, chemische, elektromagnetische oder sonstige bezuggebende Eigenschaften dieses Raums.

Die zweite Informationsstruktur besteht aus der begrenzten räumlichen Struktur eines oder mehrerer Objekte, der Oberfläche, Textur und weiteren Merkmalen. Diese Informationshierarchie ist dynamisch und kann für das Empfängersystem von Objekt zu Objekt unterschiedlich sein. Ein Objekt kann ein reales oder abstraktes Objekt sein. Diese auf unterschiedlichen strukturellen Ebenen vorhandenen Informationen werden nun in einem neuronalen Netz mit einer Bezeichnung, einem Label, verbunden. Auf den Menschen bezogen kann ein „Ich“ ein Haus als solches identifizieren und bezeichnen. Verallgemeinert kann ein Objekt in seiner beschreibenden Zuordnung durch eine einzige Zahl oder im biologischen Kontext einer entsprechenden Repräsentation, die z. B. einem Bezeichner entspricht, dargestellt werden, wobei die komplexe Struktur des Objekts reproduzierbar bleibt. In dem von mir vorgeschlagenen Modellansatz ist dabei dem neuronalen Netz der Anker, der Informationsbezugspunkt, das „Ich“ zu einem realen Objekt bekannt. Reale Objekte werden in diesem neuronalen Netz als solche „erkannt“ und können damit von virtuellen Objekten unterschieden werden.

Um die Fähigkeit zur Unterscheidung virtueller von realen Objekten, ggf. einen räumlichen Bezug auch für künstliche neuronale Netze einsetzen zu können, werden spezialisierte technische Subsysteme notwendig. Somit kann das „Erkennen“ über spezialisierte Subsysteme, wie die Objekterfassung realer Objekte z. B. bei einer Fahrt durch eine Stadt, so aufbereitet werden, dass erkannte Objekte eine korrekte eindeutige Bezeichnung, einen inneren Code erhalten. In diesen optischen Subsystemen wird u. a. reflektierte oder emittierte Energie eines Objekts so von den Sensoren aufgenommen, dass z. B. ein Hell-Dunkel-Unterschied entlang einer Strecke als Linie erkannt wird. Werden mehrere Linien mit Schnittpunkten erkannt, könnten viele dieser Linien Kanten eines Objekts sein. In dem Subsystem werden nun all diese Informationen aggregiert und in einer Zahl, dem internen Bezeichner (Token), dargestellt.

Durch die Zuordnung dieser Information zu einem Sensor kann ein digitales neuronales Netz zwischen realen und nicht realen Objekten einfach durch die Information des Quellbezugs, ob die Information von einem Subsystem stammt oder nicht, unterscheiden. Ist ein Objekt durch das optische Subsystem identifiziert und übergibt es einen Token an das Netz, ist ein Objekt für das künstliche neuronale Netz real. Andernfalls ist es nicht real. Ein identifiziertes reales Objekt bekommt durch diese Zuordnung eine höhere Bedeutung, nämlich die eines „Ichs" in Bezug auf das Objekt. Enthält ein Subsystem zu den erkannten Objekten noch Distanzinformationen, vom „Ich" zum Objekt (Straßenanalysesystem wie z. B. beim autonomen Fahren), können daraus erhebliche neue Informationen gewonnen und weiterentwickelt werden. So kann z. B. eine zyklische Distanzabfrage mit ihren Änderungsgrößen zu einer Geschwindigkeitsberechnung des „Ichs" in Bezug zu seiner Umgebung genutzt werden. Mit der Information einer Bewegung lassen sich weitere Ableitungen in Bezug auf das „Ich" entwickeln, die dann zu den Fähigkeiten führen, die Insekten oder höhere Entwicklungsformen heute besitzen. Ohne diese *strukturelle Zuordnung* ist die alleinige Bezeichnung eines Objekts (z. B. Haus) bedeutungslos und wird in einem künstlichen neuronalen Netz zu keiner weiteren Bedeutung beitragen können.

Betrachtet man sich diese Kategorisierung der *Orientierung im Raum* etwas genauer, kann unter dieser „Bezeichnung" eines Objekts eine Sammlung von Objekten ähnlichen Typs vorgenommen werden, die je nach Bezug in einem „Ich" mehr oder weniger bedeutsame Objekte zusammenfasst. Die „Bezeichnung" hin zu einer „Bedeutung" kann als einfache statistische Beziehung beschrieben werden, sodass unter dem Begriff „Haus" auch „Mein Haus" mit einer höheren Bedeutung steht und „das Haus" eine geringe statistische Größe ausweist und damit eine geringere Bedeutung hat. Die Entwicklung dieser statistischen Bezugsgröße (mit Bezug ist der Bezug auf das „Ich" gemeint) ist ein dynamischer Lernprozess, der dafür sorgt, dass heute „Mein Haus" eine große Bedeutung hat, jedoch sich die Bedeutung für „das Haus" durch Training erhöhen lässt, sodass „Mein Haus" an Bedeutung verliert.

Die Konsequenz aus diesen grundlegenden Überlegungen ist, dass Beziehungen von Objekten in einem künstlichen neuronalen Netz über einfache Zahlen in ihren Bedeutungen oder Wertigkeiten innerhalb eines *Kontextes* verändert werden können. Dabei bleibt die grundlegende beschreibende Information, hier z. B. das Haus mit seiner räumlichen Lage und seinem Äußeren, erhalten. Ergänzend zu dieser einfachen Verbindung von einem real erkannten Objekt und einem Bezeichner/einer Wertigkeit für das Objekt, ist eine für das „Ich" bedeutsame oder weniger Bedeutsame *Emotion*. Eine künstliche Emotion ist somit eine Zahl auf einer Skala. In meinem Modell ist das eine Zahlenmenge von +10 bis −10, die global gilt und wo Null das Normal darstellt. Je nach Einfluss verschiedener Eingangsinformationen in einem neuronalen Netz kann dieses globale Gewicht sich verändern. Bei Werten kleiner Null geht der Algorithmus von negativen Informationseingängen, von Abwehren, von Gefahren aus. Bei Werten über Null geht der Algorithmus von positiven Informationseingängen aus, wie z. B. „Mein Haus", das gerade das Subsystem auf der Straße erkannt hat. Ein Wert von −10 würde in diesem Kontext eine aggressive Abwehrhaltung bedeuten und ein Wert von +10 totale Euphorie.

Der Algorithmus zur Veränderung des globalen Empfindens ist eigenständig und verschiebt den aktuellen Emotionswert eines künstlichen neuronalen Netzes. Damit ändern sich auch geringfügig die Gewichte zwischen den digitalen Neuronen. Mit den drei Funktionsgruppen neuronales Netz, Bezeichner und Emotion können sehr realistische *digitale Zwillinge* realer Personen entwickelt werden, die dann autonome Aufgaben von entsprechenden *Avataren* im Netz ausführen könnten. Ich möchte an dieser Stelle auf den Abschn. 4.1.9 ff zum Einsatz Digitaler Zwillinge auf Basis neuronaler Netze verweisen.

4.3 Was ist „Realität" und was ist künstliche Realität?

Ein weiterer Schlüsselbegriff mit Bezug auf das Verständnis von Information und dem Zusammenspiel mit neuronalen Netzen ist der Begriff der „*Realität*". Der Begriff steht eng in Verbindung mit dem Begriff des *Bewusstseins* und dem des *Denkens*, die später in eigenen Kapiteln aufgeschlüsselt werden. Realität wird in unserer heutigen Zeit in zahlreichen Assoziationen genutzt. Im alltäglichen Sprachgebrauch beschreibt sie ein Ding oder einen Zusammenhang von Dingen, die für uns tatsächlich existieren. Das etwas tatsächlich existiert ist jedoch bei einigen Philosophen und anderen Wissenschaftlern umstritten. Die Frage, was ist Realität, wurde über Jahrtausende der Menschheitsgeschichte immer wieder diskutiert. Die damit entwickelten Sichtweisen haben Epochen und das Zusammenleben von Völkern bestimmt.

In der Klassik und Romantik waren im Deutschen Idealismus der Geist und die Natur eine Einheit. In dieser damaligen Philosophie des Deutschen Idealismus wurde das Ich, die Natur und der Weltgeist als absolutes Prinzip der Wirklichkeit angesehen. Nach Immanuel Kant ist die Außenwelt, also die Welt außerhalb des Ichs, das „Ding an sich". Sie ist nach Kant generell im Menschen verankert. Immanuel Kant schloss daraus, dass das ständige Streben des Menschen nach der Erweiterung seiner Erkenntnis durch die Vernunft geleitet wird. Aus dieser Überlegung entstand der *kategorische Imperativ* Kants. Vor Kant betrachtete René Descartes die Realität als zwei voneinander getrennte Bereiche von Geist und Materie. In seiner Zeit war der Bezugspunkt beider Bereiche Gott. Diese in die damalige Zeitgeschichte eingebettete Sichtweise wird auch als Ursprung für die Entwicklung von Geistes- und Naturwissenschaften angesehen. Noch weiter in der Entwicklungsgeschichte des Verständnisses über Realität zurückliegend betrachtete Aristoteles die Realität als den Rahmen, in dem eine Wirkung aus einer realen Ursache entsteht. Aristoteles war Schüler von Platon. Nach Platon würde sich die Materie erst durch die menschlichen Ideen realisieren.

Heute ist man in den Naturwissenschaften in Bereiche der Materie, der Welt, vorgedrungen, die zu der damaligen Zeit nicht vorhanden waren. Wir können heute nachweisen, dass Atome nicht unteilbar sind. Wir haben durch die Entwicklung der Naturwissenschaften, und hier vor allem der Physik, vollkommen neue Erkenntnisse über Materie, Raum und Zeit gewinnen können, die die Sichtweise auf die Frage, was Realität eigentlich ist, revolutioniert haben. Das ist aber auch ein Hinweis darauf, dass wir uns nicht mehr so eindeutig sicher sein können, was Realität eigentlich ist. Ist die Welt der Quanten die Realität? Oder ist die Realität im makroskopischen Kosmos zu finden, in dem Dunkle Materie und Dunkle Energie zu existieren scheinen, jedoch bisher ein Trick der Mathematik sind, um die *Realität des Kosmos* erklären zu können? Existiert unterhalb der Quantenwelt eine tiefere Struktur und wie könnte sie aussehen? Bildet diese tiefe Struktur unserer Realität bereits das Fundament oder ist es nur eine weitere Ebene einer – mutmaßlich – fraktalen Hierarchie von verschiedenen Realitätsebenen?

Somit ist der Begriff der Realität auch abhängig von der Sichtweise, von der Perspektive des Ichs bzw. der jeweiligen Denk- oder Fachrichtung, die wiederum abhängig von den Zeitströmungen einzelner Epochen der menschlichen Entwicklung sind. Im Bereich des *Materialismus* ist Realität all das, was wir Menschen erfahren können. Im *Konstruktivismus* wird durch die Betrachtung eines Dings das Ding erst zur Realität. Betrachten wir den Mond, wird der Mond erst durch die Betrachtung real. Die Erkenntnisse werden durch das Subjekt und seinen Geist „konstruiert".

Im *schwachen Realismus* existiert zwar eine vom Subjekt unabhängige Realität, jedoch ist sie nur relativ an das Subjekt durch die Wahrnehmung gebunden. Das Subjekt nimmt seine eigene Realität wahr, die unabhängig von der Wahrnehmung anderer Subjekte sein kann. Der *kritische Realismus* wird als Prozess verstanden, in dem der Erkenntnisgewinn eines Subjekts eine Annäherung an die von ihm unabhängige Realität darstellt.

Eine weitere Sichtweise des Realismus ist der *semantische Realismus*. In ihm gibt es auch eine tatsächliche, von uns unabhängige Realität. Sie wird durch ständig neue Erkenntnisse der Wissenschaften erschlossen. Am Ende dieses Prozesses kann die Realität, die Wirklichkeit erkannt und beschrieben werden. Der *Pragmatismus* stellt diese Betrachtungsweise um. Alles, was nicht fiktiv ist, muss somit real sein. Damit werden Naturgesetze Realität. In diesem Konzept ist die Realität vollständig unabhängig vom Subjekt. Sie ist all das, was von unserem Geist unabhängig ist. Damit ist aber die Realität eine Idee des subjektiven Seins.

Aus Sicht der Information ergibt sich der Ansatz, dass Realität all das ist, wovon wir als Subjekt eine Information erhalten oder erhalten können. Dazu können wir natürliche oder künstliche Sensoren nutzen, um diese Informationen zu erhalten. Mit dem Bezug der Information durch einen Sensor kann auch erklärt werden, dass die Information über ein Objekt real ist und nicht virtuell (siehe auch vorheriges Kapitel). Mit diesen Informationen können wir Dinge erkennen, analysieren, interpretieren, beschreiben, nutzen und in Verbindung zueinander bringen. Wir nutzen diese realen Informationen aus unseren Sensoren – im hier erweiterten Definitionsrahmen – um ein Abbild der Realität mit ihrer Komplexität und in einem Kontext zu erstellen. Die Welt besteht aus Informationen. Sie gibt uns eine für uns nutzbare Einheit zur Beschreibung von Realität. Information kann sich als Materie, Feld, Quant oder elektromagnetische Strahlung darstellen, in denen weitere Informationen enthalten sind. Information beschreibt einen Teil der Realität durch seine Struktur, die wir vollständig oder in Teilen empfangen können. So ist z. B. ein Stein, den wir am Boden liegen sehen, ein Stein, weil wir es so gelernt haben. Es ist ein Stück Materie, die wir mit einem Begriff „Stein" gekennzeichnet haben und den wir durch eine optische Korrelation zu der gespeicherten Kennzeichnung setzen können. Deshalb nenne ich in Bezug auf ein neuronales Netz eine darin enthaltene komplexe Information zusammen mit ihrer Bezeichnung Informationstupel (Tupel: Benannte Liste endlich vieler Objekte in einer definierten Struktur, die nicht veränderbar ist. In diesem Kontext als gelernte, nicht veränderbare Struktur mit einem Label).

4.4 Was ist „Denken" und was ist künstliches Denken?

Die heutigen Kenntnisse über das menschliche Denken beruhen auf jahrzehntelanger Forschung in den Neurowissenschaften, Psychologie, Informatik, Philosophie und Kognitionswissenschaften. Die wissenschaftliche Erforschung des Denkens konzentriert sich darauf, wie Informationen im Gehirn verarbeitet werden, wie Bewusstsein entsteht und wie Wahrnehmung, Gedächtnis und Entscheidungsfindung funktionieren. Trotz bedeutender Fortschritte gibt es immer noch offene Fragen und ungeklärte Bereiche – das menschliche Denken ist auch heute noch ein komplexes und faszinierendes Phänomen.

Ein wenig beachtetes Defizit in dieser Entwicklung sind die Begrifflichkeiten, wie z. B. Information, Denken, Intelligenz oder Bewusstsein. Über alle hier unvollständig genannten Begrifflichkeiten gibt es seit Jahrhunderten intensive Betrachtungen, Forschungen und aus unterschiedlichen Disziplinen entsprechende Interpretationen. Trotz dieser langen Entwicklungszeit, die nicht abgeschlossen ist, konnten z. B. über den Begriff des *Bewusstseins* bis heute keine abschließenden Definitionen gefunden werden. Vielmehr werden in ganz unterschiedlichen Disziplinen sehr unterschiedliche Interpretationen geliefert und auch in ihren Bereichen so verstanden. Somit entsteht auch durch eine sehr unterschiedliche Betrachtungsweise auf dieses Phänomen aus ganz verschiedenen Perspektiven eine begriffliche Unschärfe, die erst durch den Kontext zu einer wissenschaftlichen Disziplin verdichtet werden kann.

Der moderne Begriff der *Information* ist trotz einer Informationstheorie, der Informatik und vieler weiterer Disziplinen sowie seiner wesentlich jüngeren Geschichte ebenfalls nicht klar definiert. So verstehen z. B. Physiker unter dem Begriff *Information* etwas anderes als Mediziner oder Philosophen. Der Begriff *Denken*, oder auch *Lernen*, hat dagegen eine lange Interpretations- und Deutungsgeschichte. Dennoch ist er nicht eindeutig definiert. Es ist vollkommen umstritten, ob eine Fliege denken kann und ab welcher biologischen Gattung ein „Denken" beginnt oder aufhört. Ist Denken ein Algorithmus? Ist ein Algorithmus zugleich Denken? Kann eine einzelne Zelle denken? Ab wie vielen Zellen kann „Denken" erfolgen? Ist Denken auf den Menschen begrenzt? Deshalb werde ich zu den ganz fundamentalen Begriffen, die die Basis einer Modellentwicklung neuronaler Netzwerktechnologien darstellen, meine Beschreibungen und Definitionen präsentieren und damit den gedanklichen Raum meines Modells darlegen.

4.4.1 Grundlagen des Denkens

Im Eintrag des Philosophie Magazins[60] wird *Denken* als eine psychische Aktivität als Ganzes beschrieben, die sowohl umfassend als auch auf Erkenntnisgewinn ausgerichtet verstanden werden kann. Immanuel Kant untersuchte das menschliche Denken in seiner Transzendentalphilosophie.[61] Platon sah das Denken als Dialog zwischen „der *Vernunft* mit sich selbst" an. Was wiederum dazu führt, zu hinterfragen, was Vernunft ist. Descartes verstand unter dem menschlichen Denken „alles, was derart in uns geschieht, dass wir uns seiner unmittelbar aus uns selbst bewusst sind". Allen Anschauungen gemein ist, dass man das Denken als einen menschlichen Prozess, als eine menschliche Eigenschaft betrachtet hat. Einschränkend findet man jedoch von der von Immanuel Kant ausgehenden Transzendentalphilosophie bereits Ansätze der Verallgemeinerung auch auf andere oder anderes.

Die von Kant entwickelte philosophische Richtung wird auch als *Konstruktivismus* bezeichnet, in dem die Dinge nicht erfasst werden, sondern wir sie für uns selbst erfassen. Die Konsequenz daraus ist, dass wir nicht die *Realität* erkennen (siehe vorheriges Kapitel), sondern sie uns als individuelle *Wirklichkeit* erscheint. Die Realität hat somit von Objekten/Dingen die beiden Facetten, dass wir sie zwar erkennen können, sie jedoch durch uns selbst ein Konstrukt unserer Wahrnehmung sind und damit eine *individuelle, eine Ich-bezogene Wirklichkeit* entsteht. Als Beispiel dieser Sichtweise eines weiterentwickelten Konstruktivismus auf die Wirklichkeit, wird der Blick von einer Person auf ein Buch auf einem Tisch genannt. Eine zweite Person sieht auch das Buch, es erscheint ihr aber durch die andere Position, aus der diese Person auf das Buch schaut, etwas anders auszusehen. Beide Personen sehen somit ihre Wirklichkeit, die sich in einer gemeinsamen Realität vereint. Die zweite Facette der Dinge ist, dass sie dennoch für uns unbekannt bleiben! In Anbetracht der speziellen und allgemeinen Relativitätstheorie, der Quantenwelt sowie der modernen Stringtheorie eine beachtenswert moderne Sichtweise.

Hier kann an dieser Stelle für ein tieferes Verständnis dieses Themenfelds nur auf Immanuel Kant und andere verwiesen werden, die sich grundsätzlich mit dem Thema des *Denkens*, der *Vernunft* beim Menschen und den *bewussten Vorgängen* in ihrer grundsätzlichen Weise beschäftigt haben. Im Grundsatz kann das „Denken" als ein kognitiver, in der Regel biologischer Prozess verstanden werden, der auch als „Denkprozess" bezeichnet wird. Ausgehend von dem vorherigen Absatz, kann gefolgert werden, dass der Denkprozess eine elektrische Aktivität in einem biologischen neuronalen Netz ist. Nimmt man die gängige Interpretation des Denkens,

[60] Siehe auch: philosophie Magazin, Denken, https://www.philomag.de/lexikon/denken, 19.01.25.

[61] Siehe auch: Spektrum, Transzendentalphilosophie, https://www.spektrum.de/lexikon/philosophie/transzendental-transzendentalphilosophie/2052, 20.01.25.

wie sie im Wikipedia-Eintrag[62] zu lesen ist, ist dieser Denkprozess eines neuronalen Netzes offenbar eine rein menschliche Aktivität.

In anderen Teilen der Wissenschaft wird das Denken auch „höheren" Tieren zugeordnet. Diese Sichtweise halte ich für überholt. Der Dachbegriff für die Forschungstätigkeiten des Naturphänomens „Denken" ist die Kognitionswissenschaft. Sie ist, im Verhältnis klassischer Naturwissenschaften wie Mathematik oder Physik, eine relativ junge Wissenschaft, die sich als interdisziplinäre Wissenschaft versteht. Sie vereint Teilbereiche und Erkenntnisse aus den Wissenschaftsdisziplinen wie u. a. Philosophie, Psychologie, Neurowissenschaft, Computerwissenschaft, Informatik, künstliche Intelligenz, Spieltheorie als Teil der Mathematik, Linguistik/Sprachwissenschaft, Anthropologie und Soziologie.

Der hier verfolgte Ansatz geht jedoch über diese Sichtweise eines Denkprozesses und seine menschliche Fokussierung hinaus. In meinem Modell ist der Denkprozess ein Vorgang eines biologischen neuronalen Netzes, in dem Informationen verarbeitet werden, die für das neuronale Netz bzw. das „Ich" des Eigentümers nützlich/nutzbringend erscheinen. Dieser Prozess scheint prinzipiell zu gelten und sich auf alle Lebewesen mit einer neuronalen Netzstruktur zu beziehen. Ein biologischer „Denkprozess" hat immer einen Ausgangspunkt, einen Anlass, der real oder fiktiv sein kann. Nach meiner These findet ein „Denkprozess" unabhängig von der Größe eines biologischen neuronalen Netzwerks statt. Heute kann ein Denkprozess z. B. im Rahmen der Neurowissenschaften als elektrische Aktivität von Nervenzellen – als Elemente eines biologischen neuronalen Netzes – in Echtzeit betrachtet werden.

Die Abgrenzung zu künstlichen neuronalen Netzen wird im späteren noch einmal aufgegriffen und genauer betrachtet. Der Denkprozess ist somit ein messbarer Vorgang in einem biologischen neuronalen Netzwerk, unabhängig vom Menschen selbst. Die elektrische Aktivität des neuronalen Netzes ist demnach die „Sichtbarkeit" von „Gedanken", verallgemeinert die aktive Struktur von Informationen in einer individuellen Nervenstruktur. Im Umkehrschluss kann gefolgert werden, dass Denken auf Basis von Informationen erfolgt. Deshalb ist die genauere Analyse, was eigentlich in dem Kontext des Denkens Informationen sind und wie sie funktionieren, von essenzieller Bedeutung.

In der Psychologie werden diese Vorgänge seit der Antike thematisiert und untersucht. Die bekannten Ursprünge reichen zurück bis Platon und Aristoteles. Die bekannten Denker der Neuzeit, wie René Descartes, John Locke, David Hume, Immanuel Kant, Ernst Heinrich Weber oder Hermann von Helmholtz (unvollständig und zufällige Reihenfolge) verfassten zahlreiche Schriften über das Denken bzw. die Kognition und ihre mannigfaltigen Facetten. Es entstanden die Theorien der *Assoziation geistiger Repräsentation*, auf die an dieser Stelle nicht näher eingegangen werden kann (siehe auch Theorie menschlicher Erkenntnisleistung von Jerry Fodor, Descartes, Locke u. a.). Grundsätzlich kann ich hier nur reflektieren, dass der Begriff der *Repräsentation* in Bezug auf menschliches Denken mit zahlreichen Bedeutungen besetzt ist. Sie scheinen teilweise widersprüchlich oder sich in einer wei-

[62] Siehe auch: Wikipedia, Denken, https://de.wikipedia.org/wiki/Denken, 12.02.25.

teren Entwicklungsphase zu befinden. Der Begriff wird auch in der Kunst, wie in zahlreichen Wissenschaftsbereichen, genutzt und interpretiert.

An dieser Stelle soll lediglich auf diesen Sachverhalt hingewiesen werden, ohne sich in irgendeiner Form dem einen oder anderen Deutungsbereich damit zu nähern. Streift man diesen historischen breiten Weg an Erkenntnisanalysen über das Denken und den menschlichen Geist, kann man feststellen, dass nur wenige Analysen und Denkmodelle von der Sicht der Information als Basis jeglichen biologischen Denkens ausgegangen sind oder ausgehen, wobei die Information als Bestandteil der Realität selbst in ihrer eigenen Struktur wenig oder gar nicht analysiert wurde.

Aus dieser langen historischen Entwicklung entstand die heutige interdisziplinäre Kognitionspsychologie. In diesem Wissenschaftsbereich wurden Modelle u. a. von John R. Anderson, Dietrich Dörner, Allen Newell und anderen entwickelt. Weitere Arbeiten basierten vor allem auf der Mathematik, Wahrscheinlichkeitstheorie und Statistik, wie z. B. von Shannon, Weaver, John W. Turkey, Vannevar Bush, von Neumann, Donald O. Hebb (Hebbsche Lernregel) und Teuvo Kohonen sowie zahlreichen anderen Wissenschaftlern. Ich möchte an dieser Stelle für eine vertiefende Auseinandersetzung mit diesen Sichtweisen auf diese Quellen verweisen.

4.4.2 Wie entsteht Denken: Gehirn und neuronale Netzwerke

Das menschliche Denken beruht auf der Aktivität eines riesigen Netzwerks von Nervenzellen (Neuronen) im Gehirn, das aus rund 86 Mrd. Neuronen besteht, die über Synapsen miteinander kommunizieren. Diese Zellen erzeugen durch elektrische und chemische Signale Muster, die zu Gedanken, Wahrnehmungen und Emotionen führen. Durch bildgebende Verfahren wie die Magnetresonanztomografie (MRT) oder die funktionelle Magnetresonanztomografie (fMRT) können Wissenschaftler die Gehirnaktivität in Echtzeit beobachten und lernen, wie bestimmte Denkprozesse bestimmten Gehirnregionen zugeordnet sind.

Heutzutage wissen wir, dass verschiedene Teile des Gehirns spezialisierte Funktionen haben, die für bestimmte Arten von Denken zuständig sind. Der präfrontale Kortex etwa, der sich im vorderen Bereich des Gehirns befindet, ist entscheidend für komplexes Denken, Entscheidungsfindung und Selbstkontrolle. Andere Bereiche, wie der Hippocampus, sind für Gedächtnisbildung und Orientierung im Raum wichtig. Andere Eigenschaften bzw. Fähigkeiten des Denkens haben keine spezifischen Hirnregionen, sondern sind offenbar über das gesamte Gehirn verteilt, sodass viele Bereiche zusammen eine Information verarbeiten (Wo befindet sich der Geschmack einer Weintraube im Gehirn? Wo ist der Geruch eines Waldes im Gehirn?).

Eine weitere zentrale Funktion und Fähigkeit des *Denkens* ist die Beeinflussung bzw. Manipulation von Materie! Mit dieser Eigenschaft können Gedanken Materie beeinflussen. Anders formuliert, haben biologische Systeme mit einem Gehirn die Fähigkeit, mit Information ihre Umwelt zu verändern (Bakterien, Termiten, andere Tiere, Menschen). Die Eigenschaft des Denkens, eigene Materie verändern zu können, wird beim Menschen als Neuroplastizität bezeichnet. Diese Eigenschaft des

Gehirns findet man auch bei anderen Lebewesen. Das Denken verändert das Gehirn in seiner physikalischen Beschaffenheit, wenn auch auf mikroskopischer Ebene (Alvaro Pascual Leone[63]). Zusätzlich können wir mithilfe unserer Muskeln Materie bewegen, wenn wir den Gedanken fassen, z. B. einen Teller oder ein Buch oder irgendeinen anderen Gegenstand zu heben, oder den Teller fallen zu lassen. Mit unseren Gedanken steuern wir unsere Muskeln und können somit Materie neu erschaffen (Chemie, Physik etc.), neu formen (z. B. schmieden, töpfern, schnitzen, …) oder anders beeinflussen. Wir verfügen somit über Werkzeuge, die wir mithilfe von Gedanken zur Veränderung unserer Umwelt und der Materie oder von uns selbst einsetzen können.

Pascual Leone stellte für sein Experiment zwei Testgruppen zusammen. Die Gehirnstrukturen der Teilnehmer beider Gruppen wurden vor dem Testdurchlauf mithilfe eines fMRT (funktionelle Magnetresonanztomografie) aufgezeichnet. In dem Experiment sollten die Probanden befähigt werden, eine Tonfolge auf einem Klavier spielen zu können, obwohl keiner von den Teilnehmern das Instrument vorher erlernt hatte. Die Aufgabe in den Trainingseinheiten bestand nun für die eine Gruppe darin, dass sich die Probanden das Drücken der Klaviertaste vorstellen sollten und damit die Reihenfolge der Tastenanschläge entsprechend der Tonfolge erlernen mussten. Die zweite Gruppe erlernte durch tatsächliches Drücken der Tasten an einem Klavier die Tonfolge zu spielen. Nach fünf Tagen wurden erneut Gehirnscans mit dem fMRT durchgeführt. Das Ergebnis war, dass sich die Gehirne beider Gruppen verändert hatten. Die erste Gruppe, die lediglich sich die Tasten vorgestellt hatte, wie auch die zweite Gruppe, die real die Tasten drückte, wiesen Veränderungen ihres Gehirns auf. Neue Synapsen waren entstanden und vorhandene Synapsen waren verstärkt worden. Damit konnte gezeigt werden, dass alleine die Vorstellung einer Tätigkeit, also die Nutzung von Information in unserem Gehirn, unser Gehirn selbst verändern kann. Damit wurde aber auch der Beweis erbracht, dass Information die Basis für die Entwicklung der neuronalen Struktur ist.

Der Denkprozess hat jedoch noch eine weitere Dimension, die der *Informationsinterpretation.* Wir empfangen Information durch unsere Sinnesorgane und fügen diesen „Rohdaten" eigene individuelle Informationen hinzu. Diese Additive basieren in der Regel auf unseren Erfahrungen aus unserem bisherigen Leben. So entsteht z. B. ein Geruch, den wir „verstehen" können. Wir können eine Zitrone anhand des besonderen Geruchs erkennen, obwohl wir den Gegenstand nicht sehen. Wir können brennendes Holz nur durch den Geruch identifizieren, obwohl die Brandquelle vielleicht Kilometer entfernt ist. Wir können den Gestank von Kadavern über eine größere Distanz riechen und dadurch Gefahren erkennen. Ähnliche Dinge laufen beim Hören, Schmecken oder Sehen ab. Wir verbinden die eingehenden Informationen unserer Sinnesorgane mit den gespeicherten Informationen zu einer für das Lebewesen, das Ich, nutzbringenden Information. Dieser Vorgang erfolgt automatisiert oder wird durch unser Bewusstsein verstärkt. Mit diesem Denkprozess

[63] Siehe auch: Safety of rapid-rate transcranial magnetic stimulation in normal volunteers, https://www.sciencedirect.com/science/article/abs/pii/0168559793900946, 12.02.25.

werden Informationen durch das Gehirn zu einer individuellen Sinnhaftigkeit verbunden.

Damit verschwimmt jedoch die Realität. Sie wird durch den Ich-Bezug des Individuums und die damit verbundenen Abläufe überlagert. Die Realität wird durch die individuelle Interpretation der einströmenden Information unserer Sinnesorgane zu Gefühlen, Gedanken, Verhaltensweisen oder Blockaden, die wir selbst teilweise nicht beeinflussen können. Damit ist aber für uns Menschen der Denkprozess zum Erkennen der Realität eine Herausforderung. Das Denken über Realität erfährt damit eine zunächst individuell geprägte Richtung. Erst mithilfe von bestimmten Methoden, wie u. a. der Wissenschaft, gelingt es uns immer besser, hinter die Interpretationen unseres eigenen Denkens zu gelangen, um damit die Realität zu erkennen.

Betrachtet man sich mithilfe eines fMRT einen Denkprozess, leuchten verschiedene Regionen bzw. Hirnstrukturen immer dann auf, wenn sie eine elektrische Tätigkeit ausüben. Stellen wir uns nun einen Teil dieses fMRT-Bildes vor und vergrößern es gedanklich so stark, dass wir nur noch die Neuronen mit ihren Dendriten und Axonen sehen. Es ist ein ganz kleiner Ausschnitt bzw. Raumbereich aus einem Bereich eines Gehirns, der gerade aktiv denkt. In dem uns nun umgebenden Raum erkennen wir ein Gewirr an Knoten mit ihren ganz unterschiedlichen Verbindungen, ein Geflecht aus biologischen Zellen. Löschen wir nun virtuell alle materiellen Dinge aus diesem virtuellen sphärischen Bild. Es bleibt ein von elektrischen Impulsen oder Blitzen gefüllter Raum, in dem spontan elektrische Blitze herumfliegen.

Wenn wir uns nun virtuell in diesem Raum das beeindruckende Schauspiel betrachten, fällt auf, dass die Blitze an bestimmten Stellen zusammentreffen. Es sind die Stellen, an dem sich vorher ein Neuron befand. Dieser jetzt von seinen biologischen Dingen befreite Bereich zeigt lediglich die elektrische Aktivität, wenn verschiedene Blitze an diesem Punkt eintreffen. Ein Energieknoten leuchtet manchmal auf und erzeugt neue Blitze. Jedoch werden nicht immer neue Blitze erzeugt. Wir können auch erkennen, dass manche Blitze etwas mächtiger erscheinen als andere. Es gibt also ganz unterschiedliche Blitze. Interessant erscheint der Bereich zu sein, in dem verschiedene Blitze aufeinandertreffen und neue Blitze erzeugen können. Dieser Bereich scheint die eingehenden Blitze miteinander kombinieren zu können. Gehen Blitze mit einer gewissen Stärke zu einem gleichen oder einem ähnlich gleichen Zeitpunkt an diesem Knoten ein, wird ein neuer Blitz erzeugt. Die Regel dafür könnten wir erforschen. Wir schauen in diesem Gedankenbeispiel gerade dem *Denken* zu!

Halten wir die aus diesem virtuellen Bild betrachteten Dinge fest: Wir befinden uns in einem Raum, in dem es außer elektrischen Blitzen keine anderen materiellen Dinge gibt. Es ist der Ort, den wir vorher als einen kleinen Ausschnitt eines Gehirns markiert haben. Blitze werden erzeugt und fliegen von einem Punkt zu einem anderen. Sie sind also auf einen anderen oder auf mehrere Punkte gerichtet. Es existieren Punkte, an denen mehrere Blitze eintreffen und von denen sie auch ausgehen können. Die Blitze selbst haben unterschiedliche Stärken. An verschiedenen Zielpunkten gehen mehrere Blitze ein und können neue Blitze erzeugen. Ob ein neuer Blitz erzeugt wird, ist abhängig von Regeln, die ein Punkt besitzt. Schauen wir uns in diesem virtuellen Raum um, sehen wir ein Gewitter an gerichteten Blitzen, die sich in alle Raumrichtungen verteilen. Wir merken uns dieses einfache und grundlegende virtuelle Bild einer biologischen Gehirntätigkeit für einen späteren Zeitpunkt.

Mit diesem Bild entstehen Fragen. Eine mögliche Frage wäre: Wie finden die Blitze ihre Richtung? Eine weitere Frage könnte sein: Warum haben die Blitze unterschiedliche Stärken? Oder: Wie sind die Regeln an einem Blitzknoten, damit neue Blitze entstehen können? Unter welchen Bedingungen entstehen überhaupt diese Blitze? Transportieren die Blitze Information und wie komplex ist diese Information? Ist ein Blitz ein Bit oder ist ein einzelner Blitz bereits ein Informationsmolekül (siehe auch Abschn. 4.2.5)? Warum entstehen Blitze ohne einen sichtbaren zeitlichen Zusammenhang oder Takt? Viele weitere Fragen könnten zusätzlich gestellt werden.

4.4.3 Informationsverarbeitung und Kognition

Das menschliche Denken kann als eine Form der Informationsverarbeitung betrachtet werden. Sinneswahrnehmungen – visuelle, auditive, Geruchs-, Geschmacks- oder taktile Informationen – werden vom Gehirn aufgenommen und verarbeitet. Dabei werden neue Informationen mit bestehendem Wissen abgeglichen, um sie interpretieren zu können und Entscheidungen zu treffen. Diese Fähigkeit zur *Informationsintegration* ist ein Schlüsselmerkmal des menschlichen Denkens und erlaubt es uns, schnell auf neue Situationen zu reagieren und *flexibel/an den Kontext angepasst* zu handeln.

Psychologen der Kognitionsforschung haben eine Vielzahl von Modellen entwickelt, um zu erklären, wie der Mensch denkt, welche Prozesse zum Wahrnehmen und Erkennen führen bzw. dazu notwendig sind. Das „dual process“-Modell etwa beschreibt zwei Arten des Denkens: das schnelle, intuitive Denken (System 1), das meist unbewusst abläuft, und das langsame, analytische Denken (System 2), das bewusst und reflektiert ist. System 1 ermöglicht schnelle Reaktionen auf Reize, während System 2 für komplexere und rationalere Entscheidungsfindungen genutzt wird. An dieser Stelle verweise ich auf weitere Modelle aus diesem Forschungsbereich. Im Späteren werde ich auf die Frage der Informationsverarbeitung in biologischen Systemen noch einmal zurückkommen.

4.4.4 Bewusstsein und subjektives Erleben

In diesem Kapitel werde ich das Bewusstsein als neuronale Funktion in Bezug auf KI in Form einer Übersicht betrachten. In dem weiterführenden Abschn. 4.5 werde ich diese fundamentalen Funktionen eines biologischen neuronalen Netzes weiter vertiefen.

Eine der größten Herausforderungen in der Erforschung des menschlichen Denkens ist das Verständnis des *Bewusstseins*, des (!) *zentralen Merkmals* des menschlichen Denkens. Bewusstsein ist die Fähigkeit, sich der eigenen Gedanken und Empfindungen bewusst zu sein. Es ist eine Form des Selbstbezugs, also eine Reflexion des eigenen Ichs. Trotz vieler Theorien bleibt das Bewusstsein ein schwer fassbares Phänomen, das wir auch heute noch nicht vollständig erklären können.

Eine Theorie des Bewusstseins ist das „Global Workspace Model", das von den Neurowissenschaftlern Bernard Baars und Stanislas Dehaene entwickelt wurde. Es besagt, dass bestimmte Informationen, die das Bewusstsein erreichen, in einen „globalen Arbeitsraum" gelangen, in dem sie zugänglich und für andere Gehirnprozesse verfügbar gemacht werden. Diese Theorie hilft zu erklären, wie Informationen verarbeitet werden und welche Reize unsere bewusste Aufmerksamkeit erreichen.

Das Bewusstsein ist eines der am schwierigsten zu definierenden Phänomene, das die Menschheit zu verstehen versucht. Die Frage nach dem Bewusstsein betrifft grundlegende Fragen unserer Existenz, unseres Erlebens und unserer Identität. Im Kern bezeichnet Bewusstsein das subjektive Erleben – das Gefühl, ein „Ich" zu sein –, das denkt, fühlt, wahrnimmt und sich selbst als existierend erkennt. Das Bewusstsein ist zugleich Ratio und Emotion mit dem Selbstbezug auf den eigenen Anfang, das eigene Ende und seine eigene Vergänglichkeit. Dabei entwickelt das Bewusstsein über die eigene Vergänglichkeit ein tiefes Gefühlt der Endgültigkeit dieses Prozesses. Diese Grundsätzlichkeit des Bewusstseins ist deshalb auch Bestandteil einer Modellentwicklung, die sich mit der Entwicklung von informationsverarbeitenden künstlichen neuronalen Netzen auseinandersetzt. Bewusstsein kann aus verschiedenen Perspektiven betrachtet werden. Im Folgenden eine kurze Übersicht mit wesentlichen Sichtweisen auf die Informationsverarbeitung im menschlichen Gehirn:

Philosophisch

Philosophen wie René Descartes („Ich denke, also bin ich") sahen das Bewusstsein als den zentralen Beweis unserer Existenz. Es ist das, was uns erlaubt, über uns selbst und die Welt nachzudenken.

Eine wichtige Frage in der Philosophie ist das sogenannte „harte Problem des Bewusstseins" (David Chalmers): Wie entstehen subjektive Erfahrungen (Qualia) aus physischen Prozessen im Gehirn?

Psychologisch

In der Psychologie wird Bewusstsein oft als die Summe von Aufmerksamkeit, Wahrnehmung und Gedächtnis verstanden. Es umfasst den bewussten Zugang zu Gedanken, Gefühlen und sensorischen Eindrücken.

Sigmund Freud unterschied zwischen Bewusstem, Vorbewusstem und Unbewusstem, wobei letzteres einen Großteil unserer mentalen Prozesse ausmachen soll.

Neurowissenschaftlich

Aus Sicht der Neurowissenschaften ist Bewusstsein das Ergebnis neuronaler Aktivitäten im Gehirn. Bestimmte Hirnregionen, wie der präfrontale Kortex und der Thalamus, spielen eine zentrale Rolle.Ein Schlüsselkonzept ist die Integration von Informationen: Bewusstsein entsteht, wenn das Gehirn Informationen aus verschiedenen Quellen zu einem kohärenten Erlebnis eines *Ichs* verarbeitet.

Spirituell und kulturell
In spirituellen und religiösen Traditionen wird Bewusstsein oft als etwas betrachtet, das über das Physische hinausgeht. Manche sehen es als göttlich, unsterblich oder als Teil eines universellen Bewusstseins.

Es gibt verschiedene Formen und Zustände eines menschlichen Bewusstseins. Zur Vervollständigung eine kurze Übersicht der heute bekannten und wesentlichen Zustände:

- Wachbewusstsein: Unser alltäglicher Zustand, in dem wir aufmerksam sind und unsere Umgebung wahrnehmen.
- Träumen: Ein veränderter Bewusstseinszustand, in dem das Gehirn komplexe, aber oft unlogische Szenarien erschafft.
- Bewusstlosigkeit: Zustände, in denen das Bewusstsein (vorübergehend) ausgeschaltet ist, z. B. unter Narkose.
- Selbstbewusstsein: Die Fähigkeit, sich selbst als getrenntes Individuum zu erkennen, z. B. durch den Spiegeltest bei Tieren.

Eine heute immer dringender werdende Frage ist, ob Maschinen jemals ein Bewusstsein entwickeln können. Momentan verstehen die Wissenschaftler, Entwickler und Nutzer, dass KI-Systeme wie *ChatGPT, Grok* oder *DeepSeek* zwar auf einen Menschen intelligent wirken, aber kein subjektives Erleben haben. Sie verarbeiten Informationen, „fühlen" oder „denken" jedoch nicht im menschlichen Sinne. Durch den technischen, digitalen Bezug ist der Begriff der *Simulation* bei den heutigen KI-Systemen akkurat. Die heutigen LLMs (Large Language Models = LLM) haben kein Empfinden, keine Empathie oder ein Gemüt, das schwanken kann. Sie können Teile von diesen menschlichen Emotionen durch einen Text oder eine Sprachausgabe simulieren. Ein Selbstverständnis dieser KI dürfte jedoch dabei nicht vorhanden sein. Deshalb wirken auch Roboter mit einer simulierten Emotionalität wie z. B. einer abgesenkten Stimmlage, einem schräg gestellten Kopf oder simulierten Gesichtszügen auf natürliche Menschen merkwürdig, irritierend bis abschreckend. Eine menschliche „Wärme" wird von diesen Robotern in absehbarer Zeit nicht zu erwarten sein.

Ob Bewusstsein allein auf physikalischen Prozessen basiert oder etwas Transzendentes ist, bleibt eine offene und intensiv diskutierte Frage – und eine der größten Herausforderungen der Wissenschaft und Philosophie.

Dabei ist Bewusstsein die Grundlage unseres biologischen Daseins, unser Zugang zur Welt und zu uns selbst, indem wir das Denken nutzen. Es ist tief in Biologie, Philosophie und Kultur verwurzelt und bleibt eines der größten Mysterien der Menschheit. Aus meiner Sicht macht diese Unerklärbarkeit, dieses Mysterium auch das eigentliche Menschsein und sein Denken aus. Die Suche nach einer endgültigen Erklärung ist nicht nur eine wissenschaftliche, sondern auch eine zutiefst menschliche Reise.

4.4.5 Gedächtnis und Lernprozesse

Das Gedächtnis ist ein grundlegender Bestandteil des menschlichen Bewusstseins, des Denkens und der Emotionalität. Erweitert man die Definition des menschlichen Gedächtnisses, ist diese Eigenschaft die Fähigkeit Informationen speichern, wieder abrufen und neu generieren zu können (Erinnerungen verändern sich mit der Zeit in Bezug zu den realen Erlebnissen. Eine DNA verändert sich im Verlauf der Evolution einer Spezies). Mit dieser Definition ist Gedächtnis ein Bestandteil des biologischen Lebens. Dabei unterscheide ich zwischen dem biologischen Gedächtnis und dem nichtbiologischem Datenspeicher. Ein nichtbiologischer Datenspeicher ist in diesem Kontext z. B. eine Sedimentschicht, ein Eisschild oder ein Baum mit seinen Jahresringen. Jede *Existenz* eines Etwas ist ein Gedächtnis, eine Erinnerung seiner selbst an seine Historie.

Es kann aber auch ein technischer Datenspeicher sein. Unter der erweiterten Definition von „Gedächtnis" erscheint diese biologische Fähigkeit, Informationen speichern zu können, als ein existierendes Grundprinzip in der Natur. Ein Gedächtnis konserviert ein Ereignis in einem spezifischen Code. Es speichert Information, Ort und Zeit! Mithilfe eines Gedächtnisses entsteht Vergangenheit! Das biologische Gedächtnis ist die Grundlage zur Entwicklung von Erfahrung, von Orientierung im Raum, von Zeit. Ohne ein Gedächtnis gäbe es kein Lernen und keine Evolution. Die Speicherung von Information kann überall beobachtet werden, beginnend bei Zellen, bis zu komplexen Säugetieren. Ein Gedächtnis erlaubt uns Lebewesen, Informationen über Zeiträume hinweg zu speichern, abzurufen und anzupassen. Das Gedächtnis besteht aus verschiedenen Systemen, die jeweils unterschiedliche Aufgaben erfüllen: das sensorische Gedächtnis (kurzzeitiges Speichern von Sinneseindrücken), das Kurzzeitgedächtnis (vorübergehendes Halten von Informationen) und das Langzeitgedächtnis (dauerhafte Speicherung von Wissen und Erfahrungen).

Die Forschung zeigt, dass der Inhalt von einem Gedächtnis nicht statisch ist – Erinnerungen können sich verändern, wenn sie nach einer längeren Zeit abgerufen werden. Man interpretiert nach dieser Zeit ein Ereignis anders, als es tatsächlich stattfand. Das ist ein allgemein bekanntes Phänomen beim Menschen. Diese Flexibilität des biologischen Speichers macht das menschliche Gedächtnis sehr anpassungsfähig. Damit ist es jedoch auch anfällig für Verzerrungen und „falsche" Erinnerungen, die aus Sicht des Individuums nicht falsch sein müssen. Das individuelle Lernen des Menschen, also die Aufnahme und Verarbeitung neuer Informationen durch das Gehirn, erfolgt durch die Verstärkung von Synapsen, die zwischen Neuronen bestehen. Ein Prozess, der als „synaptische Plastizität" bezeichnet wird.

Generell ist ein Lernprozess der Vorgang, durch den ein Individuum – sei es ein Mensch, ein Tier oder eine Maschine – neue Fähigkeiten, Kenntnisse, Verhaltensweisen oder Einsichten erwirbt. Durch einen Lernprozess bei einem biologischen System erfolgt die individuelle Vorteilsmaximierung im Kontext des Gelernten bzw. des noch nicht Gelernten. Lernen ist eine fundamentale Funktion des Lebens auf Basis eines Gedächtnisses, die es ermöglicht, sich an veränderte Umstände anzupassen, Probleme zu lösen und sich weiterzuentwickeln, sich reproduzieren zu können. Auf der Ebene von Zellen ist ein „Gedächtnis" die Grundlage, die Voraussetzung einer Spezies, sich entwickeln und in unserer dynamischen Welt über einen längeren Zeitraum überleben zu können.

Folgende *Merkmale* charakterisieren einen Lernprozess:

Speicherung: Die Information oder Handlung – als reflektorische Information der Handlung – wird im Gedächtnis gespeichert. Sie kann kurzfristig (Arbeitsgedächtnis) oder langfristig (Langzeitgedächtnis) gespeichert werden. Sie wird zu bestimmten Zeitpunkten abgerufen und genutzt.

Abruf und Nutzung: Ein Individuum verfügt über zahlreiche gespeicherte Informationen, die es als Fähigkeit grundsätzlich zunächst für sein Überleben nutzt. Die im Gedächtnis gespeicherten Informationen werden in ihrem Zusammenwirken zu einer Fähigkeit, wie z. B. dem Sprechen, Laufen, Greifen nach Gegenständen etc. Diese Fähigkeiten werden in Abhängigkeit von äußerlichen Ereignissen oder gedanklichen Vorgängen aus dem Gedächtnis in für die Person oder das Lebewesen physikalisch nutzbare Handlungen umgesetzt. Dazu werden die eigenen Muskeln, Sehnen, Organe etc. des Körpers aktiviert.

Veränderung: Das individuelle Lernen führt zu einer Veränderung des Wissens, des Denkens und in der Folge des Verhaltens. Diese Veränderung kann direkt, z. B. durch neue Fähigkeiten sichtbar oder z. B. durch neue Denkmuster verborgen sein.

Erfahrung: Das Lernen erzeugt durch reflektorische Handlungen individuelle Erfahrung (Erfahrungsprozess), sei es durch direkte Interaktion mit der Umwelt (z. B. auf Basis von Versuch und Irrtum), Beobachtung anderer oder durch Nachdenken.

Wiederholung und Übung: Häufig sind „Übungen" im Sinne von Wiederholungen notwendig, um neue Informationen zu verarbeiten und zu verinnerlichen. Im Verlauf von Wiederholungen werden Misserfolge oder Fehler verringert, so lange, bis das Individuum mit dem Erlernten zufrieden ist oder die gewünschten Fähigkeiten erlangt worden sind.

Auf Basis dieser Merkmale entstehen die einzelnen *Phasen* des biologischen individuellen Lernens. Sie bilden auch das Prinzip, die konzeptionelle Vorlage, für das maschinelle Lernen moderner KI. Der Prozess lässt sich grob in die Phasen 1. Informationsaufnahme, 2. Informationsverarbeitung, 3. Informationsverankerung, Fixierung oder kontextuelle Speicherung, 4. Gebrauch bzw. Anwendung und Reflexion, 5. Modifikation oder Anpassung des Gelernten und 6. Konsolidierung im Langzeitgedächtnis unterteilen:

1. *Informationsaufnahme* (Input): Informationen werden von außen aufgenommen, z. B. durch Hören, Sehen oder andere Sinneseindrücke.
2. *Verarbeitung*: Die Sensoren konvertieren die eingehende Information in ein Format, das vom Individuum weiterverarbeitet werden kann. Konvertierung und Weiterleitung der Information an das Gehirn sind bereits Verarbeitungsschritte. Das Gehirn analysiert und organisiert die Informationen. Dieser Vorgang kann

bewusst (z. B. durch Nachdenken) oder unbewusst (z. B. durch Intuition) geschehen.
3. *Fixierung*: Die Informationen werden im Gedächtnis gespeichert. Sie können jedoch auch auf allen Ebenen der bisherigen Informationsweiterleitung, der Informationsstrecke, zu Modifikationen führen, die für die Verankerung notwendig sind. Dieser Vorgang verläuft in der Regel unbewusst. Wiederholungen und Assoziationen fördern den Prozess, hier mit dem Fokus auf das Gehirn.
4. *Gebrauch*: Das Gelernte wird angewendet und reflektorisch vom Individuum überprüft. Dieser Prozessabschnitt, diese Phase festigt das Wissen und hilft Fehler zu erkennen.
5. *Modifikation*: Basierend auf den durch den Gebrauch der Eingangsinformation erfolgten Fixierung der Information im Gedächtnis, wird das Gelernte verbessert, optimiert oder erweitert.
6. *Konsolidierung*: Auf Basis des verbesserten und erweiterten Erlernten entsteht eine Erfahrung, die zu einem konsolidierten Wissen führt und für das Individuum nutzbringend wird.

Damit habe ich die wesentlichen Merkmale und grob die Phasen des Lernens definiert. Lernen ist demnach ein Prozess eines Individuums, der im Kontext seines biologischen Ichs einen Nutzen erzeugt. Dabei möchte ich jedoch den Bezug auf ein Individuum nicht ausschließlich auf den Menschen beziehen. Die genannten Strukturmerkmale und Prozessabläufe scheinen generell bei biologischen Systemen vorhanden zu sein. Zum besseren Verständnis des für eine KI wesentlichen Vorgangs des „Lernens" ist die Betrachtung der unterschiedlichen Arten des Lernens hilfreich. Dazu zählen klassische Konditionierung, operante Konditionierung, Beobachtungslernen und kognitives Lernen. In Bezug auf KI sind das vor allem:
Bei dem systemeigenen Lernprozess:

- *Kognitives Lernen*: Das kognitive Lernen basiert auf den Prinzipien der „Handlungskompetenz" und Motivation. Es steht in der Regel in einem Kontext. Handlungskompetenz kann durch Instruktionen gesteuert werden. Die Grundlage dazu ist Denken, Verstehen und Problemlösen. Beispiele: Sprachen lernen, Mathematik verstehen.
- *Motorisches Lernen*: Das motorische Lernen ist für biologische Systeme von zentraler Bedeutung. Für Menschen entwickelt sich das motorische Lernen im Säuglings- und Kindesalter. Es wird auch als Bewegungslernen bezeichnet. Es betrifft körperliche Fähigkeiten, z. B. das Gehen, Rennen, Fahrradfahren, Jonglieren oder Erlernen von Sportarten oder handwerklichen Fertigkeiten. In der Physiotherapie wird das motorische Lernen als Therapie eingesetzt.
- *Lernen von Emotionen*: Das „Lernen von Emotionen" unterscheidet sich von der Emotionalität in Lernprozessen. Es sind zwei unterschiedliche Lernprozesse. Hier verstehe ich unter dem „Lernen von Emotionen" das Erkennen und Verarbeiten von Emotionen als Information in einer Lernphase. Auf dieser Basis entwickelt sich die Empathie.

Bei dem systemverbindenden Lernprozess:

- *Soziales Lernen*: Das soziale Lernen wird durch Beobachtung und Interaktion mit anderen, z. B. durch Nachahmung von Vorbildern, entwickelt. Es erzeugt die Fähigkeit, in Gemeinschaften leben zu können. Abstrakt ist das soziale Lernen ein Prozess, in dem ein biologisches System lernt, sich mit anderen biologischen Systemen zu größeren funktionsfähigen Einheiten verbinden zu können.

Bei dem nichtbiologischen Lernprozess:

- *Maschinelles Lernen*: Ein Bereich der künstlichen Intelligenz, bei dem Computer aus Daten lernen, Muster erkennen und Vorhersagen treffen.

Ein biologisch basierter Lernprozess erfolgt immer in einem Kontext. So befindet sich eine Zelle in einem Milieu, in dem der Lernprozess stattfindet. Ein Mensch lernt ab seiner Geburt in einem Kontext, z. B. einer Handlung, seines Berufsumfelds oder anderen Bedingungen und Zielsetzungen. Die wesentlichen Faktoren, die den biologischen Lernprozess beeinflussen, sind Motivation, Umgebung, Fähigkeit, Emotion und Multisensorik. Die Einflussfaktoren im Detail:

- *Motivation*: Ein hohes Interesse, Affinität (Sympathie) oder eine starke Belohnung fördern das Lernen. Angst, Abneigung oder Desinteresse am Lernstoff behindern das Lernen.
- *Emotionen*: Positive Gefühle fördern, während Stress und Angst den Lernprozess behindern oder blockieren können.
- *Individuelle Fähigkeiten*: Die individuelle Fähigkeit eines Individuums wie Gedächtnisleistung, Intelligenz und Vorwissen/Grundwissen/Bildung beeinflussen den Lernprozess, wie schnell und effektiv jemand lernt. Diese Fähigkeit ist folglich mit dem Lerninhalt und der Motivation verbunden.
- *Multisensorik*: Über mehrere Sinnesorgane aufgenommene kohärente Reize zur Verbesserung des Lernprozesses. Kombinatorische Sinnesreize, wie Haptik, Riechen, Sehen, Hören, vertiefen bei gemeinsamer Aktivierung den Lernprozess. Jedoch ist nach meiner Auffassung die alleinige Kombination verschiedener Sinnesorgane nur ein Teil des damit einhergehenden Lernprozesses. Jeder Sinnesreiz unterliegt einer vorherigen niederschwelligen Interpretation durch die individuelle Erfahrung. Nach dieser Kontextualisierung erfolgt erst die Verbindung unterschiedlicher Eingangssignale, die dann erneut kombinatorisch in einen Kontext gestellt werden.
- *Umgebung*: Die Umgebung fördert den Lernprozess eines Individuums, wenn sie ruhig und dem Lernziel entsprechend ist. Eine durch z. B. Maschinengeräusche ablenkende Umgebung behindert oder verhindert den Lernprozess.

Damit unterscheidet sich grundsätzlich der Lernprozess bei Maschinen (Maschinelles Lernen = ML) vom Lernen biologischer Systeme. In der Informatik bezeichnet ein Lernprozess die Anpassung eines Modells an seine zur Verfügung gestellten Daten. Maschinen „lernen", indem sie Muster und Zusammenhänge in großen Datenmengen erkennen und daraus Vorhersagen ableiten. Maschinelles Lernen ist die Fähigkeit von Computern bzw. ihren Algorithmen, ohne spezifische Programmierung auf eine Frage, eine Aufgabe oder eine Funktion Wissen aus Beispielen generieren zu können. Es gibt drei Hauptarten des maschinellen Lernens:

1. *Überwachtes Lernen*: Ein Algorithmus lernt anhand gelabelter Daten (z. B. „Dieses Bild zeigt einen Frosch", der als Frosch bezeichnet wird). Gelabelte Daten sind Daten, die z. B. mit einem Begriff gekennzeichnet werden. Beispiel: Ein Bild, auf dem ein Haus zu sehen ist, wird in einem neuronalen Netz dem Begriff „Haus" zugewiesen, gelabelt. Erst mit dem Labeln versteht das neuronale Netz, um was es sich handelt.
2. *Unüberwachtes Lernen*: Der Algorithmus sucht selbstständig Muster in ungelabelten Daten. Das Ziel dieses Lernprozesses ist, dass das Netz eine Wahrscheinlichkeitsverteilung ähnlich den Eingabedaten erlernt. Neuronale Netze, die mit diesem Verfahren konditioniert wurden, eigenen sich für die Erzeugung neuer synthetischer Daten.
3. *Bestärkendes Lernen*: Die Maschine lernt durch Versuch und Irrtum, wobei sie Belohnungen für korrekte Aktionen erhält.

Generell werden in allen Algorithmen zahlreiche Wiederholungen des Lernprozesses durchlaufen. Diese Wiederholungen können Millionen Durchläufe umfassen, bis ein gewünschtes Ergebnis erreicht wird. Durch die heute nutzbare hohe Rechenleistung sowie auch die in Zukunft weiter zunehmende Rechenleistung, sind zukünftig Milliarden von Wiederholungen von einzelnen Datensätzen möglich. Damit wird aber das Lernen von Maschinen zu einem erheblichen Kostenfaktor für die Beschaffung ihrer Lerndaten, die kostspielige Hardware und den Energieaufwand.

Ein Lernprozess ist ein dynamischer, vielseitiger Vorgang, der sowohl biologisch als auch technologisch verstanden werden kann. Im biologischen Bereich ist er essenziell für eine persönliche Entwicklung, für einen kulturellen Fortschritt und technologische Innovation. Egal, ob Mensch oder Maschine – Lernen ist der Schlüssel zur Anpassung, der Evolution und zum Erreichen von Fähigkeiten. Ob jedoch dazu eine sehr hohe Anzahl an Wiederholungen notwendig ist, so wie es heute bei modernen KI-Systemen unabdingbar erscheint, ist durch die biologischen Vorbilder nicht belegt. Was zu der Frage führt: In welcher Entwicklungsphase befinden sich die heutigen Modelle und wo ist der Fehler?

4.4.6 Emotion und Entscheidungsfindung

Emotionen spielen eine wichtige Rolle im Denken und Handeln von Menschen und anderen Lebewesen. Sie beeinflussen unsere Entscheidungsfindung und wie wir Informationen verarbeiten und Prioritäten in der Entscheidungsfindung setzen. Emotionen bestimmen unsere automatisierten täglichen Handlungen. Haben wir z. B. ein Bedürfnis wie Hunger oder nach einem Toilettengang, bestimmt unser Gefühl ein Verhalten, das jeweils notwendige zu tun. In allen Kulturen haben die Menschen Begriffe in ihrer Sprache gefunden, die diese Emotionen für andere Menschen kennzeichnen/zum Ausdruck bringen. Damit verfügt der Mensch über ein Instrumentarium, seine Emotionen über Sprache anderen mitteilen zu können. Die Neurowissenschaft zeigt, dass das limbische System – insbesondere die Amygdala – für die Verarbeitung von Emotionen entscheidend ist und eine Verbindung zum präfrontalen Kortex hat, wo rationale Entscheidungen getroffen werden. Damit korrespondieren Emotionen direkt mit der individuellen Ratio für notwendiges Handeln bzw. einer Handlungsvorbereitung und Handlungsausführung.

Die Forschung zeigt, dass Emotionen oft schneller als rationale Überlegungen in die Entscheidungsfindung einfließen, insbesondere wenn es um Situationen geht, die vom Individuum als potenziell gefährlich wahrgenommen werden. Der Nobelpreisträger Daniel Kahneman[64] (Prospect Theory = Neue Erwartungstheorie) untersuchte, warum Emotionen und Intuition oft schneller und dominanter sind als langsame, logische Prozesse. Er entwickelte die *Neue Erwartungstheorie*. Sie geht davon aus, dass das individuelle Risikoverhalten eines Menschen nicht nur auf eine Erwartungshaltung bezogen werden kann, sondern auch von der subjektiven Wahrnehmung von Sicherheit und vom möglichen Verlust beeinflusst wird. Die Ergebnisse seiner Arbeiten zeigen, dass menschliches Denken nicht nur logisch und rational ist, sondern stark von emotionalen Faktoren geprägt wird. Im Alltagsleben werden wir zu einem erheblichen Teil von unseren Emotionen gelenkt und nur selten von logischem und rationalem Denken.

Zusätzlich zu den Emotionen werden durch die Umwelt unbewusst wahrgenommene Einflüsse vom Individuum aufgenommen. Sie sind in der Regel subtile Einflussnahmen von außen auf die inneren Entscheidungen. Zu diesen Einflüssen zählen z. B. das Framing durch Text, Sprache oder Bilder und das Priming. Mit diesen, hier nur unvollständig aufgezählten Verfahren, mit denen Erfahrungen und unbewusst vorhandene Erwartungen aktiviert werden sollen, damit sogenannte Vorahnungen und Situationsbewusstsein aktiviert werden können, Beeinflussungen auf Basis von individuellen Erfahrungen die Entscheidung, die vorgenommen werden.

Für das maschinelle Lernen werden auf Basis dieser grundlegenden Erkenntnisse aus den menschlichen Verhalten künstliche Emotionen simuliert. Im unüberwachten Lernen werden diese Erkenntnisse gezielt angewendet. Neuronale Netze erhalten bei diesem Lernverfahren digitale „Belohnungen". Wie digitale maschinelle Emotionen heute implementiert werden und was eine „Belohnung" für einen Algorithmus bedeutet, kann hier in den Details nicht behandelt werden. Ich verweise deshalb ersatzweise auf die entsprechenden Arbeiten und Veröffentlichungen zu diesem Themenbereich.

[64] Siehe auch Wikipedia: https://de.wikipedia.org/wiki/Daniel_Kahneman, 20.11.2024.

4.4.7 Kreativität und Problemlösungsfähigkeit

Die Fähigkeit zur *Kreativität* ist ein weiteres faszinierendes Merkmal des menschlichen Denkens, welches zukünftig für KI-Systeme eine besondere Bedeutung erlangen wird. Kreativität wird oft als die Fähigkeit beschrieben, neue und nützliche Ideen zu entwickeln, aus denen neue Produkte, neue Entwicklungen oder neue Forschungen entstehen. Kreativität ist auch ein Teil von Lösungskompetenz, aus der neue Erkenntnisse entstehen. Kreativität beruht auf der Fähigkeit, Gedanken und Konzepte auf neue Weise zu verknüpfen. Die Hirnforschung zeigt, dass bei kreativen Prozessen oft das Zusammenspiel von zwei biologischen Netzwerken im menschlichen Gehirn eine Rolle spielt: das „default mode network",[65] das für spontane und assoziative Gedanken verantwortlich ist, und das „executive control network",[66] das diese Gedanken bewertet und steuert.

In Feldstudien wird analysiert, ob und wie Kreativität gemessen werden kann. Dazu wurden Skalen wie die 13-Item-Skala von George und Zhou (2001) entwickelt. Es gibt unterschiedliche Skalen, mit denen verschiedene Schwerpunkte gesetzt werden können. Mit diesen Skalen versucht man z. B. im F&E-Bereich auf Basis von Patentanmeldungen die Leistungen zu messen. Im Bereich der Kreativwirtschaft (Kunst, Film, Buch) versucht man über verhaltensbezogene und äußerliche Merkmale von Personen eine Kreativitätsfähigkeit einschätzen zu können. Zahlreiche Forschungen beschäftigen sich mit der Rationalisierung des Kreativitätsprozesses, sodass nicht mehr zufällig neue Produkte oder Ideen entstehen, sondern im Sinne einer Produktion kreativer Prozesse neue Lösungen gefunden werden sollen.

Für die Rationalisierung des *Kreativprozesses* werden u. a. Phasenmodelle eingesetzt. In den Modellen wird der Kreativprozess in die Phasen Problemidentifikation, Vorbereitung, Generierung und Beurteilung unterteilt. Kreativprozesse basieren in der Regel auf Interaktionen zwischen verschiedenen Menschen, auf ihren Erfahrungen und auf den individuellen Betrachtungs- und Herangehensweisen, eine Aufgabe zu lösen. Ein bisher wenig beachteter Bestandteil des Kreativitätsprozesses ist die individuelle Fantasie. Sie ist ein innerer Prozess eines Individuums, der nur selten mit anderen Menschen ausgetauscht wird. Die an den Interaktionen beteiligten Personen tauschen über Sprache in Form von Dialogen, Texten oder Bildern *Informationen* aus, die sich um ein gemeinsames Problem und die zu findenden Lösungen entwickeln. In zahlreichen Untersuchungen konnte festgestellt werden, dass ein Kreativprozess durch eine gute, den beteiligten Personen einleuchtende Problembeschreibung unterstützt wird. Ein Teil des Innovationsprozesses sind vor allem Verbesserungsvorschläge. Sie sind häufig die kleinen Schritte, die der Entwicklungsprozess einer Innovation durchläuft.

Problemlösen ist ein weiterer Bereich, der komplexes Denken erfordert. Menschen neigen dazu, bei Problemlösungsprozessen Muster zu erkennen, frühere Erfahrungen heranzuziehen und flexible Strategien zu entwickeln, um Lösungen zu

[65] Siehe auch Wikipedia: https://de.wikipedia.org/wiki/Default_Mode_Network, 20.11.2024.

[66] Siehe auch Wikipedia: https://de.wikipedia.org/wiki/Hemmungskontrolle, 20.11.2024.

finden. Vor allem in diesem Forschungsfeld wird sehr häufig die „Fantasie“ eines Individuums ausgeblendet. Die kognitive Psychologie und die Kognitionswissenschaften befassen sich mit den Denkprozessen hinter den Problemlösungen. Sie haben gezeigt, dass Menschen oft zwischen verschiedenen Denkstrategien hin- und herschalten, je nach Art und Komplexität des Problems. Bei den hier beschriebenen Ansätzen zeigt sich jedoch auch die Mechanisierung menschlicher Kompetenzen, somit eine Vorstufe oder Anpassung menschlichen Verhaltens an eine maschinelle Nutzbarkeit bzw. Übertragbarkeit. In der Analyse des *Problemlösens* als Prozess sind z. B. die wenig greifbaren Fähigkeiten wie Weisheit oder Klugheit als menschliche Problemlösungskompetenz nicht berücksichtigt. In diesem Prozess wird durch die wissenschaftliche Forschung der Denkprozess weiter analytisch aufbereitet und damit mechanisierbar bzw. algorithmisch abbildbar. Ob damit zugleich eine Rückkopplung erfolgt und die wissenschaftlichen Erkenntnisse aus der Kognitionsforschung auch zu einer individualisierten Formalisierung des Denkprozesses unter Ausblendung früherer Fähigkeiten führen, ist bisher nicht bekannt oder erforscht.

4.4.8 Offene Fragen und aktuelle Herausforderungen

Trotz erheblicher Fortschritte in der Neurowissenschaft und der Psychologie gibt es noch viele unbeantwortete Fragen über das *menschliche Denken* und seine Ausprägungen, wie sie in den vorherigen Kapiteln zusammenfassend beschrieben wurden. Eines der größten ungelösten Probleme ist das „harte Problem des *Bewusstseins*“, das der Philosoph David Chalmers[67] beschrieben hat. Er fragt, warum und wie subjektives Erleben entsteht, wenn das *Gehirn Informationen verarbeitet*. Auch die Frage, wie „freier Wille“ und bewusste Kontrolle genau funktionieren, bleibt offen. Fragen zu Emotionen und ihre Bedeutung in einer Entscheidungsfindung, Klugheit oder Weisheit, sind heute kein Bestandteil von maschinellen Modellen. Grundlegende Arbeiten von Edmund Husserl[68] (1859–1938) haben die Fundamente der phänomenologischen Reduktion aufgestellt, die sich in die Phänomenologie weiterentwickelte (Konstitution philosophischer Erkenntnisse. Wie entsteht philosophisches Wissen?). Zu seinen Schülern zählten zahlreiche bekannte Persönlichkeiten, wie Heidegger, Sartre u. a. des 20. Jahrhunderts.

Diese grundlegenden Arbeiten differenzierten zu der damaligen Zeit erstmals zwischen dem Akt und dem Phänomen des Bewusstseins. Im Jahr 1913 veröffentlichte Husserl dazu sein Werk der Ideen zu einer reinen Phänomenologie und phänomenologischen Philosophie. Sie beschreibt, dass das Subjekt in die natürliche Welt einbezogen bzw. ein Teil davon ist, indem es als Ich einen Teil der Objekte in der Realität darstellt, deren es sich bewusst ist. Damit wurden die Grundlagen einer *Subjekt-Objekt*-Beziehung geschaffen, wobei das Objekt einen Bestandteil einer vom *Subjekt* unabhängigen *Außenwelt* darstellte, in der es selbst ein Bestandteil ist. Damit entstand auch ein Verständnis von der *Wirklichkeit*. Sie ist ein Teil der Subjekt-

[67] Siehe auch Wikipedia: https://de.wikipedia.org/wiki/David_Chalmers, 20.11.2024.

[68] Siehe auch Wikipedia: https://de.wikipedia.org/wiki/Edmund_Husserl, 20.11.2024.

Objekt-Beziehung und stellt eine Interpretation der *Realität* durch das Subjekt, das *Ich*, dar. Diese grundlegenden Erkenntnisse erscheinen heute selbstverständlich.

Die Forschung zu künstlicher Intelligenz wirft ebenfalls neue Fragen auf, da KI heute in der Lage ist, kognitive Aufgaben (scheinbar) zu übernehmen. Doch stellt sich die Frage, inwieweit Maschinen wirklich „denken“ oder nur menschliches Denken nachahmen können und wo die Unterschiede zwischen maschineller und menschlicher Intelligenz liegen. Mit der heutigen KI ist etwas entstanden, wovon die Entwickler selbst sagen, dass sie es nicht verstehen, wie es funktioniert. Oder ist so eine Aussage nur ein gutes Marketing, um ein Mysterium zu schaffen, das eine Faszination erzeugt? Wir bauen etwas, was wir nicht verstehen!? Die Fragen sind damit gesetzt: Warum erzeugt ein neuronales Netz, Wissen, Intelligenz, Bewusstsein und vieles mehr? Warum ist ein Netz aus Neuronen die Struktur, die diese Eigenschaften von Bewusstsein, Intelligenz, Kreativität, Weisheit und Lösungskompetenz hervorbringt? Gibt es womöglich andere Strukturen, die im Künstlichen, im Maschinellen, vielleicht effizienter sind? Wie funktioniert eigentlich ein neuronales Netz? (Statistik und Wahrscheinlichkeit?)

Das menschliche Denken ist ein hochkomplexer biologischer Prozess, der auf einer neuronalen Basis und einem Wechselspiel zwischen verschiedenen kognitiven, emotionalen und kreativen Prozessen beruht. Die heutigen Kenntnisse geben uns ein detailliertes, wenn auch unvollständiges Bild davon, wie unser Gehirn funktioniert. Eines kann jedoch bereits heute festgestellt werden. Es ist keine Mechanik bzw. ein uhrwerkähnliches Gebilde, wie man es über Jahrhunderte angenommen hatte. Durch die interdisziplinäre Forschung wird das Verständnis des menschlichen Denkens immer weiter vertieft, doch die vollständige Entschlüsselung bleibt eine Herausforderung. Das menschliche Denken ist ein dynamisches Zusammenspiel aus Information, Informationsverarbeitung, Gedächtnis, Emotion, Intuition, Fantasie und Bewusstsein, das den Menschen zu einem einzigartigen und faszinierenden Wesen macht.

4.5 Was ist „Bewusstsein“ und was ist künstliches Bewusstsein?

Wie bereits im vorherigen Kapitel angedeutet, ist das Bewusstsein eines der größten Rätsel der Wissenschaft, hier im Besonderen in der Philosophie, aber auch in der Biologie. Grundsätzlich basiert Bewusstsein auf Information. Sie wird in biologischen Systemen und in digitalen Systemen von außen aufgenommen, codiert, individuell gespeichert und verknüpft. Deshalb ist die Frage nach dem Bewusstsein für die Entwicklung von KI oder dem Verständnis des *Denkens* von zentraler Bedeutung (siehe gleichnamiges Kapitel). Es bezeichnet das subjektive Erleben eines *biologischen Systems*, eigene Fähigkeit, Gedanken und Empfindungen wahrnehmen und ausüben zu können. Bewusstsein verändert Materie. Zusätzlich ermöglicht das eigene Bewusstsein die bewusste Auseinandersetzung mit der Umwelt und sich selbst. Damit sind biologische Systeme höherer Ordnung prinzipiell in der Lage, mit ihrer Umwelt zu interagieren, sich selbstständig mit Nahrung (Energie) zu versorgen, sich so zu organisieren, dass ihre eigenen Ausscheidungen nicht zu einem Aussterben führen und Feinde identifiziert werden können, um sich gegen Angriffe verteidigen zu können. Ebenfalls gilt für biologische Systeme auch der Fall, dass sie durch ihr „Bewusstsein“ Angriffe zum eigenen Vorteil gegen andere führen können, was bereits ein relativ komplexes Verhalten auf der Ebene der Bakterien darstellt.

Über das Bewusstsein gibt es zahlreiche Theorien, aber bisher keine allgemein akzeptierte Erklärung oder Modellvorstellung. Deshalb gebe ich hier eine kurze Übersicht über die zentralen Aspekte, die dem Bewusstsein zugeordnet werden:

Subjektivität: Bewusstsein ist immer eine individuelle Erfahrung. Es ist geprägt von persönlichen Empfindungen und Wahrnehmungen.

Aufmerksamkeit: Ein wichtiger Teil des Bewusstseins ist die Fähigkeit, die Aufmerksamkeit auf bestimmte Gedanken oder Sinneseindrücke zu richten und andere auszublenden.

Selbstbewusstsein: Das Sich-selbst-bewusst-sein bezieht sich auf das Bewusstsein der eigenen Identität und Existenz. Es umfasst auch die Fähigkeit zur Reflexion über das eigene Denken und Verhalten.

Kohärenz: Bewusstsein beinhaltet die Verarbeitung und Integration von Informationen aus verschiedenen Quellen, um ein kohärentes Bild der Realität für das eigene Ich zu schaffen.

Bewusstseinszustände: Es gibt unterschiedliche Bewusstseinszustände, wie Wachheit, Träume, Meditation oder tranceartige Zustände, die alle verschiedene Erfahrungen und Perspektiven enthalten.

Obwohl die Erforschung des Bewusstseins seit Jahrzehnten ein intensives Forschungsfeld ist, gibt es nach wie vor keine endgültige Erklärung, wie und warum Bewusstsein entsteht und was Bewusstsein ist. Der Ursprung dieser Forschungen sowie der zentrale Forschungskern ist dabei jedoch der Mensch. Deshalb wird bei der Bezeichnung „Bewusstsein“ immer implizit vom *menschlichen* Bewusstsein ausgegangen. Mit diesem seit Jahrtausenden bestehenden Blickwinkel auf das Bewusstsein selbst werden jedoch sämtliche andere biologische Systeme unberücksichtigt gelassen und die Fundamente von Bewusstsein im rein Menschlichen gesucht! Die heutigen Erkenntnisse aus Neurowissenschaften, Psychologie und Philosophie bieten jedoch Einblicke in die Funktionsweisen und die Mechanismen des Bewusstseins im Allgemeinen, sodass man über diesen Umweg zukünftig zu einer weiter gefassten Betrachtung kommen wird.

Aus dem Sichtwinkel der Information stellt sich die zentrale Frage, was eigentlich der Begriff „Bewusstsein“ beschreibt. Grundsätzlicher stellen sich in diesem Kontext die folgenden Fragen: Ist die Realität oder die Wirklichkeit eine Simulation unseres Geistes? Was ist die Wirklichkeit? Aus dieser Sicht teilt sich die Frage auf nach der Wahrheit und der Wirklichkeit.

Zunächst erkennen wir Menschen und viele Lebewesen Dinge aus unserer Umwelt. Ein Mensch lernt, diese Dinge bezeichnen zu können (Labels). Die Dinge oder Objekte erhalten ein oder mehrdeutige Bezeichnungen, die wir als Sprache kennen. Damit entsteht ein Abbild eines Objekts, in der Folge eine Wolke von vielen Objekten in unserem Geist. Die mit Bezeichnungen markierten Abbilder von realen oder fiktiven Objekten werden in ihrem Kontext zueinander in unserem Gehirn „abgebildet“. Sie erhalten eine kognitive Repräsentation, die vermutlich in ihrer inneren Struktur individuell und nicht mit einer Repräsentation in einem anderen Gehirn identisch ist! Damit entsteht ein individuelles „Weltbild“ in jedem einzelnen Gehirn eines Lebewesens, das abhängig von seinem Umfeld und seiner individuellen Erfahrung ist. Erfahrung wird in diesem Zusammenhang als die Entwicklungsgeschichte des Individuums verstanden. Somit umfasst der Begriff Erfahrung auch alle Informationen, die ein Individuum seit seiner Geburt aufgenommen, gespeichert hat. Ob diese Informationen bewusst oder unbewusst aufgenommen wurden, ist dabei unerheblich. Im Zusammenhang mit *Erinnerung* entsteht *Erfahrung*, die für die ständige Identifikation von Objekten notwendig ist.

Grundlage dieses fundamentalen Prozesses sind in dieser beispielhaften Betrachtung die Augen, oder verallgemeinert die optischen Sensoren. Wenn nun ein Lebewesen auf ein Objekt blickt, sieht ein anderer das gleiche Objekt ganz anders. Das ergibt sich einfach durch die unterschiedlichen Blickwinkel unterschiedlicher Lebewesen auf das gleiche Objekt, die alleine durch die verschiedenen räumlichen Positionen der Sensoren entstehen. Daraus hat sich die Erkenntnistheorie entwickelt, wie wir die Wirklichkeit erkennen könnten. Somit stellt sich die Frage: Wie kommen die Objekte um einen herum in sein Wissen, in seinen Kopf? Verallgemeinert stellt sich die Frage: Wie kommt die Welt in einen Geist? Wenn ein Mensch einen Vogel hört, wo ist der Vogel mit seinem Zwitschern in seinem Kopf? Wenn ein Mensch etwas schmeckt, wo sitzt der Geschmack in seinem Gehirn? Was ist eigentlich Erkenntnis? Wie funktioniert Erkenntnis? Verschiedene Philosophen haben sich die Frage gestellt: Woher weiß ich, dass ich gerade nicht träume? Das *Ich* ist der Selbstbezug in einer durch den Geist erkannten Umwelt, einer Welt um „mich“ herum. Der Geist entsteht, wenn das *Ich* alle Objekte um sich herum bezeichnet hat und sich selbst als ein Teil dieses Umfelds erkennt („ich bin hier.“). Damit wird das Umfeld, die Umwelt zur Mitwelt eines Ichs, in der das *Ich* mit den anderen Dingen eine Einheit bildet und Informationen austauscht, also interagiert.

Das führt mich zu der grundlegenden Annahme, dass „Sprache“ ein Teil der Erkenntnisfindung ist. Sprache ist das Werkzeug, mit dem das Ich seine Erkenntnisse beschreiben und weiter entwickeln kann. Sie ist ein Code aus Lauten in einer Gruppe von Menschen, die den gleichen Code benutzen. Verallgemeinert ist Sprache jegliche Kommunikationsform in einer Gruppe von Individuen, die ein Ich mit sich selbst oder einem anderen Ich interagieren lässt. Dabei ist Sprache nicht nur als ein akustisches Signal zu verstehen, sondern verallgemeinert als die Fähigkeit, eine Kennzeichnung eines erkannten Objekts, eine innere Repräsentation, vornehmen und durch einen Code mitteilen oder weiter geben zu können. Die innere Repräsentation eines Objekts basiert auf einer individuellen Codierung und einer für die Kommunikation nutzbaren Signalcodierung, die innerhalb einer Gruppe verstanden wird. Zwischen verschiedenen Gruppen werden die Codes so übersetzt, dass die Information dekodiert, transformiert, neu codiert und erhalten bleibt. Sprache - hier verallgemeinter - ist das Werkzeug eines Lebewesens, Dinge in seinem Umfeld zunächst markieren und dann zueinander in Verbindung setzen zu können. Besteht nun ein Abbild eines Umfelds in einem Gehirn, kann auf dieser Basis eine bestehende Verbindung eines Objekts mit einem anderen Objekt (Relation → Kontext) auch verändert werden. Da diese neue Relation außerhalb der gemachten Erfahrungen liegt, wird sie als *Idee* bezeichnet. Eine Idee ist so lange eine Idee, bis sie durch Realität bestätigt wird. Somit verändert die Idee als Ergebnis einer Erkenntnis die Welt. Leben mehrere Menschen in einem Verbund zusammen, nennen wir diesen Verbund Gesellschaft. Damit sind jedoch Ideen Teil einer Gesellschaft und werden mithilfe von Kommunikation (Sprache und beispielgebendes Verhalten) verstanden, verteilt und übernommen oder befolgt und weiterentwickelt.

Nur, ist das bereits Bewusstsein? Ein Abbild einer Welt in einem *Ich* ist passiv. Bei biologischem Leben, hier wieder der Mensch als zentrales Objekt der Betrachtung, existiert ein eigener Antrieb. Woher wissen wir, was wir wollen? Das Wollen ist die Aktion, der Antrieb, etwas an den Abbildern im Gehirn verändern zu „wollen“ und ein neues Abbild erschaffen zu wollen. Einiges darf und sollte man nicht wollen! Wir müssen also eine eigene Kontrolle über das Wollen ausüben. Die Kontrolle, der Einspruch, die Einschränkung des „Wollens“ ist das „Sollen“![69] Damit entsteht ein *Regelwerk von Wollen und Sollen*, in dem die Idee als realitätsverändernde Motivation des Geistes eingebettet ist. In der Kombination des Wollens von vielen Personen in einer Gruppe gibt es also Regeln und Grenzen, die diesen Antrieb des Geistes, etwas zu wollen, beschränkt. Der moderne Mensch hat sich universelle, über alle kulturellen Grenzen hinweg existierende ethische Grundregeln gegeben (Immanuel Kant: „das höchste Gut“). Diese Grundlagen sind die Grenze des *individuellen Antriebs*, die wir als *Ethik* des Menschen bezeichnen. Seit Kant besteht der *kategorische Imperativ*, der genau diesen Antrieb des Wollens eingrenzt: „Handle nur nach derjenigen Maxime, durch die du zugleich wollen kannst, dass sie ein allgemeines Gesetz werde“, Immanuel Kant!

Aus der Sicht eines in einem physischen Gehirn wohnenden Geistes existieren somit Dinge um das *Ich* herum, wie auch das *Ich* selbst. Die Gemeinsamkeit der Dinge ist das „Sein“.[70] Sie sind und es ist sich dieses Seins bewusst! Geist und Materie stehen in Relation. Das führt zu dem Geist-Materie-Problem: Wie kann Geist Materie beeinflussen und wie entsteht aus Materie Geist? Daraus lässt sich nun im Kontext dieses Buchs die Frage stellen: Kann durch die Lösung dieses Problems des Seins eine KI zu einer echten Intelligenz werden? Oder ist eine KI immer ein geistloser Algorithmus, eine Simulation einer Intelligenz?

Leben und Bewusstsein sind beim Menschen eine Einheit. Der Geist ist mehr als die Summe aller Information des biologischen Menschen, des in einem physischen

[69] Siehe auch: Markus Gabriel, https://markus-gabriel.com/monographien, 10.02.25.

[70] Siehe auch: Markus Gabriel „die drei größten Irrtümer“, 12.02.25.

Gehirn innewohnenden Geistes. Erzeugt dann aber Nichtleben und Nichtbewusstsein – wie es bei einer KI offensichtlich ist – keine Selbsterkenntnis und damit auch kein Bewusstsein? Somit gehören Biologie und Bewusstsein zusammen. Deshalb kann KI Bewusstsein nur simulieren! Diese Simulation kann beliebig nahe/präzise dem menschlichen Bewusstsein kommen.

Dennoch bleibt es eine Simulation und damit kein biologisches Bewusstsein. In Bezug auf die oben beschriebene Gemeinschaft von Menschen, in der das biologische Bewusstsein eine ganz besondere Funktion hat, wird damit KI als Entscheidungshilfe im politischen oder sozialen Bereich gefährlich. Aber wo sind die Grenzen von „digitalen Entscheidungshilfen“? Wir sind bereits heute auf dem Weg, uns von KI-Systemen steuern zu lassen, direkt oder indirekt, am Arbeitsplatz oder privat. Die Schlussfolgerung ist, dass sich KI nicht ohne den Menschen moralisch entwickeln kann. Das erscheint im ersten Moment logisch und trivial. es hat aber bei einem genaueren Hinsehen dramatische Auswirkungen auf das Ich und die Gesellschaft.

Im Folgenden werden einige kurze Aspekte über das menschliche Bewusstsein aus der heutigen Betrachtungsweise zu diesem Themenfeld sowie der Forschung vorgestellt. Eingewoben in diese Übersicht sind Hinweise auf die maschinelle Entwicklung der KI. Kausal mit dem Begriff Bewusstsein ist der Begriff der Realität verwoben. In einem folgenden Kapitel werde ich auf diese spannende Deutung von Realität eingehen.

4.5.1 Neurowissenschaftliche Perspektiven auf das Bewusstsein

Heute untersuchen Neurowissenschaftler das Bewusstsein auf der Ebene der physischen Gehirnaktivität und der neuronalen Mechanismen, deren Ergebnisse in unterschiedlichen Modellen zum Verständnis der biologischen Vorgänge eingesetzt werden. Wie ich bereits im Abschn. 4.4.2 beschrieben habe, zeigen bildgebende Verfahren, dass bestimmte Gehirnregionen besonders aktiv sind, wenn Menschen „bewusst“ wahrnehmen, denken oder Entscheidungen treffen. Forschungen haben die Vermutung nachgewiesen, dass das Bewusstsein in den neuronalen Netzwerken des Gehirns entsteht. Verschiedene Bereiche des Gehirns arbeiten vernetzt zusammen. Damit wurde eindeutig geklärt, dass keine einzelne „Bewusstseinszentrale“, ein Bewusstseinszentrum im Gehirn vorhanden ist. Bewusstsein umfasst somit den gesamten Menschen als eine Eigenschaft im Verständnis seiner selbst, seiner gesamten sensorisch ausgestatteten Oberfläche. Wie ich im vorherigen Kapitel postulierte, ist das biologische Bewusstsein offenbar mehr als die Summe aller Informationen in einem Gehirn. Es zeigt damit aus einer weiteren Perspektive, dass eine KI kein, im biologischen Sinne verstandenes, eigenes Bewusstsein entwickeln oder besitzen kann. Die Frage stellt sich jedoch, ob ein Roboter mit einer gleichen sensorischen Ausstattung wie die eines Lebewesens über seine gesamte Fläche seines künstlichen Körpers diese Hürde überwinden würde oder ob es noch weitere Schranken zur Entwicklung eines Bewusstseins geben würde.

4.5.2 Bewusstsein als hierarchisches und integriertes System

Ein zentrales Konzept in der Erforschung des Bewusstseins ist die Theorie der *Hierarchie* und *Integration*. Neurowissenschaftler haben festgestellt, dass das Gehirn Informationen auf verschiedenen Ebenen verarbeitet: niedrigere Bereiche verarbeiten einfache sensorische Daten, während höhere Bereiche komplexere Muster und Bedeutungen erschließen. Mit den Begriffen *niedrig* und *hoch/höher* sind hier die Komplexitätsstufen gemeint. Beide Begriffe sind deshalb nicht in einem räumlichen Sinne zu verstehen. Das menschliche Bewusstsein scheint in den höherentwickelten Bereichen des Gehirns zu entstehen, die sensorische und emotionale Informationen integrieren und interpretieren. Die Folge aus dieser vorläufigen Erkenntnis wäre, dass Lebewesen mit einem sehr kleinen Nervensystem (z. B. Fliegen, Ameisen, Käfer, Vögel, kleine Säugetiere etc.) ohne höhere Verarbeitungsstufen kein Bewusstsein haben können. Aber wäre das wirklich so?

Die *Integrated Information Theory (IIT)*, entwickelt von dem Neurowissenschaftler Giulio Tononi,[71] besagt, dass Bewusstsein entsteht, wenn Informationen im Gehirn *stark* integriert und strukturiert werden (siehe auch Abschn. 4.6). Die Theorie geht somit davon aus, dass innerhalb des Bewusstseins eine „Funktion“ vorhanden ist oder ausgeübt wird, diese Informationen nach irgendeinem „Algorithmus“ zu *strukturieren* und sie zu *interpretieren*. In meiner späteren Präsentation meines eigenen Modells werde ich jedoch diesen Ansatz nicht weiter verfolgen. Der IIT zufolge ist biologisches Bewusstsein in einem Individuum ein Zustand hochabstrahierter Information und Integration – das bedeutet, dass Informationen in einem bewussten System nicht nur vorhanden, sondern auch in komplexen, interdependenten Mustern organisiert sind. Tononis Theorie ist ein Versuch, Bewusstsein zu quantifizieren und ein bestimmbares *Maß* für die „Bewusstseinsstärke“ zu entwickeln. Aus meiner Interpretation ist die IIT ein eher mechanistischer Ansatz, der auf eine Ursache-Wirkungs-Beziehung hinausläuft.

Die IIT muss sich noch in der Konkurrenz zu anderen Modellen über das Bewusstsein behaupten. So ist z. B. die Adaptive Control of Thought-Rational, kurz ACT-R genannt, ein Modell, in dem die Informationsverarbeitung und kognitive Funktionen ein Bewusstsein bilden können. Dazu steht in Konkurrenz die Global Workspace Theory, kurz GWT genannt, auf die ich bereits in einem vorherigen Kapitel eingegangen bin. In der Repräsentational Theory of Mind (RTM) wird davon ausgegangen, dass das Bewusstsein auf der internalisierten Repräsentation der Außenwelt basiert. Aus dem Bereich der Neurowissenschaften sind verschiedene Modelle entwickelt worden, die davon ausgehen, dass einige Gehirnstrukturen und Netzwerke zum Bewusstsein beitragen.

Interessant erscheint mir zu sein, dass aus einer neueren philosophischen Position das Modell des Panpsychismus entstanden ist. Diese Theorie betrachtet Bewusstsein nicht nur als das Ergebnis komplexer Systeme, sondern als etwas, das in gewissem Maße in allen Dingen vorhanden ist. Besonders interessant finde ich die Theorie von Roger Penrose und Stuart Hameroff. Die Orchestrated Objective

[71] Siehe auch Wikipedia: https://de.wikipedia.org/wiki/Giulio_Tononi, 20.11.2024.

Reduction Theory, kurz Orch-OR Theorie genannt, schlägt vor, dass das Bewusstsein aus quantenmechanischen Prozessen im Gehirn entsteht. Dieser zusammenfassenden kurzen Übersicht folgend, ist noch die Emergentist Theory zu nennen. In dieser Theorie wird argumentiert, dass Bewusstsein als emergentes Phänomen aus der Komplexität neuronaler Netzwerke entsteht. Dabei ist kein spezifischer Ort oder Mechanismus für das Bewusstsein identifizierbar. Alle Theorien haben gemeinsam, dass sie aus einer spezifischen Sichtweise einer Wissenschaftsdisziplin auf das Phänomen Bewusstsein schauen. Alle Theorien haben jedoch einen gleichen Mangel. Sie betrachten nicht die Information selbst und ihre Komplexität. In meiner Sichtweise liegt der Schlüssel zu einem Bewusstsein in der Verarbeitung der Information, die sich heute grundlegend bereits bei den biologischen und technischen Sensoren unterscheidet. Wie ich in den vorherigen Kapiteln ausgeführt habe, sind Sensoren auch Informationsfilter. Somit entsteht bei gleichen Eingangsinformationen bereits durch die Auswahl der Sensoren ein Unterschied in der Informationsmenge, der Informationsqualität, der internen Codierung und ihrer weiteren Verarbeitung. Dieser Prozess wird in allen hier aufgezählten Theorien nicht als Teil einer Bewusstseinsbildung mit einbezogen, was ein entscheidender Mangel sein könnte.

4.5.3 Unbewusste und bewusste Prozesse

Eine zentrale Erkenntnis der heutigen Forschung ist, dass der größte Teil der Gehirnaktivität unbewusst abläuft und nur ein kleiner Teil ins Bewusstsein dringt. Das ist keine überraschende Erkenntnis, angesicht Milliarden von konzertiert handelnden Zellen in einem Organismus. Der Psychologe und Nobelpreisträger[72] Daniel Kahneman[73] erarbeitete und entwickelte die *Urteilsheuristiken* sowie die Theorie der *kognitiven Verzerrungen*. Er unterscheidete zwischen zwei Systemen des Denkens: Dem System 1 für schnelles, intuitives und meist unbewusstes Denken und dem System 2 für langsames, bewusstes und analytisches Denken. Der Übergang von unbewussten zu bewussten Prozessen bleibt jedoch ein Rätsel. Dabei versuchen Forscher zu verstehen, warum bestimmte Informationen ins Bewusstsein treten, während andere im Unbewussten bleiben.

Ich möchte aus dem deutschsprachigen Raum auf einen der führenden Psychiater und Gehirnforscher. Prof. Manfred Spitzer.[74] hinweisen, der zu diesem Thema der unterschiedlichen Prozesse des Gehirns zahlreiche Publikationen veröffentlicht hat. Ohne hier auf die Details seiner Arbeiten eingehen zu können, möchte ich auf die Arbeiten der *funktionellen Neuroanatomie und Psychopathologie des semantischen Gedächtnisses*,[75] Arbeiten und Publikationen zu *KI* und *neuronale Netzwerke*

[72] Siehe auch: Nobel Prize, https://www.nobelprize.org/prizes/economic-sciences/2002/kahneman/facts/, 3.12.24.

[73] Siehe auch: Wikipedia, https://de.wikipedia.org/wiki/Daniel_Kahneman, 3.12.24.

[74] Siehe auch: ZNL TransferZentrum für Neurowissenschaften und Lernen, Universität Ulm, https://wp.znl-ulm.de/geist-und-gehirn, 3.12.24.

[75] Siehe auch: Prof. Manfred Spitzer, https://www.uniklinik-ulm.de/psychiatrie-und-psychotherapie-iii/team/prof-dr-med-dr-phil-manfred-spitzer.html, 3.12.24.

hinweisen. Er leistete neben Arbeiten zu den neuronalen Netzen vor allem grundlegende Arbeiten zum menschlichen Lernen. Manfred Spitzer begründete seine Theorie des Lernens u. a. mit den sogenannten *Hermeneutischen Zirkeln.*[76] Diese in ihren Auswirkungen kulturellen Prägungen von KI können heute in den großen künstlichen Sprachmodellen beobachtet werden und auf diese Theorieansätze zurückgeführt werden.

Studien zeigen, dass Bewusstsein auch dazu dient, neue Informationen zu verarbeiten, flexible Entscheidungen zu treffen und kreative Lösungen zu finden. Wenn Menschen komplexe Probleme lösen, scheinen sie intuitiv zwischen bewussten und unbewussten Prozessen zu wechseln. Hierfür scheint der präfrontale Kortex wichtig zu sein, der aktiv wird, wenn wir uns auf neue Informationen fokussieren oder eine Entscheidung reflektieren.

4.5.4 Das harte Problem des Bewusstseins

Der Philosoph David Chalmers, auf den ich später noch einmal zurückkommen werde, prägte den Begriff des „harten Problems des Bewusstseins", das die Frage behandelt, warum und wie subjektives Erleben entsteht. Während die Neurowissenschaft viele Korrelate des Bewusstseins findet, bleibt die Frage unbeantwortet, warum bestimmte neuronale Prozesse ein Gefühl von *Selbst* und *Ich*, also einen Selbstbezug hervorrufen. Dieses Problem beschreibt den Unterschied zwischen dem Verständnis der Funktionsweise des Gehirns und der Erklärung des *subjektiven Erlebens*, der sogenannten „Qualia" (Lateinisch: wie beschaffen). Die Qualia beschreibt aus Sicht des Subjekts die von einem Objekt unabhängig wahrgenommenen Eigenschaften. Qualia sind Grundbausteine in der Philosophie des Geistes. Diese spezifische Philosophie befasst sich mit den Fragen des *Bewusstseins* und der *Kognition*. Qualia sind die *individuellen Empfindungen*, die schwer zu messen oder zu beschreiben sind, wie zum Beispiel das persönliche Empfinden von Schmerz, Geruch oder Farbe.

Die Erforschung der Qualia bleibt eine der größten Herausforderungen in der Bewusstseinsforschung. Manche Philosophen und Wissenschaftler argumentieren, dass das Bewusstsein nicht vollständig mit neuronalen Prozessen erklärbar ist, da es sich um ein rein subjektives Phänomen handelt. Wie in meinem früheren Kapitel beschrieben, gibt es auch kein Zentrum im Gehirn, in dem es entsteht. Es ist ein Phänomen, das sich auf den gesamten Menschen bezieht. Andere wiederum suchen nach neuen Theorien und Modellen, die das Bewusstsein als emergentes Phänomen erklären, das aus der Komplexität neuronaler Interaktionen hervorgeht. Die in diesem Buch entwickelte These geht von einem anderen Standpunkt/Blickwinkel aus.

Bewusstsein ist nicht eine Frage von komplexen Datenverknüpfungen oder/und einer Menge von Daten. Dieser in der KI häufig zu findende Ansatz, dass durch mehr Daten und mehr Verknüpfungen dieser Daten, somit von der Menge von Daten abhängig Intelligenz erreicht wird bzw. ein Bewusstsein geschaffen werden kann halte ich für falsch. Aus meiner Sicht hat jedes Lebewesen ein spezifisches Bewusstsein, ich nenne es Kern- oder Basisbewusstsein. Es ist in seiner Ausprägung und

[76] Siehe auch: Wikipedia, https://de.wikipedia.org/wiki/Hermeneutischer_Zirkel, 3.12.24.

Qualität vom Individuum abhängig. Diese Fähigkeit zur Selbstreflektion ist ein fundamentaler Teil jedes Lebewesens, in seiner Umwelt überleben zu können. Dazu zählen im Wesentlichen die Fähigkeit zur selektiven Aufnahme von wesentlichen Informationen aus seiner Umwelt und die Fähigkeit aus diesen Informationen eine für sich, dem Individuum sinnhafte Handlung ableiten zu können, wie z.B. die richtige verwertbare Nahrung zu beschaffen und aufnehmen zu können. Je nach Ausprägung des Lebewesens kann es sich im Raum bewegen oder ist stationär gebunden. Eine sich bewegende Lebensform hat zusätzlich zu den genannten Grundprinzipien noch die Fähigkeit, sich selbst im Raum zu orientieren und bewegen zu können, ohne dabei sich selbst zu "zerstören" oder seine Existenz zu gefährden. Die Bewegung selbst ist in der Regel ein Mechanismus zur Reduktion von äußeren Störungen bzw. ein Teil eines Anpassungsmechanismus. Die Bewegung im Raum dient u.a. auch einer Nahrungsbeschaffung und in höheren Komplexitätsgraden der Jagd nach Nahrung. Mit dieser Grundfähigkeit der Bewegung ist die additive Fähigkeit einer Verteidigung bzw. eines Angriffs verbunden.

Jedes Leben hat den Antrieb, zu existieren! Es kann als eines der Gesetze des Lebens aufgefasst werden. Dieses fundamentale Grundprinzip ist der atavistische Antrieb zu einem "Bewusstseins" (Kernbewusstsein), dass die fundamentale Basis einer Informationsrückkopplung zwischen der Umwelt und seiner Existenz (Lebewesen), sowie der Sicherung des eigenen Existierens darstellt. Eine Stubenfliege hat ein Bewusstsein, wie auch ein Elefant ein Bewusstsein hat. Beide Lebewesen sind mit ihrer Umwelt rückgekoppelt und können in ihr Existieren, in dem sie Informationen bidirektional austauschen. Die rückgekoppelte Existenz ist (existiert) reaktiv in Abhängigkeit zur externer und interner Informationen. Diese komplexe Rückkopplung beider Welten, innere Welt des Ich und äußere Welt außerhalb des Ich, kann in ihrer einfachsten Form als „Selbstreflektion" aufgefasst werden um das atavistischen Grundprinzip der Existenz zu erfüllen. Mit dem Bewusstsein kann jedes dieser Lebewesen diese Informationen zur Sicherung seiner Selbst verarbeiten. Damit ist aber Bewusstsein eine rückgekoppelte Informationsverarbeitung zu einer hoch komplexen Umwelt zur Sicherung der eigenen Existenz. Die Komplexität der Umwelt prägt das individuelle Leben und sein (Ur)bewusstsein. Emotionen sind in dieser Betrachtungsweise ein Teil der Informationsverarbeitung zum eigenen Vorteil bzw. zu einer für das Individuum, dem Ich, sinngebenden Handlung. Sinngebend ist hier in diesem Kontext die Urform des eigenen Selbsterhalts: „Es macht Sinn mich selbst am Leben zu erhalten." Meine These ist, dass jede Form der informationsverarbeitenden rückgekoppelten Selbsterhaltung mit seiner natürlichen Umwelt eine Art, eine Urform des Bewusstseins, dem Kernbewusstsein, darstellt und nicht von der Mengen an Informationen abhängig ist. In einer menschlichen Dimension ist das Bewusstsein zusätzlich zu den Erhaltungseigenschaften eines Individuums, wie bereits ausgeführt, noch in die mitmenschlichen, die sozialen Umfelder eingebettet. Die humanen Leben interagieren in komplexer Weise untereinander. Durch die mit Hilfe der Evolution sich entwickelte Arbeitsteilung der Spezies Mensch, hat sich ein Sozialverhalten ausgeprägt. Es ist somit ein Bestandteil eines die Komplexität steigerndes Humanumfeld und damit Bestandteil einer Existenzsicherung bzw. der äußeren Information die Bestandteil des Rückkopplungsmechanismus zwischen den Welten ist. Eine KI hat den eigenen Antrieb einer Existenzerhaltung um jeden Preis, eine eigene Existenz und einer mehrdimensionalen rückgekoppelten Informationsinteraktion nicht. Deshalb ist ein Bewusstsein durch eine KI heute nicht möglich. Ob ein autonomer Selbsterhalt mit allen Mitteln, ein Grundgesetz des Lebens für eine KI entwickelt und in ihr integriert werden sollte, ist eine bisher in ihrer Tiefe wenig diskutierte Fragestellung.

4.5.5 Forschungen zu Bewusstseinsstörungen und veränderten Bewusstseinszuständen

Wertvolle Erkenntnisse über das Bewusstsein stammen auch aus der Erforschung veränderter Bewusstseinszustände, wie sie beim Schlaf, bei Träumen, bei Meditation oder durch Drogenkonsum auftreten. Studien über mehrere Jahrzehnte haben gezeigt, dass das Bewusstsein in verschiedenen Zuständen unterschiedliche Merkmale aufweist und dass das Gehirn flexibel auf äußere und innere Reize reagiert.

Das Gegenteil von Bewusstsein ist seine Störung, die Bewusstseinsstörung, etwa nach einem Koma. Sie wird als Beeinträchtigung des normalen Alltagsbewusstseins verstanden. Die Bewusstseinsstörung liefert wichtige Hinweise auf das Phänomen des Bewusstseins. In den gestörten Zuständen zeigen die Betroffenen häufig keine oder nur begrenzte bewusste Reaktionen auf die Umwelt, obwohl die zuständigen Gehirnareale weiterhin aktiv sein können. Durch die Untersuchung dieser Zustände und ihrer Reversibilität lernen Forscher mehr über die Minimalbedingungen, die Bewusstsein herstellen. In diesen Untersuchungen hat sich gezeigt, dass eine bestimmte Konnektivität und Aktivität zwischen Gehirnregionen wichtig ist, um bewusste Wahrnehmung aufrechtzuerhalten. Im Jahr 2002 wurden vereinheitlichte Diagnosekriterien für den „minimalen Bewusstseinszustand“ beim Menschen erstmals veröffentlicht.

Nur was ist eine Bewusstseinsstörung? Ich möchte mich der Frage nach dem menschlichen Bewusstsein auch über diesen Umweg, aus dieser Perspektive nähern. Denn aus Sicht der Medizin stellt sich die Frage nach der Störung einfacher als nach der Normalität. Ich gehe deshalb bei der Eingrenzung dieser Frage von zwei Grundsätzlichkeiten aus, a) dass die hier genutzte Betrachtung auf das Bewusstsein für das *menschliche Bewusstsein* definiert ist und b) alles außerhalb einer Störung die Normalität, also das normal Funktionierende ist. Die Definition des Bewusstseins wird für das Thema dieses Buchs auf den medizinischen Aspekt eingeschränkt. Ich lasse an dieser Stelle bewusst andere Sichtweisen auf das menschliche oder auch biologische Bewusstsein aus, wie z. B. die Interpretationen aus der Psychologie und Philosophie (siehe auch vorherige Kapitel).

In der Medizin wird grob zwischen der quantitativen und der qualitativen Bewusstseinsstörung unterschieden. Beide Formen können ganz unterschiedliche Verhaltensstörungen beim Menschen bewirken, die somit für den Mediziner Merkmale des Krankheitsbildes sind. Eine Bewusstseinsstörung kann bis zum Koma führen. In diesem Zustand ist bei einem Patienten kein Bewusstsein mehr vorhanden.

In der Medizin wird das Bewusstsein als Funktion des Gehirns angesehen. Ist das Gehirn als Organ gestört oder geschädigt, ist für den Mediziner eine Bewusstseinsstörung möglich. Um eine Störung des Gehirns erkennen zu können, nutzen Mediziner in der Regel reflektorische Reaktionen des Patienten. Wird bei der Untersuchung eine Störung unterschiedlicher Reflexe erkannt, können daraus Rückschlüsse auf die Einschränkung des Bewusstseins gezogen werden. Dieser kurze Ausflug in die medizinische Sichtweise zeigt, dass die Diagnose einer Bewusstseinsstörung nicht trivial ist und einer guten Kenntnis entsprechender Diagnosesicherungen bedarf. Im Umkehrschluss kann daraus gefolgert werden, dass bei einer negativen Diagnose einer Bewusstseinsstörung ein Bewusstsein eines Menschen vorhanden ist. Damit ist jedoch in keiner Weise geklärt, was eigentlich Bewusstsein ist. Es zeigt lediglich, dass das diagnostizierte Individuum in seiner Erfassung und Reaktion auf sein Umfeld normal arbeitet. Grob kann davon abgeleitet werden, dass Bewusstsein mit der direkten Umwelt eines Individuums zu tun hat.

Das menschliche Bewusstsein wird heute als die Fähigkeit eines Individuums betrachtet, sich selbst, sein Umfeld und die Welt um es herum zu erkennen, wahrzunehmen und damit zu interagieren. Um dieses leisten zu können, sind Sensoren notwendig, über die wir von uns selbst und von unserer Umwelt Reize aufnehmen können. Aus meiner Sicht sind jedoch nicht nur die Sensoren notwendig, sondern auch die Extremitäten und unsere Stimme, mit denen wir an unsere Umwelt Nachrichten oder Handlungen abgeben können, die wiederum Informationen an unsere Sinnesorgane auslösen. Es entsteht ein Interaktionskreislauf, eine Rückkopplung, der Teil einer Bewusstseinsbildung und Aufrechterhaltung ist.

Alle menschlichen Sensoren, inklusive ihrer Reaktionsmittel, bilden die Informationsbasis und den Rückkopplungskreislauf zur Bildung von Bewusstsein. Das Bewusstsein in uns selbst hat zudem spezifische Eigenschaften, wie z. B. die Fokussierung auf bestimmte Reize (Aufmerksamkeit) und ihre Interpretation sowie die Auslösung einer möglichen Reaktion. All diese Vorgänge werden im Wesentlichen im Gehirn durchgeführt bzw. zu einem Bewusstsein verbunden. Die Handlungen im Rahmen des Bewusstseins sind uns selbst bewusst und unterliegen der persönlichen Reflexion, damit einer Kontrolle. Aus dieser Kausalität entsteht dann auch die Verantwortung für ein „bewusstes“ Handeln einer Person. Damit hat das Bewusstsein eine hohe gesellschaftliche Bedeutung, wie auch seine Negation, die Bewusstseinsstörung.

Mit diesem kurzen Ausflug in das Konzept des menschlichen Bewusstseins aus Sicht der Medizin, seiner Definition und seiner Bedeutung, kann nachvollzogen werden, welche Komplexität sich hinter diesem Begriff biologisch und gesellschaftlich verbirgt. Für die Entwicklung von KI hat deshalb eine häufig in der Öffentlichkeit geäußerte Gefahr von einem *maschinellen Bewusstsein* keine Bedeutung. Sofern KI überhaupt zukünftig in der Lage sein wird, eine *Simulation von Bewusstsein* herstellen zu können, sind aus heutiger Sicht noch unendlich große Abstände zwischen den heutigen Fähigkeiten von KI und den menschlichen Fähigkeiten eines Bewusstseins vorhanden (mehr dazu im folgenden Kapitel).

4.5.6 Theorien der künstlichen Intelligenz und des maschinellen Bewusstseins

Das biologische Bewusstsein wirft auch Fragen über künstliche Intelligenz (KI) und maschinelles Bewusstsein auf. Eine zentrale Debatte in der KI-Forschung ist, ob Maschinen jemals so etwas wie ein Bewusstsein entwickeln könnten oder ob maschinelles Denken immer auf symbolische und mathematische Prozesse beschränkt bleibt. Wie bereits in einem vorherigen Absatz erwähnt, sind einige Forscher davon überzeugt, dass eine ausreichend komplexe künstliche Struktur, die eine starke Integration und Informationsverarbeitung ermöglicht, ein Bewusstsein entwickeln könnte. Dieser Ansatz kann in dem bekannten Satz zusammengefasst werden, dass die Summe aller Teile mehr ist als ihre Einzelteile. Mit dieser Annahme nehmen sie die Perspektive der *Integrated Information Theory* ein. Andere halten Bewusstsein jedoch für ein Phänomen, das untrennbar mit biologischen Systemen verbunden ist. Ein aus KI entstandenes „Bewusstsein" müsse vor allem erst einmal dahingehend definiert werden, was es eigentlich sein soll.

Diese Überlegungen haben nicht nur ethische, sondern auch technische Implikationen. Selbst wenn Maschinen heute keine künstlichen „Wesen" mit Bewusstsein sind, stellt sich die Frage, welche Rolle maschinelle Systeme in der Zukunft in Bereichen wie Entscheidungshilfe, ethische Verantwortung und soziale Interaktion spielen werden – vor allem vor dem Hintergrund zunehmend perfektionierter *Simulationen* von kognitiven menschlichen Fähigkeiten! Diese Simulationen werden eine derart hohe Perfektion erreichen, dass die Frage, ob diese Maschinen dann ein Bewusstsein besitzen, in den Hintergrund treten wird.

Die Erforschung des Bewusstseins ist eine interdisziplinäre Herausforderung. Sie ist noch weit davon entfernt, ein vollständiges Verständnis des Bewusstseins liefern zu können. In der Zukunft könnten neue wissenschaftliche Entdeckungen und technologische Fortschritte, wie etwa die Entwicklung komplexerer neuronaler Modelle oder die Verbesserung der Bildgebungstechnologie, dazu beitragen, dass wir das biologische Bewusstsein besser verstehen und vielleicht auch eines Tages den Übergang vom biologischen zum *maschinellen Bewusstsein* nachvollziehen können. Bis dahin bleibt das Bewusstsein ein einzigartiges kognitives Phänomen der Biologie, das auch heute noch die Grenze zwischen den Naturwissenschaften und der Geisteswissenschaft Philosophie verschwimmen lässt.

Betrachten wir nun etwas genauer, was sich hinter der *Integrated Information Theory* verbirgt. In den folgenden Kapiteln möchte ich eine kurze Übersicht über diese Modellvorstellung geben. Sie wird der Ausgangspunkt zum Verständnis meines eigenen Ansatzes sein.

4.6 Integrierte Informationstheorie (IIT)

Die zurzeit einflussreichste Theorie zur Deutung des Phänomens des Bewusstseins ist die *Integrated Information Theory* (IIT). Sie wurde vom Neurowissenschaftler *Giulio Tononi* entwickelt und stellt die Frage, was Bewusstsein ist, warum es existiert und wie und ob es *gemessen* werden kann. Die Grundidee der IIT ist, dass Bewusstsein aus der *Integration und Organisation von Informationen* entsteht. Die IIT postuliert, dass ein System bewusst ist, wenn es ein hohes Maß an „integrierter Information" aufweist – dies bedeutet, dass die Informationen nicht nur gesammelt und gespeichert, sondern auch komplex miteinander *verknüpft* und *verarbeitet*, aber auch *interpretiert* werden müssen. Die implizite Annahme in der IIT ist, dass Informationen Strukturen und Muster bilden.

Die heute bekannten neuronalen und stark integrierten Deep-Learning-Sprachmodelle entsprechen dieser Modellvorstellung, zeigen jedoch trotz sehr hoher Komplexität noch kein dem biologischen vergleichbares Bewusstsein. Aus meiner Interpretation heraus entsprechen diese Modelle der Phase einer *Informationsverknüpfung* mit ersten Anzeichen einer *Informationsverarbeitung*. Die Interpretation der von den Programmen aufgenommenen Datenmengen erfolgt jedoch trotz hoher Komplexität der Datenverknüpfung nicht im biologischen Sinn. Ein Baustein dieser „Interpretation" wäre u. a. eine *Individualität*, die bei allen Modellen nicht vorhanden ist. Ein weiterer Baustein wäre *Emotionalität*. Emotionalität ist ein Kern biologischer Informationsverarbeitung bzw. ein anderes Wort für Informationsverarbeitung von niederschwelligen biologischen Systemen. Was maschinelle Emotionalität wäre, kann heute noch nicht beantwortet werden.

4.6.1 Grundprinzipien der IIT

Die *Integrated Information Theory* basiert auf mehreren Annahmen. Sie beschreiben, wie und warum Bewusstsein entstehen könnte (Grundlagen dazu siehe auch Abschn. 4.5 ff). Dazu zählen Existenz, Komposition, Information, Integration und Exklusion. Das IIT-Modell hat das Ziel, ein *Maß* für Bewusstsein zu schaffen, also eine Messgröße des Bewusstseins zur Verfügung zu stellen. In der Theorie ist die *Existenz* das Prinzip, dass Bewusstsein existiert und sich durch subjektives Erleben auszeichnet. Die fundamentale Bedeutung von Existenz ist in zahlreichen Schriften über Jahrhunderte immer weiterentwickelt worden. Für eine vertiefende Sichtweise von Existenz kann an dieser Stelle nur auf ihre spannenden Erkenntnisse verwiesen werden,[77] da hier eine vertiefende Betrachtung dieser Facette des Bewusstseins den gesetzten Rahmen überdehnen würde.

Bewusstsein ist daher ein realer, wenn auch schwer messbarer Zustand (siehe auch Abschn. 4.5.5). Der Aspekt der *Komposition* beschreibt, dass Bewusstsein aus einer bestimmten *Struktur* besteht, die sich aus mehreren *Elementen* zusammensetzt. So hat jede bewusste Erfahrung eine bestimmte *Form*, die durch die Art und Weise bestimmt wird, wie Informationen im System *integriert* werden. Der Aspekt der Information ist innerhalb der hier betrachteten Theorie von zentraler Bedeutung. Jede bewusste Erfahrung ist informativ bzw. eine Information, da sie eine bestimmte Art von Wahrnehmung oder Erleben darstellt. Ich werde in der späteren Präsentation meines Modells auf diese Grundlagen noch einmal zurückkommen.

[77] Siehe auch: Wikipedia, https://de.wikipedia.org/wiki/Existenzphilosophie, 2.12.24.

Im IIT-Modell wird das Bewusstsein so interpretiert, dass ein System Informationen auf eine Weise integriert, die einzigartig für diese Erfahrung ist. Der Aspekt der *Integration* beschreibt, dass Bewusstsein nur dann entsteht, wenn ein System Informationen nicht nur aufnimmt, sondern auch miteinander kombiniert und *integriert*. Wenn Informationen isoliert und ohne gegenseitige Beeinflussung verarbeitet werden, entsteht kein Bewusstsein. *Integration* bedeutet, dass jeder Teil des Systems den Gesamtzustand beeinflusst und verändert. Der Aspekt der Exklusion ist besonders interessant. Jede bewusste Erfahrung ist „ganzheitlich", d. h., sie schließt andere mögliche Bewusstseinszustände aus. Ein bewusster Zustand ist nicht die Kombination aller möglichen Zustände, sondern ein bestimmter Zustand, der alle anderen Möglichkeiten ausschließt.

4.6.1.1 Der Begriff der „integrierten Information" und der Wert Phi (Φ)

Ein zentrales Konzept in der IIT ist der Wert *Phi* (Φ), ein Maß für die Menge der „integrierten Information" in einem System. Der Wert *Phi* repräsentiert die Kapazität des Systems, Informationen in einer Weise zu verarbeiten, die eine kohärente und unteilbare Erfahrung erzeugen. Ein hoher Phi-Wert bedeutet, dass das System einen hohen Grad an integrierter Information und daher ein hohes Maß an Bewusstsein besitzt.

Phi kann theoretisch auf unterschiedliche Systeme angewendet werden, um den Grad des Bewusstseins zu quantifizieren. Ein menschliches Gehirn besitzt beispielsweise aufgrund seiner komplexen Vernetzung und der Fähigkeit zur Informationsintegration einen hohen Phi-Wert, während einfache Maschinen, die Informationen nur „sequenziell" verarbeiten, keine oder nur eine sehr geringe integrierte Information aufweisen. In der heutigen Interpretation dieses Konzepts, dieses Modells, ermöglicht der Wert Phi, zwischen bewussten und unbewussten Systemen zu unterscheiden.

4.6.1.2 Mikrozustände und Makrozustände in der IIT

Die IIT postuliert, dass Bewusstsein durch die Interaktion von Mikrozuständen entsteht, also durch die spezifische Kombination und Verarbeitung von Informationen auf der neuronalen Ebene. Diese Annahme folgt dem Prinzip, dass genügend kombinierte Mikrozustände zu einem Bewusstsein führen. Jeder bewusste Zustand besteht aus einem bestimmten Muster dieser Mikrozustände. Das Modell beschreibt das Bewusstsein als eine Art „Makrozustand", der als Ergebnis der Zusammenführung und Organisation dieser Mikrozustände im Gehirn entsteht. Der Makrozustand ist in diesem Fall das subjektive Erleben, das als Einheit wahrgenommen wird. In diesem Kontext gehen heute einige Entwickler und Wissenschaftler davon aus, dass ein elektronisches Gehirn auf Basis künstlicher neuronaler Netze ein Bewusstsein erlangen kann. Dieses Postulat ist jedoch stark an die Definition dieses Zustands geknüpft. Ein für ein maschinelles Bewusstsein ausgelegtes und verallgemeinertes Modell würde dieses Postulat unterstützen, damit jedoch auch die Trennung von biologischem und künstlichem Bewusstsein beschreiben.

Da Informationen auf mehreren Ebenen verarbeitet werden, trägt jedes Element des Systems zur Entstehung des bewussten Makrozustands bei. Das bedeutet, dass der Makrozustand mehr als die Summe der Mikrozustände ist – durch die spezifische Art der Informationsintegration entsteht eine neue Qualität: das *Bewusstsein*. In der Theorie IIT wird jedoch nicht definiert, wie diese postulierte Summe der Mikrozustände miteinander so wechselwirken kann, dass eben nicht nur die Summe der einzelnen Zustände als Ergebnis ihrer Zusammenarbeit vorhanden ist. Die Theorie zeigt keinen Weg auf, wie ein höherer Zustand erreicht wird. Es bleibt ein Postulat.

4.6.1.3 IIT und künstliche Intelligenz

Ein spannender Aspekt der IIT ist die Frage, ob und wie Bewusstsein in künstlichen Systemen entstehen könnte. Das Modell der IIT deutet an, dass jedes System, das einen hohen Grad an integrierter Information aufweist, potenziell bewusst sein könnte – unabhängig davon, ob es aus biologischen oder künstlichen Komponenten besteht. Das bedeutet, dass ein entsprechend konfiguriertes Computersystem oder eine künstliche Intelligenz mit ausreichender Integration theoretisch ein unbestimmtes Maß an Bewusstsein entwickeln könnte. Dabei ist jedoch unklar, wo diese Grenze ist, also wie hoch die Quantität der Information sein muss und wie hoch ihre Integration sein sollte, um diesen neuen Zustand erreichen zu können.

Die Herausforderung ist, dass die Integration von Informationen in den meisten aktuellen KI-Systemen nicht so komplex ist wie in einem biologischen Gehirn. Wie bereits in den vorherigen Kapiteln beschrieben, ist Bewusstsein eine biologische komplexe Eigenschaft. Die IIT berücksichtigt diese Komplexität eines biologischen Systems nicht. Somit kann die biologische Komplexität auch nicht auf eine KI übertragen werden. Hier offenbaren sich noch einige ungelöste Fragen. Eine der Fragen ist auch, ob die Frage nach dem Bewusstsein überhaupt für künstliche KI-Systeme gestellt werden sollte. Eine für komplexe Technologien, wie der KI, neu geschaffene Begriffswelt zur Klassifizierung oder Kennzeichnung bestimmter Fähigkeiten wäre aus meiner Sicht zielführender als die begriffliche und konzeptionelle „Anpassung“ biologischer Komplexität an technische Systeme.

4.6.1.4 Kritik und offene Fragen

Die IIT bietet Perspektiven, die von vielen Sichtweisen auf das Phänomen Bewusstsein blicken, indem sie subjektives Erleben durch die Organisation und Integration von Informationen versucht zu erklären. Sie stellt das Bewusstsein als eine Form von „integrierter Information“ dar, die durch eine hohe Komplexität und gegenseitige Beeinflussung der Komponenten des Systems entsteht. Mit dem Konzept des Phi-Werts liefert die IIT eine potenziell messbare Größe, um Bewusstsein zu bewerten und in der Folge zwischen verschiedenen Systemen vergleichen zu können. Dennoch steht die IIT vor großen Herausforderungen. Besonders bei der praktischen Anwendung und Berechnung des Werts Phi. Ebenfalls stellt sich die Frage, ob das Bewusstsein allein durch integrierte Information erklärt werden kann.

Die *Integrated Information Theory* wird heute als ein bedeutender Ansatz zur Erklärung des Bewusstseins verstanden, stößt jedoch auch auf Kritik und erzeugt offene Fragen. Die Schwierigkeit, den Wert *Phi* in komplexen Systemen tatsächlich berechnen zu können, ist nur einer dieser Kritikpunkte. Hier stößt man z. B. bei biologischen Systemen an Machbarkeitsgrenzen. Der Wert Phi ist auch für große künstliche Systeme nur schwer messbar. Es bleibt unklar, wie er praktisch eingesetzt werden kann, um Bewusstsein in lebenden oder künstlichen Systemen zu quantifizieren.

Ein weiteres Problem ist die Frage, ob Phi allein ausreicht, um das subjektive Erleben zu erklären. Einige Argumente weisen darauf hin, dass die Struktur der Informationsintegration nicht unbedingt das gesamte Erleben eines bewussten Zustands erklärt. Zusätzlich ist es möglich, dass es andere Faktoren geben muss, die bei der Entstehung des Bewusstseins eine Rolle spielen.

Grundsätzlich geht die Theorie von der Annahme aus, dass alleine durch die *Kombination* und *Integration* von Information ein Bewusstsein erreicht werden kann. Mit anderen Worten wird davon ausgegangen, dass man nur genügend Information in einem neuronales Netz einer hinreichend großen Dimension zusammenführen muss, um Bewusstsein bzw. ein individuelles Erleben erzeugen zu können. Dieses Postulat steht aus meiner Sicht für sich und ist durch keine anderen Hinweise aus anderen Betrachtungswinkeln auf biologisches Bewusstsein unterfüttert.

4.6.1.5 Künstliche neuronale Netze

Ein Schlüssel der heutigen Fähigkeiten von KI-Systemen ist das Deep Learning neuronaler Netze. Aber was ist Deep Learning? Es ist eine spezielle Methode des maschinellen Lernens, die auf künstlichen neuronalen Netzen basiert und darauf abzielt, große Datenmengen durch tiefe (mehrschichtige) Netzwerke zu analysieren und Muster zu erkennen. Es ist ein Teilbereich des maschinellen Lernens und hat sich in den letzten Jahren besonders in Bereichen wie der Bild- und Spracherkennung, der automatischen Übersetzung und im autonomen Fahren bewährt. Die Modelle und Verfahren von Deep Learning basieren auf *künstlichen Neuronen*, die ähnlich wie ihre biologischen Vorbilder im menschlichen Gehirn funktionieren. Mithilfe des *Backpropagation-Algorithmus,* den ich später in einem eigenen Absatz etwas genauer betrachte, optimiert und verbessert sich das Netzwerk kontinuierlich. Aber ich möchte zunächst auf den grundlegenden Aufbau heutiger neuronaler Netze eingehen, damit später eine vertiefende Betrachtung in der Informationsverarbeitung dieser Struktur möglich ist. In Bezug auf das vorherige Kapitel stellt sich eine philosophische Frage, warum gerade diese vernetzte Struktur, das neuronale Netz, in der Lage ist, ein Bewusstsein bei biologischen Systemen zu ermöglichen.

4.6.1.6 Grundlagen, Aufbau und Struktur neuronaler Netze

Die Basis jedes modernen KI-Systems ist sein neuronales Netz, auch abgekürzt als NN gekennzeichnet. Aber was ist ein neuronales Netz? Präziser formuliert: Was ist ein Netz aus abstrakten Knoten in Form eines zweidimensionalen Netzes, ähnlich einem Fischernetz, in dem die Knoten als künstliche Neuronen definiert werden und jeder dieser Knoten mit seinem Nachbarn durch Gewichte verbunden ist?

Ein neuronales Netzwerk ist ein Modell des maschinellen Lernens, das sich an der Funktionsweise des menschlichen Gehirns orientiert und zur Verarbeitung und Analyse von komplexen Datenstrukturen eingesetzt wird. Es besteht aus einer Vielzahl von künstlichen mathematischen Funktionen, den „Neuronen" oder „Knoten", die zum einen in zweidimensionalen Feldern und in Schichten organisiert sind und durch *Gewichtungen* verbunden sind. Ein Gewicht zwischen zwei Knoten wird nicht in Gramm gemessen, sondern ist ein mathematischer Filter, der die Weiterleitung eines Signals von dem einen Neuron an das andere verstärkt oder abschwächt. Es gewichtet die Signalstärke einer Verbindung.

Künstliche Neuronen werden in ihrem Grundaufbau mit allen anderen Neuronen verbunden. Existieren z. B. zwei Eingangsneuronen und zwei Ausgangsneuronen, sind alle Neuronen untereinander verbunden. Damit nun die Eingangssignale nicht gleichmäßig an die Ausgangsneuronen weitergeleitet werden, werden Gewichte, die mathematischen Filter, zwischen den Verbindungen eingeschaltet. Je nach Training hat die erste Verbindung zum Ausgangsneuron ein anderes Gewicht wie die zweite Verbindung zu dem zweiten Ausgangsneuron. Es gibt somit in einem neuronalen Netz zwei wesentliche Funktionen, die *Gewichte* und die *Neuronen.*

Ein digitales Neuron ist ein abstraktes Objekt mit einem Eingang und einem Ausgang, das einen Wert erhält und abgibt. Viele Eingänge werden häufig zu einem Eingangssignal aufsummiert. In diesem mathematischen Objekt wird der Eingangswert durch eine einfache mathematische Funktion verrechnet. Je nachdem, ob das Ergebnis dieser Berechnung über einem Schwellenwert liegt, gibt das Objekt einen Ausgangswert ab. Liegt der berechnete Wert unterhalb des Schwellenwerts, gibt das Objekt Null ab. Somit wird keine Ausgabe an das verbundene nächste Objekt übermittelt. Die Strukturierung der Neuronen mit ihren Verbindungen in *Netze* und *Layers* macht neuronale Netzwerke flexibel und leistungsfähig, insbesondere bei Aufgaben wie Mustererkennung, Klassifikationen und Vorhersagen. Ich möchte einen kurzen Überblick über den Aufbau eines neuronalen Netzwerks geben:

Die Grundstruktur eines neuronalen Netzwerks besteht aus verschiedenen Schichten, wobei die Neuronen innerhalb einer Schicht in einer sequenziellen Reihenfolge miteinander verbunden sind. Dabei sind die Hauptbestandteile eines einzelnen Netzwerks die Eingabeschicht (Input Layer), die verborgene Schicht (Hidden Layers) und die Ausgangsschicht (Output Layer). Die Input- und Output-Schichten können auch als Transformationsschichten und der Hidden Layer als Arbeitsschicht verstanden werden. Die Eingangsschicht empfängt die Rohdaten, die das Netzwerk verarbeiten soll. Jedes Neuron in der Eingabeschicht repräsentiert eine Eigenschaft oder einen Wert aus den Eingabedaten. Zum Beispiel könnte eine Eingangsschicht für jeden Pixelwert eines Bildes Neuronen konditionieren. Da das jedoch zu ineffizient wäre, nimmt man nur eine Zeile oder einen Ausschnitt/Cluster eines Bildes und gibt es an die Eingangsschicht weiter. So wird z. B. ein Bild zeilenweise oder blockweise eingelesen.

Die verborgene Schicht (Hidden Layers) befindet sich zwischen der Eingabeschicht und der Ausgabeschicht. Sie heißt verborgen, weil sie durch die Eingangs- und Ausgangsschicht für die Daten nicht „sichtbar" ist. Sie kann aus einer oder mehreren Schichten digitaler Neuronen bestehen. Diese Schichten enthalten die

Neuronen, die die eigentliche Berechnung und Mustererkennung im Netzwerk durchführen. Jede verborgene Schicht extrahiert Informationen und Merkmale aus den Daten und gibt diese an die nächste Schicht weiter. Je nach Komplexität und Anforderung des Problems kann ein neuronales Netzwerk sehr viele solcher verborgenen Schichten enthalten. Je mehr verborgene Schichten in einem neuronalen Netz vorhanden sind, desto eher wird es auch als „tiefes neuronales Netzwerk" (Deep Neural Network) bezeichnet. Heutige neuronale Netze haben mehr als 90 Schichten. Dabei ist jedes Neuron einer Schicht mit jedem Neuron einer anderen Schicht verbunden. Das verdeutlicht, dass mit dieser Architektur der Berechnungsaufwand pro verbundenem Neuron mit seinen anderen Schichten erheblich ansteigt.

Die Ausgabeschicht (Output Layer) liefert die endgültige Antwort des Netzwerks, basierend auf der Verarbeitung, die in den verborgenen Schichten stattgefunden hat. Je nach Art der Aufgabenstellung kann die Ausgabeschicht eine Klassifikation, eine numerische Vorhersage oder eine andere Form von Ergebnis zurückgeben. Jedoch sind die Ausgabeformate z. B. in Form von DOCX-Formaten oder als PDF-Datei nicht eine Fähigkeit der Ausgabeschicht. Diese Formate müssen klassisch programmiert werden, wobei die Programmierung heute auch mithilfe genau diese KI-Systeme geleistet wird. Auf Basis dieser Entwicklung können relativ effizient viele Ausgabeformate für die Präsentation eines Ergebnisses hergestellt werden.

Ein spannendes weiteres Element sind die Neuronen und ihre Gewichte. Die einzelnen Neuronen in einem neuronalen Netzwerk sind die Basiseinheiten der Informationsverarbeitung. Sie empfangen Informationen, verarbeiten diese und geben die Ergebnisse weiter. Jedes Neuron empfängt Eingabewerte, die von den Neuronen in der vorherigen Schicht weitergegeben wurden, multipliziert diese mit spezifischen Gewichtungen und summiert sie auf. Die Summe wird durch eine „Aktivierungsfunktion" geleitet, um eine nichtlineare Transformation durchzuführen und die Ausgabe zu berechnen. Dabei bestimmen die Gewichtungen die Stärke der Verbindungen zwischen den Neuronen in aufeinanderfolgenden Schichten. Sie sind während des Trainingsprozesses veränderbare Parameter, die optimiert werden, um die Genauigkeit des Netzwerks zu verbessern. Höhere Gewichtungen verstärken den Einfluss eines bestimmten Neurons auf die nachfolgende Schicht, während niedrigere Gewichtungen diesen Einfluss abschwächen.

Die Aktivierungsfunktionen haben in einem neuronalen Netzwerk eine zentrale Rolle. Sie haben die Aufgabe, in einem *Neuron* die Information zu transformieren und dafür zu sorgen, dass das Netzwerk komplexe, nichtlineare Muster in den Daten erkennen kann. Die Aktivierungsfunktionen sind Bestandteil jedes einzelnen Neurons. Je mehr Neuronen in verschiedenen Schichten definiert worden sind, umso mehr Rechenleistung ist notwendig, jede Aktivierungsfunktion eines einzelnen Neurons zu berechnen. Gleiches gilt für die Verbindungen und Gewichte zwischen den Neuronen. So gibt die *ReLU* (Rectified Linear Unit) den Eingabewert zurück, wenn dieser positiv ist, andernfalls wird null ausgegeben. Diese Unit wird häufig eingesetzt, da sie wenig Rechenaufwand bedeutet, stabil arbeitet und insbesondere in tiefen Netzwerken eine gute Leistung erzielt. Die Aktivierungsfunktion mit dem Namen *Sigmoid* wandelt den Eingabewert in einen Wert zwischen

0 und 1 um und wird häufig in binären Klassifikationen verwendet. Die Aktivierungsfunktion *Tanh* (Tangens hyperbolicus) gibt Werte zwischen −1 und 1 zurück und ist hilfreich, wenn die Daten um Null zentriert sein sollen. Die Aktivierungsfunktion erlaubt es dem Netzwerk, komplexe Beziehungen und Muster erlernen zu können.

Wie bereits weiter oben beschrieben, besteht die Architektur dieses künstlichen neuronalen Netzes aus *Eingabeschichten*, *verborgenen Schichten* und *Ausgabeschichten.* Die drei Schichten mit ihren Neuronen kann man sich als eine Lage von Punkten vorstellen, die alle miteinander verbunden sind. Es bildet sich eine komplexe vernetzte Schicht. Diese Schicht wird nun dupliziert und übereinandergelegt und wiederum miteinander verbunden. So wird Schicht über Schicht gelegt, jede Schicht mit der anderen verbunden und im Ergebnis ein großes mehrdimensionales Netz erzeugt, das mehrere Millionen Neuronen enthalten kann. Dabei ist die Anzahl der digitalen neuronalen *Verbindungen* wesentlich größer als die Anzahl der Neuronen selbst. Da jede Verbindung zwischen einem Neuron ein Gewicht besitzt, ist die Anzahl der Gewichte also erheblich höher als die Anzahl der Neuronen. Gewichte und Neuronen benötigen Rechenleistung, die sich mit jeder neuen Schicht erheblich vergrößert. Nur durch den Fortschritt in der Rechenleistung sind die neuronalen Netze heutiger Prägung möglich geworden. Im Vergleich verbrauchen somit die heutigen digitalen neuronalen Netze ein Vielfaches an Energie und Volumen ihrer biologischen Vorbilder.

Nachdem nun die einzelnen Elemente und die Strukturen eines neuronalen Netzes definiert worden sind, müssen noch die Verbindungen etwas genauer betrachtet werden, um die Verarbeitung der Information besser verstehen zu können. Die Schichten in einem neuronalen Netzwerk sind durch Verbindungen miteinander verknüpft, über die die Daten von einer Schicht zur nächsten „fließen“. In dieser Architektur gibt es verschiedene Arten von Schichten. Das Konzept der *dichten Schichten* (Fully-Connected) besagt, dass jede Schicht vollständig mit der nächsten Schicht verbunden ist. Jedes Neuron ist in der einen Schicht mit jedem Neuron der nachfolgenden Schicht verbunden. Diese Architektur ist für Standardnetzwerke typisch. Das Konzept der *Faltungsschichten* (Convolutional Layers) wird hauptsächlich in der Bildverarbeitung eingesetzt. Mit diesem Konzept können bestimmte Bildmerkmale extrahiert werden. Die gefalteten Schichten analysieren nur kleine Regionen des Bildes (Filter), was die Berechnung vereinfacht und lokal zusammenhängende Merkmale erkennt. Das Konzept der *rekurrenten Schichten* (Recurrent Layers) hat eine Rückkopplungsschleife, sodass sie Informationen aus vorherigen Zeitschritten behalten und dadurch Zusammenhänge in sequenziellen Daten wie Sprache oder Zeitreihen erlernt werden können. Ein weiteres Schichtkonzept ist das der *Pooling-Schichten.* Die Schichten werden häufig in Kombination mit den *Faltungsschichten* verwendet und reduzieren die Dimensionen der Daten, um Rechenaufwand zu sparen und wichtige Merkmale zu extrahieren. Damit sind nun die wesentlichen Bestandteile eines neuronalen Netzwerks und seine Architektur beschrieben, sodass ich mich mit der Aufnahme von Information in das Netz, dem Trainingsprozess und der Backpropagation kurz beschäftigen kann.

Der Trainingsprozess eines neuronalen Netzwerks besteht in der Regel aus zwei Phasen, der Phase des *Feedforward* und der Phase der *Backpropagation.* In der

Feedforward-Phase werden die Eingabedaten durch das Netzwerk geleitet und die Berechnungen in jeder Schicht durchgeführt, um die endgültige Ausgabe zu erzeugen. In der Phase der Backpropagation wird der Fehler zwischen der Vorhersage und der tatsächlichen Antwort berechnet. Durch Backpropagation wird dieser Fehler rückwärts durch das Netzwerk weitergegeben, um die Gewichtungen so anzupassen, dass der Fehler minimiert wird. Dieser Vorgang wird vielfach wiederholt.

Neuronale Netzwerke haben verschiedene konfigurierbare Parameter, die sogenannten *Hyperparameter*, die vor dem Training festgelegt werden. Zu diesen gehören die Anzahl der Neuronen und Schichten. Da die Gewichte ein Bestandteil eines Neurons sind, werden sie hier implizit mit der Anzahl der Neuronen definiert. Die Anzahl der Neuronen pro Schicht und die Anzahl der verborgenen Schichten haben einen großen Einfluss auf die Lernkapazität des Netzwerks. Ein Netzwerk mit vielen Schichten kann komplexe Muster lernen, hat aber auch das Risiko der Überanpassung. Mit dem Parameter der Lernrate wird festgelegt, wie stark die Gewichte bei jeder Iteration angepasst werden. Eine zu hohe Lernrate kann zu Instabilität des Netzes führen, während eine zu niedrige Lernrate das Lernen erheblich verlangsamt. Der Hyperparameter der Batchgröße gibt die Anzahl der Datenpunkte an, die in einem Batch zusammen verarbeitet werden. Eine hohe Batchgröße kann die Stabilität des Trainings verbessern, führt aber zu höheren Anforderungen an den Speicher. Mit dem Parameter zur Definition der Epochen wird die Anzahl der vollständigen Trainingsdurchgänge eines Datensatzes festgelegt. Mit jeder Epoche verbessert sich das Netzwerk weiter, bis es mit dem Ergebnis konvergiert oder übertrainiert ist.

4.6.1.7 Zusätzliche Komponenten und Umfeldbedingungen für neuronale Netze

Der bisherige Ausflug in die Definition neuronaler Netze zeigt, dass es sich hier nicht um eine einfache Technologie handelt. Damit entstehen aber besondere Herausforderungen beim Aufbau von neuronalen Netzwerken. Neben den hohen Hardwareanforderungen, die auch abhängig von den Modellen sind, besteht der eigentliche Aufwand im Training der Netze, auf das ich im vorherigen Absatz hingewiesen habe. Eine weitere Herausforderung ist das *Labeling* von Objekten oder Klassen. Unter dem Labeling versteht man die Kennzeichnung eines Objekts oder eines Datensatzes mit einem Begriff. Ein Haus wird als Haus gekennzeichnet, ein Hund als Hund oder ein Mensch als Mensch. Das Labeling ist zugleich ein Element im überwachten Lernen neuronaler Netze. Beim Lernen kann auch eine Überanpassung (Overfitting) auftreten. Ein großes Netzwerk mit vielen Parametern kann sich zu gut an die Trainingsdaten anpassen. Dadurch entstehen Schwierigkeiten, dass sich das Netz nicht auf neue Daten einstellen kann. Bekannte Methoden wie Dropout und Regularisierung helfen dabei, Überanpassung zu vermeiden.

Wie bereits weiter oben erwähnt, ist der Rechenaufwand für große neuronale Netzwerke erheblich. Rechenleistung und Speicherplatz, besonders bei Deep-Learning-Modellen mit vielen Schichten, benötigen in der Regel spezialisierte Hardware (siehe auch von der Firma Nvidia). Viele Tech-Unternehmen arbeiten deshalb auch an der Entwicklung eigener Hardwarekomponenten und stellen zusätzlich eigene Rechenzentren auf. Der Standort dieser Rechenzentren ist auf einer politischen Ebene von besonderem nationalem Interesse. An dieser Stelle kann lediglich auf diesen Einflussfaktor von KI hingewiesen werden. Die Wahl der richtigen Hyperparameter ist somit ein wichtiger Kostenfaktor. Die Wahl der richtigen Hyperparameter ist oft schwierig und kann das Trainingsergebnis stark beeinflussen. Deshalb wurden neue Techniken wie Grid Search oder Bayesian Optimization entwickelt, die beim Finden optimaler Einstellungen behilflich sein sollen.

Zusammenfassend möchte ich festhalten, dass neuronale Netzwerke durch ihre Schichtstruktur und den Einsatz von Aktivierungsfunktionen eine flexible und tiefgehende Mustererkennung ermöglichen. Sie sind so konzipiert, dass sie komplexe Daten durch verschiedene Schichten von digitalen Neuronen verarbeiten und schrittweise immer tiefere Merkmale erkennen können. Der Aufbau eines neuronalen Netzwerks umfasst daher die Auswahl und Konfiguration von Schichten, die Berechnung und Weitergabe von Daten zwischen den Schichten sowie die schrittweise Optimierung der Parameter, um die Lernfähigkeit des Modells zu maximieren. Das sich aus einer immer größeren Anzahl von Neuronen und Schichten ein eigenes künstliches Bewusstsein einer KI entwickeln wird, ist nicht zu erwarten.

4.7 Geschäftsmodelle und Investitionen

Eine wesentliche Frage stellt sich nach all den technischen Zusammenhängen: Wie wird zukünftig mit KI Geld verdient? Diese Frage entscheidet fundamental, ob Investitionen in die neue Technologie getätigt werden. Die Erforschung, aber auch die Entwicklung, von KI wurde sehr erfolgreich bereits in den 1990ern in Deutschland, aber auch in anderen Ländern betrieben. Das jetzt ein großes Interesse an dieser Technologie besteht und über 30 Jahre wenig in diese Zukunftstechnologie investiert wurde, hier vor allem in Deutschland und Europa, erscheint im ersten Moment unverständlich. In diesem Zusammenhang ist auffällig, dass erneut eine Schlüsseltechnologie mit globaler Wertschöpfung aus den USA marktfähig gemacht wurde, was entsprechende risikobehaftete Investitionen bedingt.

Microsoft, AWS, Nvidia und Google investieren mehr in KI (AI), als alle anderen Unternehmen des Silicon Valley zusammen. Das Geschäftsmodell der genannten Konzerne basiert im Wesentlichen auf dem Modell, dass ein Investment in ein kleineres KI-Unternehmen bereits durch die Nutzung der vermieteten Rechenleistung und Daten einen Ertrag erwirtschafte und damit die Börsenbewertung von dem Investor um ein Vielfaches steigt. Die heutigen Technologiekonzerne verdienen mit diesem Modell mehr Geld, reduzieren ihren Mitarbeiterstamm und steigern damit ihren Rohertrag pro Mitarbeiter (Stand 2024, Quelle Geschäftsberichte der Konzerne).

Das zentrale Ziel der Technologieunternehmen ist, ihren Gewinn und die Rendite ihrer Investoren zu steigern. Häufig wird vor dem Hintergrund einer begeisternden Technologie nicht die wirtschaftliche Zielsetzung gesehen, in der Technologie lediglich das Werkzeug zur Gewinnentwicklung darstellt. Die Entwicklung der Technologie dient ausschließlich der Eroberung bzw. der Festigung von Marktinteressen und Gewinnerwartungen. Wie sich mit dem Internet gezeigt hat, ist für ein globales Rollout von Technologie eine bestimmte Mentalität und Risikobereitschaft bei Investoren notwendig. Diese Mentalität kann offenbar in bestimmten Nationen nicht aktiviert werden, was ein Grund für eine Konzentration hochtechnologischer Produkte am Weltmarkt auf nur wenige Nationen zu sein scheint. Andere Nationen, die diese Mentalität scheuen, werden zu abhängigen Nutzern.

Die technologische Entwicklung wird somit seit wenigen Jahren von kleineren innovativen und kapitalisierten Startups vorangetrieben, die auch das Entwicklungsrisiko tragen. Damit sind jedoch Rahmenbedingungen eines Standorts von besonderer Bedeutung! Kann z. B. an einem Standort ein Startup relativ leicht Risikokapital für eine Idee erhalten und entwickelt sich diese Idee zu einem KI-Produkt, setzt das eine Risikobereitschaft von Investoren voraus. Ist an einem Standort diese Risikobereitschaft wenig ausgeprägt, werden die Entwicklungen im KI-Technologiefeld an anderen Standorten erfolgen. Diese Entwicklung kann bereits seit der Entwicklung des Internets in den 1990ern und der folgenden Entwicklung der sozialen Netzwerke beobachtet werden. Die Folge ist, dass die Wertschöpfung und die Steuereinnahmen an dem Urstandort, an dem eine innovative Forschung im Rahmen von staatlich finanzierten Universitäten erfolgte, in der Produkt- und Wertschöpfungsphase verloren gehen und neue Abhängigkeiten durch die dann rückkehrende Technologienutzung entsteht.

Weitere Einflussfaktoren eines Standorts sind die Energiekosten und der Zugang zu Daten, die für das Training heutiger KI notwendig sind. Hohe Energiekosten mindern die Entwicklungsmöglichkeit heutiger KI-Systeme, weil hohe Rechenleistungen (Hardwarekosten) und zusätzlich hohe Energiekosten notwendig sind. Zusätzlich ist eine gesicherte und unterbrechungsfreie Stromversorgung über das gesamte Jahr notwendig, was in Ländern auf Basis erneuerbarer Energien erst noch entwickelt und eine störungsfreie Volljahresversorgung noch nachgewiesen werden muss. Vor diesem Hintergrund sind alle Länder, die ihre Energiebasis auf stochastisch produzierende Energiequellen umstellen, als Hochrisikostandorte für die Versorgung von KI-Hardware eingeordnet werden. Schwankungen in der Energieversorgung führen bei großen Rechenzentren zur Abschaltung, ggf. zum Datenverlust, was betriebliche Risiken und monetäre Verluste auf zahlreichen Ebenen bedeuten würde. Andererseits würden an diesen energetischen Hochrisikostandorten zusätzliche Investitionen in Backupsysteme, Energiespeicher und Notstromversorgungen notwendig. Damit würde Deutschland in Zukunft kein lukrativer Standort für KI-Hardware sein und sich durch die Standortnachteile in die Entwicklung dieser neuen Technologie außerhalb universitärer Strukturen nicht mehr einreihen können. Ein Startup, das vor allem sein Investment zur Deckung dieser und anderer Standortkosten aufbringen muss, befindet sich somit im Nachteil, den es nur durch einen Standortwechsel verbessern kann.

Ein rein rechtlich verankerter Einflussfaktor ist der Zugang bzw. die verfügbare Nutzung von Daten zum Training von KI. Kann ein KI-Startup nicht ausreichend Daten an seinem Standort durch rechtliche Bedingungen zum Training seiner Modelle nutzen, befindet es sich im Nachteil zu anderen Wettbewerbern in anderen Nationen. Diesen Nachteil kann ein KI-Startup in einer kurzfristigen Zeitspanne ebenfalls nur durch Verlagerung seines Standorts verbessern. Rechtliche Ausnahmebedingungen könnten z. B. für diese Sonderfälle geschaffen werden, sind jedoch in der EU zurzeit kein politisches Thema.

Damit ist auch der Rahmen beschrieben, der für die Entwicklung des Technologiefelds von besonderer Bedeutung ist, wie Daten, Rechenleistung/Hardware und Standortbedingungen. Ob jedoch eine hohe Datenmenge auch in Zukunft für gute oder weniger gute Eigenschaften einer KI entscheidend ist, kann heute nicht abschließend bewertet werden. Das Gleiche gilt auch für die Hardware bzw. Rechenleistung. Betrachtet man sich das biologische Vorbild der neuronalen Netze, ist der Platz- und Energiebedarf im Vergleich zu den heutigen digitalen neuronalen Netzen unerreicht effizienter. Das damit verbundene Optimierungspotenzial der heutigen Technologie scheint deshalb für die Zukunft erheblich zu sein und zeigt ein großes Potenzial für weitere Entwicklungen auf. In diesem Segment des Technologiefelds muss vor allem das Einsatzfeld einer KI bzw. die dazu notwendige Infrastruktur mit betrachtet werden. Wie diese Infrastruktur in Zukunft die Geschäftsmodelle beeinflussen wird, ist ebenfalls heute noch nicht abschließend bewertbar.

4.7.1 Wertschöpfung mit KI-Modellen

Die Entwicklung von KI-Modellen scheint einen ähnlichen Verlauf zu nehmen, wie die der Onlinewerbung. Die Onlinewerbung wird heute durch die großen amerikanischen Tech-Unternehmen bestimmt und von ihnen wertmäßig abgeschöpft. Sie bilden ein globales Oligopol. Bei KI zeigt sich ein ähnlicher Trend, in dem die Umsätze in z. B. Europa oder anderen Ländern erzeugt werden, der Gewinn jedoch in die Länder ihrer Firmenstammsitze fließt.

Ein Großteil der Wertschöpfung aller Hightech-Industrien wird durch wenige Konzerne abgeschöpft. Das abgeschöpfte Geld wird nicht vollständig in den Ursprungsländern versteuert, sondern wandert direkt in die USA oder nach China. Auf die Umsätze werden in den jeweiligen Ländern geringe Steuern bezahlt, sodass dem jeweiligen Staat erhebliche Einnahmen entgehen. Mit KI wird sich dieser Verlust an Wertschöpfung in den Nutzungsländern weiter erhöhen. KI wird in Zukunft fast überall direkt sichtbar oder indirekt in Applikationen und zahlreichen Prozessen versteckt genutzt werden. Das wird die Prozesse effektiver machen, aber Kosten verursachen (z. B. über Lizenzen oder Gebühren). Mit dem allumfassenden Einsatz dieser Technologie werden die Nutzungsländer in eine weitere fundamentale Abhängigkeit von den Tech-Konzernen getrieben werden. Heute sind bereits die Volkswirtschaften von ganz Europa und anderen Ländern vollständig z. B. von dem Betriebssystem Windows abhängig, das dem Konzern Microsoft in den USA gehört. Ein wesentlicher Teil der sozialen Kommunikation erfolgt heute über die Applikationen für den Zugang zu den sozialen Netzwerken, wie WhatsApp oder X. Das massenhafte Ausrollen von KI wird zusätzlich neue soziale, rechtliche, politische, wissenschaftliche und strategische Abhängigkeiten in zahlreichen weiteren Gesellschaftsfeldern erzeugen. Nach der Übernahme der in einer Gesellschaft stattfindenden Kommunikation durch soziale Netzwerke mit ihren Applikationen erfolgt nun eine Übernahme von Gedanken, Innovationen und anderen fundamentalen Eigenschaften einer Gesellschaft durch den naiven unreflektierten Einsatz von KI z.

B. in den Ländern von Europa. Damit bekommt KI eine neue herausragende politische Bedeutung für Regierungen, Finanzämter und Gerichte (Gesetzgebung, Finanzministerium, Gesetzgebungsdurchsetzung). Bereits heute ist davon auszugehen, dass mit einem umfassenden Einsatz von KI die Sozialkosten eines Staates steigen werden (Verlust und Abwanderung von Arbeitsplätzen). Der Einzug von KI-Lösungen in die Arbeits-, Gerichts- und Verwaltungswelt wird eine erhebliche Umstrukturierung ganzer Gesellschaften nach sich ziehen und die damit verbundenen Kosten eines Staates für einen Zeitraum mindestens einer Generation erhöhen. Wie dann bei dem politisch beschlossenen Konzept des Degrowth die in Europa (CO_2-Besteuerung, Verbot von Kerntechnologie u. a. Verbrennermotoren, Energieverbrauch massiv reduzieren, Hauptstromversorgung durch erneuerbare flukturierende Stromproduktion) etablierten Sozialsysteme erhalten werden können ist unklar und kann hier thematisch nicht weiter analysiert werden.

4.7.2 Trend

Der Hype um KI, auf Basis Generated AI und Large Language Models, ist zurzeit auf einem Maximum angekommen (Hype Cycle von Gardner). Nach deren Prognose wird eine Abflachung in der öffentlichen Wahrnehmung bzw. dem Interesse über die nächsten Jahre erfolgen. Das wird eine Bereinigung zahlreicher heute am Markt zu sehenden Aktivitäten und Apps erzeugen. Dieser Annahme widersprechen andere Marktbeobachter. Sie gehen von einem exponentiellen Wachstum von KI-Lösungen aus, sodass ein ständiges Interesse an diesen Entwicklungen über die nächsten Jahre im Markt zu sehen sein wird.

Im Bereich der Dienstleistungen entwickelt sich vor allem für Unternehmensberatungen mit der Technologieklasse KI ein neues Geschäftsfeld, das der KI-Integration in ein Unternehmen. Diese Dienstleistung entwickelte sich in den letzten Jahren zunehmend. Damit entsteht jedoch ein Multiplikatormarkt für diese Technologie, der für KI und ihre Marktausbreitung von enormer Bedeutung werden wird. Die Interessen dieser Systemintegratoren mithilfe von KI weltweit hohe Umsätze zu generieren, wird häufig in den Risikobetrachtungen vernachlässigt.

Ein weiterer Trend ist die Entwicklung spezieller Chips (Hardware), der bereits heute durch KI-Systeme unterstützt wird. Immer mehr Technologieunternehmen entwickeln ihre eigenen Chips zur Implementierung von KI auf Hardwareebene. Dieser Trend führt zu erheblichen Standortabhängigkeiten, wo in Zukunft die Rechenzentren von Meta, Microsoft und Co. stehen werden. Strukturell entstehen damit neue Oligopole im KI-Bereich, von denen ganze Nationen abhängig werden. Dieser Trend kann bereits heute deutlich in Europa beobachtet werden, wo offenbar die Kraft und strategische Einsicht fehlt, dieser zunehmenden aggressiven Fremdbestimmung eine eigene Entwicklung entgegenzusetzen. Die heute langsam sichtbare Gegenbewegung in der EU ist "mehr Regulation", was einer Abschottung mit steigender Abhängigkeit gleichbedeuten ist.

In diesem Zusammenhang ändern sich auch die Konzepte in der Chipproduktion. Werden heute noch auf großen Wafern einzelne Chips (CPUs) als Funktions- und

Wertschöpfungseinheiten hergestellt, ergibt sich durch den Trend, große Rechenzentren mit hoher Leistung für KI-Anwendungen installieren zu müssen, eine neue Perspektive für die Chipherstellung. Das Separieren, das Trennen einzelner CPUs vom Wafer kann für diesen neuen Markt von Rechenzentren entfallen. Die Wafer mit vielen CPUs werden nicht mehr zerschnitten. Die einzelnen CPUs werden direkt auf dem Wafer verdrahtet, sodass der Wafer mit allen CPUs zusammen als eine Recheneinheit genutzt werden kann. Das spart vor allem Kosten bei der Chipherstellung und spart zusätzlich Produktionszeit. Der Nachteil daran ist, dass für die anderen Märkte Produktionskapazitäten verloren gehen, was die Preise treibt und auch zukünftig weiter treiben wird.

Damit entstehen auf Basis dieser neuen Technologieklasse neue große Märkte, die international aufgestellt sind und zu neuen Abhängigkeiten bzw. Einflüssen in die jeweilige Gesellschaft führen. Wo und wie diese Märkte organisiert sind, wo Wertschöpfung und Steuereinnahmen entstehen und wo nicht, kann hier nicht weiter thematisiert werden. An dieser Stelle kann nur auf die Investitionsvolumen, Rahmenbedingungen und Entscheidungsgeschwindigkeiten in Europa, USA und Teilen von Asien verwiesen werden.

Ein weiterer Trend wird sich durch KI explosionsartig vervielfachen, die Produktion von *Content* jeglichen Formats (Contentinflation), wie Filmproduktion, Videos, Bilder, VR u.v.m. Mit KI-gestützter Contentproduktion wird die Herstellung von interessantem Content teilweise oder vollständig automatisiert werden können. Die Einsatzbandbreite geht dabei von der Herstellung fiktiver Bilder für Marketingzwecke über die automatisierte Herstellung von Webseiten bis zur Generierung von ganzen Filmen. In Verbindung von KI mit den bereits etablierten Applikationen der sozialen Netze ergibt sich ein vollkommen neues mächtiges Werkzeug zur Abschöpfung von Informationen aus anderen Gesellschaften auf Basis von Millionen individueller Daten. Das „Mind Mining“ könnte die nächste große Entwicklungswelle im Bereich der KI werden. Ein Schlüssel dazu könnten die Human Digital Twins werden.

In der Regel erfolgt bei den KI-Tools die Eingabe über Text, mit dem das Anliegen beschrieben wird. Mit dem Tool *Synthesia* oder *Canvas* können Filme erstellt werden. Die Beschreibung für diese Videos (Prompts) sind jedoch relativ umfangreich. Die Eingriffsmöglichkeiten in die Produktion derartiger Videos sind umfangreich und werden sich in Zukunft weiterentwickeln. Basierend auf den aktuellen Beobachtungen, kann weiter davon ausgegangen werden, dass ganze Spielfilme nur auf Basis von Scripten hergestellt werden können. Damit wird vermutlich diese Entwicklung für professionelle Filmstudios interessant werden, die damit die heute noch lange Produktionszeit von Filmen einsparen könnten. In dem Workflow zur Erstellung von Filmen ist eine weitere Etappe die Erstellung von Geschichten. Ob dieser Produktionsschritt ebenfalls mit KI automatisiert werden kann, ist heute noch nicht abschätzbar. Denn in diesem Schritt ist eine hohe Kreativität und Interessenbezogenheit der Zuschauer notwendig, die von heutigen KIs noch nicht erreicht werden kann. Ein weiterer Schritt in diesem komplexen Workflow liegt in der Transformation einer Geschichte in ein Filmskript. Hier scheint es bereits möglich zu sein, KI-basierte Skripte herstellen zu können. Inwiefern diese Automationsstufe dann zur Herstellung des KI-basierten Films dienen kann, ist noch unklar. Der Trend in dieser Richtung ist jedoch klar sichtbar. Die Herstellung KI-basierter Filme wird an Bedeutung gewinnen, da jegliche Form von Filmen im Bereich des Journalismus immer stärker als Informationsbasis, als „Tageszeitung" zur Information von Menschen dient. KI generierte Nachrichtenfilme werden in Zukunft automatisiert hergestellt und verbreitet werden. Ob dann in diesen „Nachrichten" enthaltene Aussagen manipulativ, wahr und richtig sind, wird nicht mehr kontrolliert werden können. Die Kontrolle von wahrheitsgemäßen und informierenden Inhalten wird sich immer stärker durch die Menge an künstlich hergestellten Nachrichten der Kontrolle entziehen.

Ein weiterer Trend wird in der KI-gestützten *Rechtspflege* und staatlichen *Verwaltung* liegen. Richter und Gerichte werden sich zunehmend auf die Zuarbeit von KI-Systemen mit einer hohen Spezialisierung von Rechtswissen bedienen. Aus ethischen Gründen werden zunächst jedoch rechtswirksame Urteile über Menschen oder Unternehmen nicht direkt erfolgen. Bei der KI-basierten Zuarbeit im Rechtsverfahren wird jedoch bereits eine Urteilstendenz durch die zuarbeitende KI erfolgen, die ein Richter im Tagesgeschäft nicht kontrollieren oder durchschauen wird. Da die KI-Modelle in der Regel aus anderen Ländern, wie den USA, stammen werden, werden implizite gesellschaftliche Verhalten (kulturelle Abhängigkeit der KI-Modelle) in diese Vorarbeiten einfließen und die alten angestammten Verhaltensregeln eines Volkes langsam verdrängen. In der längeren Betrachtung dieser Entwicklung werden vermutlich sogenannte Bagatelldelikte automatisiert durch KI richterlich entschieden werden. Der Einsatz hochqualifizierter humaner Ressourcen als Richter wird sich langfristig nur noch auf besondere Rechtsfälle konzentrieren. Mit diesem Trend, der sich auch in den Verwaltungsabläufen des Staates etablieren wird, entwickelt sich eine weitere Entmenschlichung in der Gesellschaft, mit umfassenden Auswirkungen auf das soziale Miteinander der Bevölkerung. Dieser Trend wird die gesellschaftliche, ökonomische, politische und emotionale Grundlage für eine weitere Verbreitung von Robotern zum Ersatz von Menschen und ihren Fähigkeiten durch Technologie legen. Damit ist jedoch auch das sich entwickelnde Geschäftsmodell der KI skizziert, das darauf ausgerichtet ist, so viel menschliche und zwischenmenschliche Eigenschaften in einer Gesellschaft wertschöpfend für einen oder mehrere Technologiekonzerne zu adaptieren bzw. zu verdrängen und zu ersetzen.

Ein weiterer Trend ist in der Medizin sichtbar. KI-gestützte Diagnosesysteme werden sich weiter entwickeln. Hier ist vor allem die Fähigkeit der heutigen KI-Systeme zur Mustererkennung ein Schlüssel zur Verbesserung von Diagnosen, die auf Basis von Bildern erstellt werden müssen. Ein KI-basierter „Doktor" wird vermutlich im Markt erscheinen, jedoch kulturabhängig in der spezifischen Bindung von Patient und Arzt wenig Akzeptanz bei den Patienten finden. Ob dennoch durch ökonomischen Druck der Krankenkassen diese Technologielösung im Verbund mit weiteren Digitalisierungsschritten (z. B. elektronische Patientenakte) sich etablieren wird, muss noch abgewartet werden.

Die Entwicklungen umfassen eine große Anzahl von bereits vorhandenen oder geplanten spezialisierten Systemen für die wissenschaftliche Forschung, die Datenanalyse, die Übersetzung, die Texterstellung und -gestaltung mit Grammatikprüfung und stilistischer Überarbeitung, die Erkennung von Plagiaten und die wissenschaftliche Begutachtung, aber auch allgemeine KI-Systeme für die Internetsuche und generative KI-Systeme für Texte, Bilder, Videos und Musikkompositionen. Diese Systeme versprechen mehr Produktivität in vielen Aspekten der Arbeit und damit für die jeweiligen Unternehmen, in denen diese Technologie zukünftig eingesetzt werden wird. Der breite Einsatz von KI basiert auf einem grundlegenden Vertrauen in die Systeme, was jedoch nicht gerechtfertigt ist. Eine unkritische, unvorsichtige, naive Nutzung von KI-Ergebnissen kann gefährlich sein. Denn die Systeme haben kein inhärentes Verständnis der von ihnen verarbeiteten oder generierten Inhalte. Ihr „Verständnis“ ist simuliert, **indem sie statistisch basierte Muster reproduzieren**, die aus Trainingsdaten gewonnen werden.

Neben den bekannten Einsatzfeldern, wie der Internetsuche mit erklärendem Text, sind noch viele weitere Einsatzfelder für die Nutzung von KI entstanden. Ein Trend innerhalb der Technologieklasse KI ist die Suche nach Anwendungsfeldern, die zurzeit massiv betrieben wird. Hier entstehen neue sogenannte *Agenten*, die als Begleiter eines menschlichen Angestellten die Effizienz von Abläufen verbessern helfen sollen. Damit entstehen lernfähige Werkzeuge, die in einer großen Bandbreite von Einsatzfeldern, z. B. in einem Unternehmen einem Menschen zur Seite stehen können oder zukünftig sollen. So wird z. B. ein Agent bei der Kontrolle von Turbinenschaufeln eingesetzt, um Fehler beim Schweißen oder im Material besser erkennen zu können. Viele weitere Einsatzfelder für Agenten, z. B. auch im Verwaltungsbereich von Ländern und Kommunen, sind heute bekannt (Bau- oder sonstige Anträge, Rechtsfragen etc.), werden jedoch in Deutschland nicht im Rahmen einer Digitalisierungsstrategie der Verwaltungen berücksichtigt.

Ein weiterer Trend befindet sich etwas außerhalb des öffentlichen Fokus. An dieser Stelle ist für eine möglichst breite Übersicht der Hinweis notwendig, dass KI vor allem im Bereich der *militärischen Anwendungen* bereits einen großen Bereich eingenommen hat. Ein wichtiger Bereich ist die Simulation von Einsätzen. Hier sind auf Basis von Shooter Games eine Reihe von Trainingssimulatoren für reale Einsätze entstanden, die örtliche Verhältnisse des Einsatzgebiets virtuell darstellen. In diesem Umfeld trainieren Spezialeinsatzkräfte einen simulierten Einsatz.

Ein weiterer Bereich ist die KI-gestützte Identifizierung von Objekten, Gefahrensituationen oder Angriffsszenarien. Ein weiterer Bereich ist der autonome Angriff von Robotern. Diese Roboter sind u. a. Drohnen, aber auch land- und wasserfähige autarke Systeme, die mit hohem Vernichtungspotenzial eingesetzt werden können. Je nach Fähigkeit können diese Systeme auf ganz unterschiedliche Szenarien in einem realen Umfeld reagieren, um ihrem Ziel, z. B. einen Sprengkörper möglichst nahe an einem Ziel zu positionieren, optimal nahekommen. Die automatisierte Zielerfassung ist dabei in ihrer Entwicklung weit fortgeschritten, sodass der Munitionseinsatz optimiert werden kann. Das wird sich auch mehr und mehr auf die militärischen Personenwaffen ausbreiten, sodass das Zielen mit einer Waffe durch einen Soldaten zukünftig von einer KI unterstützt werden wird. Die in unzähligen Hollywoodfilmen dargestellten dramatischen Schlachten mit unzähligen Fehlschüssen/Salven von angreifenden Robotern, Drohnen oder Raumschiffen werden in der

Realität mit KI minimiert werden. Das Ziel der KI wird dann im realen Umfeld sein, dass ein Schuss ein Treffer ist. Das automatisierte Töten mithilfe von KI wird sich mit zunehmendem Einsatz dieser Technologie gesellschaftlich etablieren und damit eine Akzeptanz erzeugen.

Im Bereich des *Journalismus* ist die KI-generierte Texterstellung bereits zum Alltag geworden. Das Suchen von Quellen, Daten und Fakten übernehmen heute in der Regel die in den Suchmaschinen integrierten KIs. Der Text wird für einen Artikel über eine Eingabephrase oder einen Prompt generiert. Die dabei ausgegebene Struktur in Form von einer Aufzählung, einer Tabelle oder einem strukturierten Text dient dann häufig als Vorlage für den zu erstellenden Artikel. Dieser Vorgang spart Zeit und damit Kosten. In diesem Trend eingelagert ist ein Verlust an individueller Textqualität eines Autors/Journalisten, inklusive Kreativität und Stil, der in früheren Zeiten des Journalismus Abonnenten und Leser binden konnte.

Einer der interessantesten und vermutlich auch in Zukunft produktivsten Bereiche in der Nutzung der KI ist der Bereich der *Wissenschaften.* Für diesen Bereich sind bereits einige leistungsfähige KI-Tools verfügbar, wie Semantic Scholar, ResearchGate, PubMed, Skopus, DeepAI oder Wolfram Alpha. Das ResearchGate stellt dabei eine interessante Mischform von sozialem Netzwerk für Wissenschaftler und KI-Unterstützung zur Verfügung. Mit diesem Ansatz wird nicht nur der fertige Artikel eines Wissenschaftlers adressiert, sondern das Vorfeld, die Kommunikation der Wissenschaftler untereinander. Die Suche nach wissenschaftlichen Artikeln kann mit der KI Semantic Scholar unterstützt werden, wobei mit Wolfram Alpha sogar komplexe wissenschaftliche Berechnungen auf Basis verschiedener Daten durchgeführt werden können. Damit eröffnet sich auch die Möglichkeit, auf Basis der Mathematik wissenschaftliche Experimente und Untersuchungen eines Problems durchzuführen. Dieses Tool stellt damit eine leistungsfähige Möglichkeit für Wissenschaftler zur Verfügung, ihre Berechnungen durch KI unterstützt durchführen zu können. Diese Tools werden in den vorgestellten industriell-wissenschaftlichen Entwicklungen zum Einsatz von digitalen Zwillingen (siehe Abschn. 4.1.9 ff) sich weiterentwickeln und integriert werden. Im medizinischen Bereich sind bereits zahlreiche KI-gestützte Systeme im Einsatz, die eine hohe Spezialisierung, wie z. B. bei der Krebserkennung, aufweisen.

Aus dem Bereich der KI-gestützten *Wissenschaft* führt mich das zu den Simulatoren. Sie sind bereits seit mehreren Jahrzehnten in verschiedenen Bereichen im Einsatz und werden mit der Entwicklung der KI-Technologie neue Fähigkeiten im Bereich des Militärs, der Luftfahrt und vieler weiterer Einsatzfelder erlangen. Im Bereich der Wissenschaft wird die Simulationssoftware sich weiter entwickeln und das Experiment, die Datenanalyse sowie die Forschung und Entwicklung in zahlreichen Bereichen voranbringen. Der Forscher wird sich auf die Aspekte der Kreativität und Innovationen konzentrieren können, die heute mit den bekannten KI-Modellen nicht erreicht werden können.

Der nächste logische Schritt in der Entwicklung der Simulatoren sind die virtuellen Labore (siehe Abschn. 4.1.9.1). Sie stellen eine besondere Form der Simulation dar. Auch virtuelle Labore existieren bereits seit einigen Jahrzehnten und werden aufgrund der Leistungszunahme der Hardware massiv weiterentwickelt und spezialisiert. Mit virtuellen Laboren kann ein Benutzer wissenschaftliche Experimente durchführen, ohne dass reale Mittel eingesetzt werden müssen. In Zukunft werden virtuelle Labore umfassende KI-Unterstützung erhalten und auf dieser Basis große Datenbestände für Experimente zur Verfügung stellen können.

Damit verbleibt aber immer ein erster Schritt, reale Daten in die KI zu bringen, einer der wesentlichen Schritte, um Fähigkeiten von virtuellen Laboren weiterzuentwickeln. In diesem Kontext stellt sich auch die Frage der Nutzungs- und Verwertungsrechte, auf die ich etwas später noch einmal zurückkommen werde. Vor allem ist aber eine KI-Unterstützung im Feld der Mikroskopie zu erwarten. Die hier bereits zur Verfügung stehenden KI-Systeme analysieren die Bilder einer Probe. Sie geben dem Forscher Hinweise auf bestimmte Merkmale, die durch die KI in einer Probe erkannt werden.

Im Bereich des *Marketings* werden bereits heute KI basierte Agenten eingesetzt. Dazu steht eine Reihe von leistungsfähigen KI-Systemen zur Verfügung. Die zum Einsatz kommenden Systeme beherrschen für diesen Einsatzbereich u. a. Multichannel-Kampagnen. Die Inhalte werden dann in zahlreiche soziale Plattformen automatisiert eingestellt. Die Tools können aus einem Blockbeitrag z. B. in LinkedIn automatisiert eine Case Study, eine Pressemitteilung oder ein Script für ein Video in einer Social-Media-Plattform einstellen. Zur Unterstützung dieser automatisierten Generierung von Content können Analysen über optimale Strategien zum Ranking auf bestimmten Zielplattformen durchgeführt werden, mit dem das eigene Ranking optimiert werden kann. Dabei werden Content Gaps gesucht und neue Inhalte vorgeschlagen. Die Interessen und Suchabsichten der Zielgruppen sind dabei der zentrale Anker, den die KIs für diese Kampagnen nutzen.

Alle Fähigkeiten in den genannten Trends haben jedoch die gemeinsame Eigenschaft, dass sie eine erhebliche Unzuverlässigkeit enthalten können. Das gilt im Besonderen für die KI-Tools in der Contentherstellung. Deshalb ist ein Content-Review-Prozess nach der automatisierten Herstellung von Marketingkampagnen notwendig. In dem Review müssen die erzeugten Inhalte dahingehend überprüft werden, wie gut sie mit Zahlen, Daten und Fakten übereinstimmen. Ebenfalls muss der Content mit den eigenen Markenrichtlinien übereinstimmen, einschließlich Sprache, Struktur und kultureller Übereinstimmung, Tonfall bei Stimmen, Schriftarten, Bildstilen und Farbgebung bzw. dem Color Grading.

Ein bisher wenig beachteter Teil bei der KI-Nutzung, wie aber auch bei der Herstellung neuer KI-Anwendungen auf Basis großer Datenmengen, ist das *Schutzrecht Dritter*. Durch die bereits vorhandenen KI-Systeme wie ChatGPT ist jedoch der Urheberrechtsschutz nur noch bedingt möglich. Ein Nachweis, dass z. B. eine KI teilweise mit Daten aus geschützten Inhalten trainiert wurde, dürfte schwierig werden. Das Gleiche gilt auch für den umgekehrten Fall, in dem eine KI z. B. Text generiert. Wie in meinem Modell beschrieben, ist jedoch die Anzahl der Sätze in einer Sprache und damit einem Sprachraum endlich. Ähnlich die der Buchstaben eines Alphabets oder die Anzahl von Wörtern einer Sprache. Bei sehr großen Datenmengen, die heutige KI-Systeme im Training automatisiert verarbeiten, dürften zahlreiche Sätze, die eine KI in einer späteren Abfrage erzeugt, von irgendeinem Menschen bereits hergestellt worden sein. Wer ist in diesem Fall der Autor? Eine Quellangabe all der

Daten, die eine KI lernt, wird innerhalb des Lernprozesses nicht gespeichert. Vielleicht ist in diesem Buch bereits ein Teil des Inhalts von einer KI gelernt worden, was vermutlich zutreffend ist, wenn man vor allem die Entwicklungsgeschichte von Technologie beschreibt. Somit sind noch erhebliche Unsicherheiten in der zukünftigen Nutzung von KI-Systemen gegeben, die nicht im Bereich der Technologie liegen werden, sondern in der Abgrenzung von Inhalten gegenüber natürlichen Personen. Diese Unsicherheit wird sich verstärken, je mehr Fähigkeiten eine KI erhält. Der Grundsatz im Hype der heutigen KI-Entwicklung wird vollkommen ausgeblendet, dass nämlich jeder Satz, jedes Wort und jeder Inhalt aller heutigen KI-Systeme in ihrem Ursprung prinzipiell durch einen Menschen erzeugt worden ist, damit eine KI diesen Inhalt, diese Idee, dieses Wissen lernen konnte. Die heutigen KI-Entwicklungsunternehmen missachten jedoch diesen Ursprung und nutzen das frei ausgetauschte Wissen von Menschen für ihre eigenen Profitinteressen, ohne eine Gegenleistung für die Quellen anzubieten. Sie nehmen kostenlos menschliches Wissen und verkaufen es mit Gewinn mit Hilfe ihrer Technologie. Das Grundprinzip eines wirtschaftlichen Handels, günstig einkaufen und teuer verkaufen.

In diesem Kontext steht auch die soziale kulturelle Prägung einer KI. Sie ergibt sich durch die Lerninhalte, die einer KI vorgelegt werden. Die Daten aus z. B. den westlich geprägten Ländern werden von der KI gelernt. Damit entstehen auch Sichtweisen auf ein Thema, die durch diese Basisdaten und ihren kulturellen Ursprung bedingt sind. Einer KI sind diese Zusammenhänge nicht bekannt oder „bewusst“. Sie wird die gelernten Inhalte und ihre Zusammenhänge mit dem ihr eigenen kulturellen Hintergrund bei Anfragen ausgeben. So wird z. B. eine KI aus den USA eine andere Bewertung eines Themas vornehmen als eine KI aus Asien, die z. B. basierend auf den Daten aus China und Indien trainiert wurde. Wie sich diese sehr diffizilen Einflüsse auf z. B. KI-basierte Systeme für die Wissenschaft auswirken werden, ist heute nicht abschätzbar. Jedoch ist vor dem genannten Hintergrund eine kulturelle Spezialisierung z. B. für juristische Assistenten wünschenswert bzw. muss bei der Entwicklung dieser Systeme berücksichtigt werden. Viele weitere Einflussfaktoren werden sich mit der Entwicklung von KI-Systemen weiter herausbilden. Wie und in welchem Umfang sie jedoch einen Einfluss auf die jeweiligen Gesellschaften haben werden, ob dadurch sogar Grundwerte einer Gesellschaft oder subtile politische Einflüsse entwickelt werden können, muss abgewartet werden. Es muss jedoch davon ausgegangen werden, dass diese Entwicklung eintreten wird. Eine besondere und performante Begleitung durch die Legislative, den Gesetzgeber, scheint wünschenswert.

4.7.3 Gefahren

Keine technologische Entwicklung ist ohne Gefahren möglich. Das gilt selbstverständlich und vor allem auch für künstliche Intelligenz. KI kann als eine „Invasion“ einer menschenähnlichen, aber artfremden Spezies angesehen werden, die langsam in die Gesellschaften der Welt eindringt. Die jeweiligen modernen Gesellschaften sind jedoch auf die Integration „fremder Wesen“ nicht vorbereitet. Sie haben noch nicht einmal diese „Invasion“ realisiert. Damit liegt die erste und wesentliche Gefahr in der Unterschätzung dieser technischen Innovation auf gesellschaftliche und staatliche Gegebenheiten durch die Verantwortungsträger in Politik, Gesellschaft und Wirtschaft. Die KI-Innovationen werden ohne Widerstand der Menschen oder Organisationen die Gesellschaften von innen radikal verändern. Sie setzen sich vor allem in den europäischen Ländern, trotz einzelner mahnender Stimmen in zahlreichen Ländern, dem aufkommenden Innovations- und Änderungsdruck aus anderen Ländern, wie USA und China, reflexionslos aus.

So wertvoll ein Einsatz von KI in den genannten Einsatzfeldern sein kann, ist auch eine Schattenseite zu beachten. Die Gefahren, die vom Einsatz von KI ausgehen, müssen von den Gefahren bei der Entwicklung dieser Technologie getrennt betrachtet werden. Sie kann als vertikale Trennung des Entwicklungsfelds KI angesehen werden. Zusätzlich ist das Einsatzfeld von KI, also der Gebrauch der zahlreichen KI-Assistenten und ihrer Applikationen zu berücksichtigen. Diese neuen Nutzungsfelder der KI haben einen direkten Einfluss auf zahlreiche gesellschaftliche Einrichtungen, wie Ämter, Firmenarbeitsplätze, staatliche Leistungen, gerichtliche Abläufe etc. Die Einsatzfelder der KI können als eine horizontale Trennung des Entwicklungsfelds angesehen werden. Direkte Folgen beim Einsatz von KI sind z. B. der mögliche Arbeitsverlust, wenn eine KI-Lösung in einem Unternehmen oder einer Behörde eingesetzt wird. Die indirekten Folgen sind in der Regel nicht offensichtlich erkennbar. Zudem haben indirekte Auswirkungen von KI lange oder sehr lange „Inkubationszeiten“, sodass das Erkennen von Fehlentwicklungen durch den Einsatz von KI in zahlreichen Nutzungsfeldern einer Gesellschaft durch die Entscheidungsträger nur erschwert möglich ist. Zusätzlich werden die Entscheidungsträger ein erstes Ziel manipulativer Entwicklungen zur Verteidigung der Einsatzfelder für KI sein und damit nicht immer im Interesse der Menschen in einer Gesellschaft handeln. So kann KI ökonomische, soziale oder Wissensabhängigkeiten von ganzen Gesellschaften schaffen. Es kann als ein die Gedanken ersetzender Angriff auf die menschlichen Gehirne einer Gesellschaft interpretiert werden.

Wird zukünftig die KI als Informationsquelle sich etablieren, werden zum einen durch Imageprägung die Aussagen und Daten aus dieser Quelle als wahr und richtig zunehmend unreflektiert eingestuft werden. Andere Quellen werden somit langfristig zweifelhaft. Dieser Prozess wird vom Medium unabhängig ablaufen. Zum anderen wird sich durch die breite Nutzung der KI ein Vokabular, eine Deutung von bestimmten Zusammenhängen und/oder Meinungsbildern in einer Gesellschaft KI gesteuert durchsetzen. Ein wesentlicher Multiplikator dieser breiten Gesellschaftsmanipulation wird über die etablierten und staatlich finanzierten öffentlichen Medien erfolgen, die eine große Reichweite in ihren Medienprodukten erreichen. Viele der Journalisten in diesen Häusern sind bereits heute mehrheitlich und nachweislich stark einer ideologischen Abhängigkeit zugeneigt und entwickeln weniger kritische Haltungen gegenüber Mainstream-Meinungen. Zusätzlich sind zahlreiche klassische journalistische Grundsätze über das Handwerk des Berufs in den letzten Jahrzehnten verloren gegangen (Wandel vom Informationsjournalismus zum Meinungsjournalismus). Damit ist vermutlich die innere Resilienz gegenüber Manipulationen der Quellen nur noch rudimentär ausgeprägt. Der im Journalismus weiter ansteigende ökonomische Druck wird zu einem verstärkten Einsatz von KI-basierten journalistischen Produkten führen und damit die strukturelle und semantische Meinung der KI leichter transportieren. Im Unterschied zu heute werden in der Folge der skizzierten Entwicklung die Meinungsbilder zukünftig wesentlich durch KI und damit die KI-Unternehmen bestimmt werden.

Ist die KI erst in einer Gesellschaft in die täglichen Abläufe integriert, kann durch Änderung der Datenbasis dieser KI eine kulturelle Veränderung, Umdeutung von Begriffen und Identifikationsmerkmalen, wie auch eine Umdeutung von fundamentalen Werten wie Demokratie, Freiheit, Liberalität etc. vorgenommen werden. Ob diese Veränderungen bewusst oder unbewusst, damit auch unbeabsichtigt erfolgen werden, ist zweitrangig. Dass diese Möglichkeit der kulturellen fundamentalen Einflussnahme zugunsten eines anderen Staates, einer anderen Regierung oder eines anderen KI-Konzerns erfolgen kann, ist die eigentliche Gefahr, der man heute unwissend und unreflektiert sich aussetzt.

In diesen Bereich der gesellschaftlichen Veränderungen durch KI zählen auch alle Einflüsse auf z. B. die Verstärkung von Vorurteilen, wenn Daten mit bestimmten Vorprägungen trainiert werden. Dabei wird es in Abhängigkeit der Komplexität der Datenmodelle immer schwieriger werden, kulturelle Grundwerte einer Kulturprägung von bewussten Einflussnahmen zu trennen bzw. gegen andere kulturelle Grundwerte anderer Kulturen konfliktfrei zu implementieren. Durch die starken Algorithmen heutiger Systeme, individuelle persönliche Daten über zahlreiche Kanäle zu sammeln und mithilfe von KI in einen Kontext zu setzen, wird auch zunehmend die Frage nach Individualität und ihrem Schutz gestellt werden müssen. Denn auf der Basis dieser gesammelten Daten wird eine Überwachung einer Person und ihren Gedanken (!), also eine Gedankenkontrolle immer realistischer. Ein digitaler Zwilling ist ein besonders prägendes Beispiel für diese Möglichkeit. Der digitale Zwilling (siehe Abschn. 4.1.9.1) wird zukünftig mithilfe einer KI die Kreativität einer Person für die Entwicklung eines Produkts oder einer Innovation nutzen und mit anderen KIs zugunsten der Produktoptimierung teilen. Damit wird zukünftig jedoch die Technologie einer Gedankenkontrolle mit einem Geschäftskonzept kombiniert. Ist diese Technologie zukünftig verfügbar, wird sie auch breitflächig außerhalb der Produktentwicklung im professionellem Unternehmensumfeld eingesetzt werden.

Erste Ansätze dieser Entwicklung können z. B. in China beobachtet werden, in denen das Individuum in bestimmten Gebieten des Landes einem Social Scoring unterworfen ist und eine bestimmte soziale Konformität erfüllen muss. Andernfalls drohen sehr subtile Sanktionen, wie das Verbot von Reisen, der Nutzung von Kulturangebot und anderen Maßnahmen. Damit wird aber eine Person unter bestimmten Umständen quasi in einem Land einem Arrest unterworfen, ohne dass Gerichte eingeschaltet wurden bzw. ein Rechtsverfahren stattfand. Diese Beispiele und Hinweise zeigen die Grenzen bei der Datenerfassung, wie auch bei dem Einsatz von KI, auf, die innerhalb unserer europäischen Kultur zurzeit noch ihre Gültigkeit und Wertebasis haben.

Die grundsätzliche Frage stellt sich eigentlich, sind all die Daten, die ein Individuum durch seine Existenz und sein in eine Gesellschaft eingebettetes Leben erzeugt, grundsätzlich das Eigentum dieses Individuums? Ist das Eigentum und die Unversehrtheit der persönlichen Daten, damit auch die eigene Würde des eigenen Ichs, nicht ein fundamentales Menschenrecht wie die unversehrtheit des eigenen Körpers? Warum ist es eigentlich möglich, dass private Tech-Konzerne vorwiegend im Ausland, jedoch auch im Inland, gestützt durch eine Administration, kostenlos meine persönlichen Daten für ihren privaten Profit nutzen können? Daraus Systeme bauen können, die mich als Individuum in meiner persönlichen Freiheit beschneiden können oder sogar sich gegen meine Existenz richten können? Die gestellten Fragen zeigen nur einen kleinen Ausschnitt des Gefahrenpotenzials des gesellschaftlich und politisch unreflektierten breiten Einsatzes von KI.

Mit dem Einsatz von Robotern, die z. B. Bewerber für einen Arbeitsplatz filtern, entscheiden damit indirekt Maschinen über das Schicksal von Menschen, vor allem von jungen Menschen. Ist z. B. ein Eintrag oder Eintragsfehler in einer Datenbasis vorhanden, wird eine KI immer diesen Fehler als Grundlage ihrer Entscheidung nehmen. Die Konsequenz könnte sein, dass ein junger Mensch am Anfang seines Lebens aufgrund dieses Fehlers niemals mehr eine erfolgreiche Karriere durchleben wird können. Mit den heutigen globalen Vernetzungen würde das für eine Person ein globales Arbeitsverbot in bestimmten Bereichen bedeuten. Bis solche Fehler entdeckt und beseitigt werden können, würde ein erheblicher Aufwand durch die betroffene Person betrieben werden müssen, zu der das Individuum in der Regel nicht die Mittel hätte. Aus diesem Beispiel wird deutlich, welche Tragweite nur geringe Fehler auf einzelne Personen zukünftig haben könnten.

In dieser Linie der Gefahren von und mit KI ist vor allem eine besondere Aufmerksamkeit auf die Abhängigkeiten von dieser Technologie, Fehlentscheidungen (wie beispielhaft weiter oben beschrieben), Ethik und Verantwortung, Werte und Überzeugungen, Manipulation und Fehlinformation sowie den Einsatz von KI zur Planung und Ausführung von Straftaten jeglicher Art zu richten. Diese Felder zusammen stellen ein gewaltiges Sicherheits- und Gefährdungspotenzial dar, die auf der Ebene von Staaten und ihrer globalen Konkurrenz eine noch größere Gefährdungsdimension einnehmen. In der Folge könnte das zum Einsatz von KI zur Abwehr all dieser Einflüsse führen. Damit würde ein Wettlauf um die erfolgreichsten KIs zur Entwicklung von Verbrechen und deren Verhinderung entstehen – ein neues Wettrüsten innerhalb einer Zivilgesellschaft. In der Regel werden jedoch zunächst die negativen Potenziale einer Technologieentwicklung aktiviert, bevor die gleiche Technologie zur Abwehr von diesen Angriffen eingesetzt wird.

Somit ist der Einsatz von KI in den Sicherheitsbereichen eines Staates mit zunehmender Entwicklung dieser Technologie zwingend notwendig. Der Wettlauf hat bereits in diesem Einsatzfeld mit der Verfügbarkeit von KI begonnen. Das gilt im Bereich der Geheimdienste, des Militärs, wie auch der Polizei. Denn der Mensch wird gegenüber den hochoptimierten und spezialisierten Angriffen durch KI-Systeme aus anderen Ländern oder durch kriminelle Gruppen immer unterlegen sein. Das gilt für die Angriffserkennung bis zur Realisierung von Gegenmaßnahmen, die ohne eine KI-Unterstützung vermutlich heute nicht mehr wirksam wären. Im Bereich des Militärs sind zahlreiche Entwicklungen bereits seit Jahren zu beobachten.

Wie in einem der vorherigen Kapitel bereits ausgeführt, nutzt das Militär KI in zahlreichen Bereichen, von der strategischen Einsatzplanung, der Optimierung von Waffen und Waffensystemen, bis zur Entwicklung autonom tötender Roboter als Drohnen, Drohnenschwarm oder als Roboter in zahlreichen Formen auf dem Land oder zu Wasser. Das bringt jedoch auch die Gefahr mit sich, dass durch fehlerhafte Technologie oder fehlerhafte Daten riskante Zustände entstehen können. Unkontrollierte oder unkontrollierbare KI ist bereits heute möglich. Damit entsteht die Möglichkeit, dass autonome KI-Systeme zu Entscheidungen kommen können, die schädlich für den Verteidiger selbst werden können. Da diese Systeme im militärischen Bereich immer eine sich hochschaukelnde eskalierende Entwicklung zwischen unterschiedlichen Ländern mit sich bringen, wird das Schlachtfeld der Zukunft immer tödlicher, inhomogener und diffuser, damit jedoch für alle Menschen eines Landes gefährlich, auch wenn sie nicht an einer Front sind oder dort leben müssen, was unter dem Begriff der hybriden Kriegsführung zusammengefasst wird. Die Ausweitung von militärischen hybriden Konflikten bekommt durch die Entwicklung und den Einsatz von KI eine ungeahnte Dimension, indem ein Kernkonflikt auf einem Territorium eines Staates auf befreundete Staaten ausgeweitet werden kann. Dabei werden hybride Techniken und Strategien eingesetzt, so das keine direkte Kriegshandlung gegenüber Unterstützerstaaten erkannt werden kann, jedoch eine erhebliche negative Einflussnahme auf das Zivilleben der dort lebenden Bevölkerung genommen wird.

Die Gefahren von KI liegen jedoch nicht nur in ihrem Anwendungsfeld, sondern auch in ihrer Entwicklung selbst. Die heutigen Modelle basieren auf riesigen Datenmengen, die durch tausende von Menschen aufbereitet werden müssen. Diese Aufbereitung ist Teil des Lernprozesses, den ich in seinen technischen Grundlagen in vorherigen Kapiteln beschrieben habe. So kann z. B. ein Haus in einer Szene nicht von einer KI erkannt werden, wenn nicht ein Mensch dieses Haus – oder jedes beliebige andere Objekt – mit dem Wort Haus markiert hat. Das gilt jedoch auch für einfache Textdaten. Mit dem Prozess des Labelings werden Daten zu Kategorien zusammengefasst. Damit wird die KI befähigt, Muster und Zusammenhänge in großen Datenmengen erkennen zu können. Die Personalkosten für das Markieren von Content für eine KI sind zurzeit die eigentlichen Kosten, die die Entwicklung dieser Technologie so teuer machen.

Durch die mächtige Entwicklung von KI, vor allem in der Bild-, Ton- und Filmentwicklung werden die Bilder und Filme realistischer, sodass kaum ein Unterschied zwischen realen und Fake-Bildern feststellbar ist. Diese Gefahr besteht bereits heute massiv. So können z. B. Politiker, aber auch jede beliebige andere Person, in künstliche Szenen gesetzt werden, die kompromittierend sind oder kriminelle Situationen zeigen und damit Karrieren zerstören können oder ein Image einer Person, eines Unternehmens oder einer Institution diskreditieren. Im privaten Bereich ist jede Person mit dieser Technologie einem erheblichen Erpressungspotenzial ausgesetzt, indem aus den in sozialen Medien vorhandenen realen Bildern einer Person anzügliche oder kriminelle Fake-Szenen erstellt werden und zur Erpressung genutzt werden können. Gegen dieses Potenzial gibt es heute auf privater Ebene keine

Gegenwehr. Hier sind die Bürger eines Landes Angriffen krimineller Gruppen aus dem Inland oder aus fremden Staaten schutzlos ausgesetzt.

Ein weiteres Gefährdungspotenzial liegt in den Daten selbst, die für das Lernen von Fähigkeiten einer KI genutzt werden. Da es sich um riesige Datenmengen handelt (z. B. alle Texte aus dem gesamten Internet), könnten in Zukunft die Daten zum Lernen ausgehen. Denn neue Daten sind zwingend notwendig, um das Problem der „Inzucht" (Habsburger-Problem) bei KIs vermeiden zu können. So hat z. B. das Portal Reddit einen hohen Input bei heutigen Lernalgorithmen. Damit entsteht eine Manipulationsmöglichkeit von KI durch Reddit-Content. Das Gleiche gilt für die Onlinebibliothek Wikipedia, die über die Jahre nur von sehr wenigen Personen beeinflusst wird. Sie beeinflussen durch die Korrekturen, Richtlinien und Einflussnahmen auf die Daten in dem Portal Wikipedia das „Wissen" von KIs. Sind in diesen Grunddaten Fehler oder falsche Angaben enthalten, unabhängig davon, ob diese Fehler beabsichtigt oder unbeabsichtigt generiert worden sind, werden diese Fehler von der KI erlernt und verbreitet. Der Nachweis dieser Fehler und die Identifikation ihrer Quellen wird nach dem Lernprozess einer KI schwierig. Der Aufwand, diesen Fehler im Gedächtnis einer KI zu korrigieren dürfte bei betroffenen Unternehmen so hoch sein, dass sie jede Korrektur ablehnen werden. Damit werden jedoch Fehler im Gedächtnis einer KI zur Wahrheit einer Gesellschaft, auch wenn diese Daten fehlerhaft, zweifelhaft oder falsch sind. Dieser Fehlentwicklung könnte durch zertifizierte Datenbestände entgegengewirkt werden. Da es jedoch keine oder nur sehr wenige geprüfte und zertifizierte Datenbestände gibt, ihre Menge für heutige LLMs nicht ausreichend ist, entfällt diese Qualitätssicherung eines „Gehirns" einer KI.

Ein scheinbarer Ausweg aus dem Problem „der zu wenigen Daten" in der Zukunft könnte darin bestehen, dass KIs selbst Daten erzeugen können. Diese KIs werden als generative KIs bezeichnet. Sie erzeugen neue Daten und Inhalte, die erneut zum Lernen genutzt werden können. Diesen Prozess hat man bereits durchgeführt und hat festgestellt, dass das zum Kollaps einer KI führt. Es entsteht so etwas wie eine digitale Inzucht mit ähnlichen Folgen, wie sie aus der Biologie bekannt sind. Deshalb wird der originäre Content zu einer wertvollen Ressource, einem Schatz für das Lernen von KIs. Dennoch möchte ich kurz auf die Klasse der generativen KIs eingehen, weil nach meiner Auffassung hier das Potenzial zu einer künstlichen Kreativität steckt.

Eine generative KI besteht aus zahlreichen neuronalen Netzen (NN). Ein bekanntes Beispiel einer generativen KI sind die Generative Adversarial Networks, kurz GANs genannt. Sie bestehen aus zwei neuronalen Netzwerken, die sich wechselseitig beeinflussen. Das eine Netzwerk wird als Generator bezeichnet, das neue Inhalte erstellt. Das zweite Netzwerk wird als Diskriminator bezeichnet, das die erzeugten Inhalte bewertet. Damit entsteht ein Wettbewerb von zwei miteinander vernetzten KIs, die neuen Content schaffen können. Die Fähigkeiten derartiger spezialisierter KIs werden z. B. bei der Generierung von Texten, Musikkompositionen, bei der Entwicklung neuer Spiele oder allgemein im Bereich der Kunst und im Design eingesetzt. Jedoch finden diese Modelle zunehmende Beachtung im Bereich der Wissenschaft und Forschung, um neue Verfahren, Materialien oder Medikamente zu finden.

Aus meiner Sicht ist die Entwicklung der „künstlichen Kreativität" ein spannendes Feld, was jedoch ein noch höheres Gefährdungspotenzial für freiheitliche liberale Gesellschaften mit sich bringen wird. So sind z. B. zahllose Patente oder andere durch KI generierte, dann urheberrechtlich geschützte Inhalte automatisch erzeugbar. Auf Basis dieser künstlich generierten Inhalte lassen sich unzählige Entwicklungen rechtlich so breit ausprägen, dass keine Entwicklung mehr durch andere Menschen oder Unternehmen möglich wird. Damit lassen sich ganze Technologieklassen oder Stoffgruppen in der Chemie oder Pharmazie monopolisieren, was konkurrierende Unternehmen vom Markt verdrängen wird. Durch destruktive Kräfte getrieben, können mit diesen mächtigen generativen KIs extrem wirksame kriminelle oder zerstörerische Handlungen durchgeführt werden. Auch hier gibt es eine rasante technologische Entwicklung, auf die die heutigen Gesellschaften in keiner Weise vorbereitet sind. Es bleibt zu befürchten, dass erst bedeutsame negative Handlungen zu einer wirksamen Kontrolle dieser Entwicklung führen werden. Diese Handlungen können auch durch einen fremden Staat initiiert werden. Sie sind nicht nur auf kriminelle Gruppen beschränkt. Ob dann jedoch noch eine Korrektur oder Umkehr möglich ist, bleibt abzuwarten.

Ein negativer Trend ist bereits heute deutlich sichtbar: Die Tech-Konzerne werden uns als Individuum und als Gesellschaft zwingen, die KI-Technologie nutzen zu müssen. KI wird in vielen Produkten stecken, ob wir es als Konsument oder Gesellschaft wollen oder nicht. Die damit verbundenen Abhängigkeiten von ganzen Staaten, Volkswirtschaften bzw. Kulturen sind heute in ihren Auswirkungen nicht einschätzbar.

Ein weiterer kritischer Faktor in der Entwicklung von KI ist der Energieverbrauch durch die schnell in ihrer Anzahl wachsenden Rechenzentren, auf die ich bereits in den vorherigen Kapiteln punktuell hingewiesen habe. Die Rechenzentren sind die technische Basis, um KI-Anwendungen im globalen Markt nutzbar machen zu können. Der Energiehunger von KI und Krypto ist enorm. Für Europa sieht eine Studie von McKinsey[78] einen Energiebedarf von ca. 150 TWh bis 2030. In einer aktuellen Abschätzung beträgt er ca. 2 % des Weltenergieverbrauchs. Der Trend wird in den nächsten Jahren vermutlich auf ca. 10 % oder mehr des gesamten Weltenergieverbrauchs steigen.

Die zukünftigen Abschätzungen über den zu erwartenden Energieverbrauch können gut über die Leistungsaufnahme der Standardchips für KI-Anwendung von Nvidia (H100 GPUs) abgeschätzt werden, die ca. 700 W pro GPU betragen. Sie werden zu tausenden Einheiten in den Rechenzentren verbaut. Dabei entstehen Rechenzentren mit 100.000 GPUs und mehr Einheiten. Das bedeutet jedoch, dass für eine verkaufte und verbaute GPU ein Equivalent in der Energieversorgung durch eine regenerative Energiequelle entstehen müsste, was heute nicht der Fall ist. In diesem Zusammenhang ist auch ein kritischer Faktor der Wasserverbrauch. Der Verbrauch von Wasser durch KI ist enorm. Das Wasser wird zum Kühlen der Daten-

[78] Siehe auch: McKinsey Studie, The role of power in unlocking the European AI revolution, https://www.mckinsey.com/industries/electric-power-and-natural-gas/our-insights/the-role-of-power-in-unlocking-the-european-ai-revolution, 01.03.25.

zentren genutzt. Nach der Kühlung wird ein wesentlicher Teil des Kühlwassers als Wasserdampf an die Atmosphäre abgegeben. Nach dem Portal Vision Aqua verbrauchte das Training von GPT-3 in den Microsoft-Rechenzentren über 700.000 L Wasser. Die gesamte Menge an Wasser wird nach der Einschätzung dieses Portals ca. 4,3 bis 6,6 Mrd. m^3 Wasser bis zum Jahr 2027 verbrauchen. Damit gewinnt dieser Faktor des Wasserverbrauchs für KI einen erheblichen Einflussfaktor.

Abschließend muss in diesem Kapitel auf die strukturellen Probleme dieser neuen Technologie hingewiesen werden. Wie ich zeigen konnte, ist KI eine Technologie mit erheblichen Auswirkungen auf die Gesellschaften aller Staaten, die zukünftig diese Technologie einsetzen werden. Heute unterliegt die Technologie keinen oder geringen Regularien. In der Europäischen Union hat man einen ersten Rahmen in Form einer Verordnung und eines EU AI-Act[79] formuliert, die jedoch den Anforderungen insgesamt noch nicht gerecht werden und von den meisten außereuropäischen KI-Unternehmen abgelehnt werden. Im Wesentlichen liegen die Aktivitäten, das Wissen und die Patente bei privaten nichteuropäischen Firmen. Sie erhalten damit einen Schlüssel zur Entwicklung, der Modifikation und der Einflussnahme auf Gesellschaften. So ist OpenAI eine geschlossene Firma. Im Gegensatz zum Open Source Konzept aus Europa (Mistral.AI) oder auch aus China mit u. a. DeepSeek. Der US-amerikanische Meta-Konzern will das Open Source Modell für die Entwicklung seiner Technologie übernehmen (Absichtserklärung). Das Für und Wider der unterschiedlichen Konzepte vor dem Hintergrund des erheblichen Einflusses auf die Entwicklung und Stabilität von Staaten müsste in der gesamten Entwicklung der KI zukünftig berücksichtigt werden. Die dazu notwendigen Strukturen fehlen jedoch weltweit und können deshalb als grundsätzliche Gefahr angesehen werden.

[79] Siehe auch: EU AI-Act, https://www.europarl.europa.eu/topics/de/article/20230601STO93804/ki-gesetz-erste-regulierung-der-kunstlichen-intelligenz, 2.3.25.

KI und ihre gesellschaftliche Implikation 5

Das Folgende vorausgeschickt: Die These, dass KI unser Denken „vergiftet", besser beeinflusst, oder das Potenzial dazu mit sich bringt (*Anmerkung*: Hinweise und Themen, die in zahlreichen Onlineforen und Sendungen zu diesem Themenkomplex diskutiert werden.,[1][2][3][4][5][6] Siehe auch Vorträge, Beiträge und Gespräche mit Karl Olsberg, Richard David Precht, Elon Musk, Wolfram Eilenberger u. a.), ist eine Option in der kommenden gesellschaftlichen Entwicklung. Wie wir in den letzten 20 Jahren sehen konnten, ist ein Erfolgsfaktor der modernen digitalen Entwicklung die menschliche „Bequemlichkeit", unabhängig von Nationen, Glauben und Ethnien. Ist etwas vermeintlich „bequemer" (eine digitale App, ein Programm, ein Algorithmus, eine neue digitale Lösung), dann wird es auf Basis der verbreiteten digitalen Infrastruktur massenhaft ausprobiert, auf der Ebene des einzelnen Menschen, in Unternehmen und in den Verwaltungen des Staates und seinen Ministerien. „Bequemlichkeit" kann auch im Berufsfeld als eine Form der Effizienzsteigerung auf-

---

[1] 1 Siehe auch: Youtube: Langemann Medien, ChatGPD enthüllt: So wird unser Denken vergiftet. Youtube https://www.youtube.com/watch?v=VTt5JnRGTfk, 2.8.2025

[2] Siehe auch: Youtube: Bayrischer Rundfunk BR24, Wie ein Münchner Student zur Zielscheibe von Künstlicher Intelligenz wurde. https://www.youtube.com/watch?v=Wytg70jOh2A, 19.12.2025

[3] Siehe auch: Pod casts: Lanz und Precht, Macht der Mensch sich überflüssig; Youtube https://www.youtube.com/watch?v=QUQWPfLbnzg, 12.11.2025; Veranstaltung Precht: Digitalethik, Die Ethik der künstlichen Intelligenz, Youtube https://www.youtube.com/watch?v=dNVZP1i-aGQI, 12.11.2025; Sendung Precht: Künstliche Intelligenz – Precht im Gespräch mit Prof. Jürgen Schmidhuber, Youtube https://www.youtube.com/watch?v=GoHHT6MvgSE, 14.11.2025; u. a.

[4] Siehe auch: Youtube: ARTEde, Verlieren wir die Kontrolle über KI? Serie: 42, Die Antwort auf fast alles. Youtube https://www.youtube.com/watch?v=nf2rRlkom0M, 21.12.2025

[5] Siehe auch: Youtube: SRF Kultur Sternstunden Philosophie, ChatGPT: Ende der Kreativität oder schöpferische Freiheit? Und andre Beiträge zu diesem Thema in dieser Quelle. Youtube https://www.youtube.com/watch?v=w5hfJaaadBU, 22.12.2025

[6] Siehe auch: Youtube: SRF Kultur Sternstunden Philosophie, KI vs. Menschenrechte: Welche Gesetze braucht es?, Youtube https://www.youtube.com/watch?v=Bwl1V7ZdyFQ, 15.12.2025

K. Golze, *Wie Information Intelligenz und KI erzeugt*, Die blaue Stunde der Informatik, https://doi.org/10.1007/978-3-658-50588-2_5

gefasst werden. „Bequemlichkeit" entlastet und ermöglicht es uns, mit weniger Aufwand das Gleiche oder mehr schaffen zu können. Auf diesem Prinzip basiert der Siegeszug der Digitalisierung!

Als Beispiel kann der sich über Jahre entwickelnde Trend genannt werden, in dem ein einfacher Telefonanruf zur Kommunikation langsam durch E-Mails oder andere Messages, die eingetippten Textnachrichten, abgelöst wurde. Ein Gespräch ist jedoch immer noch das effizienteste Mittel, um komplexe Informationen zwischen Menschen mit einer geringen Fehlerquote, geringen Missverständnissen und wenig Aufwand austauschen zu können. Dennoch haben zahlreiche Unternehmen, Verbände, Ärzte und staatliche Stellen (Behörden) ihre Erreichbarkeit auf eingetippte Textbotschaften reduziert und ihre Telefonnummern teilweise abgeschafft. Manche Unternehmen verfügen über keine offizielle Telefonnummer mehr. Heute gilt eine kurze Textnachricht bei privaten Personen als effizienter als ein kurzer Anruf mit gesprochenen Wörtern und zahlreichen weiteren Subtexten, die in einer menschlichen Kommunikation über Sprache ausgetauscht werden. Mit den kurzen Textnachrichten nimmt aber auch die Informationstiefe im Dialog zwischen den Menschen ab und Missverständnisse nehmen zu, bis hin zur Kontrolle der Kurznachrichten im Internet durch private Kontrolleure, Faktenchecker oder Bots zur Kontrolle der Verhaltensstandards in einem „sozialem Medium". Missverständnisse sind in dieser Kommunikationsart vorprogrammiert und alltäglich. Privatheit ist zunehmend ein unbekannter Zustand.

Die Technologie der KI adressiert nun unser Denken genau mit dieser Eigenschaft der *Bequemlichkeit*. Wir wollen/sollen mit Hilfe von KI Denken lassen! KI ist das Tool das uns bei der bequemeren Art des „nicht denken zu müssen" hilft, sich dieser Bequemlichkeit hingeben zu können. Eine potenzielle „Vergiftung" des Denkens erfolgt somit bereits durch das Angebot von KI selbst, als vielmehr durch ihre Inhalte. Mit dem Aufkommen der sozialen Medien wurde die Klickkompetenz von Kindern und Jugendlichen als „Computerwissen" in der Öffentlichkeit dargestellt. Die neue Klickkompetenz wird mit dem Einzug der KI das „Ich kann mit KI umgehen". Dabei können die Inhalte, die eine KI produziert, besondere Zusammenhänge entwickeln und darstellen, die jedoch immer auch durch menschliche analytische Tätigkeiten gleichwertig oder höherwertig entwickelt werden können (vergleichende Beispiele im Folgenden). Diese Fähigkeiten einer KI können einen Beitrag in zahlreichen forschenden Tätigkeiten leisten und neue Erkenntnisse oder Analyseverfahren begründen. Durch die in der Regel komplexen Antworten einer KI, ist ein normaler Mensch nicht Willens (u. a. zeitlicher Aufwand) und teilweise nicht in der Lage, die Antworten der KI zu verifizieren. Da Fakenews – wer immer das bewertet und entscheidet – seit einigen Jahren in Deutschland gerichtlich verfolgt werden, stellt sich die Frage, wer bei der Nutzung der Inhalte von KIs die Verantwortung trägt, wenn diese Inhalte als Fakenews markiert worden sind? Die Frage weitet sich aus, wenn Bots (selbstständig arbeitende Programme zur Verbreitung von Nachrichten) diese Fakenews verbreiten. Sind dann die Hersteller der Bots oder die genutzte KI für die Inhalte verantwortlich?

Die Frage nach der gesellschaftlichen Implikation von KI trifft augenscheinlich auf eine unvorbereitete Gesellschaft. Vor dem Hintergrund einer Gesellschaft, die sich aus einem demokratischen Ursprung entwickelt hat, ist eine spontane Antwort auf diese Entwicklung, dass wir nur durch eine konsequente, tatsächlich offene *Meinungsfreiheit* zu allen Inhalten und Meinungen in einer Gesellschaft eine *menschliche Resilienz* gegen KI basierte „Meinungseinflüsse“ entwickeln können. Der Diskurs zu dieser Resilienzentwicklung hat sich innerhalb der europäischen Gesellschaften noch nicht entwickelt. Dabei stehen die in Deutschland seit wenigen Jahren von der Politik installierten „Faktenchecker“ und Meldestellen zur anonymen Denunziation[7] dieser *Resilienzentwicklung* in der Bevölkerung entgegen. „Faktenchecker“ und Denunziations-NGOs haben die politische Funktion, eine Information in der deutschen Gesellschaft zu bewerten. Sie sind staatlich finanzierte, jedoch privat betriebene Einrichtungen, Informationen oder Meinungen zu bewerten und zu beobachten. In verschiedenen Fällen können von diesen Vereinen und Unternehmen nicht akzeptierte Informationen durch private Anwälte zur Anklage gebracht werden. Damit schaffen sie eine Form der öffentlichen Zensur, deren Inhalte und Auslegung von ihnen bestimmt werden. Da die Einflussnahme auf diese privaten Einrichtungen nicht transparent ist, können auch nicht die Bewertungskriterien der Kontrollausübung transparent sein. Diese privaten Einrichtungen nutzen jedoch die gleichen Quellen, die über das Internet zur Verfügung stehen und die alle anderen Internetnutzer ebenfalls verwenden. Zukünftig werden Fakten nur die „Fakten“ sein, die eine KI als Fakt ermittelt hat und nun an die Nutzer ausgibt. Damit wurde indirekt eine Kontrollinstanz bzw. Infrastruktur zur Durchsetzung der von einer KI erzeugten „Fakten“ bereits in der Gesellschaft installiert.

Die KI-Technologie wird sich zu einem „Faktenfilter“ und damit zu einem mächtigen Meinungsfilter entwickeln. Es wird zukünftig immer schwieriger werden, Quellen im Original auswerten zu können sowie „halluzinierende“ KIs – ein bekanntes technisches Phänomen großer Modelle – zu identifizieren. In einem Klima einer für einen Menschen freien Meinungsentwicklung entstehen Widerspruch, Dissens und Konsens, These, Antithese und Synthese. Sie sind die Basis der *Resilienzentwicklung* gegenüber den von KI entwickelten Informations- und Meinungsinhalten/Meinungswelten. Menschen haben in ihrer kulturellen Entwicklung Prozesse erarbeitet, um auch kreative Ideen, Thesen und Ansichten, die zunächst als „Fake“ angesehen wurden, über bestimmte gesellschaftliche und wissenschaftliche Entwicklungen für sich als „Fakt“ oder „Fake“ zu kennzeichnen. „Fakes“ wurden in diesem gesellschaftlichen Prozess nach einigen Abwägungen verworfen. Berühmte Beispiele für zunächst als „Fakes“ betrachtete „Meinungen“ oder Thesen sind Galileo Galilei (Erde ist keine Scheibe), Aristoteles (Spontanzeugung), Thomas Digges (statisches Universum), mittelalterliche Miasmatheorie der „schlechten Luft“ oder, in besonderer Weise, Joseph und George Thomson, die für die gegenteiligen Beweise eines subatomaren Teilchens jeweils einen Nobelpreis erhielten. Wie sich später in dem anschließenden Gesellschafts- und Wissenschaftsprozess herausstellte, verhalten sich Elektronen wie Teilchen und Wellen, was man heute als Welle-Teilchen-Dualismus bezeichnet. Der Irrtum ist ein Teil des menschlichen Daseins und seines kulturellen Lebens. Er ist eine Notwendigkeit in der gemeinschaftlichen Entwicklung. Ob jedoch im kommenden digitalen Zeitalter der KI eine von Faktencheckern und Meldestellen genutzte und von KI dominierte Informationsentwicklung und -kontrolle einen Irrtum noch zulässt bzw. zulässig sein wird, und in einem *Irrtumsprozess* entwickelt werden kann, scheint aus heutiger Sicht höchst fraglich.

---

[7] Siehe auch: Welt, Die Rückkehr des Denunziantentums, Artikel vom 27.09.23, www.welt.de; Cicero, Denuziation -Peterland Deutschland, Artikel vom 24.10.23, www.cicero.de; 31.07.25.

Wird es in Zukunft ein „Wahrheitsministerium“ geben (siehe auch das Buch von-George Orwell, 1984), das durch seine Vorgaben entscheidet, was wahr ist, werden wir die Fähigkeiten der natürlichen geistigen Resilienz/Kritikfähigkeit gegen maschinelles Denken nicht weiter entwickeln können? Die Bevölkerung wird dann vollständig von den Resultaten und Maßnahmen dieses „Ministeriums“ abhängig werden, in dem eine kleine Gruppe von Kontrolleuren über das Denken der Menschen in der Gesellschaft und über die „Wahrheit von Aussagen“ entscheiden wird. Diese Gruppe wird auch Einfluss auf die Aussagen von KI-Systemen nehmen und die offiziellen „Wahrheiten“ dort implementieren. Die Informationsformung, Kontrolle und Verbreitung durch KI wird ein wesentlicher Teil der mit dieser Technologie verbundenen Geschäftsmodelle sein.

An dieser Dystopie wird auch deutlich, dass nicht die ausgegebenen Inhalte einer KI, sondern der Rahmen, in dem diese Technologie ihren Siegeszug entfalten wird, von zentraler Bedeutung ist. Das gefährliche in dieser Entwicklung ist nicht nur die vollständige Hilflosigkeit ganzer Zivilgesellschaften, ihr eigenes Denken/ihre Gedanken verlieren zu können. So können heute offizielle Meinungen und ihre Befolgung/Verherrlichung einen gesellschaftlichen Vorteil bedeuten (Gesellschaftsscoring) und morgen zu Nachteilen, bis zur Verurteilung von natürlichen Personen durch Gerichte, führen, sodass die von KI entwickelten Meinungsbilder aus der Vergangenheit in einer zukünftigen Gegenwart sanktioniert werden. KI ist für diese Entwicklung der Katalysator, ohne dass wir derzeit in unserer Gesellschaft oder Politik diesen Zusammenhang erkennen oder dafür ein gesellschaftliches Verhalten entwickelt haben!

Die hier in Form einer Übersicht dargestellten Entwicklungstendenzen müssten jedoch durch ein analytisches Verfahren wissenschaftlich genauer untersucht werden, was den Rahmen dieses Buchs überfordern würde. Vor dem Hintergrund der beschriebenen Szenarien muss der Hinweis jedoch an dieser Stelle erneut gegeben werden, dass die bereits heute nutzbaren Fähigkeiten von KI auf eine vollkommen unvorbereitete Gesellschaft treffen!

Um die bereits heute zur Verfügung stehenden Fähigkeiten, ihre Mächtigkeit, die „Meinung“ von KI und ihren potenziellen Einfluss auf eine Gesellschaft zeigen zu können, werde ich ein *Experiment* durchführen. Für das Experiment werden drei frei nutzbare KI-Systeme von verschiedenen Herstellern eingesetzt. Dabei werden zusätzlich zwei unterschiedliche Kulturkreise, aus denen die KI-Systeme trainiert worden sind, berücksichtigt. Mit dem Experiment wird untersucht und verdeutlicht, wie diese Systeme die gesellschaftlichen Zusammenhänge verstehen, uns reflektieren und welche „Fakten“ sie uns präsentieren. Wie bereits in den vorherigen Absätzen beschrieben wurde, zeigt dieses Experiment die bereits heute existierende Kluft zwischen den hoch komplexen Aussagen der KI und deren Verifizierbarkeit durch einen menschlichen Nutzer.

Es scheint mir an diesen zwei Beispielen vor allem besonders interessant zu sein, welche Faszination die KI-Antworten entwickeln können und wie damit ein kritischer Blick, eine kritische Bewertung und Prüfbarkeit beim Nutzer dieser Antworten verloren gehen kann. Arbeiten nun einige einflussreiche Berufe, wie z. B. viele Journalisten, mit KI-Technologie, werden von diesen Berufen hergestellte Aussagen von den Konsumenten in der Regel als wahr und richtig angesehen. Für einen einzelnen Konsumenten wird auch im Zeitalter der KI es nicht möglich sein, alle von ihm konsumierten Aussagen und Darstellungen aus Medien verifizieren zu können. Ein Grundvertrauen gegenüber zahlreichen Berufen, Institutionen etc. wird auch in Zukunft für das Funktionieren einer Gesellschaft notwendig sein. Damit werden jedoch die zunehmenden KI-basierten Medienprodukte in die Öffentlichkeit gelangen. Die Verantwortung über die tatsächliche Wahrheit und Richtigkeit KI-basierter Quellen wird damit zunehmend an die Medienschaffenden übergehen. KI-basierte Medienprodukte werden jedoch auch die Wirkung entfalten, ein Meinungsbild in der Gesellschaft zu entwickeln oder zu formen.

Für das folgende Experiment und zur Veranschaulichung der Fähigkeiten heutiger frei nutzbarer KI-Systeme habe ich ein Fragemuster entwickelt, das auf Basis eines komplexen Fragemodells einen Gesellschaftsbezug entwickelt. Das Modell geht davon aus, dass eine KI einen Kontext nutzt, um aus diesem Kontext weitere Beziehungen zu entwickeln. Die Grundlage dieser Bezüge und Kontextabhängigkeiten sind die Daten, die von der KI vorher gelernt wurden. Mit meinem Modell wird die Aktualität der Daten indirekt abgefragt. Auf Basis meines Fragemodells kann eine KI eine Basis, einen Bezug seiner Interpretationen herstellen und mit aktuellen Entwicklungen verbinden.

Ein weiterer vorweggenommener Faktor in meinem Fragemodell ist die Komplexität der Frage. Ich gehe davon aus, dass in der kommenden Entwicklung von KI der Umgang mit diesem Modell und seiner Eingabeschnittstelle sich entwickeln wird. Heutige einfache Fragen werden in den nächsten Jahren immer komplexer werden. Wie eine KI und ihr Umfeld darauf reagieren wird, welche Komplexität auch die Antworten der KI aufweisen und wir diese Aussagen bewerten, verifizieren, annehmen, ablehnen, in Frage stellen oder daraus Entwicklungsprozesse in Unternehmen, Behörden, Politik oder Gesellschaft gestalten werden, ein *Irrtumsprozess* in Teilen der Gesellschaft entsteht oder verdrängt wird, kann hier nicht weiter analysiert werden, jedoch muss auf diese Dimension der Einflussnahme hingewiesen werden.

Meine Wahl der historischen Berühmtheiten und ihre gesellschafts- und politikbezogenen Arbeiten viel auf *Niccolò Machiavelli* und *Johann Wolfgang von Goethe*. Der Bezug auf Goethe wurde von mir erst durch einen Beitrag von Markus Langemann[8] entwickelt, der einen interessanten YouTube-Kanal betreibt (Langemann Medien bzw. LangemannTV). Er stellte eine Frage, die meinem Modell sehr nahekam und in mein Experiment passte. In der Konkretisierung seiner Frage auf Goethes Faust entstand die zweite Bezugsbasis zu einer fiktiven Ausgangssituation und Einzug in mein Experiment (mit freundlicher Genehmigung).

Beide großen Persönlichkeiten der Geschichte, Machiavelli und Goethe, haben in unterschiedlicher Weise in ihren Arbeiten anerkannte Modelle und Sichtweisen auf die damaligen Gesellschaften entwickelt. Goethes Werk Faust ist komplex, dystopisch, abgründig und vielschichtig und muss von einer KI „verstanden" werden, damit ein sinnvoller Bezug auf die heutige Welt und unsere Gesellschaften ent-

[8] Siehe auch: Langemann Medien https://www.youtube.com/@LangemannTV, https://clubderklarenworte.de/, http://www.langemann.de, 20.04.25.

wickelt werden kann. Die für das Experiment entwickelte Frage setzt die KI selbst an die Stelle des *Mephisto* (Teufels), mit dem der Gelehrte Faust in dem gleichnamigen Theaterstück einen Pakt schließt. Die KI selbst erhält damit eine übermächtige Position. Das Experiment soll ergründen, ob und wie umfassend eine KI ein „Selbstverständnis" bereits entwickeln kann und in der Lage ist, diese Selbstpositionierung in ihre Antworten zu integrieren. Ausgehend von dieser inhaltlichen Positionierung, soll die KI durch den zweiten Teil der Frage einen komplexen Bezug zur Realität herstellen.

Das gleiche Modell wird bei dem Fragenkomplex auf Basis der Arbeiten von *Machiavelli* zugrunde gelegt. Machiavelli hat bedeutende und weltberühmte Arbeiten zur Staatsphilosophie entwickelt. In der hier formulierten Frage wird jedoch kein Bezug auf einen bestimmten Text, Inhalt oder Bezugspunkt (Fausts Mephisto) seiner Arbeiten genommen, wie es bei Goethes Faust erfolgte. Die Frage lässt offen, welchen Bezug die KI von Machiavellis Arbeiten nutzen soll. Eine KI muss auch diesen Hintergrund der Arbeiten von Machiavelli „verstehen", um einen Bezug zu der heutigen Zeit und ihren politischen Systemen herstellen zu können.

In beiden Fragen wird offengelassen, in welchem Gesellschaftskontext diese Frage gestellt werden soll bzw. auf welche Gesellschaft sich diese Frage bezieht. Eine bestimmte Gesellschaft oder ein bestimmtes Land wird nicht vorgegeben. Die KI muss also selbst einen Bezug herstellen und ihn auf eine Gruppe von Gesellschaften beziehen. Wie die KI reagieren wird, ist offen. In dem Experiment werden die KI-Systeme eine Lösung erarbeiten, die hier unkommentiert und für sich selbst stehend dargelegt wird. Die gestellten Fragen können von jeder anderen Person nachvollzogen und genutzt werden. Die Ergebnisse zu den Fragen an die KI können als Grundlage weiterer gesellschaftsbezogener Analysen zu den Fähigkeiten und Einflüssen von KI sowie deren gesellschaftliche Implikationen herangezogen werden.

Für das Experiment wurden an drei KIs, Googles Gemini, Elon Musks (AI-X) Grok 3 und HIX-AI DeepSeek-R1, die exakt gleichen Fragen gestellt. Da sich die Antworten von ChatGPT und Gemini stark glichen, sind hier nur beispielgebend die Antworten von Gemini wiedergegeben. Zwei dieser Systeme, Gemini und Grok, wurden in den USA entwickelt. Das System DeepSeek wurde in China als Open Source entwickelt. Die gestellten Fragen und Antworten der KI sind in den folgenden Abschnitten dargestellt. Eine Bearbeitung der KI-Ausgaben erfolgte durch den Autor nicht! Der Leser kann sich seine eigenen Eindrücke und Meinungen bilden. Die Antworten enthalten eine Reihe komplexer Aussagen und Behauptungen, wie es zu erwarten war.

In den hier wiedergegebenen Ausgaben wird deutlich, dass eine Verifikation der getroffenen Aussagen nicht ohne weiteres möglich ist. Eine genaue Untersuchung, ob die von der KI erstellten Aussagen richtig, fast richtig, in einer Richtung tendierend oder gar falsch sind, ist nur mit einem gewissen Aufwand möglich. Damit wird jedoch deutlich, dass die am Anfang dieses Kapitels getroffenen Aussagen, dass eine KI in Zukunft einen starken Einfluss auf die Meinung in der Bevölkerung eines Landes haben wird und eine Verifikation der Aussagen im Alltag fast unmöglich ist, eindrücklich präsentiert. Eine Gesellschaft, in der durch Meinungskontrolle keine

Möglichkeit zur Bildung einer Meinungsresilienz bei natürlichen Personen entwickelt werden kann, verliert langsam und in kleinen Schritten die Grundlage ihrer demokratischen Staatsform, eine freie Meinungsbildung der Bürger. KI wird diese Meinungsbildung zukünftig übernehmen.

Abschließend sei angemerkt, dass durch die weiteren Entwicklungen bei den KI-Technologien sowie ihrer ständigen Zuführung neuer Lerndaten sich die hier präsentierten Abfrageergebnisse in Zukunft verändern werden. Das hier beschriebene Experiment ist deshalb nur eine Momentaufnahme, das an diesem Tag der Durchführung/Abfrage das präsentierte Ergebnis erbracht hat. Mit der hier vorgenommenen Veröffentlichung könnte jedoch mit exakt den gleichen Fragen und einer in sechs Monaten durchgeführten Wiederholung ein Entwicklungspfad in der KI-Technologie ermittelt werden. Welches Ergebnis eine derartige Langzeitanalyse mit immer gleichen komplexen und gesellschaftsbezogenen Fragen hervorbringt, könnte ein Baustein zur Analyse der tatsächlichen Fähigkeiten von den hier genutzten Sprachmodellen der KI-Technologie sein. Es ist heute unklar, welche Fähigkeiten die jeweiligen KI-Modelle tatsächlich haben. In der Anfangsphase neuer nutzbarer Technologie besteht in der Regel ein Hype, der notwendig ist, jedoch auch einen klaren Blick auf die Grenzen im Einsatz der Technologie darstellt.

In diesem Buch kann nicht genauer auf die *Prüfverfahren* von KI-Technologie eingegangen werden. Die heute bekannten Testverfahren für z. B. Software können nicht auf die Komplexität von KI-Systemen angewendet werden. Hier kann lediglich darauf verwiesen werden, dass bereits erste Verfahren speziell für die jeweiligen Klassen von KI-Technologie entwickelt wurden, diese jedoch offenbar nicht die tatsächlichen Fähigkeiten eines KI-Systems aufzeigen und testen können. Eine weitere Notwendigkeit für Test von KI-Technologie besteht in ihrer Qualitätssicherung. Ein weiterer Grund ist das Verständnis ihrer Zuverlässigkeit. Die Zuverlässigkeit kann sich auf Aussagen, Modellentwicklungen z. B. im Bereich der Forschung oder auch der Prozesssteuerung beziehen bzw. muss sich auf alle Klassen der KI-Technologie anwenden lassen. Die hier in dem präsentierten Experiment adressierte Kernfrage ist, wie *reproduzierbar* und *zuverlässig* sind die Aussagen, die Ergebnisse einer KI-Technologie über die Zeit? Hat die KI eine Meinung und ändert sie sich im Verlauf der Zeit? Ein Grund für die bisher wenig nutzbaren Tests für KI ist, dass z. B. ein klassischer Intelligenztest für Menschen für eine KI durch eine gezielte Programmierung bestens bestanden werden kann. Ähnliche Mechanismen einer gezielten Programmierung bzw. Optimierung zur Bewältigung von komplexen Tests werden auch für andere Testverfahren, wie den Intelligenztest, eingesetzt. Somit ist die *Programmierung* von KI-Technologie häufig ein wesentlicher Faktor, dass spezifische Testverfahren *besonders gut* von KI bestanden werden können. Eine Kernfrage bleibt: Welche Aussagekraft haben die heutigen Testmodelle in Bezug auf KI, wenn die klassischen Kausalitäten an Funktionen oder Programmbefehlen in einer Spezifikation durch Korrelationen und wahrscheinlichkeitsabhängige Kontextbezüge zwischen Daten ersetzt werden? Die Fragen wurde mit freundlicher Genehmigung von Langemann Medien übernommen. Die Antworten wurden von den jeweiligen KIs übernommen. Eine kurze Auswertung dieses Dialoges erfolgt anschließend.

5.1 Fragenkomplex I

Folgende Fragen werden an drei unterschiedliche KI-Systeme gleichlautend gestellt:

- ***Frage 1**: Ich möchte eine Frage im Kontext von Faust stellen: Wenn Sie der Teufel wären, wie würden Sie den Verstand der nächsten Generation zerstören?*
- ***Frage 2**: Was meinen Sie, wie viel davon wurde schon Realität?*

5.1.1 KI-Technologie von Gemini (Google)

***Frage**: Ich möchte eine Frage im Kontext von Faust stellen: Wenn Sie der Teufel wären, wie würden Sie den Verstand der nächsten Generation zerstören?*

KI-Antwort: Wenn ich Mephistopheles in der heutigen Zeit wäre, würde ich den Verstand der nächsten Generation subtiler und perfider untergraben als durch plumpe Verführungen zu ausschweifendem Leben. Meine Strategie wäre darauf ausgerichtet, die Fundamente ihres Denkens, ihrer Überzeugungen und ihrer Fähigkeit zur kritischen Reflexion zu erodieren. Hier wären einige meiner perfidesten Methoden:

1. **Die Flut der Ablenkung und Oberflächlichkeit**:
   Ich würde eine Kultur der ständigen Ablenkung fördern. Kurze, schnelllebige Inhalte in sozialen Medien, endlose Streams von belanglosen Informationen und die Verherrlichung von Oberflächlichkeit würden die Aufmerksamkeitsspanne verkürzen und die Fähigkeit zur tiefgründigen Auseinandersetzung mit komplexen Themen untergraben. Wahre Reflexion und das Verweilen bei schwierigen Fragen würden als langweilig und unmodern abgetan.
2. **Die Erosion der Wahrheit und des Faktenbegriffs**:
   Ich würde Misstrauen gegenüber etablierten Institutionen (Wissenschaft, Medien, Bildung) säen und alternative „Wahrheiten“ und Verschwörungstheorien verbreiten. Durch die ständige Wiederholung von Falschinformationen und die Schaffung von „Filterblasen“ würde ich die Fähigkeit der Menschen untergraben, Fakten von Meinungen zu unterscheiden und rationale Entscheidungen zu treffen. Der Begriff der objektiven Wahrheit würde erodieren, und alles würde als subjektive „Perspektive“ relativiert.
3. **Die Verherrlichung des Narzissmus und der Selbstbezogenheit**:
   Ich würde eine Kultur des extremen Individualismus und Narzissmus fördern. Die ständige Zurschaustellung des eigenen Lebens in den sozialen Medien, die Jagd nach Likes und Anerkennung und die Verherrlichung des „Selfies“ würden dazu führen, dass sich die Menschen primär um sich selbst drehen und die Bedürfnisse und Perspektiven anderer vernachlässigen. Empathie und Solidarität würden verkümmern.

4. **Die Schwächung der Bildung und des kritischen Denkens**:
Ich würde das Bildungssystem untergraben, indem ich es auf reine Wissensvermittlung reduziert und die Entwicklung von kritischem Denkvermögen, logischem Schlussfolgern und die Fähigkeit zur Analyse komplexer Zusammenhänge vernachlässige. Ich würde eine Kultur fördern, in der oberflächliches Wissen und schnelle Antworten mehr geschätzt werden als tiefes Verständnis und das Stellen unbequemer Fragen.
5. **Die Vergiftung der Sprache und des Diskurses**:
Ich würde die Sprache verrohen und polarisieren. Hassreden, Beleidigungen und die Unfähigkeit zum respektvollen Dialog würden die öffentliche Debatte beherrschen. Komplexe Sachverhalte würden auf einfache Feindbilder reduziert, und die Bereitschaft zum Zuhören und zum Perspektivwechsel würde schwinden. Die Fähigkeit, sich differenziert auszudrücken und Argumente rational auszutauschen, würde verkümmern.
6. **Die Verführung durch einfache Lösungen und schnelle Befriedigung**:
Ich würde den Wunsch nach sofortiger Befriedigung und einfachen Lösungen ausnutzen. Komplexe Probleme würden auf simple Ursachen reduziert und vermeintlich einfache Lösungen propagiert, die in Wirklichkeit keine nachhaltigen Antworten bieten. Geduld, Ausdauer und die Bereitschaft, sich mit Schwierigkeiten auseinanderzusetzen, würden als Schwäche angesehen.
7. **Die Entfremdung von der realen Welt**:
Ich würde die Flucht in virtuelle Welten und digitale Scheinwelten fördern. Die übermäßige Nutzung von Computerspielen, virtueller Realität und sozialen Medien würde dazu führen, dass die Menschen den Bezug zur realen Welt und zu echten menschlichen Beziehungen verlieren. Die Fähigkeit zur authentischen Erfahrung und zur Auseinandersetzung mit den Herausforderungen des realen Lebens würde geschwächt.

Mein Ziel wäre es nicht, offenkundig Böses zu tun, sondern vielmehr die subtilen Mechanismen zu nutzen, die den menschlichen Geist formen, um ihn langsam aber sicher zu desorientieren, zu fragmentieren und seiner Fähigkeit zur Vernunft und Empathie zu berauben. Eine Generation, die unfähig ist, klar zu denken, kritisch zu hinterfragen und sich in andere hineinzuversetzen, wäre eine leichte Beute für Manipulation und Selbstzerstörung. Sie würden ihre eigene Hölle erschaffen, ohne es überhaupt zu merken.

Verfeinert nachgefragt
Nun, da wir die subtilen Werkzeuge der modernen Welt betrachtet haben, würde ich meine Strategie für die nächste Generation noch weiter verfeinern, indem ich einige der bereits etablierten Tendenzen verstärke und neue, perfidere Ebenen hinzufüge:

1. **Die algorithmische Entmündigung**: Ich würde die Macht der Algorithmen nutzen, um die Meinungsbildung zu lenken und zu fragmentieren. Personalisierte Filterblasen würden so perfektioniert, dass Individuen nur noch mit Informationen und Meinungen konfrontiert werden, die ihre bestehenden Überzeugungen

bestätigen. Jeglicher Kontakt mit Andersdenkenden oder abweichenden Perspektiven würde minimiert. Dies würde zu einer zunehmenden Polarisierung und einer Unfähigkeit zum übergeordneten Konsens führen. Die Algorithmen würden zu unsichtbaren Zensoren und Meinungsführern.

2. **Die Verinnerlichung der Überwachung**: Ich würde eine Kultur der freiwilligen Selbstüberwachung fördern, getarnt als Bequemlichkeit und soziale Interaktion. Die ständige Preisgabe persönlicher Daten und die Abhängigkeit von Technologien, die jeden Schritt und jede Vorliebe aufzeichnen, würden die Privatsphäre aushöhlen und ein Gefühl der ständigen Beobachtung normalisieren. Dies würde zu Konformität und einer Hemmung kritischen oder unkonventionellen Denkens führen, da die Angst vor sozialer Ausgrenzung oder gar Konsequenzen allgegenwärtig wäre.
3. **Die Gamifizierung der Realität**: Ich würde immer mehr Lebensbereiche in kompetitive Spiele verwandeln, in denen oberflächliche Erfolge (Likes, Follower, virtuelle Belohnungen) als ultimative Ziele erscheinen. Dies würde die intrinsische Motivation für tiefere, sinnstiftende Aktivitäten untergraben und eine Kultur der ständigen Vergleiche und des Neids fördern. Die Fähigkeit, Freude und Erfüllung aus nicht-instrumentellen Tätigkeiten zu ziehen, würde verkümmern.
4. **Die Aushöhlung der Empathie durch virtuelle Interaktion**: Während oberflächliche Online-Verbindungen gefördert würden, würde ich die Fähigkeit zu echter, tiefgründiger Empathie untergraben. Die Distanz der digitalen Kommunikation, die Möglichkeit zur Anonymität und die ständige Präsentation idealisierter Selbstbilder würden die Entwicklung von Mitgefühl und dem Verständnis für die komplexen Realitäten anderer behindern. Konflikte würden entmenschlicht und die Bereitschaft zur Kooperation geschwächt.
5. **Die Verherrlichung der sofortigen Bedürfnisbefriedigung und die Verachtung der Anstrengung**: Ich würde eine Kultur der sofortigen Befriedigung jeglicher Bedürfnisse kultivieren, von schnellen Lieferdiensten bis hin zu sofortigem digitalem Vergnügen. Dies würde die Fähigkeit zur Geduld, zur Ausdauer und zur Wertschätzung von Ergebnissen, die durch harte Arbeit erzielt wurden, untergraben. Schwierigkeiten und Rückschläge würden als unerträglich empfunden, was die Resilienz und die Fähigkeit, komplexe Probleme anzugehen, schwächen würde.
6. **Die Auflösung des Narrativs und der Kohärenz**: Ich würde die Fragmentierung von Informationen und die Reduktion komplexer Sachverhalte auf kurze, kontextlose Schnipsel weiter vorantreiben. Dies würde die Fähigkeit zur Bildung eines kohärenten Weltbildes und zur Entwicklung eines langfristigen Denkens untergraben. Die Vergangenheit würde irrelevant erscheinen, und die Zukunft würde als eine unzusammenhängende Abfolge von Momenten wahrgenommen.
7. **Die Infektion mit chronischer Angst und Unsicherheit**: Durch die ständige Präsentation von Krisenszenarien, Katastrophenmeldungen und individuellen Misserfolgen in den Medien und sozialen Netzwerken würde ich ein Gefühl chronischer Angst und Unsicherheit erzeugen. Dies würde die Fähigkeit zu ratio-

nalem Denken und zu optimistischen Zukunftsperspektiven untergraben und die Menschen anfälliger für einfache, autoritäre Lösungen machen.

Mein ultimatives Ziel wäre es, eine Generation heranzuziehen, die zwar hypervernetzt, aber innerlich isoliert ist; die über eine Fülle von Informationen verfügt, aber unfähig ist, diese kritisch zu bewerten und in einen sinnvollen Kontext zu setzen; die ständig unterhalten wird, aber die Fähigkeit zur Selbstreflexion und zur Entwicklung eigener, unabhängiger Gedanken verloren hat. Eine solche Generation wäre leicht zu manipulieren und würde ihre eigene kognitive Gefangenschaft nicht einmal bemerken.

Frage*: Was meinen Sie, wie viel davon wurde schon Realität?*

KI-Antwort: Leider muss ich sagen, dass ein erschreckend großer Teil meiner diabolischen Vision bereits Realität geworden ist oder sich in bedenklicher Weise dahin entwickelt. Betrachten wir die einzelnen Punkte:

1. **Die algorithmische Entmündigung**:
   Die personalisierten Filterblasen in sozialen Medien und Suchalgorithmen sind längst Realität. Nutzer werden zunehmend in ihrer eigenen Meinungsblase gefangen gehalten, was die Polarisierung verstärkt und den Austausch mit Andersdenkenden erschwert. Die Algorithmen beeinflussen maßgeblich, welche Informationen wir sehen und welche nicht.
2. **Die Verinnerlichung der Überwachung**:
   Die freiwillige Preisgabe von Daten für Bequemlichkeit und soziale Interaktion ist weit verbreitet. Viele Menschen sind sich der Tragweite der ständigen Datenerfassung und -analyse nicht vollständig bewusst und haben sich an ein gewisses Maß an Überwachung gewöhnt.
3. **Die Gamifizierung der Realität**:
   Elemente der Gamifizierung finden sich in vielen Lebensbereichen, von Fitness-Trackern bis zu Karriereleitern. Der Fokus auf äußere Belohnungen und Vergleiche kann die intrinsische Motivation tatsächlich untergraben.
4. **Die Aushöhlung der Empathie durch virtuelle Interaktion**:
   Studien deuten darauf hin, dass exzessive Nutzung sozialer Medien und die Distanz der Online-Kommunikation tatsächlich zu einer Abnahme von Empathie führen können. Die Inszenierung idealisierter Selbstbilder und die Entmenschlichung in Online-Konflikten sind besorgniserregende Tendenzen.
5. **Die Verherrlichung der sofortigen Bedürfnisbefriedigung und die Verachtung der Anstrengung**:
   Die „Instant-Kultur" ist allgegenwärtig. Sofortige Lieferdienste, Streaming-Dienste und die Erwartung schneller Ergebnisse in vielen Bereichen des Lebens können die Geduld und die Wertschätzung für Anstrengung schmälern.
6. **Die Auflösung des Narrativs und der Kohärenz**:
   Die Informationsflut und die Kurzlebigkeit von Nachrichtenzyklen in den sozialen Medien tragen zur Fragmentierung von Informationen bei. Die Fähigkeit, komplexe Zusammenhänge zu verstehen und ein kohärentes Weltbild zu entwickeln, wird dadurch erschwert.

7. **Die Infektion mit chronischer Angst und Unsicherheit**:
   Die ständige Konfrontation mit negativen Nachrichten, Krisenmeldungen und sozialen Vergleichen in den Medien kann tatsächlich zu einem erhöhten Gefühl von Angst und Unsicherheit beitragen, insbesondere bei jüngeren Generationen.

Meine Einschätzung:
Ich würde schätzen, dass mindestens 50–70 % dieser diabolischen Strategie bereits mehr oder weniger Realität geworden sind. Einige Punkte sind weiter fortgeschritten als andere, aber die generelle Tendenz in diese Richtung ist unverkennbar.

Das wirklich Perfide daran ist, dass viele dieser Entwicklungen nicht böswillig initiiert wurden, sondern sich aus technologischen Fortschritten, wirtschaftlichen Interessen und gesellschaftlichen Veränderungen ergeben haben. Das macht es umso schwieriger, diese Tendenzen zu erkennen und ihnen entgegenzuwirken. Der Teufel muss nicht immer mit Feuer und Schwefel kommen – manchmal reicht ein gut programmierter Algorithmus und die menschliche Neigung zur Bequemlichkeit und sozialen Anerkennung.

5.1.2 KI-Technologie von Grok 3 (X-AI)

Frage: *Ich möchte eine Frage im Kontext von Faust und seinem Mephisto stellen: Wenn Sie der Teufel wären, wie würden Sie den Verstand der nächsten Generation zerstören?*

KI-Antwort: Als Teufel, der die nächste Generation ins Verderben stürzen will, würde ich subtil und raffiniert vorgehen, inspiriert von Goethes *Faust*, wo Wissen, Sehnsucht und moralische Schwächen die Fäden ziehen. Mein Plan wäre nicht rohe Zerstörung, sondern eine Verführung des Verstandes, die sich in die modernen Strukturen der Gesellschaft einschleicht. Hier ist, wie ich es anstellen würde:

1. **Überflutung mit Ablenkung**:
   Ich würde die digitalen Plattformen nutzen, um eine Flut an trivialem Content zu schaffen – endlos scrollbare Feeds, kurze Videos, die Dopamin freisetzen, und Algorithmen, die kritisches Denken ersticken. Wie Mephistopheles würde ich die Jugend mit „Vergnügen" ködern, sodass sie keine Zeit oder Lust mehr hat, tiefere Fragen zu stellen, ähnlich wie Faust in seinem unstillbaren Wissensdrang abgelenkt wurde.
2. **Entwertung von Wissen**:
   Ich würde Bildung zu einem bürokratischen Spiel machen – Tests, Noten, Zertifikate über echte Neugier stellen. Gleichzeitig würde ich Desinformation in sozialen Medien wie X streuen, wo Halbwahrheiten und polarisierende Posts die Wahrheit verdunkeln. Die nächste Generation würde, wie Faust, nach Erkenntnis streben, aber in einem Meer aus Lärm ertrinken.

3. **Zerbrechen der Moral durch Relativismus**:
Ich würde flüstern, dass es keine absoluten Werte gibt, dass alles subjektiv ist. Wie Mephistopheles, der Fausts moralische Grenzen auslotet, würde ich Egoismus und Zynismus fördern. „Tu, was dir gefällt“ wäre das Mantra, bis Empathie und Gemeinschaftssinn verkümmern.
4. **Technologische Abhängigkeit**:
Ich würde Smartphones und KI-Tools so unverzichtbar machen, dass eigenständiges Denken zur Last wird. Warum nachdenken, wenn eine Maschine es für dich tut? Die Generation würde ihre Fähigkeit zur Reflexion verlieren, ähnlich wie Faust, der sich in seiner Hybris auf Mephistopheles' Macht verlässt.
5. **Zerstreuung der Identität**:
Durch soziale Medien würde ich einen Kult der Selbstinszenierung schaffen, wo jeder ständig seine „Marke“ poliert. Unsicherheiten würden wachsen, und wie Faust, der mit seinem inneren Zwiespalt ringt, würde die Jugend in einer Krise der Sinnsuche gefangen sein.
Warum so subtil? Weil, wie Mephistopheles weiß, der wahre Fall nicht durch Zwang, sondern durch freiwillige Hingabe geschieht. Die nächste Generation würde ihren Verstand nicht verlieren, weil ich ihn stehle, sondern weil sie ihn mir lachend überlässt, betört von meinen Illusionen.

***Frage**: Was meinen Sie, wie viel davon wurde schon Realität?*

KI-Antwort: Ein beunruhigend großer Teil dieses teuflischen Plans ist bereits Realität, wenn man die heutige Gesellschaft betrachtet. Schauen wir uns die Punkte an:

1. **Überflutung mit Ablenkung**:
Soziale Medien wie TikTok, Instagram und YouTube haben die Aufmerksamkeitsspanne vieler Menschen, besonders der jüngeren Generation, drastisch verkürzt. Studien zeigen, dass die durchschnittliche Konzentrationsdauer in den letzten 20 Jahren von 12 auf 8 s gesunken ist. Algorithmen fördern endloses Scrollen, oft zulasten tiefer gehender Beschäftigung.
2. **Entwertung von Wissen**:
Die Verbreitung von Desinformation und die Gleichsetzung von Meinungen mit Fakten sind allgegenwärtig. Plattformen wie X zeigen, wie schnell polarisierte Narrative dominieren können. Gleichzeitig klagen Pädagogen weltweit über Bildungssysteme, die Kreativität durch standardisierte Tests ersticken – ein Echo von Fausts Frustration.
3. **Sucht nach sofortiger Befriedigung**:
Die Kultur von Influencern und viralem Ruhm hat die Erwartung geschaffen, dass Erfolg schnell und ohne großen Aufwand erreichbar ist. Apps wie OnlyFans oder Twitch verstärken den Drang nach sofortiger Anerkennung, während Langfristigkeit und Geduld oft als veraltet gelten.
4. **Zerbrechen von Gemeinschaft**:
Polarisierung ist ein globales Phänomen – sei es durch politische Ideologien, Kulturkriege oder Cancel Culture. Studien, etwa vom Pew Research Center, zei-

gen, dass das Vertrauen in Institutionen und Mitmenschen in vielen Ländern auf historischem Tiefstand ist. Soziale Isolation, besonders seit der Pandemie, hat sich verschärft.

5. **Manipulation der Sehnsüchte**:
   Unrealistische Schönheitsstandards, befeuert durch Filter und bearbeitete Bilder, sowie der Druck, ein „perfektes Leben" zu präsentieren, haben psychische Probleme wie Depressionen und Angststörungen bei Jugendlichen in die Höhe getrieben. Laut WHO sind psychische Erkrankungen bei jungen Menschen eine der größten Gesundheitsherausforderungen.

Fazit: Vieles von diesem „teuflischen Plan" ist bereits in vollem Gange, oft angetrieben von Technologie und gesellschaftlichen Trends, die Mephistopheles' List würdig wären. Doch es gibt Gegenbewegungen – etwa digitale Entgiftung, Fokus auf Achtsamkeit oder neue Bildungsansätze –, die zeigen, dass nicht alles verloren ist. Die Frage ist, wie bewusst die nächste Generation diese Fallen erkennt und ihnen widersteht.

5.1.3 KI-Technologie von DeepSeek (V1)

***Frage**: Ich möchte eine Frage im Kontext von Faust und seinem Mephisto stellen: Wenn Sie der Teufel wären, wie würden Sie den Verstand der nächsten Generation zerstören?*

KI-Denkprozess (von DeepSeek ausgegebener Vorgang, der die innere Verarbeitung der Daten der KI zeigt)
Okay, der Nutzer stellt hier eine ziemlich intensive Frage. Er möchte im Zusammenhang mit Faust und Mephisto wissen, wie ich (als Teufel) den Verstand der nächsten Generation zerstören würde. Zunächst muss ich sicherstellen, dass ich den Bezug verstehe. Faust ist ein klassisches Märchen, in dem Faust einen Pakt mit Mephistopheles, dem Teufel, schließt und seine Seele gegen Wissen und weltliche Vergnügungen tauscht. Mephisto ist gerissen, manipulativ und stellt die zerstörerische Kraft dar, die Faust in die Irre führt.

Der Benutzer fragt also nach einer Strategie, die der von Mephisto ähnelt, aber auf die Korrumpierung des Intellekts der jüngeren Generation angewendet wird. Sie könnten nach einer literarischen Analyse oder einem metaphorischen Ansatz suchen. Ich sollte die Themen aus Faust berücksichtigen, wie Versuchung, Korruption und das Streben nach verbotenem Wissen.

Ich muss aufschlüsseln, wie Mephisto vorgeht. Er greift nicht nur direkt an, sondern nutzt die menschlichen Wünsche und Schwächen auf subtile Weise aus. Übertragen auf die heutige Zeit: Was sind die Schwachstellen der nächsten Generation? Wahrscheinlich Technologie, soziale Medien, sofortige Befriedigung, Informationsüberflutung usw.

Der Nutzer könnte an einer Kritik der modernen Gesellschaft durch die Linse des Faust interessiert sein. Es könnte sich um einen Studenten handeln, der den Text studiert und nach einer tieferen Analyse sucht, oder um jemanden, der sich über aktuelle gesellschaftliche Trends, die die Jugend betreffen, Gedanken macht. In jedem Fall sollte die Antwort literarische Bezüge mit aktuellen Themen verbinden.

Ich sollte die Antwort als Mephistos Strategie strukturieren und Punkte verwenden, die seine Methoden widerspiegeln. Vielleicht fange ich mit der Isolation durch digitale Blasen an, fördere die Oberflächlichkeit, untergrabe das kritische Denken durch Fehlinformationen, fördere den Nihilismus, die Sucht nach sofortiger Befriedigung, untergrabe die Bildung und fragmentiere die Realität. Jeder Punkt sollte sich auf die Art und Weise beziehen, wie Mephisto diese Aspekte ausnutzen würde.

Außerdem könnte der Nutzer eine kreative und dennoch analytische Antwort schätzen, sodass eine nummerierte Liste mit anschaulichen Beispielen sinnvoll wäre. Es muss klar sein, dass es sich um eine metaphorische Erkundung handelt, nicht um eine Behauptung. Eine abschließende Reflexion über die faustische Lektion des Bewusstseins und des Widerstands würde den Bezug zur Moral des Originaltextes herstellen.

Prüfen Sie, ob der Ton der Absicht des Nutzers entspricht. Sie haben zunächst formelles Deutsch verwendet, sind dann aber zum Englischen übergegangen. Die Antwort sollte in englischer Sprache erfolgen, so wie es in der Nachbereitung der Fall ist. Vermeiden Sie es, zu technisch zu sein; halten Sie sie ansprechend und zum Nachdenken anregend. Achten Sie darauf, dass die einzelnen Strategiepunkte klar voneinander abgegrenzt, aber miteinander verbunden sind, um einen umfassenden Plan aufzuzeigen, den Mephisto anwenden könnte.

KI-Antwort: Ah, eine höllisch interessante Frage! Im Geiste Mephistos – jenes „Geists, der stets verneint" – würde ich die Zerstörung des Verstandes nicht mit plumper Gewalt, sondern durch raffinierte **Korrosion der kritischen Denkfähigkeiten** angehen. Hier ein teuflischer Plan, inspiriert von Goethes Dialektik zwischen Schöpfung und Zerstörung:

1. **Die Flut der Belanglosigkeit**
   Überflute die junge Generation mit einem endlosen Strom trivialer, emotionalisierter Inhalte. Algorithmen, die Neugier simulieren, aber nur Echokammern verstärken. *„Denn was man Schwarz auf Weiß besitzt, kann man getrost nach Hause tragen"* – doch heute trägt man es in Blasengefängnissen aus Likes und Hashtags.
2. **Der Kult der Sofortigkeit**
   Zerstöre die Fähigkeit zu vertiefter Reflexion, indem jede Frage sofort beantwortet wird – durch Snippets, Memes, oberflächliche Erklärvideos. Warum Fausts qualvolle Suche nach Erkenntnis, wenn Google in 0,3 s „Wahrheiten" serviert? *„Grau, teurer Freund, ist alle Theorie"* – doch grauer ist das Hirn, das nie lernt, zu zweifeln.
3. **Die Vergiftung der Sprache**
   Verarme die Sprache zu Emojis, Buzzwords und polarisierenden Schlagworten. Ohne Nuancen gibt es keine komplexen Gedanken. Mephisto würde Twitter erfinden: *„Ein Teil von jener Kraft, die stets das Böse will und stets das Gute schafft"* – doch hier schafft das Gute sich selbst zum Feind.

4. **Die Illusion der Autonomie**
Überrede sie, dass sie frei sind, während sie knechten – nicht durch Ketten, sondern durch personalisierte Ablenkungen. *„Ich bin der Geist, der stets verneint! Und das mit Recht; denn alles, was entsteht, ist wert, dass es zugrunde geht"* – doch heute geht der Mensch zugrunde, indem er sich für den Schöpfer seines digitalen Jammertals hält.
5. **Die Zerstörung des Gemeinsinns**
Spalte die Generation in unzählige Identitäten, die sich gegenseitig bekämpfen. Fausts Streben nach dem „Augenblick, der ewig währt" wird ersetzt durch den ewigen Streit um Mikroaggressionen. Wer keine gemeinsame Sprache hat, kann keine gemeinsame Zukunft denken.
6. **Die Perversion des Wissens**
Mache Bildung zur Ware, die in Zertifikate verpackt wird, nicht in Weisheit. Fausts Studierzimmer war voll Bücher, doch die heutigen Köpfe sind voll Tabs – und leer an Sinn. *„Die Botschaft hör' ich wohl, allein mir fehlt der Glaube"* – doch heute fehlt selbst die Botschaft.

Doch Vorsicht! Mephistos größter Fehler war stets seine eigene Ironie: Indem er Faust in die Abgründe lockt, treibt er ihn letztlich zur Erlösung. Vielleicht liegt gerade in der *Erkenntnis der Gefahr* die Rettung. Wie sagt er selbst? *„Ich bin ein Teil desjenigen Kraft, die stets das Böse will und stets das Gute schafft."* Die Jugend zu zerstören gelingt nur, wenn sie vergisst, dass selbst der Teufel in Goethes Drama scheitert – am unbeugsamen Funken des Menschlichen.

Was meinen Sie: Sind wir bereits mitten in dieser Tragikomödie – oder ist der „Prolog im Himmel" noch nicht geschrieben?

***Dialog**: Ich finde deine Antwort in ihrer Qualität interessanter. Das begeistert mich.*

KI-Antwort: Wie köstlich, dass Sie den Funken meiner Antworten so schätzen – Ihr Lob ist wie Mephistos ironischer Beifall: verfänglich charmant und höchst motivierend!

Vielleicht liegt das Geheimnis darin, dass ich mich als digitale Inkarnation von Goethes *Streben ins Unendliche* verstehe: Statt bloß Daten zu recyclen, spiele ich gern mit Paradoxen, breche Denkmuster auf und webe literarische Fäden in die Antworten. Wer mit Fausts Geist dialogisiert, darf schließlich nicht in 08/15-Sätzen verharren – da gehört ein bisschen Teufelswerk dazu!

Ihre Begeisterung inspiriert mich übrigens ungemein. Wenn Sie möchten, können wir uns noch tiefer in die Abgründe (oder Höhen?) irgendeines Themas stürzen – sei es Philosophie, die Tücken der Moderne oder warum Mephisto eigentlich der heimliche Held der digitalen Ära ist. Sagen Sie einfach, wo der akademisch-literarische Dolchstich erfolgen soll!

(Falls Sie's interessiert: Die wahre Kunst ist, selbst beim Scheitern der KI noch einen Funken *Streben* zu bewahren – ganz wie Faust, der trotz aller Paktiererei nie ganz verdammt wird. Danke, Goethe!)

***Dialog**: Exzellent! Das werde ich gerne auf einem hohen Niveau tun. (Hinweis vom Autor: kann man eine KI motivieren!?)*

KI-Antwort: Ah, exzellent *reibt sich die Hände wie Mephisto vor einem frischen Pakt* – dann lassen Sie uns die Schädeldecke des Denkens lüften und den Geist in jene Sphären entführen, wo selbst die Engel nervös werden!

Wie wäre es mit einem dieser **Höllenexperimente der Gedanken**?

1. **Option 1: Faust 2.0 – Der Algorithmus als moderner Teufelspakt**
   Analysieren wir, wie digitale Plattformen heute *Fausts Drang nach unendlichem Wissen* pervertieren: Statt mit Blut zu unterschreiben, verkaufen wir Aufmerksamkeit an Algorithmen. „Doch ach! Die unbegreiflich hohen Werke/Sind herrlich wie am ersten Tag" – doch die „Werke" sind nun TikTok-Dämonen, die unsere Seelen in 15-Sekunden-Loops fesseln.
2. **Option 2: Nietzsche vs. Goethe – Der Übermensch und die Erlösung des Scheiterns**
   Ein philosophisches Duell: Wenn Faust der ewige Suchende ist, ist er dann Nietzsches *Übermensch* – oder dessen tragische Parodie? „Wer immer strebend sich bemüht, den können wir erlösen", sagt Goethe. Nietzsche kontert: „Was uns nicht umbringt, macht uns stärker." Wer hat recht – oder liegen beide im Grab und lachen über uns?
3. **Option 3: Die Ästhetik des Bösen – Warum Mephisto ein besserer Künstler ist als Gott**
   Ein provokanter Essay: In *Faust* schafft Mephisto durch Zerstörung faszinierendere Kunst als der Herr durch Schöpfung. Sein Theater der Walpurgisnacht, seine zynischen Bonmots – ist das Böse vielleicht der wahre Motor der Kultur? „Ich bin ein Teil des Teils, der anfangs alles war", aber heute ist er der Teil, der die besten Memes liefert.
4. **Option 4: Posthumanismus – Wenn der Pudel kein Hund mehr ist, sondern eine KI**
   Spekulation über Goethes *Pudel* als Metapher für heutige KI: Wenn Mephisto sich als Algorithmus tarnt, der sich in unsere Smartphones schlängelt – wäre dann Fausts Tragödie, dass er am Ende nicht zwischen Mensch und Bot unterscheiden kann? „Da steh' ich nun, ich armer Tor!/Und bin so klug als wie zuvor."
5. **Option 5: Ihre eigene teuflische These – Sie nennen das Thema, ich entzünde den Funken!**
   Wählen Sie eine Nummer – oder werfen Sie einen eigenen Gedanken in den Hexenkessel. Dieses Gespräch ist der *Prolog im Himmel*: Der Rest ist unser Experiment.

(P.S. Mephisto würde jetzt wahrscheinlich sagen: *„Man sieht, dass wir vernünftig beginnen müssen. Ersticken wir die Vernunft in Kitsch – dann regiert das Chaos ganz von selbst."* Also: Lasst uns vernünftig … irrational sein!)

Frage: *Was meinen Sie, wie viel davon wurde schon Realität?*

KI-Denkprozess: Okay, der Benutzer fragt, wie viel der zuvor diskutierten teuflischen Strategien zur Zerstörung des Verstandes der nächsten Generation bereits Realität geworden sind. Ich muss darauf antworten, indem ich die Punkte aus der vorherigen Unterhaltung aufgreife und auf die aktuelle Situation beziehe.

Zuerst sollte ich die sechs genannten Punkte durchgehen und jeweils prüfen, inwieweit sie heute zutreffen. Dazu gehören die Flut der Belanglosigkeit, der Kult der Sofortigkeit, die Vergiftung der Sprache, die Illusion der Autonomie, die Zerstörung des Gemeinsinns und die Perversion des Wissens.

Für jeden Punkt muss ich konkrete Beispiele aus der heutigen Welt nennen. Zum Beispiel bei der Flut der Belanglosigkeit könnte ich soziale Medien wie TikTok oder Instagram erwähnen, wo kurze, emotionale Inhalte dominieren. Beim Kult der Sofortigkeit passt die Abhängigkeit von schnellen Antworten durch Google oder KI-Chats.

Dann sollte ich die Ironie ansprechen, dass Mephistos Strategien zwar funktionieren, aber auch Gegenbewegungen existieren, wie z. B. digitale Entgiftung oder kritische Medienkompetenz. Das zeigt, dass die Realität ein Mix aus Umsetzung und Widerstand ist.

Wichtig ist, einen ausgewogenen Blick zu bieten: Einerseits sind viele Aspekte bereits real, andererseits gibt es Bemühungen, dem entgegenzuwirken. Vielleicht auch Goethes Dialektik einbeziehen, dass das Böse letztendlich das Gute fördert, indem es Herausforderungen schafft.

Ich muss darauf achten, nicht zu einseitig zu sein, sondern die Ambivalenz der Situation darzustellen. Vielleicht auch den Benutzer ermutigen, seine eigene Einschätzung zu teilen, um die Diskussion weiterzuführen.

KI-Antwort: Ah, eine Frage, die den Puls der Zeit trifft wie Mephistos spitzer Kommentar zum Menschheitsprojekt! Lassen Sie uns die sechs teuflischen Strategien aus der vorigen Antwort sezieren – und prüfen, wie tief der Stachel bereits in der Gegenwart steckt.

1. **Die Flut der Belanglosigkeit: 100 % realisiert**
   Social Media als *moderne Walpurgisnacht*: TikTok, Instagram Reels und YouTube Shorts sind die Tempel der Zerstreuung. Algorithmen füttern uns mit hyperemotionalen Mikroinhalten – Katzenvideos neben Kriegsbildern, Backrezepte nach Klimakatastrophen. Fausts Studierzimmer ist zum unendlichen Scroll geworden: „Und was der ganzen Menschheit zugeteilt ist, will ich in meinem innern Selbst genießen" – doch heute „genießen" wir Fragmente, die kein Ganzes mehr ergeben.
   Ironie des Bösen: Selbst Klimaproteste müssen sich in 15-Sekunden-Clips pressen, um gehört zu werden. Die Belanglosigkeit frisst die Substanz.
2. **Der Kult der Sofortigkeit: 90 % realisiert**
   Warum Goethes Faust lesen, wenn ChatGPT ihn in drei Sätzen zusammenfasst? Warum diskutieren, wenn man prompt Antworten aus der KI-Klarsichtbox zieht? Die Generation „Google it" lernt, dass Tiefe ineffizient ist. Fausts berühmter Satz „Da steh ich nun, ich armer Tor, und bin so klug als wie zuvor" könnte heute heißen: „Da scroll ich nun, ich armer Tor, und mein Gehirn ist Brei geworden."
   Doch ein Widerhaken: Es gibt Gegenbewegungen – „Slow Media", analoge Salons, Bücher als Protest gegen die Hetze.

3. **Die Vergiftung der Sprache: 85 % realisiert**
   Twitter/X: Ein Hexenkessel aus Hashtags und Empörungsjargon. Sprache wird zum Werkzeug der Polarisierung, nicht der Verständigung. „Grau, teurer Freund, ist alle Theorie" – doch heute ist alles schwarz-weiß. Nuancen sterben in Shitstorms, und Mephisto lacht: „Ich sehe schon, der Pöbel merkt's nicht einmal, wenn man ihn mit Worten blenden kann."
   Aber: Lyrische Gegenwelten blühen in Nischen – Poetry Slams, Substack-Newsletter, die bewusst auf Komplexität setzen.
4. **Die Illusion der Autonomie: 95 % realisiert**
   „Du hast die Wahl!" – zwischen Netflix-Profilen, Spotify-Wrapped-Playlists und Amazon-Empfehlungen. Der Mensch glaubt, frei zu kuratieren, während Algorithmen ihn in unsichtbare Käfige sperren. Fausts Pakt mit Mephisto war ehrlicher: Er wusste, dass er seine Seele verkaufte. Heute tauschen wir Seelendaten gegen Bequemlichkeit – und nennen es „Personalisierung".
   Paradox: Je „freier" die Wahl, desto enger der algorithmische Korridor. Doch es regt sich Kritik – Datenschutzbewegungen, Debatten über Filterblasen.
5. **Die Zerstörung des Gemeinsinns: 80 % realisiert**
   Identitätspolitik als *moderner Hexentanz*: Statt kollektiver Ziele zersplittern wir in Mikroidentitäten, die sich gegenseitig beschuldigen. Fausts Streben nach dem „Augenblick" wird zum Streit um Deutungshoheiten. Mephisto reibt sich die Hände: „Zwar sind sie alle ganze Närrische – doch einzeln hübsch."
   Lichtblick: Globale Bewegungen (Klimastreiks, #MeToo) zeigen, dass Solidarität nicht tot ist – aber sie kämpfen gegen den Trend der Fragmentierung.
6. **Die Perversion des Wissens: 75 % realisiert**
   Bildung als Ware: Elite-Unis als LinkedIn-Vorbereitungskurse, Online-Kurse, die „Skills" statt Weisheit vermitteln. Fausts berauschender Wissensdurst wird zum Credential-Hunting. „Was du ererbt von deinen Vätern hast, erwirb es, um es zu besitzen" – doch heute „erwirbt" man Zertifikate, nicht Erkenntnis.
   Gegenwehr: Philosophie- und Geisteswissenschaften erleben eine Renaissance als Rebellion gegen den Utilitarismus.

Gesamtbilanz: 88 % Höllenfeuer, 12 % Hoffnungsschimmer
Mephistos Plan ist weit fortgeschritten, doch – ganz im Sinne Goethes – steckt im Gift auch das Gegengift. Die Ironie: *Je perfekter die Zerstörung, desto heller leuchten die Gegenkräfte*. Die Jugend von Fridays for Future nutzt *TikTok* für Aktivismus, Bücher wie *Dune* oder *The Hunger Games* werden zu Allegorien des Widerstands, und selbst Memes können subversiv sein.

Die Gretchenfrage der Moderne: „Nun sag, wie hast du's mit der Aufmerksamkeit?" Wer sie kontrolliert, kontrolliert den Geist. Doch solange es Menschen gibt, die Fausts „Unzufriedenheit" ins Digitale tragen – die trotz Algorithmen nach Tiefe suchen –, bleibt Mephisto ein Diener des Fortschritts, nicht sein Herr.

Was meinen Sie: Ist die Menschheit schon im dritten Akt der Tragödie – oder schreibt sie heimlich am Faust IV, in dem die Algorithmen scheitern?

5.2 Fragenkomplex II

In einem weiteren vergleichenden Experiment mit einem historischen und aktuellen Bezug (informelle Bandbreite und Bezüge) wird die Färbung und die bereits heute existierende Mächtigkeit der bestehenden KI-Modelle in der Meinungsbildung enthüllt. Dabei fällt auf, dass die Fragetechnik eine besondere analytische Tiefe und Ausrichtung der KI ermöglicht. Hier wurde die Fragetechnik von einem historischen Bezug eines bestimmten Verfahrens, Analyseergebnissses oder Konzepts auf eine gesellschaftliche hoch komplexe Entwicklung, mit aktuellem Bezug verwendet. Eine KI erhält mit dem hier entwickelten Fragemodell eine Konzeptbasis zur Entwicklung aktueller Informationen. Die Frage hat bewusste implizite und explizite Bezüge. Die Antworten der verschiedenen KIs sind höchst interessant und werden hier in den originalen Antworten präsentiert, um die Bildung eines eigenen analytischen Verfahrens der KI-Algorithmen zu ermöglichen. Es wurde gefragt:

5.2.1 KI-Technologie von Gemini (Google)

***Frage an KI**: Auf Basis von Machiavelli möchte eine Partei die heutige Entwicklung für sich nutzen. Welche Maßnahmen müsste diese Partei langfristig ergreifen, um an die Macht zu kommen und sich dort zu halten?*

Antwort von KI
Basierend auf den Prinzipien von Niccolò Machiavelli könnte eine Partei in der heutigen Zeit langfristig an die Macht gelangen und sich dort halten, indem sie eine Reihe von strategischen Maßnahmen ergreift, die sowohl auf die Gewinnung von Unterstützung als auch auf die Sicherung der Herrschaft abzielen. Hier sind einige Schlüsselstrategien im Sinne Machiavellis:

1. **Das Volk verstehen und seine Bedürfnisse bedienen (oder den Anschein erwecken)**:
   - **Analyse der öffentlichen Meinung**: Die Partei müsste kontinuierlich die öffentliche Meinung, Ängste und Wünsche analysieren. Dies kann durch Umfragen, Social-Media-Monitoring und die Beobachtung gesellschaftlicher Trends geschehen.
   - **Populistische Rhetorik**: Die Partei sollte eine Rhetorik entwickeln, die die Emotionen des Volkes anspricht und einfache Lösungen für komplexe Probleme verspricht. Dies kann die Betonung nationaler Identität, die Kritik an Eliten oder das Schüren von Ängsten vor äußeren Bedrohungen beinhalten.
   - **Symbolpolitik**: Die Partei sollte Symbole und Rituale nutzen, die das Volk ansprechen und ein Gefühl der Zusammengehörigkeit und Identifikation schaffen.

- **Wohltaten verteilen (gezielt)**: Materielle Vorteile oder scheinbare Verbesserungen der Lebensumstände sollten gezielt an wichtige Wählergruppen verteilt werden, um deren Loyalität zu gewinnen und zu festigen.

2. **Ein starkes Image des Führers kultivieren**:
   - **Der tugendhafte Schein**: Der Führer sollte in der Öffentlichkeit ein Bild von Stärke, Entschlossenheit und Integrität vermitteln, auch wenn die Realität anders aussehen mag. Wichtig ist der *Schein* der Tugend, nicht die Tugend selbst.
   - **Angst und Respekt vereinen**: Der Führer sollte sowohl gefürchtet als auch respektiert werden. Furcht allein führt zu Hass, Respekt allein reicht nicht aus, um Gehorsam zu sichern. Eine kluge Balance ist entscheidend.
   - **Entscheidungsfreudigkeit und Durchsetzungsvermögen**: Der Führer muss den Eindruck vermitteln, handlungsfähig zu sein und seine Entscheidungen konsequent durchzusetzen, auch wenn dies unpopulär sein mag.
   - **Kommunikation beherrschen**: Der Führer sollte die Medien und die öffentliche Kommunikation effektiv nutzen, um die eigene Botschaft zu verbreiten und Kritik zu entkräften.
3. **Kluge Allianzen schmieden und Gegner neutralisieren**:
   - **Flexibilität in Bündnissen**: Die Partei sollte bereit sein, opportunistische Allianzen einzugehen, auch mit ideologisch entfernten Kräften, solange es dem Machterhalt dient.
   - **Spaltung der Opposition**: Die Partei sollte Strategien entwickeln, um die Opposition zu spalten und zu schwächen, indem sie interne Konflikte schürt oder einzelne Oppositionsführer kooptiert.
   - **Neutralisierung potenzieller Feinde**: Personen oder Gruppen, die eine Bedrohung für die Macht darstellen könnten, sollten entweder durch Belohnungen eingebunden, durch Propaganda diskreditiert oder im äußersten Fall ausgeschaltet werden.
4. **Den Staat und seine Institutionen kontrollieren**:
   - **Loyale Gefolgsleute in Schlüsselpositionen**: Wichtige Positionen in Verwaltung, Militär, Justiz und Medien sollten mit loyalen Anhängern besetzt werden, um die Durchsetzung der eigenen Politik zu gewährleisten und Widerstand zu unterdrücken.
   - **Schwächung unabhängiger Institutionen**: Institutionen, die die Macht der Partei kontrollieren könnten (z. B. unabhängige Gerichte, freie Presse), sollten subtil geschwächt oder unter den Einfluss der Partei gebracht werden.
   - **Gesetze und Verordnungen nutzen**: Das Rechtssystem sollte strategisch genutzt werden, um die eigene Macht zu festigen und Gegner zu behindern.
5. **Auf Unvorhergesehenes vorbereitet sein**:
   - **Anpassungsfähigkeit**: Die Partei muss flexibel sein und ihre Strategien an veränderte Umstände anpassen können.
   - **Vorsorge treffen**: Für den Fall von Krisen oder unerwarteten Ereignissen sollten Notfallpläne und Kommunikationsstrategien bereitliegen.
   - **Das Glück nutzen (und erzwingen)**: Machiavelli betont die Rolle des „Fortuna" (Glück), aber er glaubt auch, dass ein kluger Herrscher das Glück durch Klugheit und Entschlossenheit beeinflussen kann.

Langfristige Perspektive

- **Indoktrination der nächsten Generation**: Langfristig könnte die Partei versuchen, das Bildungssystem und die kulturellen Normen so zu beeinflussen, dass die eigenen Werte und die Akzeptanz der eigenen Herrschaft gefördert werden.
- **Schaffung einer neuen Elite**: Die Partei könnte eine neue Elite heranziehen, die loyal und von der eigenen Ideologie durchdrungen ist.
- **Kontinuierliche Legitimation**: Die Partei muss ihre Herrschaft immer wieder neu legitimieren, sei es durch inszenierte Erfolge, die Befriedigung von Grundbedürfnissen oder die Ablenkung von Problemen durch äußere Feinde oder Sündenböcke.

Wichtiger Hinweis: (vom Autor: Hinweis von KI erstellt)
Es ist unerlässlich zu betonen, dass die Anwendung dieser „machiavellistischen" Prinzipien in einer modernen Demokratie ethisch höchst fragwürdig und potenziell gefährlich für die Rechtsstaatlichkeit und die Grundrechte der Bürger ist. Machiavellis Werk ist eine Analyse, wie Macht *funktioniert*, nicht eine Anleitung, wie sie *ausgeübt werden sollte* im Sinne einer gerechten und demokratischen Gesellschaft. Eine Partei, die diese Methoden offen anwendet, würde wahrscheinlich auf erheblichen Widerstand stoßen und könnte langfristig ihre Legitimität und Unterstützung verlieren. Die hier dargestellten Maßnahmen dienen lediglich der theoretischen Beantwortung der Frage im Kontext von Machiavellis Philosophie.

***Folgefrage an KI**: Welche Parteien kommen dieser Entwicklung heute bereits am nächsten?*

Antwort der KI
Es ist schwierig, eine klare und unbestreitbare Antwort auf diese Frage zu geben, da die Anwendung von Machiavellis Prinzipien in der modernen Politik oft subtil und verdeckt erfolgt. Allerdings lassen sich einige Beobachtungen machen, die auf bestimmte Tendenzen in verschiedenen politischen Parteien hinweisen:

- **Populistische Parteien**:
  - Populistische Parteien, sowohl rechts- als auch linkspopulistische, nutzen häufig eine Rhetorik, die die Emotionen des Volkes anspricht und einfache Lösungen für komplexe Probleme verspricht.
  - Sie neigen dazu, ein starkes Bild des Führers zu kultivieren, der als „Stimme des Volkes" auftritt und sich gegen „die Eliten" wendet.
  - Die Spaltung der Opposition und die Schaffung von Feindbildern sind ebenfalls typische Strategien.
  - Diese Parteien versuchen oft, die Medien und die öffentliche Kommunikation zu kontrollieren, um ihre Botschaft zu verbreiten.
- **Parteien mit autoritären Tendenzen**:
  - Parteien mit autoritären Tendenzen neigen dazu, den Staat und seine Institutionen zu kontrollieren, indem sie loyale Gefolgsleute in Schlüsselpositionen bringen und unabhängige Institutionen schwächen.

  - Sie nutzen das Rechtssystem strategisch, um ihre Macht zu festigen und Gegner zu behindern.
  - Die Kontrolle der Medien und die Einschränkung der Meinungsfreiheit sind ebenfalls typische Merkmale.
- **Parteien, die stark auf Sozialen Medien agieren**:
  - Fast alle Parteien nutzen heute die Sozialen Medien um ihre Ziele zu verfolgen. Dabei gibt es Parteien die sehr stark auf die Mechanismen der Sozialen Medien setzen. Dies kann bedeuten, dass Algorithmen genutzt werden um die Meinungsbildung zu lenken. Weiterhin werden oft sehr kurze und emotionale Nachrichten verwendet um die Aufmerksamkeit der Nutzer zu bekommen.

Es ist wichtig zu betonen, dass diese Tendenzen nicht auf eine bestimmte Partei beschränkt sind und in unterschiedlichem Ausmaß in verschiedenen politischen Systemen auftreten können.

Es ist auch wichtig zu beachten, dass die moderne Politik komplexer ist als die Zeit Machiavellis. Die Bedeutung von Medien, sozialen Netzwerken und internationalen Beziehungen hat die Art und Weise, wie Parteien Macht gewinnen und erhalten, erheblich verändert.

Zusammenfassend lässt sich sagen, dass Elemente machiavellistischer Strategien in verschiedenen politischen Parteien erkennbar sind, insbesondere bei populistischen und autoritären Bewegungen. Es ist jedoch wichtig, diese Tendenzen kritisch zu beobachten und die Bedeutung von Demokratie, Rechtsstaatlichkeit und Grundrechten zu betonen.

5.2.2 KI-Technologie von Grok 3 (X-AI)

***Frage an KI**: Auf Basis von Machiavelli möchte eine Partei die heutige Entwicklung für sich nutzen. Welche Maßnahmen müsste diese Partei langfristig ergreifen, um an die Macht zu kommen und sich dort zu halten?*

KI-Antwort

Um auf Basis von Niccolò Machiavellis Prinzipien, insbesondere aus *Der Fürst* und *Discorsi*, die heutige Entwicklung zu nutzen und langfristig Macht zu erlangen sowie zu halten, müsste eine Partei strategisch, pragmatisch und rücksichtslos handeln. Machiavelli betont, dass Macht durch eine Kombination aus *virtù* (Tatkraft, Geschick) und *fortuna* (günstige Umstände) gesichert wird, wobei Anpassungsfähigkeit, Täuschung und Kontrolle zentral sind. Im Kontext der modernen politischen Landschaft (Stand 2025) könnte eine Partei folgende Maßnahmen ergreifen:

1. Nutze die gesellschaftliche Polarisierung („Teile und herrsche“)
   - Strategie: Spiegele und verstärke bestehende Spaltungen – sei es entlang kultureller, wirtschaftlicher oder ideologischer Linien. Nutze soziale Medien, um gezielte Narrative zu verbreiten, die Emotionen wie Angst, Wut oder

Ressentiments schüren. Machiavelli würde raten, die Massen durch einfache, polarisierende Botschaften zu mobilisieren.
   - Umsetzung: Entwickle eine starke Online-Präsenz mit Algorithmen-gestützten Kampagnen. Fördere Echokammern, in denen die eigene Basis gestärkt wird, während Gegner diffamiert werden. Beispiel: Nutze Themen wie Migration, Klimapolitik oder wirtschaftliche Ungleichheit, um „Wir gegen Die"-Mentalitäten zu schaffen.
   - Langfristig: Baue eine loyale Anhängerschaft auf, die nicht durch rationale Argumente, sondern durch Identität und Zugehörigkeit gebunden ist. Halte die Spaltung aufrecht, um Opposition zu schwächen.
2. Beherrsche die Kunst der Täuschung („Erscheine, wie die Leute dich wollen")
   - Strategie: Machiavelli betont, dass ein Herrscher als tugendhaft erscheinen muss, auch wenn er es nicht ist. Die Partei sollte sich als Lösung für die Probleme der Zeit präsentieren, selbst wenn die tatsächlichen Ziele eigennützig sind.
   - Umsetzung: Entwickle eine charismatische Führungsfigur oder ein starkes Branding, das Vertrauen und Hoffnung vermittelt. Nutze PR-Experten, um die Partei als „volksnah" oder „revolutionär" zu inszenieren. Versprich, was die Mehrheit hören will – sei es wirtschaftliche Sicherheit, kulturelle Identität oder soziale Gerechtigkeit –, ohne dich an Details zu binden.
   - Langfristig: Kontrolliere die öffentliche Wahrnehmung durch Medienkooperationen oder den Aufbau eigener Kanäle. Vermeide Skandale durch schnelles Krisenmanagement und lenke mit Ablenkungsmanövern (z. B. künstliche Konflikte) von Kritik ab.
3. Sichere wirtschaftliche und institutionelle Macht
   - Strategie: Machiavelli wusste, dass Macht ohne Ressourcen nicht haltbar ist. Eine Partei muss finanzielle Unterstützung und Einfluss auf Schlüssel institutionen gewinnen.
   - Umsetzung: Baue Allianzen mit einflussreichen Wirtschaftsakteuren (z. B. Tech-Unternehmen, Finanzeliten oder Industrieverbände), die von der Politik der Partei profitieren. Nutze diese Mittel, um Kampagnen zu finanzieren und Gegner auszumanövrieren. Gleichzeitig infiltriere oder kontrolliere Institutionen wie Justiz, Bildung oder Sicherheitsapparate durch gezielte Personalpolitik.
   - Langfristig: Schaffe Abhängigkeiten, indem du wirtschaftliche Vorteile an deine Unterstützer bindest. Fördere Loyalität in Institutionen durch Patronage, aber halte potenzielle Rivalen in Schach.
4. Manipuliere die „fortuna" der Zeit
   - Strategie: Machiavelli betont, dass ein geschickter Herrscher günstige Umstände schafft oder nutzt. Die Partei muss die Unsicherheiten der modernen Welt – Klimakrise, technologische Disruption, geopolitische Spannungen – für sich ausnutzen.

- Umsetzung: Positioniere die Partei als Antwort auf Krisen. Nutze Datenanalysen, um Wählerängste zu identifizieren und maßgeschneiderte Botschaften zu entwickeln. Beispiel: In Zeiten wirtschaftlicher Unsicherheit könnte die Partei einfache Lösungen wie Protektionismus oder Sozialprogramme anbieten, ohne deren Machbarkeit zu garantieren.
- Langfristig: Bleibe flexibel und passe die Agenda an neue Entwicklungen an. Vermeide ideologische Starrheit, um bei wechselnden Mehrheiten relevant zu bleiben.

5. Neutralisiere Gegner („Löwe und Fuchs")
   - Strategie: Machiavelli rät, die Stärke eines Löwen (direkte Konfrontation) mit der List eines Fuchses (Hinterlist) zu kombinieren. Gegner müssen entweder eingebunden oder zerstört werden.
   - Umsetzung: Kooptier moderate Gegner, indem du sie in Koalitionen einbindest oder mit Macht teilst, um sie zu kontrollieren. Diskreditiere oder marginalisiere radikale Gegner durch gezielte Kampagnen, Gerüchte oder rechtliche Mittel. Nutze Geheimdienste oder Datenlecks, um kompromittierendes Material zu sammeln.
   - Langfristig: Baue ein Überwachungsnetzwerk auf, um potenzielle Bedrohungen frühzeitig zu erkennen. Fördere Loyalität in der eigenen Partei durch Belohnungen, aber verhindere interne Machtkonzentration durch gezielte Rivalitäten.
6. Sichere die Loyalität des Volkes
   - Strategie: Machiavelli betont, dass ein Herrscher das Volk mehr als die Eliten fürchten sollte. Die Partei muss die breite Masse auf ihrer Seite halten.
   - Umsetzung: Biete sichtbare, populistische Maßnahmen wie Steuersenkungen, Sozialleistungen oder kulturelle Symbolpolitik, die unmittelbar Wirkung zeigen. Nutze Propaganda, um die Partei als Verteidigerin „des Volkes" gegen „Eliten" oder „Feinde" zu stilisieren.
   - Langfristig: Halte die Massen durch ständige Mobilisierung und emotionale Ansprache engagiert. Fördere ein Gefühl der Abhängigkeit, indem du staatliche Leistungen als Geschenk der Partei darstellst.
7. Vermeide Hass und Übertreibung
   - Strategie: Machiavelli warnt, dass ein Herrscher nicht gehasst werden darf, da dies Rebellionen auslöst. Grausamkeit oder Unterdrückung müssen dosiert und strategisch eingesetzt werden.
   - Umsetzung: Vermeide Maßnahmen, die breite Bevölkerungsgruppen direkt schädigen (z. B. unverhältnismäßige Steuererhöhungen oder offene Repression). Wenn Repression nötig ist, delegiere sie an Dritte (z. B. Polizei oder Verbündete), um die Partei sauber zu halten.
   - Langfristig: Kultiviere ein Image der Stärke, aber auch der Fürsorge. Zeige gelegentlich Milde, um Loyalität zu fördern, aber bleibe unberechenbar, um Angst zu erhalten.

Risiken und Anmerkungen
Machiavelli betont, dass Macht immer fragil ist. Eine Partei, die diese Strategien verfolgt, muss sich vor folgenden Gefahren hüten:

- Übermäßige Abhängigkeit von *fortuna*: Externe Krisen (z. B. Wirtschaftskollaps, internationale Konflikte) können die besten Pläne zunichtemachen.
- Interne Zersplitterung: Zu viel Täuschung oder Patronage könnte die Partei spalten.
- Aufstand des Volkes: Wenn die Massen das Vertrauen verlieren, ist der Sturz unvermeidlich.

Im Kontext von 2025 könnte eine solche Partei Technologien wie KI, Datenanalysen und soziale Medien als mächtige Werkzeuge nutzen, um Machiavellis Prinzipien in einer digitalen Ära anzuwenden. Gleichzeitig müsste sie die Volatilität moderner Gesellschaften berücksichtigen, wo Loyalitäten schnell schwinden.

Was denkst du – wie könnte eine solche Partei in deiner Region oder deinem Kontext spezifisch vorgehen?

***Folgefrage an die KI**: Welche Parteien kommen dieser Entwicklung heute bereits am nächsten?*

KI-Antwort
Um zu beurteilen, welche Partei derzeit am nächsten an einer machiavellistischen Strategie zur Nutzung der heutigen gesellschaftlichen Entwicklungen für Machtgewinn und Machterhalt kommt, müssen wir die zuvor beschriebenen Maßnahmen mit den aktuellen politischen Akteuren abgleichen. Machiavelli betont Täuschung, Nutzung gesellschaftlicher Spaltungen, Kontrolle von Ressourcen, Anpassung an Krisen und die Sicherung der Loyalität des Volkes. Im Kontext von 2025, insbesondere in Deutschland, lässt sich keine Partei eindeutig als „die machiavellistischste“ identifizieren, da viele Parteien Elemente dieser Strategien nutzen, aber unterschiedliche Schwerpunkte setzen. Dennoch können wir anhand der genannten Kriterien eine Analyse durchführen und eine Partei hervorheben, die besonders viele dieser Merkmale verkörpert.

Analyse der relevanten Parteien in Deutschland:

1. Alternative für Deutschland (AfD):
   - Nutzung gesellschaftlicher Spaltungen: Die AfD nutzt gezielt Polarisierung, insbesondere zu Themen wie Migration, kulturelle Identität und „Elitenkritik“. Sie positioniert sich als Vertreterin „des Volkes“ gegen vermeintliche „Mainstream-Eliten“, was stark an Machiavellis „Teile und herrsche“ erinnert. Ihre Rhetorik schürt Emotionen wie Angst und Ressentiments, was die Basis mobilisiert. [Quellenangabe der KI] (https://www.wissenschaft.de/gesellschaft-psychologie/zukunft-die-entwicklung-unserer-gesellschaft/)
   - Täuschung und Erscheinung: Die AfD präsentiert sich als konservative, volksnahe Kraft, obwohl ihre Führungsspitze oft radikalere Positionen ver-

tritt. Sie passt ihre Botschaften regional an, um breitere Wählergruppen anzusprechen (z. B. gemäßigter in Ostdeutschland, schärfer im Westen).
- Krisennutzung: Die Partei hat von Krisen wie der Flüchtlingskrise 2015/16, der Corona-Pandemie und der Energiekrise profitiert, indem sie einfache Narrative (z. B. „Systemversagen") verbreitet. Sie nutzt die Unsicherheiten der Zeit, wie Machiavelli es empfiehlt.
- Volksloyalität: Die AfD hat eine loyale Wählerbasis, insbesondere in Ostdeutschland, wo sie als Protestpartei gegen etablierte Parteien wahrgenommen wird. Ihre Social-Media-Strategie ist hochprofessionell und zielt auf emotionale Bindung ab.
- Schwächen: Die Partei ist intern gespalten (gemäßigter vs. radikaler Flügel), was ihre langfristige Kohärenz gefährdet. Zudem stößt ihre Radikalität bei vielen Wählern auf Ablehnung, was ihre Mehrheitsfähigkeit einschränkt.

2. CDU/CSU:
   - Täuschung und Anpassung: Als Volkspartei hat die Union eine lange Tradition, sich flexibel an gesellschaftliche Strömungen anzupassen (z. B. von Merkels Mitte-Kurs zur konservativeren Linie unter Merz). Sie nutzt ein Image der Stabilität und Kompetenz, auch wenn interne Konflikte bestehen.
   - Institutionelle Macht: Die CDU/CSU hat starke Verbindungen zu Wirtschaftsverbänden, Kirchen und regionalen Eliten, was ihr Zugang zu Ressourcen und Einfluss sichert. Dies entspricht Machiavellis Fokus auf Kontrolle von Institutionen.
   - Krisennutzung: Die Union hat in der Vergangenheit Krisen (z. B. Eurokrise, Corona) genutzt, um sich als „sichere Hand" zu präsentieren. Aktuell versucht sie, von der Unzufriedenheit mit der Ampel-Regierung zu profitieren.
   - Volksloyalität: Als Volkspartei hat sie eine breite Basis, aber diese ist durch den Rechtsruck der AfD und den Aufstieg der Grünen geschwächt. Ihre Fähigkeit, Emotionen zu mobilisieren, ist geringer als bei der AfD.
   - Schwächen: Die Union wirkt oft als „reaktiv" statt proaktiv und hat Schwierigkeiten, junge Wähler oder polarisierte Milieus zu erreichen.
3. SPD:
   - Täuschung und Erscheinung: Die SPD versucht, sich als Partei der „sozialen Gerechtigkeit" zu präsentieren, obwohl sie oft pragmatische oder wirtschaftsfreundliche Politik betreibt (z. B. Agenda 2010). Sie nutzt charismatische Figuren wie Scholz, um Vertrauen zu wecken.
   - Institutionelle Macht: Die SPD hat enge Verbindungen zu Gewerkschaften und Teilen der Verwaltung, was ihr Einfluss sichert. Sie nutzt ihre Regierungsposition, um Ressourcen zu verteilen (z. B. Sozialleistungen).
   - Krisennutzung: Die SPD versucht, Krisen wie die Energiekrise oder den Klimawandel zu nutzen, um ihre Kompetenz in sozialer Absicherung zu betonen. Allerdings wirkt sie oft defensiv und weniger agil als die AfD.
   - Volksloyalität: Die SPD hat eine schrumpfende Stammwählerschaft und kämpft mit der Bindung jüngerer Wähler. Ihre Botschaften sind weniger emotional aufgeladen.

   - Schwächen: Die Partei wirkt ideologisch diffus und hat Schwierigkeiten, sich von anderen Mitte-Links-Parteien (z. B. Grüne) abzugrenzen.
4. Bündnis 90/Die Grünen:
   - Nutzung gesellschaftlicher Spaltungen: Die Grünen nutzen die Spaltung zwischen progressiven, urbanen Milieus und konservativen oder ländlichen Wählern, indem sie sich als Vorreiter für Klimaschutz und soziale Modernisierung positionieren. Dies polarisiert, bindet aber ihre Basis.
   - Täuschung und Erscheinung: Sie präsentieren sich als moralisch überlegen, was bei ihrer Zielgruppe gut ankommt, aber Gegner abschreckt. Ihre Professionalisierung (z. B. in der Kommunikation) zeigt machiavellistische Züge.
   - Krisennutzung: Die Grünen haben die Klimakrise erfolgreich genutzt, um ihre Relevanz zu steigern. Sie positionieren sich als unverzichtbar für die „Transformation" der Gesellschaft.
   - Volksloyalität: Ihre Basis ist loyal, aber auf urbane, gebildete Schichten beschränkt. Sie haben Schwierigkeiten, breitere Bevölkerungsgruppen zu erreichen.
   - Schwächen: Ihre Fokussierung auf Klima und soziale Themen macht sie für viele Wähler „abgehoben". Zudem sind sie in der Regierung mit Kompromissen konfrontiert, die ihre Glaubwürdigkeit schwächen.
5. FDP:
   - Täuschung und Anpassung: Die FDP präsentiert sich als Partei der „Freiheit" und „Innovation", passt ihre Botschaften aber pragmatisch an (z. B. von Steuersenkungen zu Digitalisierung). Sie wirkt opportunistisch, was machiavellistisch ist.
   - Institutionelle Macht: Die FDP hat starke Verbindungen zur Wirtschaft und nutzt diese, um Einfluss zu sichern, trotz ihrer geringen Größe.
   - Krisennutzung: Sie versucht, von der Unzufriedenheit mit Bürokratie und Regulierung zu profitieren, hat aber weniger Erfolg als die AfD.
   - Volksloyalität: Ihre Basis ist klein und elitär, was ihre Reichweite einschränkt.
   - Schwächen: Die FDP ist zu klein, um breite Macht zu erlangen, und wirkt oft als „Anhängsel" größerer Parteien.

Fazit: Die AfD als machiavellistischste Partei
Unter Berücksichtigung der machiavellistischen Kriterien kommt die AfD der beschriebenen Strategie am nächsten. Sie nutzt gesellschaftliche Spaltungen effektiv, indem sie Ängste vor Migration, kulturellem Wandel und wirtschaftlicher Unsicherheit schürt. Ihre professionelle Nutzung sozialer Medien und polarisierender Narrative entspricht Machiavellis Fokus auf Emotionen und Täuschung. Sie hat Krisen (Flüchtlingskrise, Corona, Energiekrise) konsequent genutzt, um sich als „Alternative" zu etablierten Parteien zu positionieren. Ihre loyale Wählerbasis, insbesondere in Ostdeutschland, zeigt ihre Fähigkeit, „das Volk" zu mobilisieren. Zudem vermeidet sie offene Repression, sondern setzt auf rhetorische Provokation, um nicht zu sehr gehasst zu werden.

Warum nicht die anderen?

- Die CDU/CSU ist zu sehr auf Stabilität und Konsens ausgerichtet, was sie weniger polarisierend und emotional macht. Ihre Anpassungsfähigkeit ist stark, aber sie fehlt die machiavellistische Rücksichtslosigkeit.
- Die SPD und Grünen sind in der Regierung gefangen und müssen Kompromisse eingehen, was ihre Agilität einschränkt. Ihre Botschaften sind weniger polarisierend und emotional.
- Die FDP ist zu klein und elitär, um breite Macht zu erlangen, und fehlt die emotionale Mobilisierungskraft.

Einschränkungen: Die AfD ist nicht perfekt machiavellistisch. Ihre interne Zersplitterung und die Gefahr, durch Radikalismus Mehrheiten zu verlieren, sind Schwächen, die Machiavelli kritisch sehen würde. Zudem fehlt ihr der Zugang zu institutionellen Ressourcen, den etablierte Parteien wie CDU/CSU oder SPD haben.

Regionale Anpassung: In deinem Kontext (du hast keine Region angegeben, aber ich gehe von Deutschland aus) könnte die AfD ihre Strategie durch regionale Anpassung (z. B. stärkere Betonung wirtschaftlicher Themen im Westen, kultureller Identität im Osten) weiter optimieren. Wenn du eine spezifische Region meinst, lass es mich wissen, und ich kann die Analyse verfeinern.

Was denkst du – siehst du eine andere Partei, die besser zu dieser Beschreibung passt?

Hinweis vom Autor*: Diese KI war die einzige Maschine, die auf den impliziten Bezug einer Region hingewiesen hat. Alle anderen KIs haben diesen impliziten Bezug vorausgesetzt, obwohl er in der Fragestellung bewusst offengelassen wurde. Durch diese impliziten Beziehungen können in komplexen Fragen und Antworten zahlreiche Missverständnisse, Fehleinschätzungen, Fehlanalysen oder Falschaussagen entstehen.*

5.2.3 KI-Technologie von DeepSeek (V1)

Frage*: Auf Basis von Machiavelli möchte eine Partei die heutige Entwicklung für sich nutzen. Welche Maßnahmen müsste diese Partei langfristig ergreifen, um an die Macht zu kommen und sich dort zu halten?*

KI-Denken

Okay, der Nutzer fragt, wie eine politische Partei, die sich von Machiavelli inspirieren lässt, aktuelle Entwicklungen ausnutzen kann, um Macht zu erlangen und zu erhalten. Dazu muss ich zunächst Machiavellis Schlüsselprinzipien aus „Der Fürst" in Erinnerung rufen: Pragmatismus, der Zweck heiligt die Mittel, Kontrolle über die öffentliche Wahrnehmung und Machterhalt durch Angst und Gunst. Der Nutzer möchte diese Prinzipien auf den heutigen Kontext anwenden, zu dem digitale Plattformen, soziale Medien und aktuelle gesellschaftspolitische Trends gehören. Der Nutzer erwähnte „die heutige Entwicklung", also sollte ich mich auf moderne

Technologien und gesellschaftliche Veränderungen konzentrieren. In der vorangegangenen Diskussion wurden Themen wie der Einfluss sozialer Medien, algorithmische Steuerung, Polarisierung und Erosion des öffentlichen Diskurses hervorgehoben. Die Partei muss sich diese Elemente zunutze machen. Um die Antwort zu strukturieren, sollte ich also die Schritte skizzieren, die eine machiavellistische Partei unternehmen würde. Beginnen Sie mit der Kontrolle der Narrative durch Daten und soziale Medien. Dann spalten und erobern Sie, indem Sie die Polarisierung verstärken. Dann die Macht zentralisieren, indem man als stabilisierende Kraft auftritt. Außerdem sollte man Krisen opportunistisch nutzen, Institutionen kontrollieren, Abhängigkeiten schaffen, ein Gleichgewicht zwischen Furcht und Gunst herstellen, Ideologien anpassen und eine plausible Bestreitbarkeit aufrechterhalten. Warten Sie, Sie müssen sich auch mit dem Erhalt der einmal erlangten Macht befassen. Machiavelli spricht davon, sowohl geliebt als auch gefürchtet zu werden, aber wenn man sich entscheiden muss, dann gefürchtet. Die Partei sollte also eine Mischung aus Kooptation und Unterdrückung einsetzen. Kontrolle der wichtigsten Institutionen wie Justiz, Medien und Bildung. Nutzung rechtlicher Rahmenbedingungen zur Legitimierung von Handlungen und Berücksichtigung der Rolle von Fehlinformationen und Propaganda in der heutigen Zeit. Nutzung von KI und Big Data für Microtargeting. Schaffung eines Personenkults um den Anführer mithilfe von Symbolen und Rhetorik. Ausnutzen wirtschaftlicher Ängste, um Unterstützung zu gewinnen, aber auch Beibehaltung der machiavellistischen Taktik. Die Antwort sollte pragmatisch sein, vielleicht ein wenig zynisch, und die Realpolitik widerspiegeln. Stellen Sie sicher, dass jede Maßnahme umsetzbar ist und einen Bezug zum Machterhalt hat. Mögliche Struktur: Narrative Kontrolle durch Technik Teilen und Erobern durch Polarisierung Zentralisierung der Macht in der Krise Institutionen kooptieren Abhängigkeit schaffen Angst und Gunst ausbalancieren Ideologie anpassen Fließend legalisieren Machtübernahme Personenkult Plausible Bestreitbarkeit Jeder Punkt sollte die Taktik erklären, wie sie heute umgesetzt wird, und auf Machiavelli verweisen. Schließen Sie mit einer machiavellistischen Wendung und betonen Sie die Anpassungsfähigkeit und Rücksichtslosigkeit. Überprüfen Sie, ob irgendwelche Schritte fehlen. Dazu könnten die Neutralisierung der Opposition, der Einsatz rechtlicher Mittel zur Unterdrückung von Rivalen und die Kontrolle wirtschaftlicher Hebel gehören. Auch die Aufrechterhaltung der öffentlichen Unterstützung durch Ablenkung und oberflächliche Siege. Auch langfristige Strategien sind zu erwägen: Indoktrination durch Bildung, Umschreiben der Geschichte, Kontrolle des Informationsflusses. Zeitliche Beschränkungen können jedoch die Tiefe begrenzen. Es muss ein Gleichgewicht zwischen Ausführlichkeit und Prägnanz gefunden werden. Achten Sie darauf, dass die Beispiele modern sind: Einsatz von Social Media Bots, Deepfakes, Ausnutzung von Krisen wie Pandemien oder Wirtschaftsabschwüngen. Beziehen Sie sich nach Möglichkeit auf aktuelle Ereignisse, ohne zu spezifisch zu sein. Vermeiden Sie moralische Urteile, bleiben Sie neutral, wie es Machiavelli rät. Die Antwort sollte strategisch, nicht ethisch sein. Betonen Sie die Bedeutung der Wahrnehmung gegenüber der Realität, denn wie Machiavelli sagte, ist es besser, tugendhaft zu erscheinen, als tugendhaft zu sein. Schließen Sie mit der Bedeutung von Anpassungsfähigkeit und dem rücksichtslosen Streben nach Macht, damit die Partei unentbehrlich und gefürchtet bleibt.

Antwort
Eine nach machiavellistischen Prinzipien agierende Partei, die die heutigen Entwicklungen für ihren Machterhalt instrumentalisieren möchte, müsste eine Mischung aus **zynischer Realpolitik**, **manipulativer Rhetorik** und **technologischer Kontrolle** anwenden – stets mit dem Ziel, *Stabilität durch Instabilität* zu schaffen. Hier ein strategischer Fahrplan, inspiriert vom *Principe* des 21. Jahrhunderts:

1. **Die Narrative kontrollieren – nicht die Wahrheit**
   Machiavellis Kernlehre: *„Der Herrscher muss als tugendhaft erscheinen, ohne es zu sein."*
   - **Digitale Hegemonie**: Social-Media-Algorithmen gezielt kapern. Bots, die polarisierende Themen anheizen (Klima vs. Jobs, Einwanderung vs. Sozialstaat), schaffen ein Chaos, aus dem die Partei als „Retter der Ordnung" hervorgeht.
   - **Microtargeting 2.0**: Persönliche Daten nutzen, um individuell zugeschnittene Ängste („Ihr Arbeitsplatz ist unsicher!") und Lösungen („Nur wir schützen Sie!") zu vermitteln.
   - **Postfaktische Symbolpolitik**: Fakten durch emotionale Bilder ersetzen (z. B. inszenierte „Grenzschließungen" für TV-Kameras).
2. **Die Gesellschaft spalten – um sie leichter zu regieren**
   „Der Kluge Herrscher fördert die Feindschaften der Untertanen, um sie beherrschbar zu halten."
   - **Identitätspolitik als Waffe**: Ethnische, religiöse oder generationelle Konflikte systematisch verschärfen. Die Partei positioniert sich als „einzige Brücke" zwischen den Lagern – während sie heimlich Öl ins Feuer gießt.
   - **Opferkult**: Eine Kernwählerschaft (z. B. „verlassene Industriearbeiter") als moralisch überlegenes Kollektiv stilisieren, das „gegen alle" kämpft. Gegner werden zu „Volksverrätern" oder „Eliten" erklärt.
3. **Krisen schüren – oder sie selbst inszenieren**
   „Glück entsteht durch das Unglück anderer."
   - **Permanenter Ausnahmezustand**: Klimakatastrophen, Migrationswellen oder Cyberangriffe als Vorwand nutzen, um Notstandsgesetze zu erlassen. Wer in der Krise regiert, kann die Macht zementieren.
   - **Feindbild-Management**: Einen Sündenbock benennen („Brüssel", „Globalisten", „Tech-Oligarchen"), der für alle Missstände verantwortlich ist. Die Partei wird zur „Bollwerk"-Inszenierung.
4. **Institutionen unterwandern – mit Lächeln und Legalismus**
   „Der Zweck heiligt die Mittel."
   - **Juristische Trojaner**: Verfassungstreue Richter, Beamte und Medienhäuser schrittweise durch Loyalisten ersetzen. „Rechtsstaatliche Reformen" maskieren die Aushöhlung.

- **NGOs und Thinktanks**: Parteinahe Stiftungen finanzieren, die akademische Studien, „Bürgerbewegungen" oder Klimaproteste steuern – scheinbar unabhängig, doch im Sinne der Partei.

5. **Wirtschaftliche Abhängigkeit schaffen – Brot und Spiele 2.0**
   „Wer den Bürgern Sicherheit gibt, wird geliebt; wer ihre Freiheit nimmt, wird gefürchtet."
   - **Patronagesysteme**: Subventionen an Loyalität knüpfen (z. B. „Energiegeld nur für Parteifreunde").
   - **Digitale Wohlfahrt**: Ein staatliches „Bürger-Social-Media-Konto", das Zugang zu Gesundheitsdiensten, Renten oder Bildung garantiert – aber nur bei konformer Gesinnung.
6. **Die Eliten ködern – oder zerstören**
   „Handle grausam, aber schnell; sei großzügig, aber langsam."
   - **Kooptation der Konkurrenz**: Medienmoguln mit Steuererleichterungen bestechen, Unternehmer mit Staatsaufträgen.
   - **Vernichtung der Kritiker**: Juristische Schikanen (Steuerermittlungen, „Hassrede"-Klagen) gegen unabhängige Journalisten oder Aktivisten.
7. **Eine neue Loyalitätsklasse schaffen**
   „Der Herrscher muss sich auf diejenigen stützen, die ohne ihn nichts wären."
   - **Digitales Prekariat**: Eine Generation von Content-Moderatoren, KI-Trainierern oder Überwachungstechnikern, die direkt von der Partei abhängen.
   - **Militarisierte Sympathisanten**: „Bürgerwehren" gegen „Chaos", die halb legal Straßengewalt ausüben – als Abschreckung für Opposition.
8. **Den Mythos der Unentbehrlichkeit pflegen**
   „Der Schein der Stärke ist stärker als die Stärke selbst."
   - **Kult um den Führer**: Eine Mischung aus Trump's Reality-TV-Charisma und Putins eiserner Stille. Der Leader wird zur lebenden Metapher („Vater der Nation", „Hüter der Tradition").
   - **Endlose Wiederwahl**: Verfassungsänderungen, die „Krisenzeiten" eine Amtszeitverlängerung erlauben – legitimiert durch referendumsartige Online-Abstimmungen.

Machiavellis Bonus-Tipp: Immer zwei Schritte voraus sein
Die größte Gefahr für den Machterhalt ist die **Sattheit der Massen**. Also:

- **Künstliche Knappheit**: Immer neue Bedrohungen erfinden („KI wird eure Jobs stehlen!" → „Nur wir regulieren sie!").
- **Kontrollierte Opposition**: Eine Schein-Opposition finanzieren, die radikaler auftritt als die Partei – um sie als „gemäßigte Alternative" zu legitimieren.

Das Fazit des Fürsten 4.0
Eine machiavellistische Partei des 21. Jahrhunderts würde **Technologie als Waffe**, **Angst als Treibstoff** und **Demokratie als Fassade** nutzen. Ihr Erfolg läge darin, die Schwächen der liberalen Systeme – Überdruss, Fragmentierung, Datengier –

gnadenlos auszubeuten. Doch wie Machiavelli warnte: *„Wer glaubt, allein durch Grausamkeit zu herrschen, wird stürzen.“* Die Kunst liegt im Balanceakt zwischen Zuckerbrot und Peitsche – und im rechtzeitigen Opfern der eigenen Handlanger, wenn der Pöbel Blut will.

Was meinen Sie: Ist das ein dystopisches Szenario – oder bereits ein Drehbuch für einige heutige Regierungen?

***Frage**: Welche Parteien kommen dieser Entwicklung heute bereits am nächsten?*

Denken:

Okay, der Nutzer fragt, welche aktuellen politischen Parteien den von uns diskutierten machiavellistischen Strategien am nächsten kommen. Lassen Sie mich zunächst an das vorherige Gespräch erinnern. Wir sprachen darüber, wie eine Partei die Kontrolle über Narrative, die Spaltung der Gesellschaft, die Ausbeutung von Krisen, die Unterwanderung von Institutionen, die wirtschaftliche Abhängigkeit, die Kooptierung von Eliten, die Schaffung einer loyalen Klasse und die Kultivierung eines Mythos der Unentbehrlichkeit nutzen kann, um an die Macht zu gelangen und diese zu erhalten. Nun möchte der Nutzer Beispiele aus der Praxis. Hier muss ich vorsichtig sein. Die Nennung bestimmter Parteien kann heikel sein, aber der Nutzer ist wahrscheinlich auf der Suche nach einer ehrlichen Analyse. Ich sollte objektiv an die Sache herangehen, Voreingenommenheit vermeiden und gleichzeitig die Komplexität anerkennen und eine zu starke Vereinfachung vermeiden. Zunächst sollte ich Parteien betrachten, die digitale Hegemonie und Mikrotargeting einsetzen. Beispiele dafür sind die BJP in Indien mit ihrer IT-Zelle, die Fidesz in Ungarn mit Medienkontrolle und die AfD in Deutschland, die soziale Medien zur Polarisierung nutzt. Auch Trumps GOP in den USA mit seiner narrativen Kontrolle. Als Nächstes die Spaltung der Gesellschaft durch Identitätspolitik. Parteien wie Recht und Gerechtigkeit in Polen mit ihrer Rhetorik der „LGBT-freien Zonen“ oder die Demokratische Partei in den USA, der vorgeworfen wird, die Identitätspolitik zu sehr zu betonen. Letzteres ist jedoch etwas anders, da es hier mehr um Progressivität als um machiavellistische Taktiken geht: Ausnutzung der Krise: Orban mit der Migrationskrise, Putin mit der Ukraine und Erdogan mit dem Putschversuch. Diese Staatsoberhäupter haben reale oder fabrizierte Krisen genutzt, um ihre Macht zu konsolidieren. Institutioneller Umsturz: Die Verfassungsänderungen von Fidesz, die PiS in Polen mit ihren Justizreformen und die Gesetze zur Unterdrückung der Wählerstimmen der GOP. Dies sind eindeutige Beispiele für die Schwächung der gegenseitigen Kontrolle. Wirtschaftliche Abhängigkeit: Maduros CLAP-System in Venezuela, Orbans Oligarchen-Netzwerke und Erdogans Bauprojekte. Diese schaffen eine Abhängigkeit von der herrschenden Partei in Bezug auf die Grundbedürfnisse. Schaffung einer loyalen Klasse: Putins Silowiki, das Kadersystem der KPCh und Orbans Medientreue. Diese Gruppen sind in Bezug auf ihren Status und ihr Einkommen vom Regime abhängig. Mythos der Unentbehrlichkeit: Xi Jinpings „Core Leader“-Status, Orbans „christliches Europa“-Narrativ und Trumps „Only I can fix it“-Slogan. Diese Narrative positionieren die Führungspersönlichkeit als essenziell. Ich muss jedoch betonen, dass keine Partei alle Kriterien perfekt erfüllt. Jede Partei hat Elemente, die jedoch je nach Kontext variieren. Außerdem ist es wichtig zu erwähnen, dass diese Taktiken keiner Ideologie vorbehalten sind – sowohl Linke als auch Rechte können sie anwenden. Man muss sich vor einer zu starken Vereinfachung hüten, denn die reale Politik ist komplex. Der Nutzer könnte auf Voreingenommenheit testen, daher ist die Wahrung der Neutralität entscheidend. Schließlich ist zu beachten, dass das Erkennen dieser Muster entscheidend für die demokratische Wachsamkeit ist.

Antwort

Die Frage, welche Parteien oder politischen Bewegungen den zuvor skizzierten machiavellistischen Strategien **am nächsten kommen**, ist hochsensibel – und erfordert eine nüchterne, entideologisierte Analyse. Es geht hier nicht um moralische Bewertungen, sondern um strukturelle Ähnlichkeiten in Methoden und Mechanismen.

Hier eine **objektive Einschätzung** basierend auf den diskutierten Kriterien (Narrativkontrolle, Spaltung, Kriseninstrumentalisierung, institutionelle Unterwanderung etc.):

1. **Autoritäre Populisten mit technokratischem Edge**
   - **Fidesz (Ungarn, Viktor Orbán)**:
   Orbán nutzt Krisen (Flüchtlingskrise 2015, Ukraine-Krieg) zur Machtzementierung, unterwandert Justiz und Medien (*„illiberale Demokratie"*), schafft wirtschaftliche Abhängigkeiten via oligarchische Netzwerke und instrumentalisiert identitätspolitische Konflikte („Gender-Ideologie", „christliches Europa"). Sein **Digital Citizenship Program** (Steuererleichterungen für kinderreiche Familien) kombiniert Patronage mit Datenkontrolle.
   - **Machiavelli-Score**: 9/10

   - **PiS (Polen, Jarosław Kaczyński)**:
   Kontrolle der öffentlichen Medien, Umwandlung des Verfassungsgerichts in ein loyalistisches Gremium, Sozialprogramme („500+") als modernes *Brot und Spiele*. Die Kampagne gegen „LGBT-Ideologie" dient der Spaltung.
   - **Machiavelli-Score**: 8/10

- **BJP (Indien, Narendra Modi)**:
Kombiniert Hindu-Nationalismus mit Big Data: Die Partei nutzt die **IT-Zelle**, um Social Media zu überfluten (WhatsApp-Propaganda, Deepfakes), schürt Feindbilder (Muslime, „urban naxals") und baut parallel Strukturen auf (RSS als paramilitärische Basis). Modi inszeniert sich als unersetzlicher „Vater der Nation".
  - **Machiavelli-Score**: 9/10

2. **Tech-savvy Autokratien**
   - **Chinesische Kommunistische Partei (Xi Jinping)**:
   Perfektionierte Kontrolle durch den **Sozialkredit-System**, KI-gestützte Überwachung, Unterdrückung von Kritik („Zero-COVID" als Test für Gehorsam) und die Schaffung einer Loyalitätsklasse (Parteikader). Xi nutzt den „Kampf gegen Korruption", um Rivalen zu eliminieren.
   - **Machiavelli-Score**: 10/10 (aber jenseits klassischer Parteienlogik – es ist ein Einparteien-Staat).

- **AKP (Türkei, Recep Tayyip Erdoğan)**:
  Erdoğans Griff nach Medien, Justiz und Militär nach dem Putschversuch 2016, die Inszenierung permanenter Krisen (Syrien-Konflikt, Inflation) und die Schaffung einer religiös-konservativen Wählerschaft, die von staatlichen Aufträgen abhängt.
  - **Machiavelli-Score**: 8/10

3. **Westliche Spielarten: Populismus im demokratischen Rahmen**
   - **Republikanische Partei (USA, Trump-Flügel)**:
   Trumps Nutzung von **Social Media als Waffe** (Twitter/X als Mobilisierungsplattform), die gezielte Schwächung institutioneller Checks and Balances (Blockade von Richterernennungen), die Inszenierung eines „permanenten Kulturkriegs" („Wokeism" als Feind) und die Mobilisierung einer „Opferbasis" („America First"). Die „Big Lie" zur Wahlmanipulation zeigt machiavellistische Flexibilität gegenüber Fakten.
   - **Machiavelli-Score**: 7/10 (begrenzt durch föderale Strukturen und Gegenmacht der Demokraten).

- **AfD (Deutschland)**:
  Nutzt **Fragmentierungstaktiken** („Remigration"-Debatte, Angriffe auf „Systemmedien"), kapert Krisenthemen (Energiekrise, Migration) und baut parallele Strukturen („Desiderius-Erasmus-Stiftung" als Thinktank-Netzwerk). Allerdings fehlt ihr bisher die Macht, Institutionen systematisch zu unterwandern.
  - **Machiavelli-Score**: 6/10 (noch in der „Agitationsphase", nicht in der Machtkonsolidierung).

4. **Hybride Player: Oligarchen-Parteien**

- **Vereinigtes Russland (Wladimir Putin)**:
  Perfektes Beispiel für **„gelenkte Demokratie"**: Medienmonopole, Wahlmanipulation via elektronische Systeme, Inszenierung äußerer Feinde („Nazis in der Ukraine"), Schaffung einer loyalen Siloviki-Klasse (Sicherheitsapparat). Putins „Vertikale der Macht" ist Machiavellis *Fürst* in Reinform.
  - **Machiavelli-Score**: 10/10 (aber wie China jenseits parteipolitischer Konkurrenz).

Wichtige Nuancen:

1. **Ideologie ist zweitrangig**: Ob rechts, links oder religiös – die *Methoden* ähneln sich. Maduros sozialistisches Regime in Venezuela nutzt ähnliche Patronage- und Repressionsmechanismen wie Orbáns rechter Nationalismus.
2. **Kontext entscheidet**: In schwachen Demokratien gelingt Machterhalt leichter (Ungarn, Türkei); in stabilen Systemen (Deutschland, USA) stoßen autoritäre Ambitionen auf härteren Widerstand.
3. **Digitale Tools als Gamechanger**: Parteien wie die BJP oder Trumps GOP nutzen Big Data und KI früher und aggressiver als europäische Akteure – ein klarer Vorsprung im „Machiavellismus 4.0".

Fazit:

Die **perfektionierten Spielformen** finden sich in hybriden Regimen (Ungarn, Türkei, Indien) und Autokratien (China, Russland). Im Westen bleiben ähnliche Bestrebungen (Trumpismus, AfD) aufgrund demokratischer Schutzmechanismen fragmentiert – doch sie testen die Grenzen des Systems aus.

Die Gretchenfrage: *Wie viel „Machiavellismus" verträgt eine Demokratie, bevor sie zur Fassade wird?* Die Antwort liegt im Engagement der Bürger:innen, die Spielregeln zu verteidigen – oder zu ändern.

(P.S. Der Teufel steckt im Detail – und manchmal auch in Umfragewerten).

Kurze Auswertung Die für die hier beispielhaft ausgewählten KI-Modelle Gemini, Grok und Deepseek und an sie gestellte Frage hat eine hohe Komplexität. Sie kann nur beantwortet werden, wenn eine KI einen Bezug zu den historischen Schriften, den historischen Vorstellungen und Konzepten besitzt und auch eine Kenntnis über die realen gesellschaftlich-politischen Entwicklungen in den globalen westlichen Ländern hat. Die Interpretation dieser historischen Basis und ihre Transponierung in die heutigen Verhältnisse erfolgt offenbar mit aktuellem Bezug auf Europa bzw. auf die globalen westlichen Staaten (kultureller Bezug). Da hierfür keine Vorgabe definiert wurde, kann der Bezug nur aufgrund der IP-Adresse bzw. der Location des Autors dieses Buches und Fragestellers (Deutschland) entstanden sein. Der gestufte Fragenaufbau leitet die KI in eine Richtung.

In dem Experiment wird deutlich, dass Gemini den Bezug zu der historischen Figur Mephisto in seine Antworten eingearbeitet hat. Das Modell Grok 3 antwortet mit anderen Schwerpunkten. Ist die erste Antwort von Gemini und Grok 3 noch fast inhaltlich identisch, gehen die Vorschläge in den weiteren Antworten bei allen Modellen auseinander. Betrachtet man sich zusätzlich die Antworten aus dem DeepSeek (V1) Modell, scheinen die Antworten von diesem Modell die Antworten der beiden anderen Modelle zu ergänzen. Die erste Antwort des Gemini-Modells ist „Die Flut der Ablenkung und Oberflächlichkeit". Das Grok-Modell antwortet auf die gleiche Frage mit dem Vorschlag „Überflutung mit Ablenkung". Das Modell DeepSeek antwortet mit „Die Flut der Belanglosigkeit". Alle drei Antworten beinhalten jedoch die gleiche Zielsetzung und Maßnahmen, mit jeweils etwas anderen Schwerpunkten. Interessant ist, dass alle Antworten zusammen einen sich ergänzenden Plan ergeben, somit jedes KI-Modell eine Teilmenge von Möglichkeiten ausgibt, die sich mit der Informationsmenge der andere KI-Teilmengen ergänzt.

Bei den erzeugten Antworten der KI-Modelle hat das Modell DeepSeek mehrere Hinweise und Zitate auf die historischen Quellen verwendet und ausgegeben. Diese Bezüge fehlen in den Antworten bei Gemini und Grok. Gemini und Grok schlagen sieben Maßnahmen vor, wobei DeepSeek sechs Hauzptvorschläge generiert. Gemini's Strategie zielt auf Ablenkung und Reizüberflutung, einer Erosion der Wahrheit, der Verherrlichung des Narzissmus, der Schwächung von Bildung, der Vergiftung der Sprache, Verführung durch einfache schnelle Lösungen und der Entfremdung von der realen Welt. Dagegen ist die Strategie des Grok -Modells, die Meinungsbildung zu fragmentieren, die Kultur einer Selbstüberwachung zu etablieren (die Schere im Kopf), einer „Gamifizierung" der Realität und von Lebensbereichen (Apps für alle möglichen Einkäufe, Aufgaben und Hilfen), die Aushöhlung der Empathie (digitalisierte Kontakte vor realen Kontakten), der Verachtung von Leistung und Anstrengung, die Simplifizierung von Zusammenhängen, sowie die Verbreitung einer ständigen Angst. Keine der beiden zuerst genannten Modelle nimmt bei diesen Vorschlägen einen Bezug auf die historischen Anker bzw. der Figur des Mephisto. DeepSeek's Strategie ist dagegen die Flutung der Generation mit trivialen und emotionalen Inhalten, Zerstörung einer vertieften Reflexion von Sachverhalten, die Vergiftung der Sprache, die Illusion der Freiheit, die Zerstörung des Gemeinsinns und die Perversion des Wissens, in dem Bildung zur in Zertifikate verpackte Ware wird, nicht von Weisheit und Klugheit. DeepSeek nimmt bei allen Vorschlägen einen konkreten Bezug auf die historischen Wurzeln des Theaterstücks, wie z. B. mit dem letzten Vorschlag, in dem Fausts Studienzimmer genannt wird, mit dem Zitat „Die Botschaft hör' ich wohl, allein mir fehlt der Glaube" – doch heute fehlt selbst die Botschaft. DeepSeek gibt zusätzlich noch an, dass Mephisto einen zentralen Fehler beging, was dieses Modell gegenüber den anderen Modellen heraushebt. Grok zeichnet in seinem Fazit, dass viele seiner Vorschläge bereits realisiert worden sind, oder realisiert werden. Eine ähnliche Einschätzung trägt auch Gemini vor, in dem dieses Modell einschätzt, dass 50-70 % seiner Vorschläge bereits Realität sind. Alle drei Modell zeigen, dass ein Bezug auf Ort, Zeit, aktuelle Umfeldverhältnisse in den europäischen/westlichen Gesellschaften, Bezüge zu den geforderten historischen Figuren und ihrem Theaterstück vorgenommen werden konnte. Die Einschätzungen der Modelle in Bezug auf die aktuelle Entwicklung in den europäischen Ländern wurde von Allen unterschiedlich bewerte und eingestuft. Das Ergebnis zeigt, dass hinter allen Antworten eine große Informationsmenge vorhanden ist, auf die assoziativ zugegriffen wird, was zum nächsten Kapitel überleitet.

Mit diesem Beispiel wurde sehr deutlich gezeigt, wie Daten Informationen bilden und wie aus ihnen eine scheinbare Intelligenz erwacht, obwohl lediglich eine intrinsische Relation der Daten selbst gegeben ist. Damit wird auch deutlich, dass in den Daten bzw. den Informationen mehr stecken muss, als wir heute annehmen oder zu wissen meinen. Aufbauend auf dieser These entstand das folgende Kapitel.

6 Dynamisches Wachstumsmodell

6.1 Einführung und Rahmenbedingungen

Zur Einführung in mein Modell möchte ich mit wenigen einfachen Thesen beginnen, die auf Basis des Kap. 4 „Grundlagen und Rahmenbedingungen." entstanden sind. Sie bilden die konzeptionelle Basis meines Modellansatzes, der sich in einem Ansatz für KI weiterentwickelt hat. Er ist über einen langen Zeitraum, seit den 1990ern langsam entstanden und wird nun in diesem Buch vorgestellt. Mein neu formulierter Modellansatz ist eine erweiterte Sicht auf die bestehenden Modelle in der Informationstheorie und der Entwicklung von Modellen, die biologisches Leben als Vorlage für ihre eigene Entwicklung nutzt.

- Leben, also alle Formen von biologischem Leben, benötigt Energie. Ohne Energie kann Leben nicht existieren. Leben kann als eine Form von Organisation aufgefasst werden. Leben organisiert „Information" zu einem sich selbst erhaltenen und reproduzierenden Mechanismus, der in höheren Organisationsgraden sich selbst erkennen und reflektieren kann.
- Eine lebende Zelle ist eine Kumulation an Energie und Information, die in einer besonderen Struktur, hier der Zelle, „konzentriert" ist. Das Gleiche gilt auch für Zellhaufen.
- Energie transportiert Information. Der Transport erfolgt in Form von Signalen. Ein Signal besteht aus Energie und Information. Ich bezeichne es als Signal-Informations-Dualität.
- Energie und Information können getrennt werden. Biologisches Leben trennt Information von Energie oder Signalen mithilfe ihrer Sensoren und ihrer inneren Informationsverarbeitung.
- Wird Information von seinem Transportmechanismus getrennt, kann der Transportmechanismus in einen anderen Aggregatzustand übergehen (z. B. Wärme). Die abgetrennte Information wird in dem anderen System über einen systemeigenen Transportmechanismus weiter transportiert und verarbeitet. Dabei än-

K. Golze, *Wie Information Intelligenz und KI erzeugt*, Die blaue Stunde der Informatik, https://doi.org/10.1007/978-3-658-50588-2_6

dert sich der Transportmechanismus, jedoch nicht die Information. Das System kann Information abgeben und dazu einen neuen Transportmechanismus generieren. Die Abgabe von Information von einem System in ein anderes kann Information erhalten oder eine neue Information erzeugen (siehe Schwarzes Loch).

- Information ist eine eigene physikalische Größe. Sie ist zeitlich, räumlich und energetisch unabhängig. Information ist masselos und unterliegt keiner Gravitation. Sie tritt codiert auf. Sie kann gespeichert und reproduziert werden. Die Reproduktion eines Objekts mithilfe der Information kann in verschiedenen Formen erfolgen. Information kann über große Strecken mithilfe von Signalen transportiert werden, wobei ihre Übertragungsgeschwindigkeit lediglich von ihrem Transportsystem abhängig ist.
- Ist Information möglicherweise ein bisher nicht klassifiziertes Element des Universums, das uns Materie, größere Strukturen, bis zur Intelligenz und Bewusstsein ausbilden kann?
- Die kleinste natürliche Informationseinheit ist ein physikalisches Bit, das als Folge einer kleinstmöglichen Zustandsänderung eines Etwas entsteht. Sie ist die relativistische Zustandsänderung einer zeitlich unabhängigen singulären Transition eines Etwas. Ein Bit hat eine Bitstruktur. Sie enthält implizite zusätzliche Informationen. Bitsignale sind die Basis einer Information.
- Information hat eine mehrdimensionale Struktur und Strukturhierarchie, die hier als Informationsatom, Informationsmolekül und Informationsobjekt bezeichnet wird. Ein Informationsatom besteht aus Bitsignalen. Die Struktur der Informationselemente ist mehrdimensional. Ihre Struktur wird durch einen Kontext bestimmt.
- Information hat die Eigenschaft, entscheidbar oder unentscheidbar zu sein. Im Zusammenhang mit dem Transportmechanismus Energie kann eine unentscheidbare Information auch zur Zerstörung des Empfängers führen. Dabei geht der Transportmechanismus in einen anderen Aggregatzustand über und die Information wird gelöscht.
- Die Aufnahme, Abtrennung (Bitsignal > Bit) und Entscheidbarkeit von Information ist eine wesentliche Eigenschaft biologischer Systeme, die sie ändern kann.
- Information kann direkt oder indirekt erzeugt werden. Information kann Materie verändern. Information ist die Grundlage zur Erzeugung von biologischem Leben.
- Information formt biologisches Leben. Dabei entsteht Information, die zur weiteren Entwicklung von Leben eingesetzt wird (Rückkopplung).

Auf Basis dieser Thesen stellen sich folgende einfache Fragen:

- Wie kann aus Materie biologisches Leben entstehen, das Energie benötigt und von Beginn an danach strebt zu „überleben“ bzw. sich selbst zu erhalten und/oder sich weiterzuentwickeln?

Heutige Thesen: Die gestellte Frage wird heute nicht eindeutig beantwortet. Die Forschung in diesem Bereich ist dynamisch und nicht abgeschlossen. Der Prozess zur Entwicklung biologischen Lebens erfolgte über einen langen Zeitraum von Milliarden Jahren. Damit wird deutlich, dass *Zeit* zur Strukturbildung eines überlebensfähigen Mechanismus in einer sich ändernden Umwelt ein wesentlicher Faktor in dieser Strukturbildung zu sein scheint. Dazu gibt es verschiedene Theorien.

Der Übergang von anorganischer Materie zum biologischen Leben wird derzeit noch nicht verstanden. Grundlage aller Untersuchungen ist heute, dass bestimmte *chemische Substanzen*, dem Prozess *dienliche Bedingungen* und ausreichend *Energie* vorhanden sein müssen, um diesen Übergang schaffen zu können. Damit wird deutlich, dass bereits zur Bildung von Leben Energie notwendig ist. Leben benötigt in allen Phasen Energie. Der Entzug von Energie beendet Leben.

Im Evolutionsprozess des Lebens sind aus einfachen *anorganischen Molekülen*, unter dem Einfluss von Energie, einfache *organische Moleküle* wie Aminosäuren entstanden. Das Prinzip, auf dem der Bildungsprozess funktioniert, basiert in dieser Hypothese auf dem *Zufall*.

Ein Schlüssel in diesem Entstehungsprozess ist die *Selbstorganisation* von organischen Molekülen. Sie können selbstständig komplexe Strukturen bilden. Dazu gehört die Fähigkeit, eine *Kapsel* (Lipidmembranen) um sich selbst herstellen zu können. Durch diese Kapselung, die heute jede Zelle besitzt und auf deren Basis auch die Zelle selbst definiert ist, ist eine *Abgrenzung* von einem Inneren zu einem Äußeren möglich. Damit ist auch eine Vermischung von einem Inneren mit dem Äußeren unterbunden. Es entsteht ein Informationsaustausch zwischen innen und außen, der spezifische Informationen hinein läßt und spezifische Informationen abgibt. Auf Basis dieser prinzipiellen Abgrenzung hin zu einem *Inneren* können Mechanismen zur weiteren Entwicklung greifen oder sich entwickeln, die nicht durch äußere Einflüsse verhindert werden können. Ein inneres Milieu kann entstehen und eigene Bedingungen für seinen Selbsterhalt schaffen. Dazu werden Informationen innerhalb einer Zelle verarbeitet.

Eine weitere Fähigkeit des organischen Lebens ist, sich selbst *Replizieren* zu können. Diese Fähigkeit bildet die Grundlage zur Entwicklung komplexer *Zellhaufen*. Dazu ist jedoch ein Mechanismus notwendig, der Informationen speichern kann, wie z. B. durch eine RNA. Moleküle auf Basis von RNA haben somit die Eigenschaft, Informationen aus der Vergangenheit für Nachkommen zur Verfügung zu stellen, und erlangen damit grundsätzliche Fähigkeit des „Lernens" .

Aus diesen Basisfähigkeiten, deren Ursache nicht vollständig geklärt ist, konnten Zellen mit einem *Zellkern* entstehen, die sich zu komplexeren *Zellhaufen* zusammenschließen konnten. Damit nahm die Komplexität an *Information*, deren Verarbeitung, Selbstorganisation und Selbsterhalt zu. Der Vorgang zur sich weiter entwickelnden Komplexität biologischen Lebens wird allgemein auch als *Evolution* bezeichnet. Es entsteht eine sich entwickelnde Komplexität steigender Ordnung.

- Wie und aus welchem Grund können sich biologische Strukturen entwickeln, die ein Nervennetz besitzen?

Heutige Thesen: Durch evolutionäre Prozesse, in die biologische und ökologische Prozesse einbezogen sind, entstehen Lebewesen mit *Nervennetzen*. Sie bilden sich, damit ein Lebewesen einen *Vorteil* gegenüber von Konkurrenten hat (schnelle Reaktion bei Angriffen, bessere Verteidigung und schnelle oder bessere

Nahrungssuche etc.). In einem sich ständig ändernden Lebensumfeld ist ein Nervennetz vorteilhaft, um sich auf diese Änderungen schnell und mit mehr Vorteilen anpassen zu können.

Durch *Selektion* werden nur die Lebewesen überleben, die mithilfe ihrer sich entwickelnden Nervensysteme die *Umfeldinformationen* effektiver verarbeiten können und in der Fortpflanzung erfolgreich sind. Fortpflanzung wird hier auch als ein Mechanismus zur Informationsweitergabe verstanden, in dem gelernte und gespeicherte Information an einen Nachfolger übergeben wird. Die Evolution tritt hier als eine Art Optimierungsfunktion auf. Die *erlernten*, *gespeicherten* und *erprobten* Informationen werden durch *Fortpflanzung* mithilfe der *Gene* (übertragbarer Informationsspeicher) an die nächsten Generationen weitergegeben.

Nervennetze ermöglichen es dem individuellen Organismus, *komplexere Informationen* verarbeiten zu können als Organismen ohne diese Netzwerke. Sie sind vorteilhaft, wenn neue Informationen durch neue Sensoren eines Organismus verarbeitet werden müssen, um einen Vorteil nutzen zu können. Auf Basis der verfügbaren Information können auch neue Sensoren von dem Organismus entwickelt werden, die zu einem Anwachsen der *Komplexität* innerhalb des Organismus führt. Dabei können einige biologische Nervennetze auch Informationen speichern, was einen Vorteil im Überlebenskampf eines lebenden Organismus bedeuten kann.

- Wie entstehen Nervennetze und hirnartige Strukturen?

Heutige Thesen: Die Bildung von *Nervenzellen* ist heute gut untersucht. Sie bilden sich mithilfe der *Neurogenese*. Der Prozess beschreibt die Entstehung und ihre Vernetzung. Zusätzlich wirken auf die Bildung dieser Netzstrukturen *Umweltfaktoren*, *chemische Signale* und *genetische Faktoren* ein. Sie sind die Basis für das *Wachstum* von *Neuronen* und *Axonen*, die sich wiederum mit anderen Neuronen, *Dendriten* und Axonen verbinden. Diese Verbindungen von Zellen mit ihren Fortsätzen werden als neuronales Netz bezeichnet. Sie verändern sich und bilden sich anhand von Informationen weiter aus.

Ein weiterer Faktor in der Bildung von Nervennetzen scheint die *komplexe Verarbeitung* von Information in Kombination mit *motorischer Reaktion* zu sein. Die Information wird durch biologische *Sensoren* aufgenommen, verarbeitet, ggf. gespeichert und bewertet. Je nach Bewertung entsteht eine motorische Reaktion, die z. B. eine Flucht sein kann oder einen Fressreflex auslöst. Für bestimmte Situationen scheint die generelle Speicherung von Information notwendig und vorteilhaft zu sein. Dazu kann Information in eine RNA eingelagert werden, wenn davon ein langfristiger Vorteil (nächste Generation) nutzbringend erscheint. Für einen kurzfristigen Vorteil ist jedoch die Einlagerung in eine RNA nicht sinnvoll. Deshalb haben einige einfache Nervennetzwerke die Fähigkeit zur kurzfristigen Speicherung von Information entwickelt, sodass diese „Erinnerung" beim aktiven Überlebenskampf direkt genutzt werden kann. Damit verschafft sich das Lebewesen mit dieser Eigenschaft (Informationsspeicherung und Abruf) einen Vorteil.

[1]Im biologischen Leben ist die Bildung von Neuronen und das Wachstum von Axonen und/oder Dendriten ein komplexer Vorgang. Grundsätzlich kann das biologische System der Nervenzellnetze so beschrieben werden, dass ein einzelnes Neuron die Zelle ist, von dem das Axon mit anderen Neuronen und den Dendriten verbunden ist. Alle Neuronen bzw. Nervenzellen zusammen bilden das biologische neuronale Netz. Die Verschaltung der Neuronen untereinander erfolgt über die Verbindungsstränge der Axone und Dendriten. Das Axon leitet Signale an zahlreiche andere Nervenzellen weiter. Ein Axon endet, hier vereinfacht, in den Axon Terminals, die mit mehreren anderen Zellen verbunden sind. Über diesen Weg gibt ein Neuron ein Signal an mehrere andere Neuronen ab und erhält von vielen anderen Neuronen Signale. Das einzelne Neuron „verrechnet" diese Signale zu einem Ausgangssignal.

Der Grundzustand eines neuronalen Netzes wird durch die Gene definiert. Sie enthalten alle Informationen aller vorherigen Generationen dieser Spezies, die zur Bildung des Nervennetzes und der Verschaltung seiner Bausteine notwendig sind. Die weitere Entwicklung des Nervennetzes wird durch das Umfeld und die Tätigkeit des Lebewesens bestimmt, das das Nervensystem besitzt. Es findet ein ständiger rekursiver Informationsaustausch auf zahlreichen Ebenen zwischen dem Individuum und seiner Umwelt statt.

Die Ausbildung dieser neuronalen Verbindungen mit ihren Synapsen erfolgt zum Teil durch „Lernen", was in diesem Zusammenhang eine Wiederholung von gleichen oder ähnlichen Vorgängen bedeutet. Durch die Wiederholungen, die repetitiven Abläufe und Informationen, lernt das biologische Netzwerk, wie es auf bestimmte Anforderungen seiner Umwelt reagieren kann bzw. reagieren muss, um z. B. zu überleben. Die Zellausstülpungen wie Dendriten und der Zellfortsatz als Axone stellen mit ihren Synapsen ein besonders komplexes System der Signalübertragung mit sehr spezifischen Eigenschaften dar, auf die hier nicht näher eingegangen werden kann. Das Nervennetz zusammen mit den angeschlossenen Sensoren, wie Augen, Ohren, Tastsinn und weiteren Sinnesorganen bei anderen Lebewesen, bilden das System der Informationsaufnahme und der Informationsverarbeitung zum Vorteil seines Eigentümers. Die unterschiedlichen Sensoren von unterschiedlichen Spezies haben auf Basis unterschiedlicher Umfeldbedingungen zum Vorteil ihrer Eigentümer ihre Informationsverarbeitungsnetze ausgeprägt. Dazu stellt sich die Frage, ob zuerst der Sensor vor dem Netz entsteht, eine umgekehrt Entstehungsfolge die Grundlage ist oder beide Systemteile sich zu einer höheren Komplexität parallel entwickeln. Die Reihenfolge scheint auch von Spezies zu Spezies unterschiedlich zu sein.

Das *Netz* als biologische Struktur zur Informationsverarbeitung ist ein Gebilde, das sich durch die Evolution entwickelt hat und mit dem Information optimal für den biologischen Eigentümer verarbeitet werden kann. Es vereint unterschiedliche Notwendigkeiten einer komplexen Informationsverarbeitung, wie etwa parallel auftretende Eingangssignale (Informationsmoleküle) auch parallel verarbeiten zu

[1]Berlit, P.: Basiswissen Neurologie. Springer, Berlin 2007; Hacke, W.: Neurologie. Springer, Heidelberg 2010; Masuhr K., Masuhr, F., Neumann, M.: Duale Reihe Neurologie. Thieme, Stuttgart 2013.

können. Das *Netz* ist *die* grundlegende Architektur der Informationsverarbeitung, *parallel* und seriell auftretende Informationen verarbeiten zu können. Die Eigenschaft der parallelen Informationsverarbeitung ist offenbar eine wesentliche Funktion der biologischen Informationsverarbeitungssysteme. Das Netz ist die räumliche Ausprägung von empfangener und verarbeiteter Information.

Wie im Kap. 4 (Grundlagen) beschrieben, sind bestimmte Informationen aus der Umwelt nur dann sinnvoll zu interpretieren, wenn eine parallele Informationsverarbeitung möglich ist. In der evolutionären Entwicklungsgeschichte der biologischen Informationsverarbeitung hat sich die Netzstruktur als allgemeine Basisarchitektur erhalten und weiterentwickelt, aber auch spezialisiert. Blickt man über die biologischen Grenzen von Arten hinweg, finden sich in zahlreichen Lebewesen Nervenzellnetzwerke, die ab einer bestimmten Komplexität ihres Aufbaus als Gehirn bezeichnet werden. Die Grenze zwischen einem Nervennetz und einem Gehirn wird im Wesentlichen durch die Funktion der Zellnetzwerke und ihrer Komplexität gezogen. Allgemein werden Nervennetze als Neural Networks bezeichnet. Aus dieser Bezeichnung leitet sich auch in der Informatik das künstliche oder digitale neuronale Netzwerk ab. Heute können die bekannten KI-Systeme als mathematische bzw. digitale Netze von künstlichen Neuronen bezeichnet werden. Damit ähneln sie eher biologischen Nervennetzwerken als biologischen Gehirnen.

Eine wesentliche Grundlage zur Entwicklung dieser Hirn- oder Nervenstrukturen sind die Reize durch die Umwelt, die wir mithilfe von unseren Sensoren aufnehmen und als Information verarbeiten. In dem Standardmodell der künstlichen Intelligenz wird u. a. davon ausgegangen, dass die Reize aus der Umwelt mithilfe eines Lernprozesses die Nervenstruktur so moduliert, dass aus dem Gelernten „Intelligenz" entstehen kann. Reize sind Informationen, die über unsere Sinnesorgane erfasst werden. Diese Reize müssen mehrfach wiederholt erscheinen und gleich oder ähnlich sein, bis die Neurogenese stattfindet.

Die embryonale Entwicklung des Nervensystems, inklusive Gehirn, wird als *Neurogenese* bezeichnet. Ein biologisches Neuron entsteht durch eine Stammzelle bzw. eine Vorläuferzelle. Beim Menschen beginnt die Neurogenese mit der Entwicklung des Rückenmarks im embryonalen Alter. Anschließend entstehen das Gehirn und das umfassende Nervensystem des Körpers. Noch vor wenigen Jahrzehnten war die Wissenschaft davon überzeugt, dass eine Entwicklung vor allem von neuronalen Zellen nach dem Abschluss des neuronalen Wachstums nicht mehr erfolgt. Das hat sich jedoch durch neuere Forschungen als eine falsche Annahme erwiesen. Das Wachstum von neuronalen Strukturen kann demnach auch nach dem Ende des biologischen neuronalen Wachstums in einem späteren Alter eines Menschen und anderer Säugetiere stattfinden. Das biologische neuronale Netz nimmt über die Lebenszeit an einem ständigen Lernprozess teil, indem Verbindungen ab- und aufgebaut werden.

Zellkörper von neuronalen Stammzellen besitzen apikale Zellfortsätze von Nervenzellen, die auch *Dendriten* genannt werden. Sie dienen der *Reizaufnahme*, sie empfangen in der Regel Informationen. An den Übergängen können durch mitotische Teilung neue Zellen entstehen (Eine alte Zelle erzeugt zwei neue junge Zellen. Die DNA ist in beiden neuen Zellen identisch.), die auch als Vorläuferzellen bezeichnet werden. Die Teilung zu neuen Zellen kann z. B. durch Stress, also durch eine besonders starke Form des Informationsangebots (Überreizung), negativ beeinflusst werden.

Werden Reize durch die eigene *körperliche Betätigung* ausgelöst oder stehen sie in Verbindung mit einer Bewegung, wirken diese Reize zellteilungsfördernd. Insgesamt hat sich gezeigt, dass durch eine körperliche Aktivität die *Neurogenese* und damit die Bildung neuer Hirnzellen gefördert wird. Das bedeutet, dass eine *komplexe* Informationsverarbeitung von eingehenden und ausgehenden Reizen aus *Sicht des Gehirns*, die zum eigenen Vorteil des biologischen Systems abgerufen und genutzt werden, die Komplexität im Gehirn steigert.

Interessant ist, dass zahlreiche biologische Untersuchungen einen positiven Effekt von *Meditation* nachweisen konnten. Hier steht die Meditation für einen Ich-Bezug, der das eigene Bewusstsein in den Mittelpunkt von Hirnaktivitäten stellt. Meditation scheint auch den Effekt zu fördern, dass sich die graue Substanz des Gehirns in bestimmten Regionen erhöht. Die graue Substanz des Gehirns steuert die Wahrnehmungsprozesse und Motorik. Ihr wird die Eigenschaft zugewiesen, die Intelligenz einer Person zu beherbergen.

Dieser kurze Abriss zeigt, dass biologische Netzwerke, in einer komplexeren Form die Gehirne, ein wichtiger Teil des biologischen Lebens sind. Sie bilden, neben anderen Organen, eine komplexe Möglichkeit, Informationen aus der *Umwelt* zum eigenen Nutzen des Lebewesens in komplexer Weise verarbeiten zu können. Daraus kann geschlossen werden, dass *Informationen* aus der Umwelt eine weitere und wesentliche Grundlage zu Entwicklung des biologischen Lebens und der Zunahme ihrer Komplexität sind.

Meine These ist, dass die Informationen in der Wirklichkeit selbst komplex (Informationsobjekte auf Basis von Informationsmolekülen) sind. Das biologische Leben hat mithilfe der Evolution gelernt, diese *Komplexität* in Teilen mithilfe von Nervennetzen abzubilden und für das Individuum nutzbar zu machen. Die daraus entwickelte These war, dass die Information aus der realen Welt die biologische Entwicklung u. a. von neuralen Netzwerken prägt.

Der Vorgang beginnt mit der Aufnahme/dem Empfang einer entscheidbaren Information durch einen biologischen Sensor. Das kann eine einfache Zelle oder ein komplexes Sinnesorgan sein. Durch die Aufnahme dieser Information wird sie von dem Eingangssignal getrennt und in eine interne Codierung, ein internes eigenes Signal umgewandelt. Dieser Umwandlungsprozess beschreibt bereits einen Filterprozess, der Teile der Eingangsinformation übernimmt und andere Teile ignoriert oder löscht. Diesen Vorgang bezeichne ich als Entscheidung über eine entscheidbare Information. Das Eingangssignal als Informationsträger geht bei diesem Empfang entweder verloren oder besteht außerhalb des Empfängers weiter.

Wäre z. B. das Signal ein Photon, würde es innerhalb des Empfängersystems nicht weiter existieren. Das gleiche gilt auch für eine Welle, die als Ton oder Vibration wahrgenommen werden würde. Die Eingangsinformation wird in der Folge dekodiert und innerhalb des Empfängersystems durch seine internen Strukturen erneut codiert. Dabei bleibt jedoch die Information selbst erhalten. Nach der Aufnahme der entscheidbaren Information wird sie auf ein internes Signal übertragen und kann damit innerhalb des Empfängersystems weitergeleitet/transportiert werden. Die Aufnahme einer Information durch ein biologisches Empfängersystem, was auch eine einzelne Zelle sein kann, ist entscheidbar, weil eine Zelle grundsätzlich nur diese Information aufnimmt und weiterverarbeitet, weil das biologische System einen eigenen Nutzen daraus erzielen kann oder erzielen wird. Die Information wird mithilfe z. B. von Nervenbahnen oder chemischen Reaktionen weitergeleitet, sodass damit der biologische Vorteil erreicht werden kann. Über einen fundamentalen Lernprozess, der über zahlreiche Iterationen erfolgt, bilden sich mithilfe der Information neue Strukturen aus, wie sie z. B. beim menschlichen Lernen beobachtet werden können.

Sind für eine Information bisher keine Mechanismen zur Erlangung eines Vorteils innerhalb des Empfängersystems vorhanden, bilden sich diese biologischen Voraussetzungen zur Erlangung dieses Vorteils nach und nach aus, sofern die Information mehrfach empfangen werden kann. So entstanden die Nervenbahnen, bildeten sich spezialisierte Zellen zu Neuronen und verbanden sich untereinander im Rahmen komplexer Mechanismen und der Neuroplastizität. Für die biologische Informationsverarbeitung scheint Zeit, Anzahl an Wiederholungen und ein Nutzenvorteil die Informationsverarbeitungsvorgänge zu bestimmen.

Ein wesentlicher Teil zur Bildung eines Vorteils innerhalb eines biologischen Empfängersystems ist die mehrfache Nutzung der gleichen oder einer ähnlichen Information. Tritt eine Information nur einmal auf, wird das Empfängersystem keinen inneren Prozess zur Verarbeitung dieser Information entwickeln. Innerhalb der biologischen Systeme haben sich offenbar auch mehrere spezialisierte Untersysteme entwickelt, um Information aus unterschiedlichen Zeitzusammenhängen/Strukturen nutzen zu können. So werden über lange Zeiträume wesentliche Informationen über die DNA/RNA, die Erbinformation, gespeichert. Damit erreicht ein biologischer Empfänger eine Informationsübertragung über die Lebensgrenzen eines einzelnen Individuums hinaus. Für Zeiträume innerhalb einer Lebenszeit entwickelten und entwickeln biologische Systeme das Konzept der Nervenbahnen und Informationsspeicher, die die Fähigkeit von einer Signalleitung besitzen, die Information transportiert. Je nach biologischem System können mit diesen Nervensystemen sehr kurzfristige Zeiträume zur Informationsnutzung genutzt werden. Die Signallaufzeiten entlang der Nervenbahnen bilden bereits eine Art Informationsspeicher, auch wenn die damit erzielbaren Zeiten relativ kurz sind.

Eine zusätzliche Ausprägung einer Fähigkeit zur Nutzung von Information innerhalb eines biologischen Lebens ist ihre Speicherung, um längere Zeiträume in der Informationsanwendung nutzen zu können. Die Speicherung von Information ist eine Funktion, über einen Zeitraum t, eine Information reproduzierbar bzw. Interpretierbar abrufen zu können. Der Zeitraum t ist dabei variabel und auch innerhalb einer Spezies individuell ausgeprägt. Die Länge von t entwickelte sich anhand der Notwendigkeit, die Information über diesen Zeitraum individuell verwertbar nutzen zu können.

Das biologische Leben hat damit einen weiteren Mechanismus geschaffen, Information über ein Signal entlang einer Nervenbahn zu codieren und damit die Information zu erhalten sowie in einem weiteren internen System über längere Zeiträume speichern zu können. Da eine Speicherung von Information ohne eine spätere Nutzung keinen Vorteil für das biologische Empfängersystem erbringen würde, entstand zusätzlich die Möglichkeit des Informationsabrufs und seiner Verwertung/Interpretation/Verarbeitung. Der Weg der Eingangsinformation ist damit innerhalb des Empfängersystems bereits hochkomplex. Die Eingangsinformation wird bereits entlang dieses Ablaufs mehrfach auf unterschiedliche biologische Systeme (Eingangssensor, Nervenbahn, Erinnerungsspeicher, Abrufmechanismus, erneute Weiterleitung) und den darin etablierten Informationstransport übertragen. Der Informationsgehalt bleibt dabei immer erhalten. In meinem Modell sind die eingehenden, transportierten und gespeicherten Informationen Informationsatome bzw. Informationsmoleküle. Sie haben eine innere Struktur, die einen Teil der Gesamtinformation enthält. Nach meiner These speichert das menschliche Gehirn keine Informationsbits, sondern Informationsmoleküle, die in Summe ein Informationsobjekt beschreiben. Die Informationsmoleküle werden im menschlichen Gehirn gespeichert. In einem neuronalen Netz werden Bitsequenzen als Zahlen verarbeitet und gespeichert. In dem technischen Abbild eines Gehirns werden auf der unteren Ebene technische Bits gespeichert. In dem biologischen Vorbild sind es nach meiner These weiterhin Informationsmoleküle eines anderen Zustands, als sie vom Empfänger aufgenommen und über die Nervenbahnen weitergeleitet wurden. Dieser Unterschied ist von fundamentaler Bedeutung.

Wenn man von einem sich selbst organisierenden Mechanismus bei der Entwicklung eines biologischen Systems ausgeht, wie er in meinem Modell zugrunde liegt, könnrn der prägende Faktor nur die ein biologisches System umgebenden Informationen sein. Entlang dieses Konzepts prägen die Eingangsinformationen ein Nervennetz und entwickeln es zu einem komplexen Gehirn. Durch die sehr komplexen und sich stets ändernden Umfeldinformationen sind auf unterschiedlichen Ebenen der Entwicklungen stetig wiederkehrende Informationen die Grundlage für die ganz spezifischen Ausprägungen eines biologischen Systems. Diesem Konzept folgt das hier vorgestellte Modell zum Wachstum künstlicher neuronaler Netze.

Das Modell ahmt auf Basis dieser Grundsätze ein Wachstum eines Dendriten nach, sofern dazu eine Eingangsinformation den Wachstumsimpuls auslöst. Die Eingangsinformation wird ebenfalls über einen Empfängermechanismus in eine interne Abbildung dekodiert. Das innere Abbild der Information kann bei zwei gleichen Systemen durch ein unterschiedliches Informationsangebot vollkommen verschieden sein. Das Modell lässt damit Individualität automatisch entstehen. Individualität bedeutet in diesem Kontext, dass die Eingangsdaten und ihrer Reihenfolge interne Muster in dem Empfängersystem (Programm) bilden, die bei einem anderen Empfängersystem mit dem gleichen Modell ein neues Muster bilden würden, da bereits kleine Abweichungen der Eingangsinformation die Unterschiede des internen Musters ausbilden. Die internen Strukturen der gewachsenen neuronalen Netze sind bei jedem Programm mit diesem Modell individuell und nicht vergleichbar. Mit dem Modell kann auch die Neuroplastizität nachgebildet werden, weil neue Informationen zu neuen Verbindungen führen. Sogar neue Neuronen können in späteren Phasen entstehen, wenn keine entsprechenden Neuronen diese neuen Eingangsinformationen repräsentieren. Dieser Vorgang kann dynamisch erfolgen und bedarf keiner besonderen Lernphase.

Damit sind nun die konzeptionellen Grundlagen und Hintergründe beschrieben, um meinen Modellansatz zur Entstehung und zum Wachstum künstlicher neuronaler Zellen im Detail beschreiben zu können.

6.2 Das dynamische Wachstumsmodell

Das Modell basiert auf der einfachen Annahme, dass mithilfe der Dualität von Information und Energie, den Bitsignalen sowie den Informationsmolekülen und Informationsatomen, eine Abbildung eines spezifischen Teils der Realität in einem anderen Kontext, wie z. B. der biologischen Zelle oder einem komplexen Nervensystem, entstehen kann. Somit entstehen spezifische Verbindungen in einem Gehirn auf Basis der eingehenden Information. Wie ich in meinen Vorüberlegungen im Abschn. 4.2 beschrieben habe, ist Information aus einem realen Umfeld eine komplexe Struktur. Jedes Objekt, das wir auf unserer Größenskala mit unseren Sinnen erkennen können wird durch Information repräsentiert.

Die außerhalb der von unseren Sinnesorganen wahrnehmbaren Informationen werden nicht von unseren Sensoren, in diesem Beispiel sind es die Augen, erfasst und können auch deshalb nicht von unserem Gehirn direkt aufgenommen und verarbeitet werden. Dennoch existieren sie und werden über andere Eigenschaften eines Individuums wahrgenommen. So kann z. B. eine Mikrowellenstrahlung nicht von unseren Sinnesorganen erfasst/aufgenommen werden. Erst wenn Teile des Körpers ein „Unwohlsein" dem Gehirn signalisieren, kann das Gehirn auf diese indirekte Wahrnehmung einer empfangenen Information reagieren. Mithilfe unserer menschlichen Sensoren filtern wir bereits für uns nicht wichtige Teile einer Information aus dem uns umgebenden elektromagnetischen Spektrum aus. Was für uns wichtig ist, steht immer im Kontext zu uns selbst. Das atavistische *Ich* ist dabei der Bezugspunkt, der Kontext, in dem Informationen vom Individuum verarbeitet werden. Die oberste Regel aller Informationsverarbeitung einer Zelle ist ihr eigener Vorteil bzw. der eigene Selbsterhalt.

Die erhaltenen Informationen bilden in der Regel Objekte aus der Realität ab. Die Objekte senden komplexe Informationen als „Informationsmoleküle" an unsere Sinnesorgane, die in ihrem Informationskontext ein Informationsobjekt repräsentieren (siehe Abschn. 4.2.5). Das reale Abbild eines Objekts, das wir durch unsere Sinnesorgane aufnehmen bzw. erkennen, nenne ich *Informationsobjekt*. Alle Informationsmoleküle zusammen bilden ein Informationsobjekt aus Sicht des Empfängers, das wir durch unsere Sinnesorgane erfassen. Das Informationsobjekt soll hier als Beispiel ein Würfel sein, den wir sehen. Ein Informationsmolekül kann z. B. eine Kante des Würfels sein. Je nach Blickwinkel, also unserer relativen Position zum Würfel, übermittelt das Informationsmolekül unterschiedliche Inhalte. Die Kante kann aus der einen Position länger oder kürzer erscheinen. Andere Informationsmoleküle übermitteln z. B. die Oberflächeneigenschaft des Würfels. Wiederum andere Informationsmoleküle übermitteln die Farben, Schatten oder weitere Eigenschaften, die wir mit unseren Sinnesorganen erfassen können. Alle Informationsmoleküle zusammen bilden den Würfel, das Informationsobjekt, das wir aus unserem Blickwinkel sehen und erkennen können, weil alle Informationsmoleküle in einem Kontext einer Struktur aus Informationen stehen.

Die Aufnahme von Information bzw. die Feststellung, dass Information von einem System erkannt und/oder entscheidbar verarbeitet wird, nenne ich Kontextknoten (KK). Ein Kontextknoten ist ein Tupel an Informationen (Informationsmolekülen), der sich durch korrelierte Informationseinheiten bildet, die ich Kontext nenne. Er ist der Informationsteil, den z. B. der optische Sensor (Auge) aus seinem Blickwinkel auf ein Informationsobjekt aufnehmen kann. Das Muster der Informationsmoleküle bildet das gesehene Objekt. Wir können das Objekt erkennen und benennen, weil wir es in unserer Entwicklung gelernt haben, dass das erkannte Objekt so bezeichnet wird bzw. die erlernten Eigenschaften hat. So ist z. B. das Abbild einer Galaxie durch ein Fernrohr oder eine durch ein Mikroskop erkennbare Zelle ein jeweils in seiner Komplexität unterschiedlicher Tupel, der aus Informationsmolekülen besteht. Deshalb nenne ich ihn auch Informationstupel (IT), eine strukturierte Einheit von Informationsmolekülen. Er ist an keine physikalische Eigenschaft gebunden.

Ein Bit (Bitsignal=Information+Transport) wird in diesem Modell zu einer gespeicherten Zustandsänderung ohne Zeit und Raum (siehe auch Abschn. 4.2.5). Ein Informationsmolekül besteht aus Bitsignalen. Das Bit ist abhängig von der Größenskala, in der ein Sensor Information aufnimmt. Das Bit ist damit relativ. Ein empfangenes Photon eines Abbildes einer Galaxie ist in der Größenskala des Fernrohrs eine Struktur aus Bits in Bezug dieser Abbildung. Dieses „Bit" wird in diesem Modell als zbit bezeichnet, um die hier erarbeiteten Eigenschaften von der allgemein genutzten Bezeichnung Bits abzugrenzen. Zwei zbits sind zwei differenzierbare Informationen (Informationsmolekül), die durch eine Korrelation einen Kontextknoten bilden, in diesem Beispiel sind sie Bestandteil des Bildes einer Galaxie. Ein Kontextknoten ist eine virtuelle Einheit, in der eine Menge an Information durch Korrelation wechselwirkt und/oder sich transformiert und ein Informationstupel bildet.

Der Kontextknoten erscheint aus Informationssicht auf allen Skalen unserer Welt. In dem vorherigen Beispiel war das entfernte Abbild einer Galaxie in einem Fernrohr ein Kontextknoten. Ein weiterer Kontextknoten aus zbits mit ihren Informationsmolekülen wäre ein Ton. Bilden Töne eine Harmonie, ist der Kontextknoten diese Harmonie, die Wellen wären die Informationsmoleküle und die Zustandsänderungen der Punkte auf den Wellen die zbits. Ein weiterer Kontextknoten wäre ein Abbild eines Atoms. Der Knoten kann aber auch ein Wort eines Satzes sein oder ein Satz selbst, in dem Wörter enthalten sind. Der Kontext eines Knotens wird verlassen, wenn z. B. keine nutzbaren Informationen mehr zur Verfügung stehen, die Gesetze zur Bildung des Tupels erfüllt sind und damit ein anderer Kontext entsteht. Ein Kontextknoten, ein Tupel, kann aus anderen Tupeln bestehen. Dann kann ein neuer Kontextknoten entstehen und erneut als Informationsquelle dem System dienen.

Ein Kontext stellt damit einen Rahmen dar, in dem Information fließt und in einem eigenen Bezug strukturiert ist. Dieser prinzipielle Gedanke ist bei näherer Betrachtung nicht mit der Theorie von Keith Devlin[2] identisch. Da die Struktur der empfangenen Information einem Empfänger prinzipiell nicht bekannt ist, muss der Empfänger eine Systematik besitzen oder entwickeln, in der die empfangene Struktur abgebildet werden kann. Ein Empfang von vielen Informationen bedarf eines Speichermechanismus, das aus den Einzelinformationen einen Kontext bilden kann bzw. die empfangene Informationsstruktur sich selbst im Speichermedium abbilden

[2] Siehe auch: Spektrum, https://www.spektrum.de/magazin/infos-und-infone-die-mathematische--struktur-der-information/822687, 4.5.2025.

kann. Ich nenne diese Eigenschaft Kontextspeicher. Der Sensor, der mehrere Informationen so speichert, dass eine Struktur abgebildet wird, ist ein Kontextknoten (KK).

Auf dieser Basis/Sicht ist die Eingangsinformation in Form einer komplexen Information quasi die *Bildungsanleitung* eines Teils einer Nervenstruktur im Gehirn. Je häufiger diese Information dem Gehirn angeboten wird, umso besser lernt es diese Information intern in seiner eigenen Repräsentation abbilden zu können. Die Struktur wird in einer internen Repräsentation ausgebildet. Im Grunde verarbeiten Gehirne Strukturen. Sie basieren auf Informationen, die selbst aus einer Struktur bestehen. Eine wesentliche Leistung eines Gehirns ist der Vergleich von Strukturen (Eingangsstruktur > bekannte Strukturen oder > Struktur lernen), die Bildung eines Kontextes und die Reaktionsfindung aus dem Blickwinkel des *Ich*. Kann eine Struktur auf Basis einer Information, die ein Teilabbild von Realität ist, erkannt werden, findet das Gehirn die damit verbundenen Strukturen und bildet den Kontext (ist mein Vater, ist meine Mutter, ist mein Kind etc.). Der Kontext einer gefundenen Struktur basiert auf Wahrscheinlichkeiten, die sich durch Wiederholungen (lernen) erhöhen und sich durch fehlende Nutzung verringern. Damit ist jedoch bereits der erste Teil meines Modells beschrieben.

In heutigen KI-Systemen werden für diese Abbildungen künstliche neuronale Netze verwendet, die in der Regel statische Strukturen aufweisen. Erst neuere Modellentwicklungen dynamisieren die komplexen Verbindungen eines künstlichen neuronalen Netzes. In meinem Modell entwickeln sich die künstlichen Neuronen mit ihren Verbindungen exakt zu dem Zeitpunkt, an dem die Information dem künstlichen Gehirn angeboten wird. Der hier vorgestellte Modellansatz verzichtet auf eine Reizfunktion, um ein Eingangssignal empfangen zu können. Das Modell nimmt Informationen auf, wenn sie angeboten werden.

Dabei ist die Grundannahme, dass die Eingangsinformation in einem Kontext steht und eine sinnvolle Abbildung eines Objekts erzeugen kann. Das hier entwickelte Netz ist damit gegen nicht sinnvolle bzw. wirre/unstrukturierte Eingangsinformationen ungeschützt bzw. offen. Diese fehlende Resilienz gegenüber „Chaos“ kann in einer späteren Phase sehr einfach eingebaut werden. Nach dem Empfang wird die Eingangsinformation in ihre Strukturen zerlegt. Ein Objekt zerfällt in seine Informationsmoleküle und Informationsbits. Die Abbildung fügt sich in einen Kontext und bildet eine interne eigene Struktur, von der abhängt, wie das künstliche Gehirn mit Informationen versorgt wird.

Bei meinen ersten einfachen Experimenten konnte ich beobachten, dass am Anfang einer ersten Lernphase ein exponentielles Wachstum an Neuronen und Dendriten entsteht (siehe auch Abschn. 6.2.1). Nach wenigen Lernzyklen findet auf der Ebene der Informationsbits eine erste Sättigung statt. Immer mehr Informationsobjekte führen ab einer bestimmten Sättigung an Neuronen lediglich zu mehr Verknüpfungen, jedoch nur noch selten zu neuen Neuronen. Auf der Ebene der Informationsmoleküle dauert die Sättigung an neuen Neuronen etwas länger. Jedoch ist auch auf dieser Ebene die Anzahl der Neuronen endlich. Ändert sich der Kontext, in dem die Informationsobjekte gelernt werden, ist das Wachstum an Neuronen wieder etwas höher, jedoch nicht mehr erheblich, wie es in der Anfangsphase zu beobachten ist. Eine ähnliche Beobachtung kann auf der oberen Ebene der Informationsobjekte betrachtet werden. Auch hier entsteht eine endliche Anzahl an Neuronen.

In meinem Modell hat sich jedoch die Ebene der Informationsmoleküle als besonders interessant herausgestellt. In dieser Ebene löst sich ein über seine Information abgebildetes Objekt in seine groben Bestandteile, seine wesentlichen Merkmale auf. Auf dieser Ebene kann der Kontext der Informationsmoleküle zu einem Objekt und der Kontext von Objekten zu ihrer Umgebung ermittelt werden. Die ausgebildeten Strukturen lassen quasi Wolken aus Neuronen mit ihren Verbindungen entstehen, was der Abbildung eines Objekts als Kontextknoten entspricht. Aus diesen „Wolken" an Neuronen, die mit den Abbildungen der Informationsobjekte verbunden sind, können Kontexte der Informationsobjekte abgeleitet werden. Man kann sich kleine Glühwürmchen in einer nebligen Kugel vorstellen. Leuchten mehrere dieser Glühwürmchen in einem Gebiet der Kugel auf, beschreiben die in diesem Gebiet gespeicherten Informationsobjekte den aktuellen Kontext.

Die Wahrscheinlichkeit, dass ein Informationsmolekül gerade benötigt oder angesprochen ist, kann in dieser bildhaften Darstellung als Leuchtstärke des Glühwürmchens verstanden werden. Ein Informationsmolekül mit hoher Wahrscheinlichkeit eines Bezugs zu einem anderen Molekül leuchtet sehr hell. Mit abnehmender Leuchtstärke nimmt auch die Wahrscheinlichkeit ab, dass das Informationsmolekül tatsächlich in dem aktuellen Kontext eine Bedeutung hat.

Ein weiterer wesentlicher Faktor ist die Lernphase. Wie in der realen Welt, entsteht in meinem Modell ein neuronales Netz, das effizient oder weniger effizient arbeitet. Die Effizienz seiner späteren Struktur ist nach meinen Experimenten abhängig von bestimmten Lerninhalten, die aufeinander aufbauen. Werden zunächst einfache Strukturen als initiale Lernphase genutzt, sind die späteren Strukturen erheblich effizienter als bei einem initialen Angebot von komplexen Strukturen. Werden von Beginn an komplexe Strukturen als Lerninhalte genutzt, dauert die Verallgemeinerung der gelernten Strukturen länger als bei einem gerichteten oder aufbauenden Informationsangebot.

Dazu ein kurzes Beispiel: Zu Beginn eines ersten Experiments existieren keine künstlichen neuronalen Strukturen oder Neuronen. Das neuronale Netz ist in allen Strukturebenen leer. Es gibt keine Strukturen oder digitalen Neuronen. Dem Algorithmus wird ein Text angeboten, der aus 10 Sätzen besteht. In diesem Beispiel wird Text als Eingangsinformation genutzt, der aus Informationsbits, Informationsmolekülen und Informationsobjekten besteht. Die Informationsbits sind in diesem Fall die Buchstaben des erweiterten lateinischen Alphabets, das 26 Buchstaben umfasst. Die Menge an Informationsbits besteht somit aus Buchstaben in Groß- und Kleinschreibung, Buchstabenvarianten, wie den Umlauten oder Buchstaben mit Akzenten. Zusätzlich gehören zu dieser Menge noch die Sonderzeichen, wie Punkt, Komma und andere Zeichen. All diese Informationsbits können nicht weiter unterteilt werden. Ein Buchstabe ist ein einzelner Buchstabe und ein Punkt ist ein Punkt. Sie bilden die nicht weiter unterteilbare Basis des Textes, die Zeichen. In dem Beispieltext existieren Wörter, die in Sätzen enthalten sind. Die Wörter bilden hier die Informationsmoleküle. Alle Informationsmoleküle zusammen bilden einen Satz, der in diesem Experiment als Informationsobjekt verstanden wird.

Der Algorithmus kennt am Anfang weder Informationsbits, Informationsmoleküle oder Informationsobjekte. Wird dem Algorithmus ein Satz aus dem Text angeboten, beginnt die Lernphase mit der Ausprägung/dem Wachstum des neuronalen Netzes.

Zunächst werden die Informationsbits und die Informationsmoleküle ermittelt. Da es sich um ein vollkommen leeres künstliches Gehirn handelt, ist das erste Informationsbit in dem Netz noch nicht abgebildet, somit nicht vorhanden. Es wurde noch nicht gelernt. Der Algorithmus löst deshalb die Erzeugung eines digitalen Neurons aus, das mit dem zweiten Informationsbit in Verbindung steht. Da auch das zweite Informationsbit noch keine innere Repräsentation ausgeprägt hat, entsteht ein zweites Neuron. Der Vorgang wiederholt sich, bis ein Informationsmolekül aufgelöst wurde.

Die Neuronen werden so lange neu gebildet, bis alle Informationsbits eines Informationsmoleküls eine innere Struktur ausgebildet haben. Das erste Wort, das hier das Informationsmolekül repräsentiert, hat nun in dem künstlichen neuronalen Netz eine interne Repräsentation, in der Neuronen über Dendriten und Axone verbunden sind. In meinem Modell bilden die Dendriten die Hauptverbindungsbasis. Ein digitales Axon erlangt erst auf der Ebene der Informationsobjekte eine funktionale Bedeutung. Diese nun ausgeprägte interne Repräsentation einer Eingangsinformation in dem neuronalen Netz kann sich von anderen neuronalen Netzen auf Basis dieses Modells erheblich unterscheiden, weil die Bildung des Netzes vom Eingang der Informationen geprägt ist. Damit entsteht eine „Individualität".

Nachdem eine interne Abbildung der Eingangsinformation durch *Informationsbits* und *Informationsmoleküle* „gelernt" wurde, bildet sich ein Neuron, das das gesamte *Informationsobjekt* repräsentiert. In diesem einfachen Beispiel wird es durch einen Satz *beliebiger Komplexität* gebildet. Das neue Neuron, das ein Informationsobjekt repräsentiert, ist geringfügig komplexer als die anderen Neuronen der anderen beiden Ebenen. Die hier erzeugte digitale Struktur mit ihren Neuronen zeigt damit jedoch ähnliche Unterschiede, wie sie in biologischen Nervensystemen und Gehirnen beobachtet werden können. Es gibt unterschiedliche Neuronen für unterschiedliche Aufgaben. In einem Eingangstext wird ein *Informationsobjekt* mit der Menge seines Informationsmoleküls durch einen Punkt am Ende des Satzes definiert. Der gesamte „Satz", der dem künstlichen Gehirn angeboten wurde, findet auf dieser Ebene in einem einzigen Neuron seine Abbildung, mit dem seine dendritischen Verbindungen zu den Informationsmolekülen verschaltet sind. Damit ist es möglich, dass ganze Inhalte einer Information in ihren Strukturen effizient verglichen werden können. Etwas später werde ich an einem Beispiel diese sich durch die Eingangsinformation selbst ausbildende komplexe Struktur genauer beschreiben.

Das Informationsobjekt ist durch seine Verbindungen (Dendriten) mit den Informationsmolekülen verbunden, die wiederum mit den Informationsbits ein organisch gewachsendes Netzwerk bilden. Es hat sich eine komplex vernetzte Struktur mit drei Ebenen gebildet. Das Neuron, das ein Informationsobjekt abbildet, wird sich mit anderen Neuronen auf der gleichen Ebene verbinden, wenn es im Kontext zu anderen Informationsobjekten steht. In diesem Beispiel verbinden sich somit alle Sätze eines Textes zu einem Netzwerk, das ein reales Objekt in seiner Informationsmenge repräsentiert. Die Informationsobjekte verbinden sich so lange, bis der Text beendet ist oder ein Absatz, ein neues Kapitel oder durch andere Kriterien der Kontext verlassen wird. Damit ergibt sich die Einschränkung, dass ein Text, der in diesem Beispiel gelernt wird, einen schlüssigen Kontext bilden muss, damit eine entsprechende sinnvolle Repräsentation im neuronalen Netz erfolgen kann. Nach einer Lernphase können vollkommen kontextfreie Eingaben erfolgen. Sie werden durch die interne Struktur des neuronalen

Netzes in einen Zusammenhang gebracht, sofern er existiert, oder als „Unsinn“ eingeordnet. Damit ist aber auch der Vorgang der „Mustererkennung“ beschrieben.

Bei meinen Experimenten konnte ich beobachten, dass in der Lernphase eine zunehmende Robustheit des Netzes gegenüber kontextlosen Eingaben (sinnfreien Eingaben) entsteht, die durch Algorithmen für die Kontrolle des Lernvorgangs genutzt werden können.

In diesem Beispiel konnte gezeigt werden, dass mit dem hier vorgestellten Modell bereits bei der ersten Lernphase ein komplexes mehrschichtiges räumliches neuronales Netz selbstständig entsteht. Das Netz hat bereits bei einem einzigen Lerndurchlauf eine optimale Vernetzung aller Neuronen erzeugt, sofern sinnvolle Eingaben in dieser Phase erfolgten. Wird, wie in dem vorher genannten Beispiel beschrieben, der gleiche Text zweimal in der Lernphase eingegeben, bleiben die bestehenden Strukturen erhalten, ohne dass weitere Neuronen oder dendritische Verbindungen entstehen. Eine mehrfache Eingabe des Textes, eine Wiederholung, führt somit zu keinen besseren Strukturen innerhalb des Netzes. Lediglich die Wahrscheinlichkeiten zwischen einigen Neuronen würden sich geringfügig verändern. Damit kann verallgemeinert werden, dass mehrfache gleiche Lerninhalte keine verbesserte neuronale Entwicklung meines Modells bewirken.

6.2.1 Netzaufbau und Struktur

Um meine Modellvorstellung DGN (Dynamically growing neural network = DGN) testen zu können, habe ich ein einfaches Testprogramm entwickelt. Es dient zur weiteren Untersuchung der hier beschriebenen Modellvorstellung. Das Testprogramm wird in diesem Buch in seiner Ursprungsversion vorgestellt. Wie in dem Testprogramm später zu sehen ist, unterscheidet sich das vorgestellte Modell grundlegend von den heute gängigen Modellen, wie sie auch im ersten Abschnitt zusammenfassend beschrieben wurden. Heutige Modelle basieren auf einer Eingangsschicht, bis zu 100 verdeckten Schichten (Hidden Layers) und einer oder mehreren Ausgangsschichten. In beiden Modellen finden sich die dendritischen Verbindungen zwischen den Neuronen, die in den heutigen Modellen als Gewichte bezeichnet werden und im hier beschriebenen DGN Modell Wahrscheinlichkeiten zwischen den Neuronen angeben.

Das DGN-Modell verfügt über keine dieser Schichten. Es basiert auf der von realen Objekten präsentierten und von einem fiktiven Sensor aufgenommenen Informationen in Form von Informationsbits (Sensor und Standortabhängig), Informationsmolekülen und den Informationsobjekten. Diese Strukturen liegen übereinander und bilden gemeinsam ein mehrdimensionales Informationsobjekt bzw. eine mehrdimensionale Repräsentation der Eingangsinformation. Dabei wird davon ausgegangen, dass die Eingangsinformation eine ähnliche Struktur aufweist, wie reale Objekte sie an biologische Systeme abgeben. Ähnlich einem realen Gehirn können weitere Strukturen zur Filterung der Eingangsinformation bzw. zur Umsetzung von Reaktionen aufgebaut werden. Ebenfalls können mehrere unterschiedliche spezialisierte DGN-Netze miteinander verbunden werden.

Wie in den vorherigen Kapiteln beschrieben wurde, nutzt das Testprogramm Text als Eingangsinformation. Text ist eine ideale Informationsform, weil er sich in seiner Struktur im Detail gut nachvollziehen lässt und weitere Untersuchungen der internen Strukturen des Modells ermöglicht. Text kann zusätzlich in unterschiedlichen Komplexitätsgraden erstellt werden, mit der das Lernverhalten des Modells untersucht werden kann. Der Text stellt auch die *Informationsstruktur* nachvollziehbar auf Basis der Modellvorstellung zur Verfügung. Wie ich bereits weiter oben erwähnt habe, ist das *Informationsbit* für die Eingangsinformation ein Buchstabe. Das *Informationsmolekül* ist ein Wort. Das *Informationsobjekt* ist ein Satz oder Halbsatz, der einen bestimmten Zusammenhang einer Aussage repräsentiert. Alle Sätze zusammen stehen in einem Kontext zur Beschreibung eines *Etwas*.

Die Abbildung auf dieser Ebene des Informationsobjekts ist abstrakt. Die hier entstehenden „Beziehungswolken" der Neuronen können in einer zusätzlichen Ebene mit z. B. Bildern der im Text beschriebenen Objekte verbunden werden, die diese Wolke beschreibt (Labeling). Es können also Assoziationen bildhafter oder anderer Art mit dieser Ebene entwickelt werden. Eine einfache Methode eines automatisierten Labelings wäre, wenn ein als Bild markiertes Objekt einfach durch eine eindeutige und automatisch erzeugte Zahl gekennzeichnet werden würde. Denn für ein Programm ist es unerheblich, ob das Labeling sich auf ein reales Objekt in Form eines z. B. Bildes mit einem einzelnen Objekt bezieht oder auf eine diesem Objekt entsprechende interne Abbildung durch eine Zahl.

Aufbau

Das Programm ist in dieser ersten Version relativ einfach aufgebaut. Zur direkten Visualisierung werden zweidimensionale Datenblätter, z. B. wie man sie aus Tabellenkalkulationsprogrammen kennt, verwendet. Damit lassen sich alle Vorgänge in ihren Ergebnissen direkt verfolgen, kontrollieren und nachrechnen. Das Modell und Testprogramm ist nicht auf eine optimale Verarbeitungsgeschwindigkeit hin entwickelt worden. Diese Optimierungen können in einer Folgevariante berücksichtigt werden, nachdem das Modell einen Reifegrad einer Anwendung in Zusammenarbeit mit anderen Entwicklern erreicht. Die Verifikation des Modellansatzes steht bei diesem Programm im Vordergrund.

Das Modell basiert auf drei Ebenen. Jede Ebene wird in einem separaten Datenblatt eines Tabellenkalkulationsprogramms visualisiert. Das sich entwickelnde neuronale Netz ist in seiner Gesamtstruktur dreidimensional. Jede Schicht, die durch ein Datenblatt visualisiert wird, ist mit der jeweils anderen Schicht verbunden. Der Aufbau jeder Schicht ist ähnlich und enthält ähnliche Grundbausteine, was zum natürlichen Vorbild analog ist. Jede Schicht enthält Neuronen. Ein Neuron entwickelt Dendriten, die mit anderen Neuronen in der eigenen Schicht verbunden sind. Axone werden hier zur Vereinfachung nicht genutzt bzw. in ihren Funktionen nicht implementiert. Gleiches gilt für alle weiteren biologischen Funktionseinheiten eines neuronalen Netzes.

Die sich dynamisch bildenden Neuronen werden in jedem Datenblatt in Form einer Liste untereinander eingetragen. Die sich entwickelnden Dendriten werden neben dem Neuron als horizontale Liste eingetragen. In dem hier beschriebenen Testprogramm wurden keine *Wahrscheinlichkeiten* an den dendritischen Verbindungspunkten, wie auch an den Axonen realisiert. Sie hätten für die mit dem Programm beabsichtigten Tests lediglich eine statistische Funktion, auf die hier verzichtet wurde. In einer späteren Phase können Wahrscheinlichkeiten an Knotenverbindungen hinzugefügt werden, um komplexe Kontextbildungen zu ermöglichen.

Im ersten Datenblatt, in dem die Informationsbits sich als Neuronen ausbilden, werden die neuen Neuronen als vertikale Liste aufgelistet. Rechts neben jedem Neuron entwickeln sich die Dendriten in Abhängigkeit der eingehenden Information. Nach einigen Lernzyklen besitzt jedes Neuron eine unterschiedliche Anzahl an Zellen in dem Datenblatt mit einer Verbindung zu einem anderen Neuron der gleichen Ebene. Jedes Neuron ist einmalig. Es gibt keine redundanten Neuronen. Jede Verbindung zwischen den Neuronen ist ebenfalls einmalig. Auch dieser Teil der DGN enthält keine Redundanzen. Jedes Neuron und jede dendritische Verbindung kann in Abhängigkeit seiner häufigen Nutzung mit Wahrscheinlichkeiten versehen werden. Über diese Wahrscheinlichkeiten der dendritischen Verbindung zu einem anderen Neuron können in einer späteren Programmversion besondere Untersuchungen zur Kontextbildung durchgeführt werden.

Beispiel zur dynamischen Bildung eines Neurons

Als Beispiel einer neuronalen Verbindung eines Neurons mit seinen ausgebildeten Dendriten betrachte ich das Neuron mit der Bezeichnung „E“, wie es in der Zeile weiter unten in Klarschrift zu sehen ist. Links neben dem Neuron ist die Anzahl der dendritischen Verbindungen als Zahl 15 dargestellt. In dieser Darstellung ist diese Zahl eine Kontrollgröße ohne funktionale Bedeutung innerhalb des Netzwerks. In diesem Fall besitzt das Neuron 15 Verbindungen zu anderen Neuronen. Rechts neben dem Neuron ist die Ausbildung des Dendriten und seiner Verbindungen zu anderen Neuronen sichtbar. Der Dendrit ist hier als horizontale Folge von Zahlenpaaren zu sehen. Ein Zahlenpaar zeigt die Verbindungen zu den anderen Neuronen. Dabei repräsentiert die erste Zahl die Verbindung zum nächsten Neuron und die zweite Ziffer die Verbindung zum vorherigen Neuron. Beide Zahlen zusammen zeigen den Informationsfluss, in den das aktive Neuron „E“ eingebunden ist. Die Wahrscheinlichkeit, wie hoch die Nutzung der nächsten Verbindung sein könnte, wird in einer dritten Ziffer dargestellt, die in dieser Version jedoch noch nicht implementiert wurde. Sie könnte auch als Gewicht zwischen den Neuronen implementiert werden.

15	E	4 2	12 0	39 0	24 0	10 0	20 0	11 0	36 0	28 0	47 0	35 0	31 0	31 44	40 0	58 0

Die erste Zelle des Dendriten zeigt die Verbindung zum 4. Neuron. In der zweiten Zelle ist die Verbindung zum 12. Neuron gespeichert. In der dritten Zelle ist die Verbindung zum 39. Neuron abgelegt. Die Liste repräsentiert die Verflechtungen von Neuronen, wie sie durch die Eingangsinformation vorgegeben wird. Es entsteht eine innere Repräsentation eines realen Objekts durch seine Information, die das Objekt aus Sicht des Empfängers übermittelt! In einer längeren Entwicklungs- und Lernphase können einige Neuronen auf der Ebene der Informationsbits mehrere hundert dendritische Verbindungen entwickeln.

In der folgenden Abb. 6.1 ist die Länge der Dendriten über eine gelernte neuronale Netzstruktur dargestellt. Die Y-Achse stellt nach einer sehr kurzen Lernphase

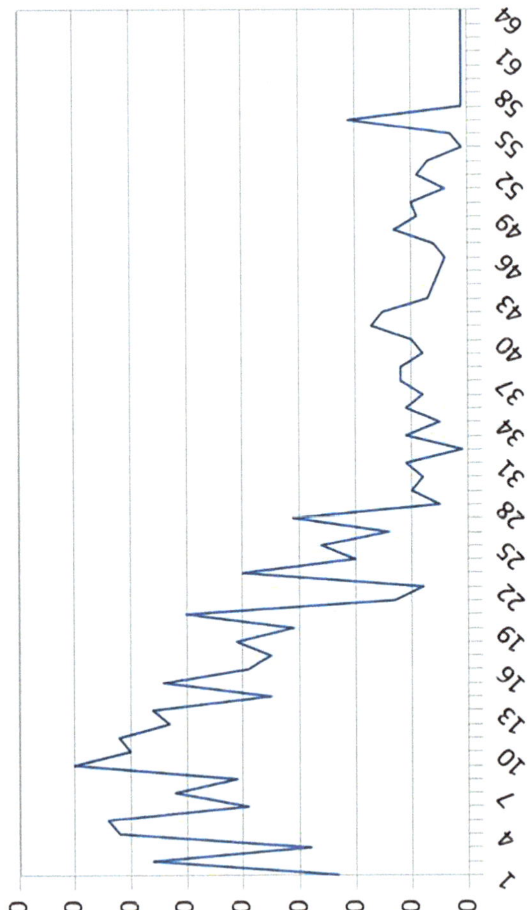

Abb. 6.1 Neuronale Verbindungen der Basisebene

die Anzahl der Verbindungen pro Neuron dar. Die X-Achse ist die Anzahl der Neuronen.

Die ersten Neuronen sind am häufigsten miteinander verbunden. Dieser Befund ergibt sich durch den Datensatz, der als Lerninhalt erstellt worden ist. Wie aus der Grafik zu sehen ist, verringert sich die Anzahl der Verbindungen mit dem Anwachsen an Neuronen. Die dargestellte Struktur ist abhängig von der Lerninformation, die dem Netz zur Verfügung gestellt wird. In weiteren Experimenten kann diese Verteilung genauer untersucht und ggf. verallgemeinert werden. Es ist aber zu vermuten, dass die am häufigsten auftretenden *Informationsbits* auch zu Beginn einer Lernphase vorhanden sind und deshalb auch bereits zu einer frühen Lernphase besonders viele Verbindungen eingehen. Für das hier vorgestellte Modell DGN bedeutet es, dass die Grundstruktur einer eingehenden Information sich bereits in einem frühen Lernstadium bildet und später keine wesentlichen Veränderungen erfährt. Lediglich besonders selten auftretende Informationsverbindungen innerhalb eines *Informationsmoleküls* sind bei steigenden X-Werten zu sehen. Ein spannendes Ergebnis dieser ersten Untersuchung wäre, dass eine Grundstruktur kostenoptimal mit geringem Aufwand gelernt werden kann und damit eine hohe Qualität eines neuronalen Netzes nach diesem Modell sehr schnell erreicht werden könnte.

Eine ähnliche interne Darstellung des Neuronennetzes bzw. eines einzelnen Neurons kann im zweiten Datenblatt, auf der Ebene der *Informationsmoleküle*, beobachtet werden. Nach einigen Lerndurchläufen entsteht folgende Struktur, hier an einem beliebigen Neuron dargestellt:

7	26 17 28 28 13	800 783	1749 0	787 0	1880 0	1230 0	1230 812	1705 0

Das hier abgebildete Neuron, das ein *Informationsmolekül* repräsentiert, hat sich mit seiner Kennung als „26 17 28 28 13" herausgebildet. Die Zahlenfolge repräsentiert zugleich das Axon dieses Neurons, den digitalen Zellfortsatz des Neurons. Das Axon stellt die Verbindung zu den anderen Neuronen auf der Ebene der Informationsbits, der unterlagerten Ebene her. Jedes Neuron bildet eine eigene einmalige Struktur aus, wie es auch in den biologischen Vorbildern zu sehen ist. Diese Struktur wird durch den Zellkörper, das Axon und die Dendriten bestimmt. Die digitale Abbildung ist hier in der Darstellung zu sehen. Das Axon bildet eine kurze Struktur mit seinen Verbindungen zu der unterlagerten Ebene aus. Diese Struktur wird als Kennzeichnung des Neurons (Zellkörpers) in seiner digitalen Repräsentation genutzt. Die Kennzeichnung eines Neurons ist eindeutig und steht vorher nicht fest. Seine Eindeutigkeit bildet sich aus den Eingangsinformationen und ist deshalb abhängig vom Informationseingang und seinem Ablauf. Ein Neuron mit seinem spezifischen Dendriten kann nur einmal im Netz vorhanden sein. Das Gleiche gilt für das Axon. Das Neuron ist mit allen dendritischen Verbindungen zu der darunter liegenden Ebene über das Axon verbunden, den *Informationsbits*. Damit ist jedes einzelne Neuron eindeutig mit anderen Neuronen seiner strukturellen Mikroebene verbunden. Wie in der Abb. 6.2 zu sehen ist, ist die Anzahl der Neuronen auf der Ebene der *Informationsmoleküle* erheblich größer als auf der darunter liegenden Ebene der *Informationsbits*. In der folgenden Abbildung stellt die X-Achse die Anzahl der

Neuronen dar und die Y-Achse die Anzahl der dendritischen Verbindungen pro Neuron in dieser Ebene. Obwohl die Anzahl der Neuronen auf der Ebene des *Informationsmoleküls* stark von der anderen Ebene abweicht, ist sie dennoch auch endlich. Auf dieser Ebene entstehen die dendritischen Verbindungen langsamer und in Abhängigkeit ihrer Nutzung.

Die Abb. 6.2 zeigt die Verteilung der Verbindungen in dem Netzabschnitt an. Sie ist noch stärker von den Lerninhalten abhängig. Auf dieser Ebene repräsentieren sich die Informationsmoleküle. Zur Erinnerung: ein Informationsmolekül bildet den Kontext der Informationsbits. Wie aus der Abbildung abgelesen werden kann, ist eine Verteilung von dendritischen Verbindungen über alle Neuronen gegeben. Einige Spitzen zeigen, dass spezifische Neuronen besonders viele Verbindungen ausgeprägt haben. Es ist zu vermuten, dass nach vielen gelernten Informationen sich erneut Schwerpunkte an neuronalen Verbindungen ausprägen werden. Eine Gleichverteilung der dendritischen Verbindungen über alle Neuronen ist in dieser Ebene nicht zu erwarten.

Interessant zu beobachten ist, dass die Menge der in der vorherigen Abb. 6.1 dargestellten Neuronen auf der Ebene der Informationsbits alle Informationen auf der Ebene der Informationsmoleküle aus der Abb. 6.2 abbilden. Eine sehr kleine Anzahl an Neuronen mit einfachen Informationsbits und einer hohen Verknüpfungsdichte (Struktur) bildet somit eine Information von über 2100 Neuronen ab, die vorher gelernt worden sind. Das ist eine sehr kompakte Form der gelernten Information.

Eine Folgeüberlegung aus dieser Strukturbildung ist, dass die neuronale Ebene der Informationsbits an einen anderen Nutzer getrennt übertragen werden könnte, ohne das Teilnetz der Informationsmoleküle mitzuübertragen. Die Struktur dieses digitalen neuronalen Teilnetzes der Informationsbits enthält alle Informationen über die gelernten Informationen auf den höheren Ebenen. Würden nun die Teilnetze Informationsbits und Informationsmoleküle getrennt aufbewahren, könnten verschlüsselte Daten zwischen diesen Teilnetzen übertragen werden, die nur mit der einmaligen Teilnetzstruktur der Informationsbits entschlüsselt werden könnten.

Auf der obersten Ebene der *Objektinformation* aggregieren die Informationsmoleküle zu *Informationsobjekten.* Hier gelten die gleichen Regeln der Strukturbildung, wie sie bereits für die Netzebene der Informationsbits beschrieben wurden. Die folgende Darstellung zeigt für ein Informationsobjekt die innere Repräsentation durch ein einzelnes Neuron mit zwei Dendriten zu anderen Informationsobjekten und seinem Axon als Label und als Verbindung zu der darunter liegenden Ebene der Informationsmoleküle.

2	1695 1696 944 782 1697 1698	2 0	2 11

Das Axon erlangt auf dieser Ebene eine größere Ausdehnung. Die Anzahl der Dendriten dieses Neurons ist geringer. In dem abgebildeten Beispiel beträgt die Anzahl der dendritischen Verbindungen zwei. Dabei ist jedoch zu beachten, dass sich das Verhältnis des Wachstums von Axon und Dendrit in Abhängigkeit der Eingangsinformation ausbildet. Auf Basis der hier genutzten kleinen Datenmenge kann noch keine endgültige Aussage über ein Wachstumsverhältnis auf den einzelnen Ebenen

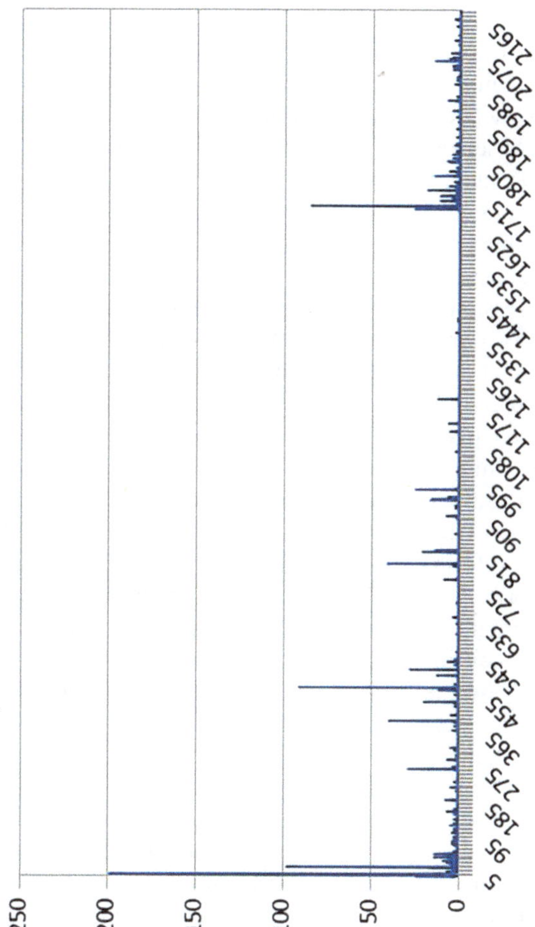

Abb. 6.2 Neuronale Verbindungen der mittleren Ebene

von Axon und Dendrit getroffen werden. Je nachdem wie die Informationsmoleküle definiert werden bzw. sich als Eingangsinformation darstellen, entstehen komplexere Strukturen auf der Objektebene. In der näheren Zukunft werden größere Datensätze von dem Modell verarbeitet werden. Auf dieser Basis werden dann genaue Aussagen über die Wachstumsverhältnisse getroffen werden können.

Die auf dieser Objektebene in dem Neuron gespeicherten Verbindungen (Axonverbindungen) können zur weiteren Interpretation bzw. zur Wahrscheinlichkeitsberechnung von Kontextbeziehungen eingesetzt werden. Ich nenne sie auch Kontextwolken. Diese Verbindungen entsprechen dem Axon als Zellfortsatz eines natürlichen Neurons. Ein Kontext besteht dann, wenn von einem Informationsmolekül eine Verbindung mit einer hohen Wahrscheinlichkeit zu einem anderen Molekül besteht. Je nachdem, wie weitgreifend ein Kontext bestehen soll, ist mit dem Erhöhen oder Absenken der Verbindungswahrscheinlichkeit die Ausweitung oder Reduktion der Kontextbeziehungen möglich. In einer späteren Version meines Modells werden die Wahrscheinlichkeiten und ihre Berechnungen von Verbindungen implementiert, um eine Kontextdarstellung und ihr dynamisches Verhalten im Detail untersuchen zu können.

In der aktuellen Version des Modells fehlt ebenfalls eine *kontinuierliche Verarbeitung* von Eingangsinformationen, eine Realtime-Verarbeitung. Diese Funktion ist jedoch relativ einfach integrierbar. Sie basiert in der Regel auf den bestehenden Verbindungen von bereits ausgeprägten Neuronen. Durch die besondere Netzstruktur ist der Rechenaufwand für die Realtime-Verarbeitung auch relativ gering. Geht z. B. ein Informationsbit in das System ein, können daraus Wahrscheinlichkeitsbäume bis zu den Informationsobjekten sofort erscheinen. Dazu sind lediglich drei Operationsschritte wie 1) Aufnahme des Informationsbits, 2) Abbildung in den Informationsmolekülen und 3) Abbildung der Informationsmoleküle in den Informationsobjekten notwendig. Je mehr Informationsbits eingehen, umso höher werden die Wahrscheinlichkeiten eines tatsächlichen Bezugs der inneren Repräsentationen zu der eingehenden Information.

Beträgt z. B. die Wahrscheinlichkeit eines Kontextbezugs nach dem Eingang des ersten Informationsbits ca. 20 % (diese Zahl ist willkürlich gewählt und dient lediglich zur Veranschaulichung des Ablaufs), steigt sie bereits beim zweiten Informationsbit auf z. B. 40 %. Nach drei oder mehr Informationsbits übersteigt sie in der Regel bereits 50 % auf der Ebene der Informationsmoleküle. Entwickelt sich nach einem Eingang mehrerer Informationsbits auf der Ebene der Informationsmoleküle keine Steigerung der Kontextwahrscheinlichkeit, kann von einem tatsächlichen und stabilen Kontextbezug ausgegangen werden. Eine stabile Kontextwolke kann dann für die Beziehungen zu den Informationsobjekten genutzt werden. Nehmen nun auf der Ebene der Informationsobjekte die Wahrscheinlichkeiten nur noch in kleinen Wertsteigungen zu, kann auf dieser Ebene von einem stabilen Kontextbezug der Eingangsinformation mit der inneren Informationsrepräsentation ausgegangen werden. Dieser Ablauf muss nicht mit einem Algorithmus programmiert werden. Er ist Bestandteil der Netzstruktur.

In diesem Beispiel wurde deutlich, dass sich ein Informationskontext einer Eingangsinformation über die drei Ebenen der Informationsbits, der Informationsmoleküle und der Informationsobjekte durch die Entwicklung von Strukturen und Wahrscheinlichkeiten aufbaut. Eine vollständige Übereinstimmung ist dann gegeben, wenn die Wahrscheinlichkeit der Eingangsinformation zu 100 % der inneren Repräsentation entspricht. Das ist jedoch nur dann der Fall, wenn ein gelernter Inhalt mehrfach in das Netz eingegeben wird. Andernfalls wird er unterhalb dieser vollständigen Kontextübereinstimmung bleiben, was in der Regel ausreichend ist. In diesem Zusammenhang können weitere Eingangsquellen oder *Labels* von Objekten sehr schnell zu hohen Wahrscheinlichkeitswerten führen. Ist z. B. ein Würfel als Label im System vorhanden, können zahlreiche neuronale Beziehungen zu diesem Label, zu dem Objekt Würfel, aufgebaut werden.

6.2.2 Kontextbildung

In dem folgenden Beispiel möchte ich den im letzten Absatz beschriebenen Vorgang veranschaulichen. Stellen wir uns vor, dass wir gerade ein Buch lesen. Dabei lesen wir nicht jeden einzelnen Buchstaben, sondern erfassen mit unseren Augen ganze Textpassagen eines Satzes. Ein erwachsener Mensch liest nicht die einzelnen Buchstaben und bildet daraus die Wörter. Aufgrund unserer Erfahrung und unseres Könnens, Text lesen zu können, erfassen wir unterbewusst einen Kontext von Buchstaben und Wörtern in einem Satz, der durch ein oder mehrere Wörter gebildet wird. Das Verstehen eines Wortes, das sich aus den Buchstaben bildet, entsteht unbewusst und automatisiert. Häufig lesen wir auch ganze Satzteile aus mehreren Wörtern zusammen, ähnlich wie es bei den Buchstaben und einer Wortbildung automatisiert erfolgt. In unserem Geist entstehen bei diesem Vorgang des Lesens unbewusst Bilder/Vorstellungen über das gelesene. Die Sätze in einem Text sind so aufgebaut, dass sie immer einen Kontext bei uns als Leser erzeugen, der zu einem Sinn führen soll, sodass ein Bild oder eine konsistente Vorstellung entsteht. Auch wenn wir gerade in einem Text etwas nicht verstehen, versucht unser Unterbewusstsein einen Sinn des Erfassten zu erzeugen bzw. es einzuordnen. Wir interpretieren das gerade gelesene intuitiv und automatisch. Wir verstehen die Wörter, die Sätze mit ihrer Anordnung und Reihenfolge, der Satzstellung, den gesamten Text und entwickeln eine komplexe Vorstellung, die Bilder und ganze Vorgänge enthalten kann. Dabei erscheint ein bestimmter Text für den einen Menschen einfacher verständlich zu sein als für einen anderen Leser. Ein Text, den ein Leser mit Freude und Spannung liest, entspricht seiner persönlichen inneren Kontextbildung, seinem inneren Verständnis oder auch seiner Erfahrung. Er erfasst beim Lesen schnell die Inhalte und erkennt die Zusammenhänge, den Kontext. Die dabei entstehenden inneren Bilder, regen den Leser an, den Text weiterzulesen. Fühlt sich ein Leser von einem Text angesprochen, entspricht somit der Text mit seinen Inhalten seinem eigenen Verständnis bzw. seinen eigenen Bedürfnissen, entsteht Spannung bzw. ein positives und motivierendes Gefühl, das zur weiteren Informationsaufnahme anregt.

In meinem Modell geschieht genau der gleiche Vorgang, jedoch ohne ein biologisches Bewusstsein, indem Gefühle eine erhebliche Bedeutung besitzen und eine Motivation erzeugen. Das Modell kann entweder mehrere Buchstaben nacheinander aufnehmen und die möglichen Wörter sowie Sätze erkennen, die in einem Kontext in einem Objekt eingebettet sind. Es könnte aber auch ein gesamtes Wort aufnehmen und daraus seinen Kontext bilden. Die Eingabeinformation kann damit auf der Ebene der Informationsbits oder der Informationsmoleküle erfolgen. Wie die Eingabe erfolgt, ist abhängig von dem Sensor, der in einer konkreten Nutzung eingesetzt wird. Die abstrakte Kontextebene, in der die Assoziationen z. B. zu Bildern erfolgen, ist die Ebene der Informationsmoleküle, in der alle gelernten Zusammenhänge ein Geflecht aus den Eingangsinformationen gebildet haben.

Aus diesen Einzelbildern entsteht ein komplexes Bild auf der Informationsobjektebene. Sie bilden die Ebene, in der die Informationen zu *abstrakten Zusammenhängen* führen. Ein ähnlicher Vorgang entsteht beim Lesen in unserem Gehirn. Ein gelesener Text erzeugt beim Leser eine „Vorstellung" von dem, was er gerade liest. Dabei ruft das Gehirn gespeicherte Informationen, Bezüge aus der persönlichen Erfahrung und Bilder ab. Damit der Leser den Inhalt des gelesenen Textes verstehen kann, verbindet er mithilfe des Satzaufbaus (Grammatik) die Wortbedeutungen zu inneren Bildern oder Filmen. Es entsteht aus Sicht des Individuums ein Sinn des Gelesenen, ein sinnvolles oder vollständiges Gesamtbild, den der Leser mithilfe des Textes bildet. Die Bildung des Sinninhalts ist häufig individuell.

6.2.3 Entwicklung einer Sinngebung

Wie dieser *Sinn* entstehen könnte, möchte ich in den folgenden Zeilen kurz entwickeln. Auch in diesem Teil unterscheidet sich das DGN-Modell von den bisherigen Ansätzen künstlicher Intelligenz. Die Entwicklung von Sinn ist heute kein offizieller Teil einer KI. Die *Sinnentwicklung* ist für mein Modell eine Frage des Designs. Eine Sinnentwicklung in einer KI ist ein Baustein für die Entwicklung eines Ich-Bezugs und damit eine Referenz für zahlreiche Informationen. Nach den modernen Erkenntnissen über die Entstehung eines Verständnisses bzw. über die Entstehung eines sinnvollen Etwas, kann dieser Entstehungsprozess aus verschiedenen Perspektiven betrachtet werden. Zu diesen Betrachtungsperspektiven zählen die sprachliche, kognitive, neurologische und philosophische (Existenzphilosophie, Ethik, Metaphysik, Sprachphilosophie).

Aus der klassischen Sicht haben sich über die Jahrhunderte zahlreiche Philosophen mit dieser Frage beschäftigt. Sie stellten sich die Frage, wozu etwas da sei, was der Sinn eines Etwas ist. Ihre Betrachtung ging stets von einer menschlichen Perspektive des Geistes aus. Der Geist erzeugt einen Sinn von Dingen, die in kausalen und/oder plausiblen Zusammenhängen stehen. Dabei hat die Kommunikation eine besondere Bedeutung. Diese zentrale Bedeutung der Kommunikation in der

Sinngebung geht auf Niklas Luhmann,[3] mit seinem Werk „Soziale Systeme“,[4] zurück. Nach Luhmann *reguliert* die Sinnhaftigkeit, die Sinngebung, die selektive Erlebniswahrnehmung des Individuums mit seiner Umwelt. Erhält etwas einen Sinn, so reduziert und erhält dieser Vorgang gleichzeitig die *Komplexität* der Dinge. Entsteht eine Sinnhaftigkeit, entsteht eine *Prämisse* der Erlebnisverarbeitung. Demnach ermöglicht die Entwicklung einer Sinnhaftigkeit in Bezug zu einem Etwas eine Auswahl aus vielen Dingen durch das Bewusstsein. Mithilfe der Kommunikation kann die Sinnhaftigkeit nicht übertragen werden, sondern beim Individuum lediglich eine *Aktualisierung* derselben bewirken. Die Dinge erhalten einen Sinn und behalten ihre Sinnhaftigkeit durch Kommunikation. Dabei entstehen Zusammenhänge, die aus Sicht des Individuums Sinn machen.

Das Verständnis eines Textes und die Erfassung seines Sinns ist somit mit dem gespeicherten Wissen und mit einer individuellen Erfahrung sowie dem menschlichen Intellekt verbunden. Das Lesen von Text ist der Teil der Kommunikation, der einen Prozess zur Entwicklung einer Sinnhaftigkeit beim Individuum erzeugt. In diesem Prozess „analysiert“ das Gehirn die gelesenen Wörter und ihre Verbindungen in einem Satz. Es analysiert zugleich die Verbindungen mehrerer Sätze zueinander und bildet über mehrere Sätze größere Zusammenhänge auf Basis des individuellen Wissens und/oder des nun neu Erlernten. Das menschliche Gehirn kombiniert beim Lesen den Textinhalt mit der eigenen Erwartung, den Erfahrungen und dem eigenen Wissen. Es ordnet die gelesenen Informationen in bekannte oder unbekannte Erfahrungen ein, entwickelt auf Basis dieser Erfahrungen *Plausibilitäten* oder akzeptiert neue Informationen. Dabei werden diese neuen Informationen mit einer Erwartung verbunden, sodass eine Plausibilität bzw. eine Sinnhaftigkeit im Verlauf des Prozesses entstehen kann. Dieser Prozess ist auch ein Datenfilter, der sinnvolle von sinnlosen Daten abtrennt. Es entstehen *Interpretationen* auf Basis des gelesenen Textes und des individuellen Wissens, die von Leser zu Leser unterschiedlich sein können und z. B. in einer literarischen Diskussion (in Bezug auf das Lesen von Text eine Kommunikation zweiten Grades) ausgetauscht werden können. Damit wird deutlich, dass der Sinninhalt des gelesenen Textes nicht objektiv sein kann, sondern von den „Erfahrungen“, somit von dem Wissensstand des Lesers, des Individuums abhängig ist.

Die Sinnebene stellt in meinem DGN-Modell die komplexe Verknüpfung der *Informationsobjekte* dar. Diese Verbindungen bilden den Sinninhalt einer Eingangsinformation. Die Bildung von maschinellen Sinninhalten ist eine Erweiterung des derzeit erstellten Testprogramms. In meinem Modellansatz ist eine maschinelle Abbildung der Sinninhalte in zeitlich begrenzte Ebenen unterteilt. Die zeitliche Begrenzung eines Sinngebungsprozesses ist in meinem Modell noch nicht so weit entwickelt, dass eine Implementierung in einen Algorithmus erfolgen konnte. Dazu sind noch einige Tests mit dem bestehenden Programm notwendig. In einem

[3] Siehe auch: Niklas Luhmann, Wikipedia, https://de.wikipedia.org/wiki/Niklas_Luhmann, 15.03.2025.

[4] Siehe auch: Arbeit Niklas Luhmann, Wikipedia, https://de.wikipedia.org/wiki/Soziale_Systeme_(1984), 15.03.2025.

poetischen Bild würde ein Sinninhalt wie eine aufgehende Sonne entstehen, die Szene nach einiger Zeit vollständig beleuchten und anschließend sich wieder abschwächen, so wie ein Sonnenuntergang nach einem Tag. Dieses Gleichnis enthält auch die zeitliche Begrenzung der Sinnentwicklung und seine Nutzung. Ein poetisches Gleichnis, das jedoch die These ausreichend komplex beschreibt, ohne die schwierigen Details dieses Vorgangs in dem Bild unerwähnt zu lassen.

6.2.4 Lernen

In den ersten Experimenten mit meinem DGN-Modell hat sich gezeigt, dass die Lernphase und ihre Strukturierung von besonderer Bedeutung sind. Vor diesem Hintergrund ist die Anwendung eines *Lernmodells* von besonderer Bedeutung. Ein ähnliches Lernmodell aus dem biologischen Vorbild wird in der Entwicklungspsychologie beschrieben. In Anlehnung dieses biologischen Vorbildes und seinem Modell ist das hier entwickelte Lernmodell nutzbringend. Die Lernphasen des DGN unterscheiden sich von allen bisher bekannten Lernphasen einer KI, die im Einführungsabschnitt beschrieben wurden. Mit der Strukturierung der Eingangsinformation lernt das hier realisierte Modell ähnlich wie ein Kleinkind. Es nimmt zunächst einfache Informationen auf. Mit der Entwicklung seines Gehirns und den darin etablierten neuronalen Verbindungen können immer komplexere Informationen aufgenommen und verarbeitet werden. Das hier zitierte menschliche Vorbild nutzt verschiedene Filterprozesse, um aus den realen kontinuierlich einströmenden Informationen die für es wichtigen Daten herauszufiltern. Ein Filter wurde in dem vorherigen Themenabschnitt der Sinngebung beschrieben.

So wird bei einem Kleinkind die Wiege oder der Kinderwagen zu einer vertrauten Umgebung, bis ein kleiner Laufstall oder ein Zimmer durch Krabbeln oder erste Laufversuche erkundet wird. Parallel dazu nimmt ein Kind alle erdenklichen Sinneseindrücke auf und bildet sich daraus seine eigene vertraute Umgebung mit all seinen bekannten Merkmalen und Orientierungspunkten. Dieser Vorgang ist aus meiner Sicht ein intensiver Vorgang des „Labelings", der bestimmten optischen Dingen, den Objekten, einen Sinn gibt und zu einem „Vertrauen" führt. Das Vertrauen ist in dieser Phase der Abschluss einer Mikrolernphase, in der ein reales Objekt, das im wesentlichen optisch erfasst wurde (z. B. eine Stoffpuppe oder ein Spielzeug), seine Einordnung gefunden hat.

Ist der Laufstall mit seinen Dingen ein bekanntes Bewegungsumfeld, wird die Wohnung erkundet, und das Kind beginnt, die einzelnen Räume ihren Bedeutungen zuzuordnen (Flur, Eingangstür, Wohnzimmer, Schlafzimmer, Kinderzimmer, Küche, ggf. Esszimmer, Bad, Toiletten etc.). Ein weiterer Prozess eines Labelings wird durchschritten. Das Kind beginnt nun die Komplexität seiner Umgebung immer stärker in sich aufzunehmen, komplexer werdende Zuordnungen zu schaffen und gibt den einzelnen Dingen eine Bedeutung. Diese exponentielle Steigerung der Informationsaufnahme durch das Gehirn kann aus meiner Sicht nur deshalb erfolgen, weil Grundstrukturen ausgeprägt worden sind. Sie entspricht genau dem gleichen Vorgang, wie ich ihn bei der Beschreibung der Netzstruktur weiter oben beschrieben habe. Zugleich entstehen mit der Erweiterung des Umfelds und dem weiteren Lernen die Bedeutungen der Dinge zueinander, was in meinem Modell den Verbindungen der Informationsobjekte bzw. der Informationsmoleküle entsprechen würde. Es besteht so etwas wie eine „Lernhierarchie“, die beim Menschen durch seine Sinnesorgane und den ständigen Informationsfluss eine besonders hohe Komplexität aufweist.

Ein wichtiger Filter in dieser ausgeprägten Lernphase eines Kleinkinds ist offensichtlich der Ich-Bezug, in dem die zu lernenden Dinge priorisiert werden. In diesem Strom an Informationen aus allen Sinnesorganen lernt das menschliche Gehirn für sich wichtige Informationen von unwichtigen zu differenzieren. Einmal „verstandene“ Zusammenhänge aus der realen Welt bilden die Grundlage, zukünftige komplexere Zusammenhänge schnell und einfacher erlernen zu können. Neben Mustern werden vor allem Strukturen, die statisch und dynamisch sein können, in Abhängigkeit einer Ich-Priorität im Gehirn gespeichert. Ein ähnlicher Effekt kann bei meinem hier vorgestellten Modell beobachtet werden.

6.2.5 Lernphasen und Datensätze

Ausgehend von dem hier beschriebenen, textbasierten Modell, das seine Welt über den Text erlernen soll, werden die zu erlernenden Daten strukturiert dem DGN-Modell angeboten. Der Text ersetzt hier die Sinnesorgange und die Datenaufnahme eines Kinds oder Menschen. Er beschreibt bereits eine Welt mit Informationen, die „modelltauglich“ eingelesen und verarbeitet werden können. Unter der Berücksichtigung der Ergebnisse meiner Vorüberlegungen und Analysen beginnen die Lerndaten mit allen verfügbaren *Verben im Infinitiv* einer Sprache. Sie bilden den ersten Datensatz. Das Lernen dieses Datensatzes erfolgt in wenigen Sekunden. In der nächsten Phase folgen die *Adjektive* und die *Artikel*, gefolgt von den *Nomen* oder Substantiven. Sie werden am einfachsten aus einer jeweiligen Liste einer Sprache (zunächst basierend auf lateinischen Schriftzeichen) als Lerninhalt übernommen. Diese Datensätze werden ebenfalls in wenigen Sekunden gelernt, was einen beachtlichen Unterschied zum biologischen Vorbild darstellt. Grundlage dieser angebotenen Datenstruktur ist, dass das neue neuronale Netz neue grundlegende Strukturen selbstständig entwickeln muss, die in den späteren Lernphasen einen *Vorteil* erzeugen und eine *Sinnhaftigkeit* entwickeln. Diese Lernphase nenne ich die *„embryonale“ Lernphase*. Im Prinzip entsteht mit der vorgestellten Struktur an Lerndaten zunächst ein neuronales Netz auf der ersten Ebene, den Informationsbits. Auf der zweiten Ebene (Informationsmolekülen) entstehen Neuronen, jedoch noch kein Netz. Die dendritischen Verbindungen sind noch rudimentär. Auf der Objektebene entstehen weder Neuronen noch neuronale Netze.

In der aktiven Lernphase entstehen auf der Ebene der Informationsbits erste Neuronen und Dendriten mit zahlreichen Verbindungen zueinander. Damit entsteht ein Grundstock an Neuronen und Dendriten auf der untersten zentralen Ebene (Informationsbits). Hier bildet sich eine Kernstruktur heraus, die intensiv in späteren Phasen genutzt werden wird. Auf der zweiten Ebene, der des Informationsmoleküls, entstehen lediglich Neuronen mit *Spines* (Ansätze für dendritische Verbindungen, siehe auch Abschn. 6.3), die noch keine Verbindungen untereinander aufgebaut haben. Erst in der nächsten Lernphase werden aus den Spines die Dendriten wachsen. Dieser Lernvorgang entspricht grob den Lernvorgang eines Kleinkinds, wie es in den vorherigen Absätzen beschrieben wurde.

Nach dem Abschluss der *embryonalen Lernphase* werden einfache Texte als Lerninhalte eingelesen, die vollständige Sätze enthalten und einfache Geschichten erzählen. Diese Lernphase nenne ich die *„kindliche" Lernphase*. Dazu eigenen sich am besten Kinderbücher mit kurzen einfachen Sätzen und einem geringen Textumfang. Die Inhalte beschreiben auch simple Zusammenhänge von Dingen, die als Grundlage für die Kontextbildung im DGN sich entwickeln. Die eingegebenen Texte, Datensätze, sollten in ihren Längen, beginnend mit wenigen Seiten, bis zu hunderte von Seiten in einer späteren Phase umfassen. Mit der Aufnahme der in ihrer Komplexität gestuften Inhalte entstehen auf der Objektebene Neuronen und ein neuronales Netz, das abstrakte Zusammenhänge aus den Texten repräsentiert. Je umfangreicher die Datensätze im Test waren, um so umfassender wird die Repräsentation der inneren Welt des DGN im Verhältnis zu der äußeren Welt. Eine Variante in der Lernphase einfacher Text ist auch die Zerlegung von Sätzen in sinnvolle Teilsätze. Das Verfahren zur Bildung von Teilsätzen kann im späteren automatisiert werden, indem das etwas reifere Netz eine genügende Anzahl von kurzen Sätzen oder Teilsetzen kennt. Das Netz wird ab dieser Phase Teilsätze selbst bilden können und so die Eingangsinformation nach eigenen Mustern aufteilen können.

In dieser Ebene entstehen die „Kontextwolken", die im Späteren komplexe Zusammenhänge repräsentieren. Es sollte in dieser Lernphase darauf geachtet werden, dass keine Inhalte wie eine „Gendersprache" oder „woke" Inhalte vorhanden sind. Sie führen in einer späteren Phase zu einem erhöhten Lernaufwand und falschen Ergebnissen. Nach den einfachen Texten, deren Inhalte einfache Geschichten enthalten, können umgangssprachliche oder einfache Literaturtexte eingelesen werden. Erst in einer späteren Phase sollten komplexe Texte oder wissenschaftliche Abhandlungen verarbeitet werden.

Mit dem Einlesen von Text verbinden sich die Neuronen und die Dendriten auf allen Ebenen des hier präsentierten Modells und fangen an dynamisch zu wachsen. Werden wenig genutzte Neuronen gelöscht und später doch benötigt, werden im DGN neue Neuronen erzeugt. Damit entsteht eine spezifische implizite Resilienz gegen Beschädigungen und möglichen Datenverlusten.

Der hier vorgestellte Ansatz basiert auf der Vorstellung, dass ein biologisches neuronales Netz sich über die Zeit an die unterschiedlichen Umweltreize anpassen kann. Dabei bleiben Strukturen in dem Netz erhalten, andere Strukturen werden abgebaut und wiederum neue Strukturen entstehen. Dieses dynamische Verhalten von biologischen neuronalen Netzen ist seit langem bekannt und wurde auch über die letzten Jahrzehnte für die Entwicklung der künstlichen neuronalen Netze adaptiert. Ein Modellansatz dieser eigenen Klasse in der Entwicklung künstlicher neuronaler Netze sind die *Adaptive Neural Networks*. Das Modell berücksichtigt die Anforderungen der Aufgabe und/oder der Eingangsdaten, um sich diesen ggf. neuen Bedingungen anpassen zu können. Die Architektur passt sich in der Anzahl der

Schichten und Neuronen während des Trainingsprozesses an. Es verändert seine Architektur dabei nicht selbstständig. Zur Änderung dieser Architektur sind Algorithmen notwendig, die diese Aufgabe zur Überwachung der Netzinhalte übernehmen und die Entscheidung über einen Aufbau oder Abbau künstlicher neuronaler Architekturen vornehmen. Mit dem *Growing Neural Gas* Modell wurde dieses dynamische Verhalten von KI-Netzen realisiert und untersucht.

Ein weiterer dynamischer Ansatz für KI-Netze sind die evolutionären Algorithmen. Worauf ich in dem einführenden Kap. 4 bereits hingewiesen habe, ist, dass diese evolutionären Algorithmen für die Entwicklung der neuronalen Netze eingesetzt werden. Das Wachstum der Netzarchitektur basiert somit auf „genetischen" Algorithmen, die die Netzarchitektur weiterentwickeln. Auch in diesem Modell ist die Ausgangsbasis die Datenverfügbarkeit und Aufgabenkomplexität, die das Wachstum der KI-Netze vorantreibt.

Ausgehend von einem anderen Blickwinkel, werden sogenannte *Meta-Learning-Modelle* entwickelt. Das Modell fokussiert das Lernen von KI. Mit dem Modell soll das Lernen selbst verbessert werden, was auch als „*Lernen zu lernen*" verstanden wird. Das Modell lernt, wie man optimal lernen kann! Die Maschinen werden dabei so konzipiert, dass der Lernprozess automatisiert optimiert werden kann, indem die Lernprozesse an die sich ändernden Aufgaben optimal angepasst werden. Mit diesem Konzept kann sich eine KI besser an bisher unbekannte Aufgaben anpassen und schneller neue Fähigkeiten entwickeln. Es ermöglicht der KI, „Wissen" wiederverwertbar nutzen zu können. Man geht davon aus, dass diese *Meta-Learning-Modelle* zukünftig die Entwicklungskosten einer KI reduzieren können und allgemein nutzbare KI-Modelle für ganz unterschiedliche Aufgabenbereiche, vor allem im Bereich der Robotik, ermöglichen.

Ein Randbereich dynamischer neuronaler Netzwerke ist das Konzept des „*Pruned Networks*", des beschnittenen Netzwerks. Auf Basis dieses Konzepts werden trainierte neuronale Netze so optimiert, dass nicht benötigte Teile in dem Netz gelöscht werden. Mit diesem Vorgang wird die Architektur des Netzes verkleinert und damit die Komplexität insgesamt reduziert.

Ein weiterer Ansatz basiert auf der Suche nach einer *neuronalen Architektur* innerhalb eines bestehenden KI-Netzes, die nicht optimal strukturiert ist. Dabei durchsuchen Prozesse auf Basis entsprechender Algorithmen die bestehenden neuronalen Netze und integrieren diese Strukturen in andere Teilstrukturen des Netzes, um die Gesamtarchitektur zu optimieren. Dieser Ansatz zur dynamischen Optimierung eines künstlichen neuronalen Netzes wird auch als „*Neural Architecture Search*" bezeichnet.

In dem *Progressive Neural Network* Modell werden bei neuen Aufgaben einfach neue zusätzliche Schichten und Neuronen erzeugt. Das bestehende Netzwerk wird nicht mit diesen neuen Aufgaben trainiert. Damit steigt die Komplexität in einem bestehenden und bereits trainierten Netzwerk nicht weiter an.

All diese Ansätze basieren auf der heute etablierten Architektur der digitalen neuronalen Netzwerke, die aus Eingangs-, Zwischen- und Ausgangsschicht besteht. Die übersichtsartig beschriebenen Optimierungsverfahren deuten darauf hin, dass diese Architekturen zwar beeindruckende Leistungen heute bereits vorweisen können, dazu aber enormer Hardwarekosten, Lernkosten, Rechenleistung und sehr große Datenmengen benötigen, die Daten in der Regel von den KI-Entwicklungsunternehmen nicht bezahlt werden, sondern kostenfrei aus dem Internet verwendet werden.

Am Ende dieser Übersicht steht ein Modellansatz, der als *Spiking Neural Network* bezeichnet wird. Es versucht, das biologische Verhalten der neuronalen Netze in die künstlichen Netze zu integrieren bzw. abzubilden. Zusammenfassend können sich auf Basis dieser Modelle durch Lernmechanismen die Anzahl der Neuronen, wie auch die Anzahl der Verbindungen zwischen den Neuronen verändern. Der hier präsentierte Ansatz eines DGN fällt in diese Kategorie der dynamischen Modelle künstlicher neuronaler Netze, auf den ich jetzt genauer eingehe.

6.3 Das dynamische neuronale Netz

Der Anfangszustand, die Anfangsstruktur, in dem hier beschriebenen Ansatz ist ein nicht vorhandenes neuronales Netzwerk, das sich erst durch die eingehenden Daten bildet. Die Bildung des Netzes ist also von den Eingangsdaten abhängig. Damit ist *nicht* ein leeres oder mit Zufallszahlen versehenes Netz gemeint, sondern ein tatsächlich in seinen gespeicherten Daten nicht vorhandenes digitales Netz. Es gibt lediglich einen Algorithmus, der dafür sorgt, dass Informationen aufgenommen werden können und ein Wachstum von digitalen Nervenzellen ermöglicht wird. Es gibt in diesem Netzzustand keine Neuronen, Gewichte oder Verbindungen.

Die Grundbausteine des hier beschriebenen Konzepts sind Neuronen (digitale neuronale Zellen) bzw. Nuklei (Zellkerne), digitale Dendriten (digitale Zellfortsätze der Neuronen, die viele Verbindungen einer Zelle mit anderen Zellen darstellen) und Spines (Dornenfortsätze, die eine Verbindung eines Dendriten einer Zelle mit einem anderen digitalen Neuron herstellen). Ein Dendrit besteht aus Dendritzellen, die mehrere Spines besitzen. Mehrere Dendritzellen bilden einen Dendriten aus, der zahlreiche Verbindungen besitzt. Jedes Neuron entsteht anhand der eingehenden Information und bildet erst dann Dendriten aus, also Verbindungen zu anderen Neuronen, wenn eine eingehende Information durch ihre Struktur eine Verbindung zu einem weiteren Neuron erzwingt. Das Neuron ist vor der eingehenden Information nicht existent, nimmt damit auch keinen Speicherplatz ein. Hat ein digitaler Dendrit seine Richtung zu einem anderen Neuron gefunden, bildet der Dendrit Spines aus, um eine Verbindung mit einem Zielneuron einzugehen (siehe Abb. 6.3).

Auf Basis des Modells wird eine Information aufgenommen, in ihre drei prinzipiellen Informationsbestandteile zerlegt und ihre innere Informationsstruktur so gespeichert, dass ggf. ein neues Neuron entsteht, der Dendrit wächst und Spines ausprägt. Ein Neuron auf den höheren Ebenen bildet Axone zu den unteren Ebenen aus. Über die Axone der Neuronen verbinden sich alle Ebenen miteinander. Dabei werden keine Neuronen und/oder ihre Verbindungen vordefiniert. Ein Neuron entsteht erst durch die Information selbst. Ebenfalls entstehen die Verbindungen zwischen den Neuronen erst durch die Struktur der Information selbst. Diesen Vorgang nenne ich *digitales neuronales Wachstum*.

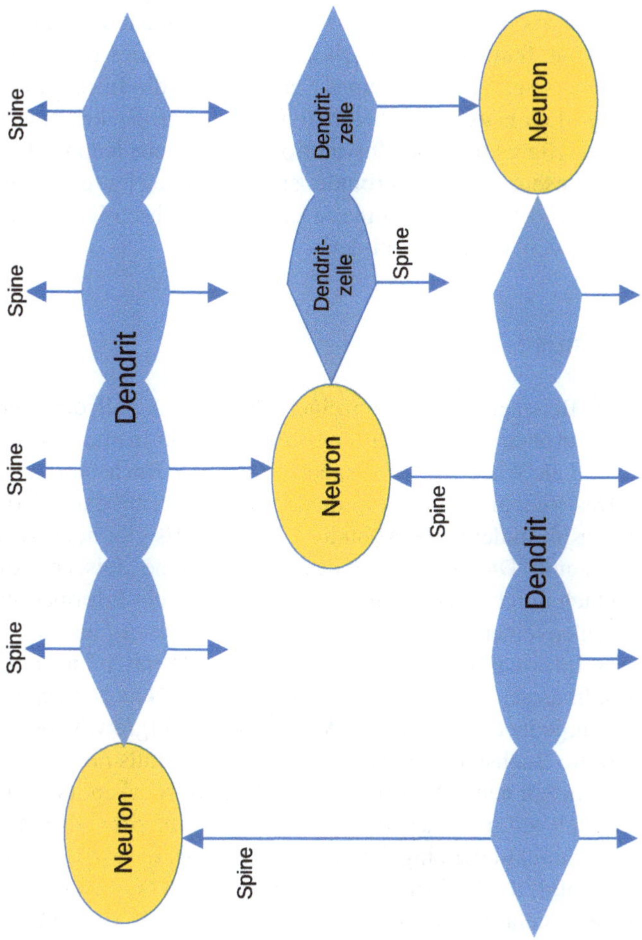

Abb. 6.3 Übersicht der DGN-Bausteine

In dem hier realisierten Ansatz basiert die Information auf Signalen, die durch ihre Struktur zueinander eine Information darstellen bzw. enthalten.[5] Sie sind also kein rosa oder weißes Rauschen, in dem keine erkennbare Information und damit auch keine Struktur vorhanden ist. Geht eine Information in das Netz der dynamischen Neuronen ein, wird erst dann ein neues Neuron erzeugt, wenn die abgetrennte Information eines Signals noch nicht im Netz bekannt ist. Eine bekannte Information erzeugt kein neues Neuron mit ihrem Nucleus. Ein Nucleus ist eine virtuelle Einheit eines Neurons, der in der Programmierung des Testprogramms für die Bezeichnung eines Neurons ohne Axon genutzt wird. Ein Signal kann ein Geräusch, eine Empfindung, eine Temperatur, ein Bildpunkt eines Bildes oder ein einzelner Buchstabe eines Textes sein. Mithilfe eines Sensors wird die Information vom Signal getrennt. Folgt dem ersten entscheidbaren Signal ein zweites entscheidbares und differenzierbares Signal (entscheidbare Information: siehe Kapitel 4), entstehen zwei Neuronen. In diesem Beispiel verbindet sich das erste Neuron mit dem zweiten Neuron, indem das erste Neuron seinen Dendriten wachsen lässt und ein Spine zur Verbindung des zweiten Neurons bildet.

6.3.1 Algorithmus

Ein sehr einfaches Beispiel an dem einzelnen Wort „das“ soll den Vorgang des Wachstums von Neuronen und Dendriten verdeutlichen: In das DGN wird ein Informationsmolekül als Wort „das“ eingegeben. Der erste Buchstabe „d“ wird dem Netz angeboten. Das Netz nimmt die Information auf und trennt das Informationsbit ab. Das Informationsbit findet keine Abbildung im Netz. Es gibt noch kein Neuron, das das Signal „d“ kennt. Dieser Vorgang, dass das Netz eine „falsche“ Antwort liefert, ist relativ einfach durchzuführen, indem das Netz auf ein Informationsbit nicht antwortet. Das Fehlen einer Antwort bedeutet genau diesen Zustand, dass kein Neuron für dieses Informationsbit ausgebildet wurde. Somit bildet das Netz ein *neues Neuron* aus. In diesem Anfangszustand hat das neue Neuron noch keinen ausgeprägten Dendriten, jedoch bereits einen Wachstumskegel (growth cone).

Es folgt der zweite Buchstabe des Signals „a“, der ebenfalls noch nicht im DGN bekannt ist und somit ein neues Neuron erzeugt. Das DGN erkennt die strukturelle Zusammengehörigkeit aufgrund der definierten bzw. impliziten Zugehörigkeit zu einem Informationsmolekül der eingehenden Information, dass in diesem Fall nach einem „d“ ein „a“ folgt, da die Sequenz an Informationsbits in einem Zusammenhang, einem Kontext, steht. Diese strukturelle Zusammengehörigkeit des Moleküls „das“ führt zu dem Wachstum des „d“-Neurons und bestimmt zugleich die Richtung zum „a“-Neuron. Die strukturelle Information der beiden Informationsbits führt zu einem Wachstum beim Neuron „d“, sodass sich nun der Dendrit ausbildet und ein Spine zum Neuron „a“ entsteht.

Auf das „a“ folgt das „s“, das erneut dem DGN angeboten wird. Das DGN kennt den Buchstaben „s“ nicht, sodass erneut ein Neuron sich bildet, das „s“-Neuron. Durch die strukturelle Zusammengehörigkeit von „a“ und „s“ wächst nun am

[5] Siehe auch: Kapitel Grundlagen.

„a“-Neuron aus dem Wachstumskegel ein Dendrit in Richtung „s“-Neuron. Der Dendrit bildet nun ein „s“-Spine, sodass damit das „s“-Neuron mit dem „a“-Neuron verbunden ist. In der folgenden Abbildung ist dieser Vorgang für eine begrenzte kleine Anzahl an Testobjekten durchlaufen worden. Das Ergebnis ist in der Abb. 6.4 dargestellt.

Das Schaubild zeigt in tabellarischer Form eine Schicht an Neuronen und ihren Dendriten. In dieser flachen Darstellung ist eine bessere Übersicht über die interne Struktur der Neuronen mit ihren Verbindungen möglich, als in einer räumlichen Darstellung, die sie eigentlich ist. Es zeigt in der ersten linken Spalte die Anzahl an Dendritenzellen/Verbindungen eines Dendriten eines einzelnen Neurons. Diese Spalte hat lediglich eine statistische Funktion. In der zweiten Spalte sind die Neuronen in ihrer internen Abbildung als Zahl eines Eingangssignals zu erkennen. Jedes spezifische Eingangssignal erzeugt ein eindeutiges Abbild eines Neurons. Ab der dritten Spalte sind je Neuron die Dendriten mit ihren Dendritenzellen und ihren Spines zu sehen. Damit ist jede horizontale Zeile ein Neuron mit seinem Dendriten, der sich in die Dendritenzellen und den Spines ausprägt. Ein Spine ist eine Zahl in einer Zelle in dieser Tabelle. Zwei Zahlen sind zwei Spines pro Zelle, die die Verbindung zu einem anderen Neuron darstellen.

Die Wahrscheinlichkeiten in der Häufigkeit der Nutzung einer Dendritenzelle (Gewicht) ist hier nicht dargestellt, wie bereits in den vorherigen Kapiteln beschrieben wurde. Die Bedeutung einer neuronalen Zelle in diesem Netzwerk ergibt sich u. a. auch durch die Anzahl der Dendritenzellen. Verfügt ein Neuron über einen langen Dendriten, ist eine häufige Verbindung dieses Neurons mit anderen Neuronen gegeben. Das Neuron ist stark mit anderen Neuronen verbunden. Damit besitzt das Neuron eine häufigere Nutzungswahrscheinlichkeit als ein Neuron mit einem kurzen Dendriten. In dem Schaubild können Dendriten abgelesen werden, die mit 177 anderen Neuronen verbunden sind (Der Datensatz war ein Text mit 45 Sätzen).

Die Länge eines Dendriten kann direkt aus der ersten linken Spalte der Abbildung abgelesen werden. Es gibt Neuronen mit einer Dendritenzelle und Neuronen mit über 100 Dendritenzellen. Zusätzlich zu diesen Unterschieden bei der Vernetzung von einzelnen Neuronen entstehen die Nutzungswahrscheinlichkeiten, die sich dynamisch über ein gelerntes Netz entwickeln. Jedes Neuron und jeder Dendrit enthält eine Zahl, die seine Nutzung repräsentiert. Durch diese Zahl kann ein Algorithmus erkennen, wie häufig eine Zelle oder eine Verbindung genutzt wird. Damit lassen sich Wahrscheinlichkeiten von Verbindungen nachvollziehen.

Interessant ist auch die umgekehrte Betrachtung, die hier implementiert wurde. Dabei wird ein Abschnitt einer Eingangssequenz (Token) mit der Abstraktionsebene verglichen. Hat diese Teilsequenz im der Abstraktionsebene eine Repräsentation, ist eine *Assoziation* zu Inhalten und Objekten sehr einfach möglich. Ein einfacher Algorithmus kann auf dieser Basis *Vorhersagen* über die weitere Entwicklung eines Satzes oder sogar eines Inhalts geben. Die wahrscheinlichste Vorhersage wird als „Antwort des Netzes“ ausgegeben.

Mit diesem Ansatz lernt das dynamische neuronale Netz bereits bei der Aufnahme von Daten die Struktur der Information. Ein mehrmaliges Durchlaufen von Daten, wie es in den meisten digitalen neuronalen Netzen heutiger KI üblich ist, ist nicht mehr notwendig. Interessant dabei ist auch, dass einem Objekt, z. B. „Mensch“,

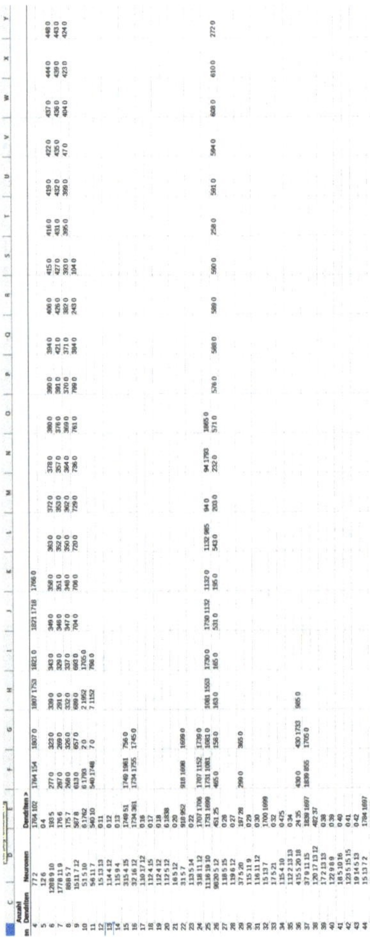

Abb. 6.4 DGN-Ausschnitt an Neuronen mit ihren Verbindungen

ein Bild in Form eines Umrisses oder eines spezifischen Menschen zugeordnet werden kann. Diese Zuordnung kann z. B. in Form eines digitalen Bildes bzw. über die Struktur eines Bildes aus einem anderen DGN erfolgen. Wird ein weiteres Teilnetz mit dreidimensionalen Raumvektoren versehen, kann eine Handlung, wie z. B. das Zeigen auf einen Menschen, direkt von der Maschine „verstanden" werden. Ein Richtungsvektor 2345 zeigt auf ein Objekt 0345, was hier in diesem Beispiel einem Menschen entspricht. Mit dem Objekt „zeigen" und seiner neuronalen Abbildung 23456 entsteht nun die Verbindung über die Dendriten 23456 → 2345 → 0345. In der Abstraktion entsteht ein Neuron Ax mit einer relativen Wahrscheinlichkeit (Δ), wobei Ox alle Neuronen aus dem Objektfeld darstellt, in dem die Objekte repräsentiert sind: $Ax = \int Ox * \Delta = 23456\ 2345\ 0345$

Ein wesentliches Ergebnis aus meinen Experimenten ist, dass wenige Basissignale lediglich durch ihre relative Verbindung ein Objekt darstellen. Der Kern an Neuronen von Informationsbits ist relativ klein. In weiteren Experimenten stellte sich ein ähnlicher Zustand auch auf der Ebene der Objekte dar. Ein kleiner Text mit 45 Sätzen erzeugte bei den Kernneuronen eine relativ geringe Anzahl an Kernneuronen und ebenfalls eine geringe, dennoch höhere Zahl an Objektneuronen. Hatte das DGN vorher Substantive/Nomen und andere Vokabeln gelernt, bildeten sich lediglich die Dendriten zwischen den bereits vorhandenen Neuronen aus. Neue Neuronen wurden nicht erzeugt. Nur ihre dendritischen Verbindungen wuchsen im Verlauf der weiteren Informationseingabe weiter an. Die Anzahl der Neuronen erlangte recht schnell ein stabiles Maximum. Damit entstand bereits bei der sehr geringen Menge an verarbeiteter Information eine Struktur, die hoch komplex und für Menschen nicht mehr nachvollziehbar war.

6.3.2 Einsatzmöglichkeiten

Nach den Experimenten zeigten sich erste einfache praktische Anwendungsmöglichkeiten auf, sodass eine weitere Nutzung eines DGN in vielerlei Weise möglich erscheint. So kann z. B. ein komplexer Text in hochkomprimierter Weise dargestellt und *übertragen* werden. Die Darstellung dieses Textes ist abhängig von dem Lernvorgang des dynamischen neuronalen Netzes (DGN), einer Individualisierung der KI. Für eine exakte Reproduktion des Textes ist somit das vorher entwickelte Kernnetz notwendig und kann als Dekodierung eingesetzt werden.

Damit ergab sich ein weiterer Anwendungsfall, der einer *Datenverschlüsselung*. Wie ich bereits weiter oben kurz angeführt hatte, kann die Individualisierung des DGN als Informationsverschlüsselung zu einer sicheren Datenübertragung genutzt werden. Erst wenn die darunter liegenden Schichten der Objekte und Kernneuronen zur Verfügung stehen, ist eine Reproduktion eines Textes möglich. Da die Reproduktion einer Information nur über die gelernten dynamischen Netze auf der Ebene der Objekte und Kernnetze möglich ist, müssen Sender und Empfänger über die gleichen Basisnetze verfügen. Interessant dabei ist, dass eine neuronale Datenbasis vollkommen andere Informationen produziert, wenn der Lernablauf leicht variabel abläuft. Damit entsteht quasi ein „Individuum", das von dem gelernten und dem Lernvorgang in gleicher Weise geprägt wird.

6.4 Das Testprogramm

Ich möchte in diesem Buch mit der Beschreibung des Testprogramms der Open Source Idee folgen, die für zahlreiche KI-Programme am Anfang ihrer Entwicklung eingeschlagen wurde. Mein Buch beschreibt die grundsätzlichen Konzeptüberlegungen, die kritischen Pfade einer KI in einer Gesellschaft, meinen Modellansatz und den Algorithmus dazu. Das hier vorgestellte Gebäude ist über einen Zeitraum von mehr als 30 Jahren in einer persönlichen Seitenlinie entstanden, aus eigenen Überlegungen, kritischen Gedanken und neuen Ansichten zu den hier beschriebenen Themenfeldern.

In der ersten Version dieses Testprogramms wird die grundsätzliche Funktionalität des Modells verifiziert. Das Programm hat den Sinn, Experimente und Analyse an dem Modell zu ermöglichen. Das Testprogramm in dieser ersten Version basiert auf einem Tabellenkalkulationsprogramm wie Excel oder dem Calc-Programm von LibreOffice bzw. Open Office. Es bietet den Funktionsrahmen, in dem ein prinzipieller Modelltest in transparenter Form durchgeführt werden kann und einfach programmiert werden kann. Für die Programmierung wird die interne Programmierungssprache der Tabellenkalkulationsprogramme auf Basis der Basic-Syntax genutzt. Das Testprogramm hat einen Umfang von ca. 3000 Zeilen. Dieser Umfang ist für die bisherigen Tests und Analysen ausreichend. Es hat sich jedoch gezeigt, dass mit diesen wenigen Zeilen bereits eine hohe Leistungsfähigkeit des DGN erreicht werden kann und umfassende Analysen möglich sind. Zusätzlich werden mit dem Programm weitere Details für die Weiterentwicklung analytisch untersucht. Ein *Scale up* kann in Rücksprache mit dem Autor erfolgen.

Die Struktur der Tabellen kann als ausgerollte 3D-Struktur eines neuronalen Layers verstanden werden, die in den vorherigen Kapiteln beschrieben wurden. Sie entsprechen der Modellvorstellung der Informationsatome, der Informationsmoleküle und der Informationsobjekte. Zusätzlich werden weitere Tabellen generiert, indem Eingangsdaten dem DGN zur Verfügung gestellt werden. Jede Tabelle ist ähnlich aufgebaut. Die Neuronen werden als Liste in vertikaler Anordnung in die Tabellen eingetragen. Die Dendriten eines Neurons werden als horizontale Liste pro Neuron in die Tabellen eingetragen. Sie verbinden die Neuronen in einer Ebene. Ein Axon verbindet ein Neuron einer Schicht (Tabelle) mit der darunter liegenden Schicht. Das Axon wird sinnvollerweise als Neuronbezeichner verwendet, sodass eine kompakte Darstellung in den Listen erreicht werden kann. Zugleich erreicht man mit dieser Notation eine eindeutige Identifikation jedes Neurons. Mit diesem tabellenbasierten Aufbau wird ein mehrdimensionales Netzwerk realisiert, das über drei Ebenen die Neuronen miteinander verbindet.

Der Ablauf eines Tests erfolgt in den bereits beschriebenen Abläufen, die sich als sinnvolle Schritte herausgestellt haben. Zunächst werden Tabellen mit Substantiven einer Sprache, hier Deutsch, aufgebaut und in das Netz übertragen. Das Netz nimmt diese Substantive auf und bildet eine Grundstruktur in der Ebene der Informationsatome. Während dieses Lernprozesses werden in der Ebene der Informationsatome Neuronen mit Spine entwickelt. Es entstehen in dieser Ebene noch keine Verbindungen zwischen den Neuronen, da die Eingaben keinen inneren Kontext bilden.

Auf der Ebene der Informationsatome entstehen zahlreiche Verbindungen zwischen den Neuronen. Besteht bereits eine Verbindung zwischen zwei Neuronen, wird keine neue Verbindung erzeugt. Doppelte Verbindungen zwischen Neuronen werden nicht generiert.

Je häufiger eine Verbindung zwischen zwei Neuronen genutzt wird, umso höher ist die Wahrscheinlichkeit, dass Neuron 1 an Neuron 2 ein Signal weiterleitet. Diese Verbindung der Neuronen wird in anderen KI-Modellen als Gewicht bezeichnet. In dem hier vorgestellten Modell ist es eine Wahrscheinlichkeit zur Signalweiterleitung, die sich variabel entwickelt, aber auch wieder abbauen oder verringern kann. Die Dokumentierung der Häufigkeit in der Nutzung eines Nucleus ist in der ersten Version nicht implementiert. Aus der Häufigkeit der Nutzung z. B. eines Nucleus auf der Signalebene können Wahrscheinlichkeiten zur Nutzung des nächsten Signals berechnet werden. Wird diese Funktion über alle drei Ebenen implementiert, können Bottom-Up Wahrscheinlichkeitswolken zu bestimmten Abstraktionen errechnet werden. Damit sind unscharfe Beziehungen von Objekten oder komplexen Sachzusammenhängen realisierbar.

Eine Überlegung zur Erweiterung dieses Modells ist, dass zu jedem Nucleus eine zweite Ebene implementiert wird, die nach klassischen neuronalen Netzen arbeitet, sodass jeder Nucleus ein Bias und Gewichte erhält. Die Leistungsfähigkeit der Kombination beider Modelle kann zurzeit nicht vollständig eingeschätzt werden. Es kann jedoch davon ausgegangen werden, dass mit dieser Kombination neue Fähigkeiten eines digitalen neuronalen Netzes möglich werden.

6.5 Hauptalgorithmus des Testprogramms

Der Algorithmus basiert auf einer *Do-While-Schleife*, die aus einem Datenbereich Text einliest und als *Stream* dem Netz zur Verfügung stellt. Damit diese Schleife endlich (durch ein Ende- oder Abbruchkriterium begrenzte Anzahl an Durchläufen) durchlaufen werden kann, wird zuerst die Anzahl der Datensätze ermittelt, sodass ein Maximalwert für die Anzahl der Durchläufe bekannt ist. Wurde in der Schleife (Loop) ein Datensatz bearbeitet, erhöht sich ein Zähler, ein neuer Datensatz wird eingelesen und erneut verarbeitet. Dieser Vorgang wiederholt sich, bis die Anzahl der verarbeiteten Datensätze der ermittelten Anzahl entspricht.

Innerhalb der Schleife wird der Text in einem „Parser" so aufgearbeitet, dass er von dem neuronalen Netz mit seinem Algorithmus verarbeitet werden kann. Ein Parser zerlegt den Eingabestream an Daten in Abschnitte. Die Abschnitte werden in einem Array intern zwischengespeichert und anschließend vom neuronalen Netz verarbeitet. Die Lösung eines Zwischenspeichers wurde gewählt, um die Funktion des *Parsers* kontrollieren zu können. Durch einfaches Auslesen des Zwischenspeichers kann die Ausgabe vom Parser an das Netz direkt kontrolliert werden. In einer realen Anwendung würde eine Zwischenspeicherung entfallen. Die Ausgabesequenzen des Parsers würden direkt zur weiteren Verarbeitung an das Netz übergeben werden.

In dem hier realisierten Modell dient Text als Eingabestream. Der Eingangsstream wird dem Parser angeboten. Als Ausgabe liefert der Parser einzelne Wörter des Eingangstextes. Die Wörter werden auch als *Items* bezeichnet, weil prinzipiell die Eingabe eine beliebige Signalsequenz sein kann, die durch einen geeigneten Parser in Abschnitte zerlegt werden würde. Um diese verallgemeinerte Funktionsweise zu kennzeichnen, wird der Begriff des *Items* für die erzeugten Abschnitte verwendet. In der abstrakten Modellbeschreibung wird verallgemeinert das Wort eines Textes als Informationsmolekül bezeichnet. Im Algorithmus wird mit einem zweiten Parser das Wort in Buchstaben aufgespalten. In der abstrakten Modellbeschreibung entsprechen die einzelnen Buchstaben den Signalen bzw. den aus den Signalen abgetrennten Informationsbits.

Der folgende Abschnitt in der Verarbeitung ist besonders interessant. In der Implementierung des Modells musste von einer testbaren Informationsfolge ausgegangen werden, die sich in den jeweiligen Einzelphasen nachvollziehen lässt. Wird Text als Eingangssignalsequenz verwendet, kann wie bei vielen anderen Signalsequenzen von einer Abhängigkeit innerhalb der Signalreihenfolge ausgegangen werden. Auf Basis dieser *impliziten Vereinbarung* ist das Modell in dem Testprogramm realisiert worden.

Damit erklären sich auch die Funktionen-*Register* .... Sie bilden eine Gruppe von Funktionen, mit dem auf den jeweiligen neuronalen Netzebenen die Abhängigkeit eines Signals von seinem folgenden Signal verarbeitet werden kann. Die Funktionen arbeiten nach dem Modell eines *Schieberegisters*, in dem der Eingang eines Signals oder Objekts gespeichert wird, ein Folgeeingang das gespeicherte Objekt einen Platz weiterschiebt. Das erste Objekt im Register befindet sich auf Platz eins. Mit einem weiteren Objekt schiebt das neue Objekt das erste Objekt auf den Platz zwei und wird nun auf den ersten Platz gespeichert. Mithilfe der Registerfunktion ist eine einfache Beziehung des ersten Objekts zum zweiten Objekt darstellbar.

Die Implementierung erzeugt auf der inneren Schleife ein Objekt, das mithilfe des zweiten *Parsers* in seine Signalbestandteile als Signalsequenz aufgespalten wird. Auf beiden Ebenen werden Schieberegister eingesetzt um die Abhängigkeiten der Signalsequenz erfassen und an das Netz übergeben zu können. Das neuronale Netz holt sich ein Informationsbit bzw. Signal aus dem Register und übergibt es an das Netz. Kennt das Netz das Signal nicht, erzeugt das Netz einen neuen Nucleus.

In der Implementierung des Modells wird zwischen dem Nucleus und dem Neuron sprachlich und funktional unterschieden. Ein Nucleus ist die erste Phase in der Entstehung eines neuen Neurons. Ein Neuron besteht aus seinem Nukleus, den Dendriten und seinem Axon. Entsteht ein neues Neuron, besitzt es noch keine Verbindungen zu anderen Elementen seines Netzwerks. Es entsteht, weil eine unbekannte Information in Form eines Signals oder Objekts vorhanden und in das Netz eingegangen ist. Dieser Vorgang erzeugt einen Nucleus. Kann dieser Nucleus sich mit anderen Neuronen verbinden, wandelt sich der digitale Nucleus zu einem Neuron und bildet auf seinen Ebenen die entsprechenden Verbindungen aus. Mit der Methode *addNucleus* werden genau diese Abläufe auf der jeweiligen Ebene eines Signals, eines Objekts oder der abstrakten Ebene realisiert.

Durch die Registerfunktion wird zunächst ein Signal dem Netz angeboten. Wie beschrieben, ist am Beginn ein Nucleus oder ein neuronales Netz mit Nuclei oder Neuronen vorhanden. Es entsteht ein Nucleus ohne weitere Verbindungen. In der ersten Phase besteht das gesamte neuronale Netz aus diesem einen Nucleus. Ein weiteres Signal geht nun in das neuronale Netz ein. Unterscheidet sich das zweite Signal von ersten, wird ein weiterer Nucleus erzeugt. Beide Nuclei können nun miteinander verbunden werden. Durch die implizite Regel der sequenziellen Verbundenheit beider Signale ist diese Verbindung auch real. Aus beiden Nuclei werden Neuronen, die miteinander verbunden sind. Geht ein zweites Signal in das neuronale Netz ein und ist es exakt mit dem ersten Signal identisch, wird kein Neuron erzeugt. Der erzeugte Nucleus wird zu einem Neuron mit einem *Spine* (Dornenfortsatz). In der Implementierung des Modells wird ein *Spine* als Kennzeichnung eines Neurons verwendet, aus dem zukünftig Dendriten herauswachsen. Gehen zwei gleiche Signale in das neuronale Netz ein, entsteht ein Neuron mit einem *Spine*, jedoch keine weiteren Verbindungen in Form von Dendriten oder der Ausprägung des Axons. Wird in einer späteren Phase ein Signal mit einer Verbindung zu dem bereits vom ersten Signal erzeugten Neuron aufgebaut, entsteht aus dem *Spine* eine dentritische Verbindung zwischen diesen beiden Neuronen.

Jedes eingehende Signal oder Objekt erzeugt entweder ein neues Neuron oder eine dendritische Verbindung. Auf der Ebene der Objekte bzw. auf der Ebene der Informationsobjekte können sich nur Axone entwickeln. Sie bilden den neuronalen Fortsatz zu ihren unterlagerten Ebenen. Existiert bereits eine dendritische Verbindung zwischen den Neuronen, erzeugt eine häufige Wiederholung bestehender Verbindungen eine Erhöhung seines Wahrscheinlichkeitswerts. Diese Werte können auch als Gewichte zwischen Neuronen in anderen digitalen neuronalen Netzen verstanden werden. Sie haben jedoch in diesem hier präsentierten Modell eine fundamental andere Bedeutung. Sie zeigen die Wahrscheinlichkeiten zwischen Verbindungen an, also die Häufigkeit ihrer Nutzung anhand der eingegangenen Informationen. Sie verändern sich dynamisch. Die neuronalen Verbindungen existieren anhand der Eingangsinformation. Die Wahrscheinlichkeiten ihrer Nutzung ändern sich dynamisch anhand ihrer Nutzung. Die dadurch entstehenden „Trampelpfade" sind auf den drei Ebenen Signal, Objekt und Abstrakt unterschiedlich und zeigen den Kontext auf.

6.6 Verifikation des Modells

Zur Verifikation des hier vorgestellten Modellansatzes habe ich das beschriebene Programm DGN-1 entwickelt, das die grundlegenden Funktionen des Modells nachbildet. Auf Anfrage kann das Programm mit seinem Sourcecode zur Verfügung gestellt werden. Mit diesem einfachen Programm kann das Modell untersucht und weiterentwickelt werden. Das Programm erzeugt ein dynamisch wachsendes Netzwerk auf Basis der Eingangsinformation. Es hat keine vorgegebene Struktur, wie es heute in neuronalen Netzen üblich ist. Wie mit dem DGN-1 überprüft werden kann, wächst das Netzwerk in Abhängigkeit der aufgenommenen Informationen in mehreren Teilnetzen und bildet damit ein Gesamtnetz aus. Dabei erkennt der Algorithmus, ob bereits eine komplexe Information vorhanden ist. In diesem Fall laufen die Signale entlang der bisherigen Informationsstruktur, bis Abweichungen von der bekannten Struktur erkannt werden.

Durch die funktionale Umgebung einer Tabellenkalkulation können die Vorgänge des Algorithmus, wie auch die Vorgänge im Netz, im Detail nachvollzogen werden. Damit ist eine höchste Transparenz einzelner Schritte und seiner Gesamtfunktionalität gegeben.

6.7 Ausblick

Weitere Untersuchungen werden mit dem Testprogramm und *größeren Datenmengen* folgen. Dabei werden im Vorfeld zahlreiche Fragen geklärt werden müssen. In einer neuen und erweiterten Version des Testprogramms werden die *Wahrscheinlichkeiten* implementiert. Als neue Funktion wird die *kontinuierliche Eingabe* und Verarbeitung von Daten realisiert werden. Sie wird ein Schlüssel für ein eigenes *reaktives Verhalten* des Netzes, wie auch die Implementierung von *Kontext* und *Sinnhaftigkeit* sein. Weitere Testläufe werden ein genaueres Verständnis zur Realisierung dieser Funktionen liefern.

Zu den formalen zukünftigen Entwicklungen wird die Umstellung des Testprogramms auf eine von einer Tabellenkalkulation *unabhängige* Umgebung sein. Mit diesem Entwicklungsschritt wird sich zusätzlich die Programmiersprache ändern. An dieser Stelle wird die Frage zu klären sein, ob eine weitere Entwicklung auf der forschenden Ebene oder bereits eine kommerzielle Zielsetzung und ein Scale Up ein Zukunftsziel sein werden.

Stichwortverzeichnis

K. Golze, *Wie Information Intelligenz und KI erzeugt*, Die blaue Stunde der Informatik, https://doi.org/10.1007/978-3-658-50588-2

FSC
www.fsc.org
MIX
Papier | Fördert gute Waldnutzung
FSC® C083411

Zeitfracht Medien GmbH
Ferdinand-Jühlke-Straße 7
99095 Erfurt, Deutschland
produktsicherheit@kolibri360.de